国家出版基金项目
NATIONAL PUBLICATION FOUNDATION

"十四五"国家重点出版物出版规划项目
长江上游珍稀特有鱼类研究保护系列丛书

长江上游干流鱼类生物学研究

陈大庆　田辉伍　孙志禹　等　著

中国三峡出版传媒
中国三峡出版社

图书在版编目（CIP）数据

长江上游干流鱼类生物学研究 / 陈大庆等著. —北京：中国三峡出版社，2023.7

ISBN 978-7-5206-0194-8

Ⅰ. ①长… Ⅱ. ①陈… Ⅲ. ①长江–上游–鱼类学–研究 ②长江–上游–鱼类资源–资源保护–研究 Ⅳ.①Q959.4 ②S922

中国版本图书馆 CIP 数据核字（2021）第 012596 号

策划编辑：王德鸿 赵磊磊
责任编辑：李 东

中国三峡出版社出版发行
（北京市通州区新华北街156号 101100）
电话：（010）57082645 57082577
http://media.ctg.com.cn

北京华联印刷有限公司印刷 新华书店经销
2023 年 7 月第 1 版 2023 年 7 月第 1 次印刷
开本：787 毫米 ×1092 毫米 1/16 印张：24.25
字数：544千字
ISBN 978-7-5206-0194-8 定价：198.00元

序

　　长江上游珍稀特有鱼类多数仅分布于长江上游干支流，甚至有些种类仅在部分支流中局限分布，生境需求异于长江其他常见鱼类，对于长江上游独特的河道地形、水文情势和气候等在进化过程中已产生适应性特化，部分种类具有洄游特征，是长江水生生物多样性的重要组成部分。

　　为了保护长江上游珍稀特有鱼类，国家规划建立了长江上游珍稀特有鱼类自然保护区，自 1996 年起，经 6 次规划调整，"长江上游珍稀特有鱼类国家级自然保护区"功能区划得以划定（环函〔2013〕161 号）。该保护区是国内最大的河流型自然保护区，几经调整的保护区保护了白鲟、长江鲟（达氏鲟）、胭脂鱼等 70 种长江上游珍稀特有鱼类及其赖以生存的栖息地，保护对象包括国家一级重点保护野生动物 2 种，国家二级重点保护野生动物 11 种，列入《世界自然保护联盟濒危物种红色名录》（IUCN红色名录）（1996 年版）鱼类 3 种，列入《濒危野生动植物种国际贸易公约》（CITES）附录 II 鱼类 2 种，列入《中国濒危动物红皮书》（1998 年版）鱼类 9 种，列入保护区相关省市保护名录鱼类 15 种。

　　2006 年以来，在农业部（现农业农村部）《长江上游珍稀特有鱼类国家级自然保护区总体规划》指导下，中国长江三峡集团有限公司资助组建了长江上游珍稀特有鱼类国家级自然保护区水生生态环境监测网络，中国水产科学研究院长江水产研究所总负责，中国科学院水生生物研究所、水利部中国科学院水工程生态研究所和沿江基层渔政站共同参与，开展了持续十余年的保护区水生生态环境监测与主要保护鱼类种群动态研究工作，获取了大量第一手基础资料，这些资料涵盖了金沙江一期工程建设前后的生态环境动态变化和二十余种长江上游特有鱼类基础生物学数据，具有重要的科学指导意义。

　　"长江上游珍稀特有鱼类研究保护系列丛书"围绕长江上游珍稀特有鱼类国家级自然保护区水生生态环境长期监测成果，主要介绍了二十余种长江上游特有鱼类生物学、种群动态及遗传结构的相关基础研究成果，同时也对金沙江、长江上游干流和赤水河流域的概况与进一步保护工作进行了简要总结。本套丛书共四本，分别是《长江上游珍稀特有鱼类国家级自然保护区水生生物资源与保护》《长江上游干流鱼类生物学研究》《赤水河鱼类生物学研究》《金沙江下游鱼类生物学研究》。

　　丛书反映了长江上游主要特有鱼类和其他优势鱼类的研究现状，丰富了科学知识，促进了知识文化的传播，为科研工作者提供了大量参考资料，为广大读者提供了关于保护区水域的科普知识，同时也为管理部门提供了决策依据。相信这套丛书的出版，将有助于长江上游水域珍稀特有鱼类资源的保护和保护区的科学管理。

丛书成果丰富，但也需要注意到，由于研究力量有限，仍未能完全涵盖长江上游全部保护对象，同时长江上游生态环境仍处于持续演变中，"长江十年禁渔"对物种资源的恢复作用仍需持续监测评估。因此，有必要针对研究资料仍较薄弱的种类开展抢救性补充研究，同时，持续开展水生生态环境监测，科学评估长江上游鱼类资源现状与动态变化，为物种保护和栖息地修复提供更为详尽的科学资料。

中国科学院院士

前　言

　　长江上游特有鱼类是指局限分布于长江宜昌以上干支流水域，或者偶见于长江中下游，但必须依靠长江上游的种群才能维持其物种长期生存的鱼类，它们在漫长的进化过程中，形成了与长江上游流水环境之间的高度适应性。水利水电工程的建设运行一定程度上改变了原有的生境特征，减少了流水江段长度，对长江上游特有鱼类产生一定影响。因此，需要加快长江上游特有鱼类资源保护工作进程，以此减小水利工程的影响，保护长江上游珍稀特有物种资源。

　　开展鱼类生物学、种群生态学和遗传学的研究，可为客观评价水利水电工程对鱼类资源的影响、制定和实施鱼类资源保护措施提供理论依据和科学指导。自 20 世纪 50 年代以来，已经有单位和学者对长江上游特有鱼类进行了研究，这些成果主要汇编在《长江鱼类》《四川省长江水产资源调查资料汇编》《嘉陵江水系鱼类资源调查报告》及一些期刊论文等材料中。自 20 世纪 90 年代始，国内相关科研单位和高校基于水电开发后的鱼类保护问题，开展了特有鱼类生物学、种群生态学和遗传学等方面研究工作。例如，中国科学院水生生物研究所的段中华、刘焕章、王剑伟等对长鳍吻鮈、厚颌鲂、黑尾近红鲌等特有鱼类进行了生物学、种群生态学和遗传多样性的研究。中国水产科学研究院长江水产研究所邹桂伟、水利部中国科学院水工程生态研究所梁银铨等在长薄鳅的生物学研究方面取得进展。西南大学刁晓明等对岩原鲤的生物学和遗传多样性进行了初步分析。

　　然而，由于研究条件和经费投入的限制，很多研究工作未能继续深入，特别是一些个体较小、经济价值不高的种类缺乏系统研究，其基础资料仍然匮乏，导致目前特有鱼类的人工繁殖、栖息地保护等物种保护工作的开展依然缺乏科学依据。因此，为了制定和开展有效的保护措施，必须启动专项项目，加强鱼类生物学、种群生态学和遗传学等基础研究工作的力度。2005 年长江上游珍稀特有鱼类国家级自然保护区水生生态环境监测项目启动，对保护区范围内珍稀特有鱼类及渔业环境进行了监测，为系统地开展特有鱼类生物学、种群动态和遗传多样性研究奠定了基础。2010 年以来，我们连续承担了中国长江三峡集团有限公司金沙江下游梯级工程生态补偿项目"岩原鲤等二十四种长江上游特有鱼类生物学、种群动态及遗传结构研究（I、II 期）"，对二十余种长江上游特有鱼类生物学、种群动态和遗传结构变化等进行了研究，填补了基础数据空白，结合长期监测数据掌握了目标物种的种群动态及其在工程影响下的发展趋势，提出了合理的保护对策与建议，为物种保护与栖息地修复提供了科学数据支持，同时也为长江大保护与绿色水电开发的协调发展提供了科学依据与理论基础。

我们在专项项目研究基础上，参考了近年来其他单位与科研机构形成的少量研究成果，完成了本书的编写。在编写过程中，得到了多方的大力支持。中国科学院水生生物研究所的刘焕章、高欣、刘飞、林鹏程和水利部中国科学院水工程生态研究所的朱滨、廖小林、李伟涛、杨志、阙延福、熊美华、邵科与我们共享了赤水河和金沙江下游鱼类样本与研究数据；江汉大学的熊飞、刘红艳参与了本项目长薄鳅、红唇薄鳅等多种鱼类生物学及遗传多样性研究；原重庆市农业委员会的魏耀东、吴中华、廖莹，江津区农业委员会的蒋华敏、李荣、苏承刚、廖荣远，巴南区农业委员会的池成贵，原四川省水产局的张志英，宜宾市农业局的陈威、陈永胜，攀枝花市农业局的王永康，原贵州省农业局的娄必云、刘定明，原云南省农业局的艾祖军、龚庭登在野外调查中给予了大量有益帮助。

参与本书样本采集、室内实验及数据整理工作的有西南大学研究生王生、程晓凤、黄福江、高天珩、叶超、曾晓芸、何春、王涵、董微微、申绍祎、吕浩、蒲艳、王导群、李明琴、李祥艳、腾航，华中农业大学研究生周湖海，上海海洋大学研究生张力文、龙安雨，重庆师范大学研究生熊星、贾向阳等，鱼类照片由田辉伍、王生、吕浩、张浩等拍摄，部分鱼类照片源自相关参考文献或网络，著作文字编辑工作由田辉伍、汪登强、邓华堂、董微微、蒲艳负责，书中示意图由华中农业大学汪善勤、顺丰速运公司朱正伟等辅助完成，谨在此表示衷心感谢。

由于作者水平有限，书中难免存在疏漏和错误之处，望读者提出宝贵意见，以便将来进一步完善。

作　者
2022 年 12 月

目　录

第1章
长江上游干流河流生境

1.1 水文情势

　　长江上游珍稀特有鱼类国家级自然保护区（以下简称保护区）跨越滇川黔渝四个省市，起于水富市金沙江段向家坝水电站大坝中轴线下游 1.8 公里处，止于重庆市江津区地维大桥，包括长江干流和赤水河干支流以及岷江、越溪河、长宁河、南广河、永宁河、沱江等 6 条长江支流的河口区。保护区范围在东经 104°9′ ～ 106°30′，北纬 27°29′ ～ 29°4′ 之间，包括长江干流 332.66 公里，赤水河 628.23 公里，岷江月波至岷江河口 95.1 公里，越溪河下游码头上至谢家岩 32.1 公里，长宁河下游古河镇至江安县 13.4 公里，南广河下游落角星至南广镇 6.18 公里，永宁河下游渠坝至永宁河口 20.63 公里，沱江下游胡市镇至沱江河口 17.01 公里。保护区设核心区 5 处。保护区河流总长度 1 160.81 公里，其中实验区 205.94 公里、缓冲区 607.46 公里、核心区 349.25 公里；保护区总面积 33 174.213 公顷，其中实验区 658.11 公顷、缓冲区 15 904.623 公顷、核心区 10 803.48 公顷。保护区主要保护对象是白鲟、长江鲟（达氏鲟）、胭脂鱼等 70 种珍稀特有鱼类及其生存的重要生境。属于珍稀保护鱼类有 21 种，其中，属于国家重点保护野生动物名录一级种类 2 种、二级保护种类 9 种，列入 IUCN 红色目录（1996）3 种，列入 CITES 附录二（Ⅱ）2 种，列入中国濒危动物红皮书（1998）9 种，列入保护区相关省市保护鱼类名录 15 种（见表 1-1）。

表 1-1　列入各级保护名录的保护区鱼类名录

目	科	鱼 名	名录类别				
			R	I	C	N	P
鲟形目	鲟科	长江鲟（达氏鲟）*Acipenser dabryanus* Dumeril	V	CR	Ⅱ	Ⅰ	
	匙吻鲟科	白鲟 *Psephurua gladius* Matens	E	CR	Ⅱ	Ⅰ	
鲤形目	胭脂鱼科	胭脂鱼 *Myxocyprinus asiaticus* Bleeker	V			Ⅱ	
	鳅科	长薄鳅 *Leptobotia elongata* Bleeker	V			Ⅱ	Y
		红唇薄鳅 *Leptobotia rubrilabris* Dabry de Thiersant				Ⅱ	Y
		小眼薄鳅 *Leptobotia microphthalma* Fu et Ye					Y

目	科	鱼 名	名录类别				
			R	I	C	N	P
鲤形目	鲤科	鳈 *Leuciobrama macrocephalus* Lacepede	V			Ⅱ	Y
		云南鲴 *Xenocypris yunnanensis* Nichols	E				
		岩原鲤 *Procypris rabaudi* Tchang	V			Ⅱ	Y
		圆口铜鱼 *Coreius guichenoti* Sauvage et Dabry				Ⅱ	
		长鳍吻鮈 *Rhinogobio ventralis* Sauvage et Dabry				Ⅱ	
		裸体异鳔鳅鮀 *Xenophysogobio nudicorpa* Huang et Zhang					Y
		鲈鲤 *Percocypris pingi* Tchang				Ⅱ	Y
		西昌白鱼 *Anabarilius liui* Chang					Y
		细鳞裂腹鱼 *Schizothorax chongi* Fang				Ⅱ	Y
		长体鲂 *Megalobrama elongata* Huang et Zhang					Y
		鳡 *Ochetobius elongates* Kner					Y
	平鳍鳅科	窑滩间吸鳅 *Hemimyzon yaotanensis* Fang					Y
		中华金沙鳅 *Jinshaia sinensis* Sauvage et Dabry					Y
		四川华吸鳅 *Sinogastromyzon szechuanensis* Fang					Y
		峨眉后平鳅 *Metahomaloptera omeiensis* Chang					Y
鲇形目	鲿科	中臀拟鲿 *Pseudobagrus medianalis* Regan	E	En			
	钝头鮠科	金氏䱗 *Liobagrus.Kingi* Tchang	E				

注：Ⅰ：IUCN（1996）C：CITES（1997）R：RDB（中国濒危动物红皮书，1998）N：国家重点保护野生动物名录 P：省级保护动物；RDB：国内绝迹（En），濒危（E），极危（CR），易危（V），未予评估（NE）；IUCN：濒危（En）；易危（V）；低危/依赖保护（Cd），低危/接近受危（nt），低危/需予关注（lc）CITES。

保护区多年平均降水量约 1 100mm，径流主要由降水形成，径流年内分配很不均匀，1—4 月一般为低流量时期，5—7 月上旬流量逐步上涨，为汛前高流量脉冲期，7月中旬—9 月上旬为洪水期，9 月中旬—11 上旬流量逐步降低，为汛后高流量脉冲期，11 月中旬—12 月为低流量时期。保护区年内水文节律见图 1-1。由于保护区承接了金沙江、岷江、沱江、赤水河等支流的来水，每当汛期来临，干、支流洪峰遭遇，常形成峰高量大、历时较长的洪水。

目前，保护区干流主要有屏山（向家坝站）、朱沱水文站。屏山水文站位于保护区上游，金沙江向家坝水库建成后，屏山水文站下移至向家坝水库下游，更名为向家坝站；朱沱水文站位于长江赤水河汇入口以下、保护区中下游的重庆永川朱沱镇江段。此外，在保护区干流还设有宜宾、李庄和泸州 3 个水位站。保护区水文站点示意图见图 1-2。以朱沱水文站为代表，保护区河段年径流量约 2 510 亿 m³，洪水期为 7—9 月，洪水期径流总量约占全年径流量的 53%；枯水期为 1—3 月，枯水期径流总量约占全年径流量的 8%。年径流量极大值主要出现在 7—9 月，极小值主要出现在 1—

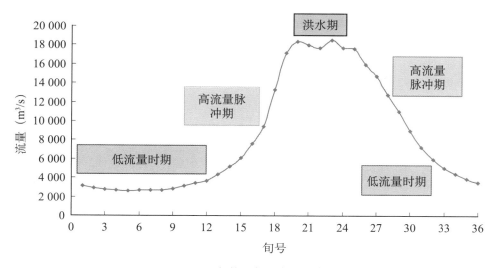

图 1-1　保护区年内水文节律

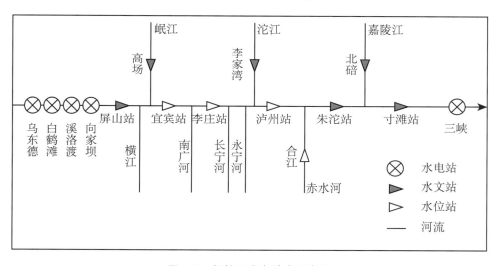

图 1-2　保护区水文站点示意图

3 月。年径流量极大值主要在 23 700 ～ 49 700m³/s 范围内，多年径流量极大值平均值为 33 560m³/s；年径流量极小值主要在 1 950 ～ 2 590m³/s 范围内，多年径流量极小值平均值为 2 300m³/s。保护区河段屏山站、朱沱站的年径流分布如表 1-2 所示。根据长江系列水文资料分析，1954—1997 年来，保护区年径流量和各月径流量变化较为平稳，没有明显的趋势性变化。

表 1-2　保护区站点月径流量　　　　　　　　　　　　　　单位：m³/s

站点	1 月	2 月	3 月	4 月	5 月	6 月	7 月	8 月	9 月	10 月	11 月	12 月
屏山	1 590	1 370	1 280	1 420	2 120	4 200	8 490	9 030	9 170	5 870	3 305	2 100
朱沱	2 850	2 570	2 580	3 045	5 100	9 445	16 900	16 800	15 350	10 600	5 895	3 740

20 世纪 90 年代后期，长江上游的水电开发活动逐渐开始，并对保护区河段水文

情势产生一定影响。金沙江最大支流雅砻江的二滩水电站是长江上游最早开发的大型水电站,于1998年建成蓄水发电。二滩水电站运行后,保护区屏山站枯水期的平均流量增大了200~300m³/s;2012年和2014年,金沙江下游干流的向家坝水电站和溪洛渡水电站相继建成蓄水,近2年的实测水文资料显示,保护区枯水期1—4月的流量进一步增大,较自然状况增加约20%~30%;在水库蓄水期9—10月,保护区河段流量减少约10%~15%。未来随着上游更多水库的建成运行,保护区河段的水文情势将进一步改变,总的变化特征是枯水期的流量将进一步增大,高流量脉冲和中小洪水过程减少,年内流量过程趋于坦化。

1.2 河流水质

保护区长江干流江段共监测了氮、磷、氰化物以及重金属等23个水质指标,总体良好,基本能满足鱼类生长和繁殖等的需求。所监测指标中,pH值、非离子氨、挥发酚、氰化物以及重金属砷、锌、铅、镉等符合渔业水质标准;高锰酸盐指数、氨氮和六价铬符合地表水Ⅲ类水质标准;出现超标的项目有总氮、总磷、铜,其中,总氮为主要超标项目,在所设置的监测断面中,仅长江干流的新寿断面在各年度均符合标准,其余监测断面在各年度均有超标现象。总磷和铜仅在个别年度少数断面有超标现象。受向家坝水库蓄水的影响,悬浮物、非离子氨、pH值、镁、铜、铅等含量较蓄水前下降明显,同时,新寿断面以及坝下三块石断面出现溶解氧过饱和现象,在丰水期,饱和度可达125.6%~138.5%。保护区水质敏感指标3年监测见表1-3。

表1-3 保护区水质敏感指标3年监测均值 单位:mg/L

水质指标	长江干流	岷江	沱江	赤水河
非离子氨	0.002 2	0.002 3	0.002 9	0.003 7
总氮	1.29	1.73	3.90	3.40
总磷	0.09	0.23	0.18	0.04
高锰酸盐指数	1.41	2.03	2.65	1.18
挥发酚	0.002	0.004	0.003	0.002
硝酸盐氮	1.1	1.5	3.3	2.9
亚硝酸盐氮	0.012	0.034	0.056	0.026
氨氮	0.06	0.11	0.13	0.08
氰化物	0.001	0.001	0.001	0.001
六价铬	0.002	0.002	0.002	0.002
砷	0.002 5	0.002 5	0.004 9	0.000 8
铜	0.006 1	0.006 2	0.002 4	0.003
锌	0.013	0.020	0.009	0.008
铅	0.014	0.031	0.012	0.012
镉	0.000 8	0.001	0.000 9	0.000 8

1.3　重要栖息生境

1.3.1　产卵场

2007—2016 年，在长江上游宜宾至江津江段开展了鱼类早期资源调查，采集到的鱼卵和仔稚鱼总计 41 种（亚种），隶属 5 目 12 科。其中，产漂流性卵的鱼类 21 种，6 种属于长江上游特有鱼类，分别为长薄鳅（*Leptobotia elongata*）、红唇薄鳅（*Leptobotia rubrilabris*）、中华金沙鳅（*Jinshaia sinensis*）、长鳍吻鮈（*Rhinogobio ventralis*）、圆筒吻鮈（*Rhinogobio cylindricus*）和异鳔鳅鮀（*Gobiobotia boulengeri*）。根据调查到的鱼卵发育时期和江水流速对产漂流性卵鱼类的产卵场进行退算，结果显示（表 1-4），监测期间四大家鱼、铜鱼和长薄鳅等主要产漂流性卵鱼类的产卵场位置未出现明显变化，长江上游江津断面以上 300 km 广泛分布着这些鱼类的产卵场，产卵量较大的产卵场有 9 处，其中四大家鱼产卵场集中在榕山镇至泸州市江段，铜鱼产卵场集中在合江县至弥陀镇江段，鳅科鱼类产卵场集中在羊石镇至弥陀镇江段。不同鱼类产卵场间存在重叠，重叠最为明显的是榕山镇至弥陀镇约 49 km 江段，产卵量约占全江段的 56.04%。

表 1-4　长江上游产漂流性卵鱼类产卵场分布

产卵场	距离江津（km）	年份	产卵量（×10⁸）							总计
			草鱼	鲢	青鱼	铜鱼	长薄鳅	紫薄鳅	犁头鳅	
白沙镇	38.6	2010	0.11	0.21	—	0.10	—	—	—	0.42
		2011	0.59	0.42	—	—	—	—	—	1.01
		2012	—	0.37	—	0.25	—	—	0.12	0.74
朱杨镇	58.8	2010	0.17	0.18	—	—	0.08	—	—	0.43
		2011	0.11	—	—	—	—	—	—	0.11
		2012	—	—	—	0.25	—	—	—	0.25
羊石镇	84.9	2010	—	—	—	0.16	—	—	0.37	0.53
		2011	—	—	—	—	—	0.08	0.33	0.41
		2012	—	—	—	0.61	—	—	2.01	2.62
榕山镇	92.8	2010	0.18	0.34	—	—	—	—	0.69	1.21
		2011	—	—	—	0.50	—	—	0.24	0.74
		2012	0.31	1.16	—	—	—	—	0.41	1.88
合江县	103.1	2010	0.21	0.39	—	0.23	0.13	—	—	0.96
		2011	—	1.26	—	0.21	0.58	—	—	2.05
		2012	—	—	—	2.06	1.98	—	—	4.04
弥陀镇	131.8	2010	0.11	0.21	—	0.39	0.04	—	0.11	0.86
		2011	0.34	0.32	—	0.64	0.66	0.25	0.05	2.26
		2012	0.18	—	—	0.75	—	—	—	0.93

产卵场	距离江津（km）	年份	产卵量（×10⁸）							总计
			草鱼	鲢	青鱼	铜鱼	长薄鳅	紫薄鳅	犁头鳅	
泸州市	170.0	2010	0.28	0.52	—	0.10	0.04	—	0.24	1.18
		2011	—	0.52	—	—	—	—	—	0.52
		2012	—	0.12	—	—	—	—	—	0.12
江安县	228.7	2010	0.03	0.05	—	0.13	—	—	—	0.21
		2011	—	0.73	—	0.24	0.33	0.34	0.19	1.83
		2012	—	—	—	—	—	—	—	0.00
南溪县	249.9	2010	0.02	0.06	—	0.35	—	—	—	0.43
		2011	0.25	—	0.08	0.32	—	—	—	0.65
		2012	0.25	—	—	—	—	—	—	0.25

1.3.2 索饵场和越冬场

长江上游保护区干流江段鱼类多以底栖无脊椎动物、着生藻类、有机碎屑等为主要食物。一般河流浅水区光照条件好，砾石底质适宜着生藻类生长，也适宜于底栖生物的生长和藏匿，因此，往往是鱼类索饵的较好场所。鮡科、鳅科、平鳍鳅科鱼类等主要在水位较浅而水流较急的干、支流砾石滩河段索饵，鲤、鲫和鲃亚科鱼类主要在水流平缓的洄水湾索饵，鲇、鲀科等肉食性鱼类多在洄水湾以及急流滩下的深水区索饵。保护区河道底质多为基岩和大型砾石，小型饵料生物相对较少，而在延程汇入支流河口上下河床底质多为砾石和卵石，其上固着藻类丰富，蜉蝣等水生昆虫数量也较多，水流相对较缓，较为适合小型鱼类栖息，可作为大型鱼类捕食场所。

每年秋冬季节至翌年3月，长江上游保护区干流江段进入枯水期，上游来水量减少，水位降低，随着水温的逐步下降，鱼类从支流或干流浅水区进入饵料资源较为丰富、流速较缓、水温较为稳定的深水区或深潭中越冬。越冬场环境多为位于河面狭窄、急流险滩后的深潭，水深5～10m，底质为巨石、鹅卵石和砾石，随后河面宽阔、水流较缓，同时，越冬场水域的生藻类、水生昆虫等饵料资源相对丰富。长江上游保护区适合鱼类越冬的区域数量较多且分散。关于长江上游保护区索饵场和越冬场的详细调查及跟踪监测目前仍未深入研究，有待后续进一步研究。

1.3.3 洄游通道

长江上游多为峡谷型河段，河道地形复杂，历史上主要作为洄游性鱼类产卵场，如三块石等，历史上是白鲟、中华鲟、长江鲟等典型洄游性鱼类产卵场，同时，长江上游新市以下江段广泛分布四大家鱼等河湖洄游性鱼类产卵场，此外，长江上游特有鱼类多依赖于长江上游江段完成生活史过程。有相关研究表明，圆口铜鱼不同体长组个体在长江上游不同江段呈现显著的季节差异，具有较为显著的洄游特征，通过长江上游鱼类早期资源长期监测也发现，长薄鳅、长鳍吻鮈、圆筒吻鮈、红唇薄鳅、中华金沙鳅等为典型产漂流性卵鱼类，受精卵漂流距离可达 200km 以上，发育成熟的亲本将在繁殖期前洄游至产卵场完成繁殖，为典型的河道洄游型鱼类。

从历史资料和现状调查结果来看，历史上长江上游同时具有鱼类产卵场和洄游通道的双重功能存在，对于大型洄游性鱼类，长江上游是其重要洄游通道，金沙江下游为其重要产卵场，对于中小型洄游性鱼类，长江上游兼具洄游通道和产卵场双重功能。2014 年开始，农业部启动了长江重要经济鱼类产卵场及洄游通道调查，截至 2020 年，调查结果显示，三峡工程蓄水后，长江上游已形成了河—库复合生境，多数鱼类已适应新形成的栖息生境，河—库洄游格局已形成，三峡水库已演变为长江上游主要鱼类育幼场，重庆巴南以上江段已形成稳定的鱼类产卵场，各产卵场鱼类繁殖规模多年维持基本稳定状态，巴南至涪陵江段具备较为典型的鱼类洄游通道功能。对于圆口铜鱼，虽然已多年未在向家坝下江段监测到自然繁殖现象，但在泸州以下江段仍监测到了较多圆口铜鱼幼鱼，长江上游干流江段仍具备圆口铜鱼完成全部生活史所需生境条件，但在外界环境条件方面需开展进一步研究，寻找关键生态因子，促进长江上游鱼类栖息地生态功能改善。

第2章
长江上游干流鱼类研究简史

2.1 资源调查历史

长江上游是我国淡水鱼类种质资源最为丰富的地区之一。关于长江上游鱼类区系组成及其分类的研究较多，积累了很多的资料，相关研究始于各省对辖区内长江干、支流进行的调查研究，并形成了一系列的成果。关于长江上游鱼类的研究最早开始于1870年，法国传教士David进入四川省水域采集各类生物，并将所得的几种鱼类带回国后，由Sauvage和Dabry二人在1874年发表于"中国的淡水鱼类"一文中。后来也有一些国家相继派遣人员来长江上游采样标本并整理发表，但较为系统的研究开始于新中国成立后，《中国鲤科鱼类志（上、下卷）》（伍献文等，1964）和《四川鱼类区系的研究》（刘成汉，1964）对长江上游鲤科鱼类及四川段鱼类区系进行了初步总结，但未对长江上游鱼类进行整体描述。直到20世纪70年代，中国科学院水生生物研究所根据新中国成立后对长江鱼类的调查结果进行整理，形成了《长江鱼类》（湖北省水生生物研究所鱼类研究室，1976）一书，首次系统编录了长江鱼类，记载长江上游鱼类约170种，其中仅见于长江上游的有80余种。80年代改革开放后，各省科研院所及中国科学院对长江流域鱼类进行了深入调查研究，并对比了历史资料，分别形成了《云南鱼类志（上下册）》（褚新洛等，1989）、《四川鱼类志》（丁瑞华，1994）和《中国动物志硬骨鱼纲 鲤形目（下卷）》（乐佩琦等，2000）等一系列专著及针对某一江段的研究文献（吴江和吴明森，1986；熊天寿等，1993），对长江上游鱼类区系组成及分布进行了较为全面系统的调查总结。在上述调查结果基础上经相关研究总结后，获知长江上游干、支流及其附属湖泊内共分布鱼类261种，隶属于9目22科112属，鱼类区系组成最为突出的特点是分布区域局限于长江上游水域的特有种类数量多，总计有112种，占长江上游鱼类总数的42.9%，特有鱼类种类所占比例超过国内其他任何区域或水系（于晓东，2005）。21世纪以来，相关研究者在已有研究的基础上，对长江上游特定江段或某一支流进行了深入调查研究（邓其祥等，2000；刘清等，2005；张庆等，2006；邱春琼等，2009；吴金明等，2010；曾燏和周小云，2012；高天珩等，2013；熊飞等，2015；熊飞等，2016），补充了前人资料并对环境变化及人类活动对鱼类资源的影响进行了一定的比较说明。

2.2　鱼类生物学研究历史

　　长江上游鱼类种群生态学研究随着时间的推移也在不断完善，不同学者选择不同鱼类，分别从个体生物学、早期资源、种群动态和种群遗传等方面对长江上游鱼类进行了研究。整理历史资料发现，个体生物学研究对象主要集中在能大量采集到样本的铜鱼（*Coreius heterodon*）（何学福等，1980；刁晓明等，1994；庄平等，1999；刘红艳等，2016）、圆口铜鱼（*C. guichenoti*）（程鹏，2010；周灿等，2010；杨少荣等，2010；刘飞等，2012）、大口鲇（*Silurus meridionalis*）（王志玲等，1990）、长鳍吻鮈（*Rhinogobio ventralis*）（段中华等，1991；周启贵等，1992；鲍新国等，2009；辛建峰等，2010；曲焕韬等，2016）、圆筒吻鮈（*R. cylindricus*）（马惠钦和何学福，2004；王美荣等，2012；熊星等，2013；熊飞等，2015）、长薄鳅（梁银铨等，2007；田辉伍等，2013）、中华倒刺鲃（*Spinibarbus sinensis*）（刘建虎等，2002；蔡焰值等，2003）、高体近红鲌（*Ancherythroculter kurematsui*）（刘飞等，2011）、厚颌鲂（*Megalobrama pellegrini*）（李文静等，2007）、张氏䱗（*Hemiculter tchangi*）（孙宝柱等，2010）和黑尾近红鲌（*A. nigrocauda*）（薛正楷等，2001）等长江上游特有及主要经济鱼类。鱼类早期资源研究主要集中在胚胎发育（余志堂等，1986；吴青等，2004；杨明生，2004；李文静等，2005；赵鹤凌，2006；王宝森等，2008）、卵苗发生量和时空分布等宏观方面（唐锡良，2010；吴金明等，2010；唐会元等，2012；段辛斌等，2015；高少波等，2015）。种群动态研究主要集中在铜鱼（冷永智等，1984）、圆口铜鱼（周灿，2010；杨志等，2010）、长鳍吻鮈（张松，2003；辛建峰等，2010；刘军等，2010）和厚颌鲂（高欣等，2009）等资源量较为丰富的鱼类，也有研究对某一江段的多种鱼类同时进行评估（吴金明等，2011），研究中采用的方法主要为体长股分析法（LCA）和B-H动态综合模型。种群遗传研究主要集中在胭脂鱼（*Myxocyprinus asiaticus*）（孙玉华，2004）、铜鱼（袁娟等，2010）、圆口铜鱼（袁希平等，2008）、岩原鲤（*Procypris rabaudi*）（宋君，2005）、中华沙鳅（*Botia superciliaris*）（刘红艳等，2009）、长鳍吻鮈（徐念等，2009；Xu et al.，2009）、圆筒吻鮈（Liu et al.，2012；曾晓芸，2015；蒲艳等，2019）、异鳔鳅鮀（*Xenophysogobio boulengeri*）（Cheng et al.，2012）和长薄鳅（赵刚等，2010；Liu et al.，2012；Li et al.，2012；田辉伍等，2013；刘红艳等，2017）、白甲鱼（*Onychostoma simus*）（Xiong et al.，2009）等重要经济鱼类或珍稀特有鱼类，也有研究选用线粒体DNA或微卫星DNA等分子标记手段，对两种或两种以上同属或同亚科鱼类进行比较研究（夏曦中，2005；廖小林等，2006；孟立霞等，2007；罗宏伟等，2009；陈建武等，2010；孔焰，2010）。从研究历史来看，近年来，长江上游鱼类被越来越多的学者关注，但长江上游分布261种鱼类，目前的研究只涵盖了其中的少部分鱼类，因此，有必要加强该领域研究，以丰富资料和指导实践。

第3章
长江上游干流鱼类资源现状

3.1 种类组成现状

2010—2013 年，长江上游干流及临近支流河口江段共采集鱼类 102 种，分属 7 目 17 科。其中鲤形目最多，共 72 种，占总数的 70.59%；其次为鲇形目，共 18 种，占总数的 17.65%；鲈形目及鲑形目分别为 7 种及 2 种，鲟形目、合鳃目和鳉形目各 1 种。鲤形目鱼类中又以鲤科鱼类最多，共 53 种，占总数的 51.96%；鳅科次之，共 14 种，占总数的 13.73%；再次为鲇形目鲿科鱼类，共 9 种，占总数的 8.82%（表 3-1）。

表 3-1　鱼类组成特征

目	种	占比（%）	科	种	占比（%）
鲟形目	1	0.98	鲟科	1	0.98
鲑形目	2	1.96	银鱼科	2	1.96
鲤形目	72	70.59	鲤科	53	51.96
			胭脂鱼科	1	0.98
			平鳍鳅科	4	3.92
			鳅科	14	13.73
鲇形目	18	17.65	鲿科	9	8.82
			钝头鮠科	4	3.92
			鮰科	1	0.98
			鲇科	2	1.96
			鮡科	2	1.96
鲈形目	7	6.86	鮨科	4	3.92
			塘鳢科	1	0.98
			鰕虎鱼科	1	0.98
			丽鱼科	1	0.98
合鳃目	1	0.98	合鳃科	1	0.98
鳉形目	1	0.98	胎鳉科	1	0.98
总计	102	100.00	17	102	100.00

调查到的 102 种鱼类中，长江上游特有鱼类 20 种（另有 7 种历史分布的长江上游特有鱼类未采集到样本），外来入侵鱼类 6 种。其中包含《中国濒危动物红皮书》鱼类 4 种，《中国物种红色名录》鱼类 6 种，另有 38 种历史记录鱼类未采集到样本。

　　历史记录中，保护区长江上游干流及临近支流鱼类物种数目共计 140 种，邻近水域金沙江 161 种（吴江和吴明森，1990），岷江 157 种（He Y F 等，2011），沱江 122 种（丁瑞华，1989），赤水河 135 种（吴金明等，2010），嘉陵江下游 156 种（曾燏和周小云，2012）（图 3-1）。从物种数目来看，研究区域物种数目要略低于金沙江、岷江和嘉陵江，略高于沱江和赤水河。从物种相似度来看，研究区域与沱江之间的物种相似率最高，为 91.80%，与赤水河之间的物种相似率也较高，为 86.67%，与嘉陵江和岷江之间的物种相似率分别为 72.44% 和 63.69%，与金沙江之间的物种相似率最低，仅 64.60%（表 3-2）。

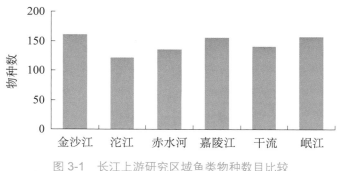

图 3-1　长江上游研究区域鱼类物种数目比较

表 3-2　长江上游研究区域鱼类组成的相同物种数和相似率

	金沙江	岷江	沱江	赤水河	嘉陵江
物种数	161	157	122	135	156
相同物种数	104	100	112	117	113
相似率（%）	64.60	63.69	91.80	86.67	72.44

　　经过现场调查和查阅历史资料，显示研究区域有鱼类 140 种，实际调查到 102 种，减少的种类主要是一些长距离洄游或珍稀种类，三峡水库蓄水后，长距离洄游性鱼类洄游通道阻断。另外，一些珍稀或特有鱼类，如四川白甲鱼（*Varicorhinus angustistomatus*）等，也随着人类活动的加剧逐渐消失。结合历史资料和本研究调查结果，研究区域分布长江上游特有鱼类 27 种，占长江上游特有鱼类总数的 22.13%，研究区域特有鱼类种类数量要少于金沙江、岷江、沱江、赤水河、嘉陵江和乌江（He *et al.*，2011），其中小眼薄鳅、圆筒吻鮈、红唇薄鳅、裸体异鳔鳅鮀和拟缘䱀 5 种长江上游特有鱼类主要出现于这一水域。从物种相似率来看，研究区域与沱江的物种相似度最高，与金沙江的物种相似度最低。沱江流域面积较小，仅次于赤水河（吴金明

等，2010），水域沿程地势及气候变化也较小；导致鱼类物种数目和特有鱼类的数量相对较少；而金沙江流域水位落差大，裂腹鱼类、高原鳅类和鮡类等种类较多，导致其与研究区域的相似度较低。研究区域是接纳上述支流的主干河流，水流相对较缓，目前研究区域仍保持着河流的自然状态，同时由于沿程支流的汇入导致水体生境复杂，因此，其中分布着喜各种生境的鱼类，鱼类种类组成丰富，分布其中的长江上游特有鱼类多数可在其中完成全部生活史过程，部分鱼类可能需要在干流和支流间迁移，以完成生活史过程。

3.2　种群动态现状

根据中国水产科学研究院长江水产研究所、中国科学院水生生物研究所和水利部中科院水工程生态研究所等相关单位研究成果，目前关于长江上游珍稀特有鱼类种群动态研究虽已取得阶段性成果（丁瑞华，1993；曹文宣，2000；陈大庆等，2002；李联满等，2004；刘军，2004；高欣，2007；曹磊，2010；何勇凤，2010；高天珩等，2013；杨志等，2017），长江上游鱼类中已有 40 余种有相关报道（陈云香，2011；杨志等，2011；鲁雪报等，2012；万松泉，2014；解崇友等，2016 李文静等，2018；焦文婧，2020），但是这些研究报道中完整且持续性地对某一珍稀特有鱼类种群动态的研究几乎没有，且有的报道年限久远，已失去参考价值，如嘉陵颌须鮈（谢丛新，1985），而其他特有鱼类如昆明高原鳅、双斑副沙鳅等 80 多种特有鱼类种群动态未见报道。

3.2.1　开发率

长江上游是传统渔业捕捞水域，捕捞强度大，刚刚补充的幼鱼就有可能被捕获。根据已有研究成果，对金沙江一期工程蓄水前后种群开发率进行长期对比分析，蓄水后种群开捕体系与蓄水前较为接近，蓄水后平均开发率（0.66）较蓄水前（0.58）略有增加（表 3-3）。统计发现，长江上游约 77.5% 的特有鱼类如长薄鳅、圆口铜鱼、岩原鲤等实际开发率高于理论最佳开发率或接近于理论最佳开发率水平，这些特有鱼类已处于过度开发或者接近过度开发状态，约 23.5% 的特有鱼类如中华金沙鳅、红唇薄鳅等处于未过度开发状态，这可能与这些特有鱼类个体小、分布区域狭窄、市场需求不高且难以捕捉有关。种群开发率从侧面反映了鱼类资源动态，开发率越高，种群资源量就越少，反之亦然。如长薄鳅等开发率较高的鱼类，年产量由 2000 年前的 10t 以上减少到 2000 年后的 2～3t（段辛斌，2008），长江支流中如雅砻江和嘉陵江渔获量也由 5t 左右减少到 1t 左右，2008 年雅砻江渔获量更是少于 0.3t，2009 年各支流资源为 2008 年的 1/3～1/2，衰退十分明显。总体而言，长江上游特有鱼类资源正处于下降趋势中（刘军，2004；丁瑞华，2006；宋一清等，2018）。

表 3-3　部分长江上游特有鱼类开发率对比

鱼类物种	年份	开捕体长	当前开发率	理论开发率	过度开发
长薄鳅	2011—2013	$L_c=103.75mm$	$E_{cur}=0.74$	$E_{max}=0.430$	是
	2014—2018	—	$E_{cur}=0.72$	$E_{max}=0.476$	是
圆口铜鱼	2010 前	—	$E_{cur}=0.80$	$E_{max}=0.413$	是
	2011—2013	—	$E_{cur}=0.89$	—	是
岩原鲤	2006—2013	$L_c=127.4mm$	$E_{cur}=0.51$	$E_{max}=0.460$	是
	2014—2018	$L_c=270mm$	$E_{cur}=0.71$	$E_{max}=0.499$	是
拟缘鿕	2010—2013	$L_c=67.17mm$	$E_{cur}=0.17$	$E_{max}=1.000$	否
	2014—2018	—	$E_{cur}=0.54$	$E_{max}=0.656$	否
长鳍吻鮈	2010 前	—	$E_{cur}=0.912$	—	是
	2010—2013	$L_c=171.10mm$	$E_{cur}=0.80$	$E_{max}=0.706$	是
	2014—2018	—	$E_{cur}=0.63$	$E_{max}=0.706$	否
异鳔鳅鮀	2010—2013	—	$E_{cur}=0.59$	$E_{max}=0.600$	是
	2014—2018	—	$E_{cur}=0.55$	$E_{max}=0.573$	是
黑尾近红鲌	2010—2013	$L_c=120mm$	$E_{cur}=0.71$	$E_{max}=0.421$	是
	2014—2018	$L_c=135mm$	$E_{cur}=0.59$	$E_{max}=0.549$	是
张氏鳘	2010—2013	$L_c=129.62mm$	$E_{cur}=0.25$	$E_{max}=0.805$	否
	2014—2018	$L_c=73mm$	$E_{cur}=0.03$	$E_{max}=0.594$	否
中华金沙鳅	2010—2013	$L_c=38mm$	$E_{cur}=0.33$	$E_{max}=0.479$	否
	2014—2018	$L_c=48mm$	$E_{cur}=0.46$	$E_{max}=0.518$	否
红唇薄鳅	2010—2013	$L_c=101.53mm$	$E_{cur}=0.56$	$E_{max}=0.840$	否
	2014—2018	$L_c=115mm$	$E_{cur}=0.89$	$E_{max}=0.665$	是
圆筒吻鮈	2010 前	$L_c=163.4mm$	$E_{cur}=0.70$	$E_{max}=0.750$	是
	2010—2013	—	$E_{cur}=0.74$	$E_{max}=0.521$	是
	2014—2018	—	$E_{cur}=0.88$	$E_{max}=0.696$	是
半鳘	2010—2013	$L_c=101mm$	$E_{cur}=0.71$	$E_{max}=0.747$	是
	2014—2018	—	$E_{cur}=0.92$	$E_{max}=0.388$	是
短须裂腹鱼	2010—2013	—	$E_{cur}=0.75$	$E_{max}=0.393$	是
	2014—2018	—	$E_{cur}=0.78$	$E_{max}=0.389$	是
细鳞裂腹鱼	2010—2013	—	$E_{cur}=0.41$	$E_{max}=0.409$	是
	2014—2018	—	$E_{cur}=0.62$	$E_{max}=0.399$	是
齐口裂腹鱼	2010—2013	—	$E_{cur}=0.77$	$E_{max}=0.376$	是
	2014—2018	—	$E_{cur}=0.86$	$E_{max}=0.374$	是

鱼类物种	年份	开捕体长	当前开发率	理论开发率	过度开发
前鳍高原鳅	2010—2013	—	$E_{cur}=0.46$	$E_{max}=0.854$	否
	2014—2018	—	$E_{cur}=0.80$	$E_{max}=0.462$	是
厚颌鲂	2010 前	—	$E_{cur}=0.94$	—	是
	2010—2013	$L_c=150mm$	$E_{cur}=0.60$	$E_{max}=0.650$	是
	2014—2018	$L_c=150mm$	$E_{cur}=0.40$	$E_{max}=0.401$	是

3.2.2　死亡率

受环境因素和人为多重干扰因素的影响，长江上游大部分特有鱼类死亡系数较高，其中捕捞死亡是导致总死亡系数较高的主要因素（王珂等，2009；叶少文等，2011）。综合分析金沙江一期蓄水前和蓄水后两个时间段长江上游主要特有鱼类死亡率（表3-4），蓄水前特有鱼类平均捕捞死亡系数为0.87，而蓄水后则为1.49，仅有细鳞裂腹鱼、张氏䱻、前鳍高原鳅等经济价值低、不易捕捞的种类自然死亡系数高于捕捞死亡系数，多数特有鱼类如长薄鳅、短须裂腹鱼等捕捞死亡系数高于自然死亡系数，资源受捕捞影响较大，过度捕捞可能是导致大部分鱼类资源衰退的主要原因。在年际变化上，蓄水后绝大部分鱼类捕捞死亡系数和开发率平均值高于蓄水前，不易捕捞的种类如细鳞裂腹鱼、张氏䱻、前鳍高原鳅等鱼类的捕捞死亡系数和开发率也显著升高，说明鱼类受过度捕捞影响严重，而且影响程度逐年增加。

表 3-4　部分长江上游特有鱼类死亡系数对比

种类	总死亡系数（年）		自然死亡系数（年）		捕捞死亡系数（年）		开发率	
	蓄水前	蓄水后	蓄水前	蓄水后	蓄水前	蓄水后	蓄水前	蓄水后
短体副鳅	4.85	4.85	0.98	0.98	3.87	3.87	0.80	0.80
半䱻	1.79	1.32	0.52	0.11	1.27	1.21	0.71	0.92
短须裂腹鱼	1.20	1.53	0.30	0.33	0.90	1.20	0.75	0.78
黑尾近红鲌	0.75	1.28	0.31	0.52	0.44	0.76	0.71	0.59
红唇薄鳅	1.42	4.21	0.63	0.47	0.79	3.75	0.56	0.89
厚颌鲂	1.36	0.88	0.54	0.29	0.82	0.59	0.60	0.67
拟缘䱗	1.09	1.09	0.91	0.40	0.18	0.59	0.17	0.54
齐口裂腹鱼	1.42	1.30	0.33	0.30	1.09	1.00	0.77	0.86
前鳍高原鳅	0.84	6.24	0.45	1.25	0.39	4.99	0.46	0.80
细鳞裂腹鱼	0.42	0.68	0.25	0.26	0.17	0.42	0.41	0.62
岩原鲤	0.57	0.82	0.28	0.24	0.29	0.58	0.51	0.71
异鳔鳅鮀	1.37	1.42	0.56	0.64	0.81	0.78	0.59	0.55
圆筒吻鮈	1.41	3.75	0.37	0.46	1.05	3.29	0.74	0.88
张氏䱻	0.65	0.65	0.49	0.63	0.16	0.02	0.25	0.03
长薄鳅	0.85	1.12	0.33	0.31	0.53	0.81	0.62	0.72

续表

种类	总死亡系数（年）		自然死亡系数（年）		捕捞死亡系数（年）		开发率	
	蓄水前	蓄水后	蓄水前	蓄水后	蓄水前	蓄水后	蓄水前	蓄水后
长鳍吻鮈	2.21	1.47	0.45	0.56	1.76	0.92	0.80	0.63
中华金沙鳅	0.78	1.36	0.52	0.73	0.26	0.63	0.33	0.46

注：蓄水前指 2013 年溪洛渡水电站蓄水前；蓄水后指 2013 年溪洛渡水电站蓄水后。

3.2.3 资源量

长江上游特有鱼类是传统渔业的主要捕捞对象，经济价值较高，主要捕捞对象包括岩原鲤、圆口铜鱼、长薄鳅、长鳍吻鮈、圆筒吻鮈等（徐薇等，2012）。20 世纪 70 年代，圆口铜鱼、长江鲟、岩原鲤等大中型特有鱼类曾占到渔获物的 80% ～ 90%，其中，圆口铜鱼在重庆、宜宾等地区可占渔获量的 7% ～ 8%，在金沙江下游数量更多，约占渔获量的 50% 以上（湖北省水生生物研究所鱼类研究室，1976）；而到了 90 年代，圆口铜鱼比例已从 40% 下降到 5%（但胜国等，1999）。2012 年向家坝水电站蓄水、2013 年溪洛渡水电站蓄水后，资源量下降趋势更为明显，合江江段圆口铜鱼的相对丰度由 2007 年的 2.08% 下降至 2008—2012 年的 0.10%（刘飞等，2020）。近几年来，圆口铜鱼已经成为偶获性物种，长江鲟、岩原鲤等特有鱼类已很难捕到，成为少见鱼类（段辛斌，2008）。在岷江上游，齐口裂腹鱼、青石爬鮡、黄石爬鮡、壮体鮡和四川鮡等正在消失（丁瑞华，2006）。2010—2012 年在长江上游干流渔获物调查中发现，长江上游干流特有鱼类共有 11 种，仅占渔获物种数的 23.40%，其中，圆口铜鱼、圆筒吻鮈和长鳍吻鮈虽然仍是三层流刺网渔获物中的优势物种，但所占比例已经明显下降，岩原鲤占比不到 1%，长江鲟则没有捕捞到（田辉伍等，2016）。根据 2010—2018 年调查结果（表 3-5），目前长江上游特有鱼类出现频率、资源量总体呈现下降趋势。

表 3-5　2010—2018 年部分长江上游特有鱼类渔获量变化

种类	类别	2010 年	2011 年	2012 年	2013 年	2014 年	2015 年	2016 年	2017 年	2018 年
长薄鳅	出现频率（%）	41.18	57.88	49.40	37.94	45.57	44.27	47.61	34.17	30.28
	CPUE［g/(船·d)］	145.90	409.10	228.17	194.88	184.52	183.93	377.40	65.21	57.80
	重量百分比（%）	4.74	4.67	5.32	5.31	4.40	4.24	4.58	2.38	2.47
拟缘鉠	出现频率（%）	6.54	7.77	15.71	10.74	12.28	8.77	6.94	11.75	9.26
	CPUE［g/(船·d)］	26.87	41.35	68.93	15.47	2.62	10.96	7.19	11.74	6.95
	重量百分比（%）	0.36	0.58	0.43	0.41	0.39	0.48	0.25	0.20	0.13

续表

种类	类别	2010 年	2011 年	2012 年	2013 年	2014 年	2015 年	2016 年	2017 年	2018 年
长鳍吻鮈	出现频率（%）	60.02	44.92	37.04	21.46	37.92	40.16	35.15	11.17	6.82
	CPUE [g/（船·d）]	96.34	347.88	68.61	40.04	130.75	167.50	107.58	39.80	8.05
	重量百分比（%）	5.53	10.60	2.70	3.36	4.90	4.83	3.86	4.83	0.35
异鳔鳅鮀	出现频率（%）	27.47	38.74	37.21	19.81	31.65	38.07	34.46	43.38	13.64
	CPUE [g/（船·d）]	4.48	67.22	9.03	11.89	18.86	11.83	19.27	13.43	9.99
	重量百分比（%）	0.12	0.84	0.33	0.71	0.69	0.64	0.79	0.61	0.21
裸体异鳔鳅鮀	出现频率（%）	1.37	3.05	4.49	5.26	4.17	3.22	2.04	4.65	3.11
	CPUE [g/（船·d）]	1.36	4.16	5.55	2.87	2.00	1.57	1.24	1.86	1.19
	重量百分比（%）	0.06	0.18	0.14	0.19	0.15	0.11	0.09	0.12	0.09
红唇薄鳅	出现频率（%）	63.73	46.49	49.02	40.30	33.63	34.21	21.08	15.33	10.85
	CPUE [g/（船·d）]	238.90	72.55	38.34	27.93	23.36	129.00	30.77	29.00	1.30
	重量百分比（%）	3.11	0.77	0.99	0.67	0.87	1.45	0.64	0.25	0.17
圆筒吻鮈	出现频率（%）	20.83	27.86	33.17	33.04	25.29	58.15	44.78	37.73	40.65
	CPUE [g/（船·d）]	79.48	265.14	107.31	49.40	31.77	170.10	165.13	61.40	147.80
	重量百分比（%）	3.93	2.50	2.85	3.75	2.41	7.00	4.94	3.98	4.25

注：CPUE（catch per unit effort）表示单位捕捞努力量渔获量。

第4章
主要特有鱼类分类描述及其资源

4.1 长薄鳅

4.1.1 概况

1. 分类地位

长薄鳅（图 4-1）（*Leptobotia elongate* Bleeker，1870），隶属鲤形目（Cypriniformes）鳅科（Cobitidae）沙鳅亚科（Botiinae）薄鳅属（*Leptobotia*），英文名 Elongate loach，俗称"花鳅""花鱼""火军"等，为国家二级保护野生动物，属于《中国濒危动物红皮书》和《中国物种红色名录》收录种类，评定等级为"易危"，是重庆市重点保护动物。

图 4-1 长薄鳅（拍摄者：田辉伍；拍摄地点：江津；拍摄时间：2012 年）

标准体长为体高的 4.5 ～ 5.5 倍，为头长的 3.5 ～ 3.8 倍，为尾柄长的 5.8 ～ 10.0 倍，为尾柄高的 7.9 ～ 8.8 倍。头长为吻长的 2.4 ～ 2.7 倍，为眼径的 16.0 ～ 19.5 倍，为眼间距的 6.1 ～ 6.9 倍，为尾柄长的 1.5 ～ 1.9 倍，为尾柄高的 2.0 ～ 2.5 倍。尾柄长为尾柄高的 1.2 ～ 1.5 倍。

体延长，较高，侧扁，腹部圆。头长，其长度大于体高，侧扁，前端稍尖，吻短，前端较钝，稍侧扁。口下位，口裂呈马蹄形。上颌中央有一齿形突起，下颌中央为一深缺刻。唇较厚,其上有皱褶,唇后沟中断。颏下无纽状突起,具须3对,吻须2对,口角须1对,较粗长,后伸超过眼后缘下方。眼小,位于头的前半部,眼下刺粗短,不分叉,末端超过眼后缘,鼻孔靠近眼前缘,前鼻孔呈一管状,后鼻孔大,前后鼻孔间有一皱褶。鳃孔较小,下角延伸到胸鳍前下方侧面。鳃膜在鳃孔下角与峡部相连。鳃耙短小,呈锥状突起,排列稀疏。

背鳍短小,无硬刺,外缘微凹,其起点至吻端距离大于至尾鳍基距。胸鳍稍宽,末端尖,后伸达到胸、腹鳍基距离的1/2处。腹鳍短小,末端后伸超过肛门,其起点与背鳍第二、三根分枝鳍条基部相对。臀鳍短小,无硬刺,外缘平截,后伸不达尾鳍基部。上下叶约等长,末端尖,尾柄较高,侧扁。肛门离臀鳍起点稍远,在腹、臀鳍起点的中部偏后方。鳞片较小,胸鳍和腹鳍基部有长形腋鳞。侧线完全、平直。全身基色为灰白色,背部色深,腹部浅,为黄褐色。头背部和侧面及鳃盖上有许多不规则棕黑色斑点。体上有5～7个棕黑色马鞍形宽的横条纹,体侧有不规则的大小斑纹或缺如。背鳍小,有2～4列棕黑色斑纹。胸、腹鳍和臀鳍亦有2～3列棕黑色斑纹,尾鳍上具3～6条不规则斜行黑色斑纹。

2. 种群分布

长薄鳅历史记录分布于长江武汉以上江段干支流和金沙江中,在保护区内广泛分布,为重要经济鱼类之一。调查期间,主要在长江上游干流金沙江、岷江、嘉陵江、赤水河和三峡库区出现,尤其是在长江上游干流段渔获量较大,在渔获物中的出现频率维持在40%左右,最高为57.88%;CPUE维持在100g/船/d以上,最高为409.10g/船/d;渔获物重量百分比在4%以上,最高为5.32%(表4-1)。2013年前,资源呈波动趋势,2013年后,虽然有较高的出现频率和CPUE,但渔获重量百分比并未上升,说明渔获物中小个体居多,拉低了渔获重量。2016年渔获重量百分比增加较多,同时,在鱼类早期资源监测过程中,长薄鳅早期资源量增加明显,较2015年增加近10倍,大规模繁殖群体的聚集也是本年度CPUE增加的原因之一。

表 4-1 长薄鳅资源变化(2010—2018 年)

指标	2010 年	2011 年	2012 年	2013 年	2014 年	2015 年	2016 年	2017 年	2018 年
出现频率(%)	41.18	57.88	49.4	37.94	45.57	44.27	47.61	34.17	30.28
CPUE[g/(船·d)]	145.90	409.10	228.17	194.88	184.52	183.93	377.40	65.21	57.80
重量百分比(%)	4.74	4.67	5.32	5.31	4.40	4.24	4.58	2.38	2.47

金沙江一期工程蓄水后,2014年长江上游共采集到样本148尾,2015年采集到91尾,2016年采集到648尾,2017年采集到794尾,2018年采集到135尾。2015年样本数量减少,可能与金沙江一期工程蓄水影响有关,其中,攀枝花2015年下半年未有样本采集到,宜宾江段10月后样本数量减少。2016年样本数量增加与本年度鱼

类早期资源量增加的结果一致，可判断为繁殖群体大量增加而导致捕捞群体量增加。2017 年结合其他项目在增加捕捞努力量的前提下，采集到大量样本，但渔获量未明显变化。2018 年下降，应为经历一定时间后，长薄鳅在保护区内适宜生境已大幅度减少，虽经努力捕捞，但初始资源量已下降。

根据长江上游渔获物组成分析，长薄鳅是除黄颡鱼（统称）、两种铜鱼、长吻鮠、鲤、鲇和家鱼外的重要捕捞对象，捕捞压力较大，根据主要产区渔获量统计，2012 年是渔获量最高的年份，2015 年较低，2016 年有较大幅度增加，2017—2018 年降至最低水平（表 4-2）。

表 4-2　长薄鳅渔获量变化（2011—2018 年）

年份	2011	2012	2013	2014	2015	2016	2017	2018
渔获量（t）	5 513	6 542.2	4 707.7	3 909.3	3 264.2	5 489.4	3 185.6	2 974.1

3. 研究概况

目前已知长江上游分布薄鳅属鱼类 7 种，包括长薄鳅、紫薄鳅、薄鳅、桂林薄鳅、汉水扁尾薄鳅、小眼薄鳅和红唇薄鳅，其中，薄鳅已多年未见样本，桂林薄鳅仅分布于广西沅江水系，汉水扁尾薄鳅仅分布于上游，小眼薄鳅多分布于支流，以大渡河、岷江和嘉陵江较多，长薄鳅、红唇薄鳅和紫薄鳅广泛分布于长江上游干支流（丁瑞华，1994；青弘等，2009）。7 种薄鳅中，长薄鳅、红唇薄鳅和小眼薄鳅为长江上游特有鱼类，长薄鳅已被列入《中国濒危动物红皮书》（乐佩琦和陈宜瑜，1998）和《中国物种红色名录》（汪松和解焱，2004）。刘军根据 1997—2002 年野外渔获物调查数据并结合相关文献资料，运用濒危系数、遗传损失系数和物种价值系数对长江上游 16 种特有鱼类的优先保护顺序进行了定量分析，结果表明长薄鳅达到三级急切保护（刘军，2004）。目前关于长薄鳅的研究已较多，主要集中在胚胎发育（梁银铨，1999）、生物学（库么梅等，1999；陈康贵等，2002；梁银铨等，2007；王志坚等，2009；田辉伍等，2013）、组织学（陈康贵，2002；王志坚，2009；黄小铭，2012）、养殖生产（库么梅等，1999；赵海涛等，2005；周剑等，2007）和分子遗传（Liu *et al.*，2011；Liu *et al.*，2011；Li *et al.*，2012；田辉伍等，2013；申绍祎等，2017）等方面，目前的研究已相对较多，但全面性研究仍显不够。

4.1.2　生物学研究

1. 渔获物结构

2011—2018 年，在保护区采集到的长薄鳅样本的体长范围为 15～461 mm，平均体长 163 mm，优势体长组为 100～250 mm（72.76%）；体重范围为 1.0～1 333.7 g，平均体重 73.4 g，优势体重组小于 250 g（90.43%）（图 4-2）；年龄范围为 1～8 龄，优势年龄组为 1～3 龄（77.89%）（图 4-3）。

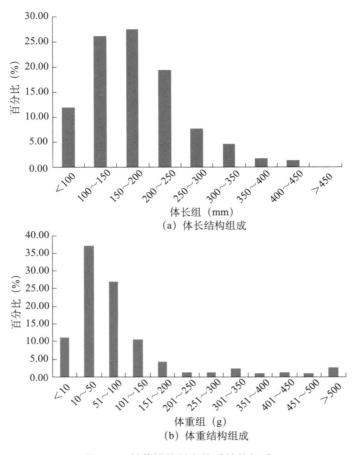

(a) 体长结构组成

(b) 体重结构组成

图 4-2 长薄鳅体长和体重结构组成

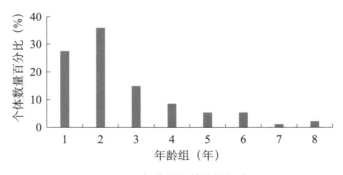

图 4-3 长薄鳅年龄结构组成

2. 年龄与生长

1）年轮特征

长薄鳅耳石呈不规则形状［图 4-4(a)］，随个体年龄的增大，耳石一端突出形成近匙状，个体越大，匙状突越明显，1 000g 以上个体已呈延长状［图 4-4(b)］。耳石截面上生长轮纹特征明显，发现有少量样本原基分离，原基分离样本多数呈现双原基。耳石截面上的年轮有疏密型、切割型两种形式，明暗带间隔较为清楚，明带宽而暗带

窄，随个体的增大，轮纹清晰度相应增加，越至耳石边缘轮纹间距越小［图 4-4(c)］，
0～1 龄间存在幼轮［图 4-4(d)］，较年轮淡而不连续。脊椎骨年轮特征也较明显，生
长轮纹与脊椎骨边缘轮廓相平行，与脊椎骨中心椎孔大致呈同心圆规律排列。有些脊
椎骨样本凹面上的生长轮纹并不呈同心圆排列，轮纹之间有一些交叉及重叠现象，尤
其是大龄个体［图 4-4(e)、图 4-4(f)］。鳃盖骨表面年轮特征明显，为疏密型年轮，但
生长轮纹的疏密排列较为紊乱［图 4-4(g)、图 4-4(h)］。鳞片小，自鱼体上摘取后，在
去除肌肉等处理过程中易碎或丢失轮纹，因此直接排除。

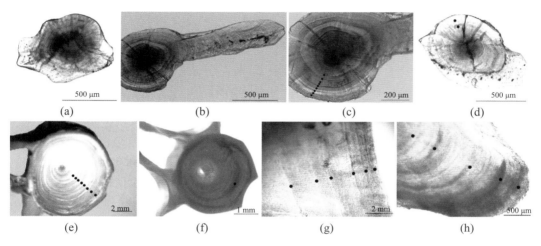

图 4-4　长薄鳅耳石、脊椎骨和鳃盖骨年轮特征

长薄鳅耳石、脊椎骨和鳃盖骨的年龄可判读率分别为 96.41%、92.55% 和 89.70%
（$n=497$），均超过 80%。其中，耳石对长薄鳅年龄的判读能力最高，脊椎骨次之，鳃
盖骨较低。耳石判读年龄主要的影响因素是耳石摘取和材料处理时造成的材料损坏，
长薄鳅耳石匙状突尖而长，尤其是高龄个体，导致在摘取耳石时易将匙状突折断，耳
石打磨时同样易造成耳石匙状突的折断和脱落。脊椎骨判读年龄主要的影响因素是年
轮并不处在同一断面，且各断面堆叠在一起，不能同时读取所有断面数据。鳃盖骨判
读年龄主要的影响因素是轮纹凌乱，且不能很好地区分年轮、月轮等不同轮纹。

2）年轮边际增长率

采用个体数量最多的 2 龄组进行年轮边际增长率分析，发现长薄鳅耳石透明边缘
生长（透明亮带）主要在当年 2—6 月材料中出现，不透明暗带主要在 7 月一次年 1
月材料中出现，透明亮带和不透明暗带边际主要出现在 6 月（图 4-5），因此，本研究
认为长薄鳅耳石材料生长的完整周年为透明亮带 + 不透明暗带。另外，在观察 1 龄材
料时，本研究发现 5—7 月的年龄材料中出现了一个较高龄个体透明亮带暗，但较不
透明暗带亮的特殊亮带，可能会被误判为 1 龄，通过该轮纹出现的时间及轮纹特征，
可较好地排除这种可能。

长薄鳅生长特征采用最小二乘法（退算体长）和体长频数分析法估算生长参数，
前者采用耳石作为年龄鉴定材料和退算体长依据。

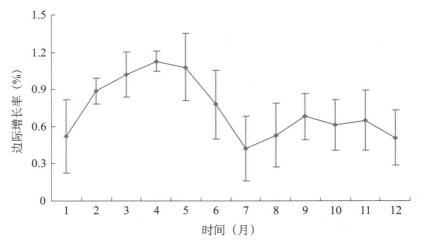

图 4-5　长薄鳅耳石月平均边际增长（误差线表示 ±SE）

3）体长与体重的关系［见图 4-6(a)］

$W = 1 \times 10^{-5} L^{3.008\,5}$（$n = 1\,236$，$R^2 = 0.953$，$F = 3\,570.422\,8$，$P < 0.01$）

幂指数 b 值接近 3（$P > 0.05$），长薄鳅属于匀速生长类型鱼类。

4）体长与耳石半径的关系［见图 4-6(b)］

$L = 0.285\,9R - 68.516$（$n = 495$，$R^2 = 0.945$，$F = 1\,504.305\,2$，$P < 0.01$）

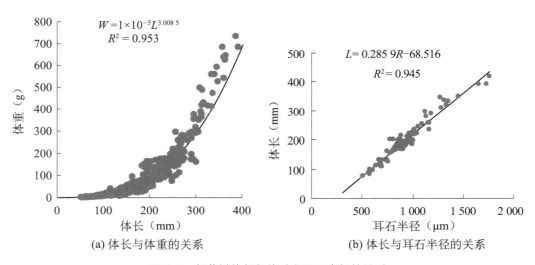

(a) 体长与体重的关系　　　　(b) 体长与耳石半径的关系

图 4-6　长薄鳅体长与体重和耳石半径的关系

5）退算体长

按上式求得各年龄组的退算体长值（表 4-3），并求平均值，结果显示长薄鳅退算体长值与实测体长值无显著性差异（$|t| = 1.756$，$P > 0.05$），仅 1 龄和 2 龄个体的退算体长值明显小于实测体长值。

表 4-3　长薄鳅各年龄组的退算体长

年龄组	各年龄组退算体长（mm）									样本数
	L_1	L_2	L_3	L_4	L_5	L_6	L_7	L_8	L_9	
1	42.54	—	—	—	—	—	—	—	—	68
2	42.35	127.47	—	—	—	—	—	—	—	233
3	40.96	127.09	196.78	—	—	—	—	—	—	77
4	45.15	132.30	201.79	256.76	—	—	—	—	—	50
5	42.98	133.18	205.80	257.90	304.56	—	—	—	—	24
6	42.84	122.46	191.99	243.29	292.13	335.39	—	—	—	14
7	40.56	127.21	194.48	247.95	295.97	340.08	380.11	—	—	15
8	41.89	124.29	191.04	241.64	291.13	337.18	379.98	417.35	—	11
9	43.60	133.24	196.15	252.78	303.80	349.66	391.59	429.84	457.95	3
加权平均值	42.43	128.07	198.33	252.73	297.80	338.48	381.25	420.02	457.95	总计：495
实测体长均值	98.43	168.26	216.71	280.60	309.50	341.00	374.23	413.19	441.50	—
差值	56.00	40.19	18.38	27.87	11.70	2.52	−7.02	−6.83	−16.45	—

6）生长参数

方法一：由退算体长法估算的长薄鳅各生长参数为：$L_\infty = 665.09$mm，$W_\infty = 3\,576.11$g、$k = 0.136/$ 年，$t_0 = 0.463$ 年。

方法二：由 Shepherd 法估算的长薄鳅各生长参数为：$L_\infty = 644.90$mm，$W_\infty = 3\,251.63$g，$k = 0.130/$ 年，$t_0 = -0.050$ 年。退算体长法和 Shepherd 法估算的生长参数间无显著性差异（$P > 0.05$），因此，采用两种方法估算的综合平均值作为长薄鳅的生长参数：$L_\infty = 655.00$mm，$k = 0.133/$ 年，$W_\infty = 3\,413.87$g，$t_0 = -0.049$ 年。

7）生长方程

长薄鳅体长和体重生长曲线如图 4-7 所示，体长和体重生长速度与生长加速度曲线如图 4-8 所示。

$$L_t = 655.00\left[1 - e^{-0.133\,(t+0.049)}\right],\quad W_t = 3\,413.87\left[1 - e^{-0.133\,(t+0.049)}\right]^{3.008\,5}$$

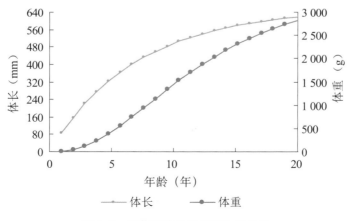

图 4-7　长薄鳅体长和体重生长曲线

长江上游干流鱼类生物学研究

体长和体重生长速度（$\mathrm{d}L/\mathrm{d}t$，$\mathrm{d}W/\mathrm{d}t$）和加速度（$\mathrm{d}^2L/\mathrm{d}t^2$，$\mathrm{d}^2W/\mathrm{d}t^2$）方程为：

$$\mathrm{d}L/\mathrm{d}t = 87.11\mathrm{e}^{-0.133(t+0.049)}$$

$$\mathrm{d}^2L/\mathrm{d}t^2 = -11.59\mathrm{e}^{-0.133(t+0.0491)}$$

$$\mathrm{d}W/\mathrm{d}t = 1\,399.6\mathrm{e}^{-0.133(t+0.049)} \times \left[1-\mathrm{e}^{-0.133(t+0.049)}\right]^{2.085}$$

$$\mathrm{d}^2W/\mathrm{d}t^2 = 186.15\mathrm{e}^{-0.133(t+0.049)} \times \left[1-\mathrm{e}^{-0.133(t+0.049)}\right]^{1.085} \times \left[3.085\mathrm{e}^{-0.133(t+0.049)}-1\right]$$

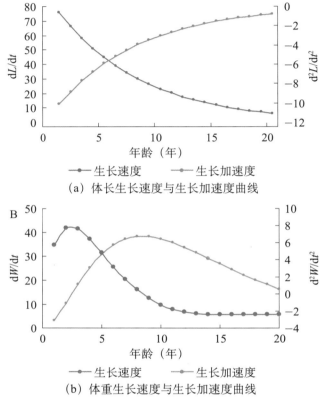

（a）体长生长速度与生长加速度曲线

（b）体重生长速度与生长加速度曲线

图4-8　长薄鳅体长和体重生长速度与生长加速度曲线

8）生长拐点

长薄鳅体重生长速度和加速度曲线是具有拐点的曲线，拐点年龄 $t_i = 7.82$ 龄，对应体长 $L_i = 441.20\mathrm{mm}$、体重 $W_i = 986.21\mathrm{g}$。拐点之前（即 $t < t_i$）加速度为正值，是体重生长速度的递增阶段，但增长加速度值却在下降；当 $t = t_i$ 时加速度为 0，生长速度不再递增；拐点之后（即 $t > t_i$）加速度为负值，体重生长速度进入递减阶段。

9）生长特征

长薄鳅是长江上游最大的鳅科鱼类（丁瑞华，1994），长薄鳅最大可生长至 3kg。长江上游和鳅科鱼类中有许多与长薄鳅体型相似鱼类，将长薄鳅的 5 个生长参数与其他同亚科或同流域的其他 14 种小型鱼类进行比较，其他 14 种鱼类的生长特征参数引自相关文献资料（表4-4）。

表 4-4　长薄鳅与相关鱼类生长参数比较

种类	生长参数						样本量	来源
	k	$L_∞$ （mm）	$W_∞$ （g）	t_0	b	t_i		
长鳍吻鮈	0.24	299.42	555.57	−0.420	3.211 5	4.45	546	辛建峰等， 2010
圆筒吻鮈	0.18	348.78	603.17	−1.150	3.099 0	5.12	511	王美荣等， 2012
铜鱼	0.23	600.29	3 261.91	−0.611	3.113 0	4.20	103 0	庄平和曹 文宣， 1999
圆口铜鱼	0.12	730.15	7 493.05	−1.010	2.994 2	8.13	154 9	杨志等， 2011
泥鳅	0.16	286.50	232.14	−0.997	3.253 0	6.38	139	王敏等， 2001
大鳞副泥鳅	0.13	294.40	241.00	−1.212	3.126 0	7.36	156	
中华沙鳅	0.39	125.00	29.10	−1.106	2.840 9	1.60	91	赵天等， 2008
花斑副沙鳅	0.29	222.30	146.23	−0.267	3.150 6	3.59	620	杨明生， 2009
红尾副鳅	0.09	222.71	51.40	−2.162	2.309 0	6.97	129	郭自强等， 2008
花鳅	0.25	106.50	379.25	−0.507	3.503 0	4.46	174	Alicja *et al.*， 2008
沼泽鳅	0.32	88.46	48.82	−0.882	3.435 8	2.92	99	Soriguer *et al.*， 2000
萨瓦拉鳅	0.41	85.00	23.49	−0.320	3.302 0	2.59	77	Davor *et al.*， 2008
长薄鳅	0.13	654.99	3 411.23	−0.049	3.084 9	7.82	1 525	本研究
异鳔鳅鮀	0.249 8	179.49	133.18	−0.289 8	3.294 3	4.48	405	王生等， 2012
红唇薄鳅	0.23	220.17	100.09	−0.052	2.988 1	4.68	1 658	本研究

　　以上述 14 种已知生长特征参数的鱼类为参照物，应用模糊聚类分析法，对 15 种鱼类进行聚类分析，得到聚类树状图（图 4-9），15 种鱼大致聚为四类，一类为泥鳅、大鳞副泥鳅、圆筒吻鮈和铜鱼，二类为圆口铜鱼和长薄鳅，三类为长鳍吻鮈、花斑副沙鳅、异鳔鳅鮀、红唇薄鳅、中华沙鳅、花鳅、沼泽鳅和萨瓦拉鳅，另外，红尾副鳅

独自聚为一类。从聚类分析树状图分枝距离来看，长薄鳅和圆口铜鱼聚为一类，长薄鳅的生长特征与圆口铜鱼较为相似。

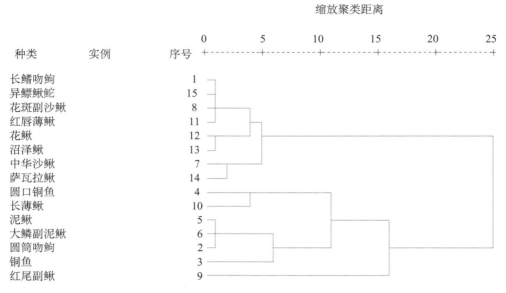

图 4-9　15 种鱼类生长特征聚类分析树状图

从聚类分析结果可以看出，同属的长薄鳅生长速度较慢（$k = 0.133/$ 年）、渐近体长较大（$L_{\infty} = 654.99\text{mm}$）和拐点年龄较高（$t_i = 7.82$ 年）。鱼类生长速度、个体大小等生长特征与其生态习性及生活水域中饵料的丰度密切相关（Bagenal and Tesch，1978；詹秉义，1995）。长薄鳅主要以钩虾、鳑鲏鱼和锯齿华溪蟹等底栖生物为食，属底栖动物食性鱼类，理论上应具有较快的生长速度，但因长江上游底栖动物分布并不均匀（刘向伟等，2009），长薄鳅主要选食鱼类、钩虾类等大型的底栖生物，这部分底栖生物的游泳能力较强，长薄鳅的捕食效率并不高，导致其实际生长速度并不快，一般认为高营养等级鱼类能更高效率地转化饵料，促使其具有较高的生长潜力和较大的拐点年龄，在自然生境条件下较慢的生长速度、较高的生长潜力及较大的拐点年龄有利于种群的规模繁衍（詹秉义，1995）。

梁银铨等（2007）采用 1998—1999 年在金沙江中下游捕捞的 237 尾长薄鳅进行了年龄与生长研究，其研究结果与本研究存在极大差异，尤其是体长体重相关系数，与之相比，本研究的 b 值更接近于 3。原因之一可能是梁银铨等采集区域与本研究有区别，本研究用于生物学分析的样本均来自水富以下江段，而梁银铨等所采样本均来自宜宾以上江段，重合区域很小，不同的生境条件可能导致生长特征的不一致。除生态习性及饵料基础影响外，周年采样、样本量是否足够及采样范围是否具有广泛代表性，也会影响生长参数的估算（詹秉义，1995），梁银铨等（2007）仅采集繁殖期样本 57 尾，可能是导致梁银铨等（2007）所拟合的 b 值和所采用的生长方程与本研究不同的另一个原因。另外，也可能与样本体长范围有关，本研究中长薄鳅样本最大体长与历史研究无显著差异，但本研究中 100mm 以下样本数量充足，而历史研究无 110mm 以下个体，因此，本研究体长组更为完整。有研究表明：体长组越小，b 值有越小的趋势，如东湖鲢（阮景荣，1986）。

3. 食性特征

长薄鳅口较大，亚下位，伸缩性较强，唇边缘光滑，口腔肌肉组织发达，肠管盘曲较简单，多数个体肠无盘旋，少数 1 个小盘旋，肠长小于等于体长，平均肠长系数为 0.71 ± 0.15（0.47-1.06）。胃含物共计 8 类 21 种（属），种类数量上动物性饵料鱼类、甲壳类、软体类和昆虫类 4 大类占优势，其次为植物性饵料硅藻门、绿藻门及少量植物碎屑（表 4-5）。

表 4-5　长薄鳅食物组成及其重要性

类	细分	个数百分比（%）	出现频率（%）	重量百分比（%）	相对重要性指数	优势度
鱼类	银鮈	0.321	25.0	8.706	1.83	31.578
	宜昌鳅鮀	0.160	12.5	4.991	0.52	9.052
	短尾高原鳅	0.481	37.5	6.732	2.20	36.630
	短体副鳅	0.321	25.0	8.357	1.76	30.315
	子陵栉鰕虎鱼	0.481	37.5	8.357	2.69	45.472
甲壳类	钩虾	4.006	62.5	17.063	10.70	154.732
	锯齿华溪蟹	0.321	25.0	13.465	2.80	48.841
	日本沼虾	0.481	37.5	9.286	2.98	50.525
软体类	螺类	0.160	12.5	2.321	0.25	4.210
	沼蛤	0.321	12.5	1.277	0.16	2.316
昆虫类	摇蚊幼虫	0.801	37.5	0.406	0.37	2.210
	石蚕	0.481	37.5	0.696	0.36	3.789
	蜓科	0.481	37.5	6.964	2.27	37.894
	蜉蝣科	0.321	25.0	0.580	0.18	2.105
植物碎片		—	75.0	1.161	—	0.71
硅藻	舟形藻	28.526	100.0	+	23.19	0.006
	直链藻	22.596	100.0	+	18.37	0.006
	小环藻	18.750	87.5	+	13.34	0.003
	异极藻	12.340	100.0	+	10.03	0.007
绿藻	刚毛藻	8.654	75.0	+	5.28	0.004
食糜		—	—	9.634	—	0.000

注："—"表示无法统计；"+"表示小于 0.001。

长薄鳅饵料生物中，个体数量和出现频率以硅藻门 4 属和绿藻门 1 属最高，其次，为动物性饵料钩虾；重量百分比钩虾最高（17.063%），其次为锯齿华溪蟹（13.465%）

和日本沼虾（9.286%）；相对重要性指数与优势度指数结果不一致，相对重要性指数以硅藻最高（各属均大于10%），其次为钩虾（10.70%）；优势度以钩虾最高（154.732），其次为日本沼虾（50.525）。初步判断长薄鳅为底栖动物食性鱼类。

长江上游保护区长薄鳅饵料生物多样性分析结果显示：Shannon-Wiener多样性指数 H 为1.87，均匀度指数 J 为0.094，饵料优势度 D 为0.192。

长薄鳅对食物均具有较为明显的选择性，长薄鳅主要摄食对象为钩虾、锯齿华溪蟹和日本沼虾，另外还有小型鱼类、水生昆虫等。长薄鳅的食谱宽广，这是其作为长江上游干支流江段广布种的适应性结果。长薄鳅胃含物中均有藻类和植物碎片出现，且占有较大的个体数百分比，但重量百分比和优势度指数不高，因此可以判断为非主要食物。鱼类饵料生物相对重要性研究中常采用出现频率、个体数百分比、重量百分比、相对重要性指数（IRI）和优势度指数这五个度量标准中的一个或几个来描述饵料生物对捕食者的相对重要性（Baker et al.，2001；Liao et al.，2001；张堂林，2005），通过上述指数尤其是重量百分比和优势度指数，可初步判定长薄鳅主食甲壳类及水生昆虫类等底栖动物，其他饵料生物如藻类为被动摄取并出现在胃含物中。Washington（1984）研究表明，多数生态群落中，一般不会超过5.0，而Robinson等（2007）的研究也指出当多样性指数较高时，会导致鱼类饵料具有较高的不确定性。郑颖等（2009）发现当优势度较低时，饵料生物优势种群集中性较低，长薄鳅的多样性指数均属中等水平，不确定性较低，饵料生物优势种集中性较高，优势种集中性较高与饵料生物中甲壳类的IRI%和IP值在饵料生物中的绝对地位相符合，相比而言，长薄鳅饵料生物多样性的均匀度指数较低，可能与其主要取食生物大个体为主，研究中发现部分长薄鳅个体解剖后胃中仅1尾鱼或虾的残骸，说明长薄鳅虽然食性种类多，但对一个个体来说，可能一次仅摄食一种饵料生物。

鳅科鱼类的食性比较多样，如中华金沙鳅主要取食藻类和底栖生物（苗志国，1999），这可能与其摄食器官结构和生活习性相关，中华金沙鳅口下位，生活中一般贴附在石头和砂粒上，取食过程中直接刮食石头或砂粒上的藻类及夹杂其中的水生昆虫。鱼类在长期演化的过程中，食性类型和摄食方式形成了一系列各自的形态学适应特征，对喜好的饵料生物都有一定的形态学适应（殷名称，1995），长薄鳅口亚下位，伸缩性较强，上下唇边缘光滑，不便于刮食藻类，主要采用吞食的方式获取饵料生物，导致其主要以饵料生物个体为食，这也是其摄食效率不高的原因之一，而其肠长系数均小于1，不适宜消化吸收植物性饵料，因此，长薄鳅是以肉食性为主的鱼类。水体中饵料基础也是影响鱼类食性变化的因素之一，有研究者通过食性资源集团组成特征，分析提出长江上游以水生昆虫为食的鱼类较多，纯肉食性鱼类较少（丁宝清等，2011），长薄鳅以甲壳类及水生昆虫为食，符合生态环境适应特征。库幺梅（1999）研究发现长薄鳅主要以甲壳类为主，其次为小鱼和鱼卵，但本研究未发现胃含物中有鱼卵存在，因此，分析鱼卵可能是偶然摄食。方翠云等（2011）研究发现紫薄鳅主要以体型较小的鱼虾、底栖无脊椎动物及一些藻类和植物碎片为食，为偏动物食性的杂食性鱼类。长薄鳅和相同分布区域内的红唇薄鳅饵料生物种类存在重叠，但两种鱼类对食物个体的选择性不同，因此竞争相对较弱，尤其是随着长薄鳅体型的增大，胃含物中一般只出现大个体的鱼虾类，两种鱼类之间的竞争基本消失。红唇薄鳅分布区域内同时分布紫薄鳅，其不仅与红唇薄鳅的摄食对象及食物选择性存在重叠，还与红唇薄鳅具有相似的体型，可以判定两种鱼类存在着较为激烈的竞争关系。

4. 繁殖特征

1）繁殖群体组成

2011—2013 年保护区采集到的长薄鳅样本中，雌性由 2 ～ 9 龄组成，体长 147 ～ 417mm，平均体长（264.54 ± 74.62）mm，体重 44.9 ～ 899.5g，平均体重（285.39 ± 229.24）g；雄性由 2 ～ 8 龄组成，体长 118 ～ 410mm，平均体长（240.81 ± 78.71）mm，体重 55.3 ～ 855.5g，平均体重（238.77 ± 218.48）g。性比为 ♀ ：♂ =1.238 ：1。

2）初次性成熟年龄

长薄鳅群体中 50% 个体达性成熟的体长组的平均体长为（175.40 ± 3.42）mm，该体长即为长薄鳅的初次性成熟体长，换算得出初次性成熟体重为 58.57g，对应初次性成熟年龄为 2.3 龄（图 4-10）。2.3 龄是首次有 50% 个体进入Ⅲ期性腺的起始阶段，繁殖期间首次 100% 个体均进入Ⅲ期性腺阶段的体长组为 280 ～ 300mm，平均体长为（290.63 ± 7.21）mm（4.4 龄），因此，可认为体长 4.4 龄及其以上个体是长薄鳅繁殖群体的主要组成部分，4.4 龄以下个体为繁殖群体补充部分。

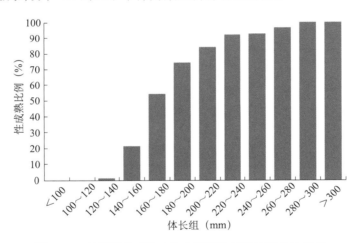

图 4-10　长薄鳅性成熟个体在不同体长组的百分比组成

初次性成熟年龄是鱼类繁殖潜力增加与个体生长、寿命及繁殖相互权衡的结果（陈毅峰等，2004）。一般认为性成熟年龄延迟有利于个体进一步生长，以获得足够的个体大小来完成生殖过程，尤其是在恶劣生境条件下，这种生态适应性更重要（Grover et al.，2005）。长薄鳅个体较大，寿命较长，繁殖群体以剩余群体为主，种群世代更新较慢，适应于广布生活，因此其分布范围广泛。长薄鳅的性成熟时间相对较晚（大于 2 龄），这是对长江上游干支流激流生境条件相适应的平衡结果。本研究结果表明，长薄鳅雌雄性比表现为雌性略多于雄性，总体接近于 1 ：1，这与同水域的中华沙鳅（杨明生和丁夏，2010）和张氏鳌（孙宝柱等，2010）相同。长薄鳅繁殖群体中雌性个体多于雄性个体，可能是出于提高配对成功率的考量，野外中一尾雄性个体可同时为多尾雌性个体进行受精，以保证种群的正常延续，这种情况也在花斑副沙鳅中出现（杨明生等，2007），分析可能与生境状况和捕捞方式有关。

3）精巢发育和精子发生

王志坚等（2009）《应用组织学和超微结构方法》研究了长薄鳅精巢发育和精子发生（图4-11）。结果显示：长薄鳅精巢1对，其发育过程可划分为6个时期，I期性腺肉眼无法分辨雌雄。组织学结构显示：长薄鳅的精巢属于小叶型，根据发育过程中细胞的大小、核仁多少、细胞核和细胞质浓缩的程度，将精子发生划分为6个时相。超微结构下精原细胞分为初级精原细胞和次级精原细胞，成熟精子分头部、中片和尾部3个部分，尾部有侧鳍，具"9+30"式微管结构。

Ⅰ期精巢：精巢细线状，肉红色，紧贴肾脏，与腹膜紧连，从外表无法辨别雌雄。

Ⅱ期精巢：精巢线状，细长，粉红色，半透明。

Ⅲ期精巢：精巢宽度增加，圆杆状，浅红色，可见血管分布。

Ⅳ期精巢：精巢乳白色，细棒状，血管分布明显。

Ⅴ期精巢：精巢乳白色，细棒状，体积较Ⅳ期变化不大，血管不显著，轻压雄鱼腹部有乳白色精液流出。

Ⅵ期精巢：精巢体积因精液排出而缩小，表面淡红色，微血管丰富。

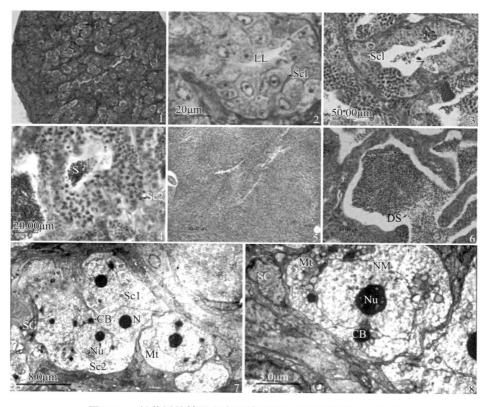

图4-11　长薄鳅的精巢发育和精子发生（王志坚等，2009）

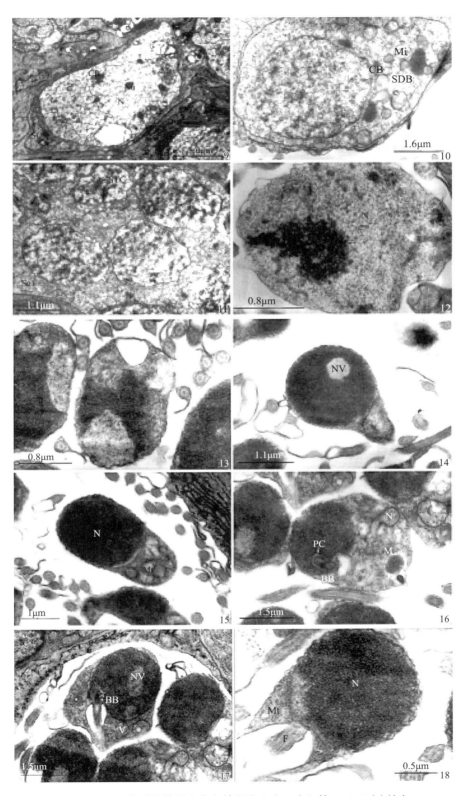

图 4-11　长薄鳅的精巢发育和精子发生（王志坚等，2009）（续）

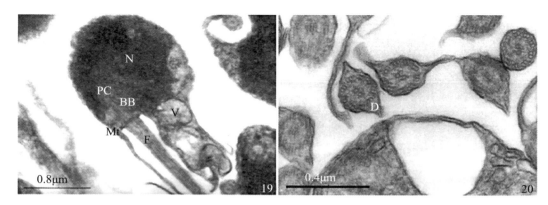

图 4-11　长薄鳅的精巢发育和精子发生（王志坚等，2009）（续）

　　1—Ⅰ期精巢；2—Ⅱ期精巢；3—Ⅲ期精巢；4—Ⅳ期精巢；5—Ⅴ期精巢；6—Ⅵ期精巢；7—精小囊（TEM）；8—初级精原细胞（TEM）；9—次级精原细胞（TEM）；10—初级精母细胞（TEM）；11—初级精母细胞（TEM）；12—次级精母细胞（TEM）；13—精子细胞染色质的浓缩（TEM）；14—精子细胞的核泡（TEM）；15—精子细胞中片和头部（TEM）；16—精子细胞近端和远端中心粒（TEM）；17—精子细胞的袖套（TEM）；18—成熟精子头部（TEM）；19—成熟精子（TEM）；20—"9+30"式微管结构（TEM）；BB—基体；CB—拟染色质小体；D—二联管；DS—退化精子；F—鞭毛；LL—小叶腔；Mt—线粒体；N—细胞核；NM—核膜；Nu—核仁；NV—核泡；PC—近端中心粒；S—成熟精子；SC—支持细胞；1Sc1—初级精母细胞；Sc2—次级精母细胞；SER—滑面内质网；Sg1—初级精原细胞；Sg2—次级精原细胞；STC—联会复合体；V—囊泡；3中→：精小囊；12中→：浓缩的染色质

4）卵巢发育和卵子发生

　　王志坚等（2011）采用组织学、组织化学、电镜等方法研究了长薄鳅的卵巢发育和卵子发生（图 4-12）。结果表明：长薄鳅卵巢 1 个，根据形态、色泽、成熟系数等将发育过程分为 5 个时期，成熟系数最大达 20.22%。第Ⅰ时相，卵原细胞位于生殖上皮内，成团分布，核质比大，核膜双层，清晰，核位于细胞中央。第Ⅱ时相，产卵板、卵黄核和滤泡细胞出现。第Ⅲ时相，卵子体积增加明显，卵黄泡出现，卵黄开始沉积，滤泡细胞 2 层。第Ⅳ时相，卵黄颗粒充满卵母细胞，核膜破裂，细胞核向动物极发生偏移，滤泡层分为 3 层。第Ⅴ时相，卵母细胞体积达最大，卵黄颗粒聚集成卵黄小板，核膜完全破裂，核向动物极移动。组织化学染色显示，随着卵母细胞的发育，糖类、蛋白质、脂肪等物质不断增加，卵子成熟时达到积累的顶点，而 DNA、RNA 由明显到不明显。电镜观察显示线粒体等多种细胞器参与了卵黄的合成；线粒体形态多样，在卵黄的形成过程中起到了主要作用；卵黄小板有 4 种类型。

　　Ⅰ期卵巢：卵巢透明，薄带状，与腹膜紧连，紧贴于肾脏腹面中央。卵巢单个，精巢 1 对，据此可以辨别雌雄。

　　Ⅱ期卵巢：卵巢早期浅肉红色、半透明，由中间向两端逐渐变窄，晚期肉红色，有血管分布，边缘较中间薄。成熟系数 0.02%～1.48%。

　　Ⅲ期卵巢：卵巢扁平囊状，肉红色，隐约可见卵粒，成熟系数 0.50%～3.11%。随着卵巢的发育，其宽度和厚度显著增加，卵粒较易看到，体积明显增大。

Ⅳ期卵巢：卵巢棒槌形，血管布满整个卵巢表面，分枝很多，由于血管多所以呈浅红灰色。卵巢膜明显增厚，卵粒明显但相互粘连。成熟系数 5.33%～16.14%。

Ⅴ期卵巢：轻压雌鱼腹部，可挤出卵粒。卵粒饱满，呈灰绿色。成熟系数 15.13%～20.22%。

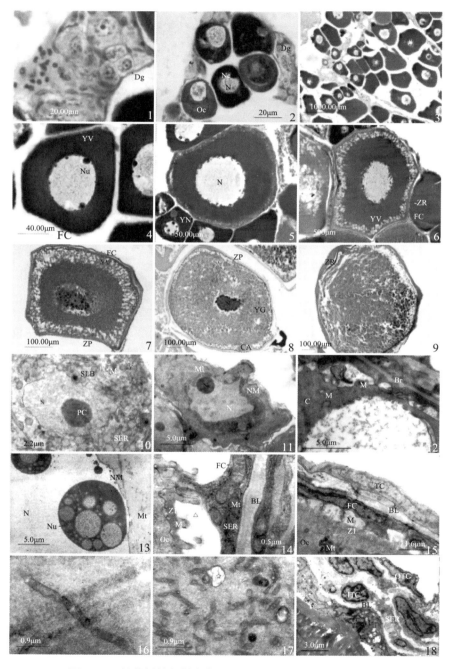

图 4-12　长薄鳅的卵巢发育和卵子发生（王志坚等，2011）

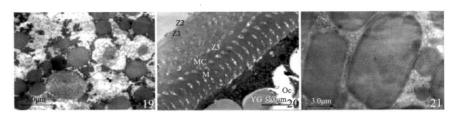

图 4-12　长薄鳅的卵巢发育和卵子发生（王志坚等，2011）（续）

1—Ⅰ时相卵原细胞；2—Ⅱ时相早期卵母细胞；3—Ⅱ时相中期卵母细胞；4—Ⅱ时相晚期卵母细胞；5—Ⅲ时相早期卵母细胞；6—Ⅲ时相中期卵母细胞；7—Ⅲ时相后期卵母细胞；8—Ⅳ时相卵母细胞；9—Ⅴ时相卵母细胞；10—卵原细胞（TEM）；11—卵黄合成前期卵母细胞（TEM）；12—卵母细胞微绒毛（TEM）；13—核仁（TEM）；14—滤泡细胞（TEM）；15—滤泡细胞和放射带（TEM）；16—典型功能型线粒体（TEM）；17—线粒体（TEM）；18—滤泡细胞（TEM）；19—卵黄小板（TEM）；20—放射带（TEM）；21—卵黄小板（TEM）；A—Ⅰ型卵黄小板；B—Ⅱ型卵黄小板；BL—基层；C—Ⅲ型卵黄小板；CA—皮层泡；D—Ⅳ型卵黄小板；DFC—致密纤维中心；FC—图 4、6、7、14 中为滤泡细胞、图 10 中为纤维中心；ITC—内层鞘膜细胞；M—微绒毛；MC—微绒毛孔道；Mt—线粒体；N—细胞核；NLB—拟染色质小体；NM—核膜；Nu—核仁；Oc—卵母细胞；Og—卵原细胞；OTC—外层鞘膜细胞；SER—滑面内质网；TC—鞘膜细胞；V—囊泡；YG—卵黄颗粒；YN—卵黄核；YV—卵黄泡；ZR—放射带；Z1—放射带 1；Z2—放射带 2；Z3—放射带 3；△—12 和 14 中为絮状电子物；17 中为同心膜样线粒体；☆：空泡状线粒体；★—沉积卵黄物质的线粒体

5）产卵类型

长薄鳅卵径平均为（1433.40±236.20）μm，受精卵吸水膨胀后卵膜径为（4301.40±716.90）μm（图 4-13），其中，Ⅲ期卵巢的平均卵径为（1278.30±181.00）μm，Ⅳ期卵巢成熟卵平均卵径为（1507.90±223.10）μm。同一卵巢（Ⅳ期）中卵粒的发育基本同步，因此，长薄鳅可以初步判断为一次性产卵类型鱼类。

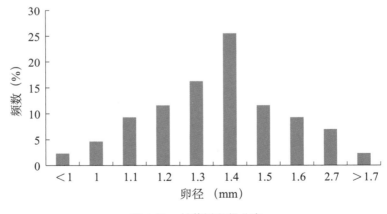

图 4-13　长薄鳅卵径分布

通过比较同一成熟卵巢中卵粒的卵径峰值图可以看出，长薄鳅只有一个较明显峰值，可以初步判断为一次性产卵类型鱼类，同属的紫薄鳅也被认为是一次性产卵类型鱼类（方翠云等，2011）。有研究认为长薄鳅是分批产卵类型鱼类（梁银铨等，

1999），本研究选取了 5 尾成熟雌鱼的卵巢进行统计，均采自长江上游江津至朱杨溪江段，而历史研究样本来自金沙江段，可能是地域差异造成的，但由于本研究与历史研究所用样本均较少，因此有必要扩大样本量和采样区间对其进行进一步研究。

6）繁殖力

长薄鳅平均绝对怀卵量 22 484±6422（12 180～34 870）粒，平均相对怀卵量 58.74±15.64（29.93～86.19）粒 /g。

卵粒大小对鱼类早期胚胎发育和胚后苗存活具有重要的意义，不同种群或同种群不同大小的个体其怀卵量也不一定相同（殷名称，1995）。长江鱼类一般卵粒规格不大，但怀卵量较高，如"四大家鱼"中的草鱼（*Ctenoparygodon idellu*）和鲢（*Hypophthalmichthys molitrix*）平均卵径仅 1.00mm，绝对怀卵量高达数十万粒。与大型鱼类相比，鳅科鱼类卵粒规格一般不大，怀卵量不高，如中华沙鳅绝对怀卵量为 6 780 粒，相对怀卵量为 269 粒 /g，卵径范围为 0.8～1.4mm（杨明生和丁夏，2010），紫薄鳅的绝对怀卵量为 2 602 粒，相对怀卵量为 127 粒 /g，平均卵径 1.47mm（方翠云等，2011）。长薄鳅绝对怀卵量为 22 484 粒，相对怀卵量为 58.74 粒 /g，平均卵径为 1.43mm。长薄鳅与草鱼和鲢相比，卵黄明显大于草鱼和鲢，但怀卵量显著少于这两种鱼类。一般认为怀卵量少而卵黄大，能够保证后代有高质量的营养，可提高后代存活率，充足的内源营养可以保证刚出膜的仔鱼能生长到足够大小，以抵御敌害生物的侵袭和激变的环境。

7）繁殖时间

根据 2010—2018 年江津断面长薄鳅早期资源监测结果，长薄鳅卵苗出现时间为 5 月底—7 月初。鱼卵出现时期一般不早于 5 月 20 日，不晚于 7 月 20 日，产卵水温一般不低于 20℃，不高于 26℃。采集到的长薄鳅鱼苗期大多为出膜期仔鱼，未见发育时期较晚的仔鱼或稚鱼。

通过对长薄鳅成熟系数与肥满度指数变化分析（图 4-14），二系数的变化趋势在 3—7 月呈较为明显的逆向分布。5—7 月所采样本性腺成熟系数最高，明显高于其他月份，此时约 90% 的性成熟个体性腺发育达Ⅳ期或以上，尤其是 6—7 月，成熟雌鱼挤压腹部大多可见卵粒，此时肥满度指数处于周年低水平时间段；8 月份所采样本成熟系数急剧下降，肥满度指数也下降至周年最低水平，卵巢大多为空囊；9 月以后所采样本性腺基本已退化至Ⅱ期水平，成熟系数偏低，此时的肥满度指数上升较快，11 月达周年最高水平；12 月和次年 1 月所采样本有部分个体性腺恢复至Ⅲ期水平，此时肥满度指数较 11 月有小幅下降。

本研究调查中发现，长薄鳅 5—7 月所采样本个体性腺多数达Ⅳ期或Ⅴ期，通过鱼类早期资源监测也发现长薄鳅鱼卵主要出现在 6 月底—7 月初，因此判断长薄鳅的繁殖时间为 6—7 月。另外，在 11 月—次年 1 月所采样本也有少数个体性腺发育达Ⅲ期，可能是一次性完成产卵后以Ⅲ期性腺越冬，有待于进一步研究完善资料。

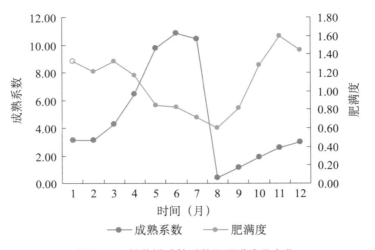

图 4-14　长薄鳅成熟系数及肥满度月变化

8）生境特点与繁殖习性

长薄鳅主要分布于长江上游干支流，分布水域最高海拔近 1 500m，最低海拔仅170m，这些江段多数处于高山峡谷间，水位变化大，流速快，河道地形多样，水文情势复杂。从资料查阅、实地调查和胃含物分析结果看，长薄鳅主要分布于河流敞水区中下层的砂石缝隙等区域，喜藏匿，不好动，尤其喜欢在河流多砂石的河岸及洄水区域活动，性成熟个体多在游动过程中寻找多弯道、多矶头分布的江段产卵，产卵期间这些江段平均流速达 2m/s 以上，矶头收缩水域最高流速可达 4m/s。长薄鳅受精卵呈淡黄色、无黏性，卵产出受精后吸水膨胀，然后随江水漂流发育。

5. 胚胎发育

梁银铨等（1999）采用人工授精的方法获得了长薄鳅受精卵，并对胚胎发育过程进行了连续观察（表 4-6、图 4-15）。

表 4-6　长薄鳅胚胎发育特征（水温为 22.0 ~ 23.5 ℃）

序号	发育时期	主要特征	发育时间
1	胚盘形成期	受精后 45min 胚盘形成，卵黄囊直径 1.33mm，卵周间隙 1.25mm	45min
2	2 细胞期	纵裂，2 分裂球大小相等，高度占卵胚 1/4 ~ 1/3	1h 30min
3	4 细胞期	纵裂，分裂球大小相等	2h 10min
4	8 细胞期	8 细胞	2h 55min
5	16 细胞期	16 细胞	3h 30min
6	32 细胞期	32 细胞	3h 50min

序号	发育时期	主要特征	发育时间
7	64 细胞期	64 细胞	4h 10min
8	128 细胞期	128 细胞	4h 30min
9	多细胞期		5h 30min
10	囊胚早期	分裂球已难以分辨，胚层隆起较高	6h 20min
11	囊胚中期	胚层变薄并下降	7h 40min
12	囊胚晚期	胚层进一步下降	8h 10min
13	原肠早期	胚层下包 1/2	9h
14	原肠中期	胚层下包 2/3	9h 30min
15	原肠晚期	胚层下包 4/5	10h 20min
16	神经胚期	胚层下包 9/10、卵黄栓外露，神经扳雏形出现	12h 10min
17	胚孔封闭期	胚层下包结束，胚孔封闭、眼泡原基分化	14h 30min
18	肌节出现期	肌节出现 4～7 对	15h 40min
19	眼基出现期	出现眼基痕迹，肌节 8～9 对	16h 50min
20	尾芽出现期	肌节 9～11 对	18h
21	听囊出现期	听囊出现，尾段伸长、卵黄囊被拉长，肌节 10～15 对	19h
22	肌肉效应期	肌节 21～22 对，解剖镜下可见胚体有节律地抽动、卵黄随尾生长而进一步拉长	23h 45min
23	耳石出现期	出现 1 对耳石	24h 10min
24	心脏搏动期	心脏缓缓搏动、肌节 23～27 对、胚体不断扭动	27h
25	出膜前期	胚体完全伸直、出现鳔雏形。胚体可在卵黄膜内不断转动，用头部撞击卵膜、卵膜开始瘪塌	31h
26	孵出期	以头部先出膜，刚出膜仔鱼全长 5 mm	34h

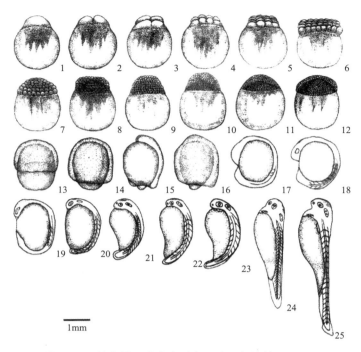

图 4-15　长薄鳅胚胎发育时序图（梁银铨等，1999）

1—胚盘形成期；2—2 细胞期；3—4 细胞期；4—8 细胞期；5—16 细胞期；6—32 细胞期；7—64 细胞期；8—多细胞期；9—囊胚早期；10—囊胚中期；11—囊胚晚期；12—原肠早期；13—原肠中期；14—原肠晚期；15—神经胚期；16—胚孔封闭期；17—肌节出现期；18—眼基出现期；19—脊索形成期；20—眼囊期；21—听囊期；22—尾芽出现期；23—肌肉效应期；24—耳石出现期；25—孵出期

4.1.3　渔业资源

1. 死亡系数

1）总死亡系数

总死亡系数（Z）根据变换体长渔获曲线法，通过 FiSAT II 软件包中的 length-converted catch curve 子程序估算，估算数据来自体长频数分析资料。选取其中 33 个点（黑点）做线性回归（图 4-16），回归数据点的选择以未达完全补充年龄段和体长接近 $L_∞$ 的年龄段不能用作回归为原则，估算得出全面补充年龄时体长为 103.75mm，总死亡系数 $Z=0.85$/年。

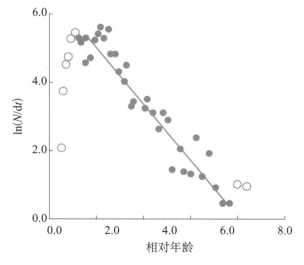

图 4-16　根据变换体长渔获曲线估算长薄鳅总死亡系数

2）自然死亡系数

自然死亡系数（M）采用 Pauly's 经验公式估算，参数如下：栖息地年平均水温 $T \approx 18.40℃$（2010—2012 年实地调查数据），$TL_\infty = 76.39$cm，$k = 0.15/$ 年，代入公式估算得自然死亡系数 $M = 0.33/$ 年。

3）捕捞死亡系数

捕捞死亡系数（F）为总死亡系数（Z）与自然死亡系数（M）之差，即：$F = Z-M = 0.52/$ 年。

2. 捕捞群体量

1）开发率

通过上述变换体长渔获曲线估算出的总死亡系数（Z）及捕捞死亡系数（F），得出长薄鳅当前开发率：$E_{cur} = F/Z = 0.61$。

2）资源量

2011—2018 年长江上游长薄鳅年平均渔获量为 6.27t，通过 FiSAT Ⅱ 软件包中的 length-structured VPA 子程序将样本数据按比例变换为渔获量数据，另输入参数如下：$k = 0.15/$ 年，$L_\infty = 656.10$mm，$M = 0.33/$ 年，$F = 0.53/$ 年。

经实际种群分析，估算得出长江上游长薄鳅 2011—2018 年年均平衡资源生物量分别为 7.47t、7.61t、6.21t、3.63t、5.41t、7.58t、4.89t 和 1.52t，对应年均平衡资源尾数为 73 281 尾、73 186 尾、66 693 尾、49 653 尾、61 383 尾、92 348 尾、78 896 尾和 24 524 尾（图 4-17）。

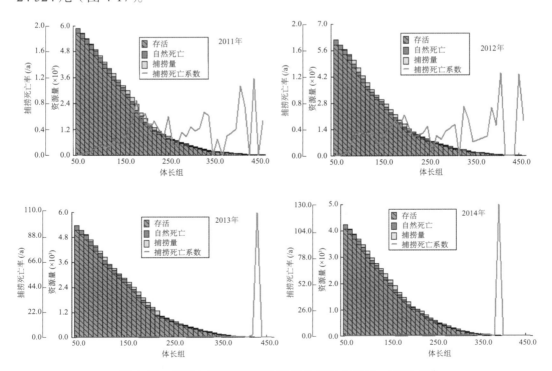

图 4-17　长江上游长薄鳅实际种群分析图（2011—2018 年）

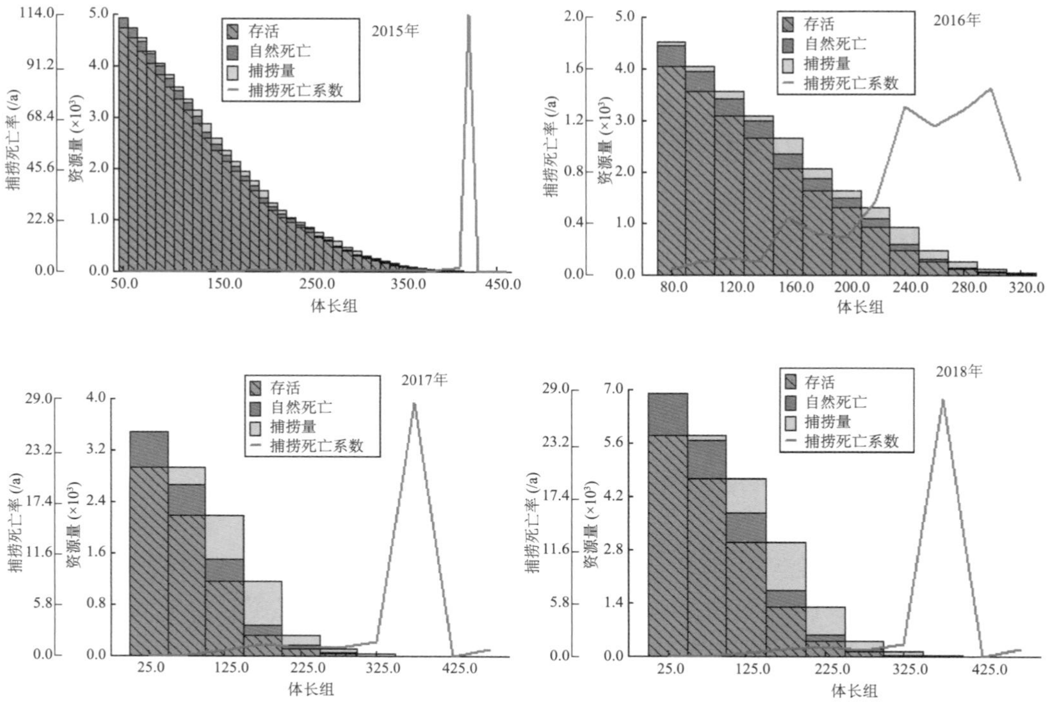

图 4-17　长江上游长薄鳅实际种群分析图（2011—2018 年）（续）

同时采用 Gulland 经验公式，估算得出是 2011—2018 年是长江上游长薄鳅最大可持续产量（MSY）为 4.01 t。

3. 资源动态

1）资源现状

经体长变换渔获量曲线分析（图 4-18），当前，长江上游长薄鳅补充体长为 103.96mm。目前，长江上游捕捞强度大，刚刚补充的幼鱼就有可能被捕获上来，开捕体长与补充体长趋于一致，因此，认为长江上游长薄鳅当前开捕体长（L_c）为 103.96mm。采用 Beverton-Holt 动态综合模型分析，由相对单位补充量渔获量（Y'/R）与开发率（E）关系作图，估算出理论开发率 E_{max}=0.430、$E_{0.1}$=0.357、$E_{0.5}$=0.272，而当前开发率（E_{cur}）为 0.74，远高于理论开发率，已处于过度捕捞状态。注：E_{max} 指获得最大渔获量的开发率；$E_{0.1}$ 指 Y'/R 边际增长减少 10% 的开发率；$E_{0.5}$ 指资源量下降到原始水平 50% 的开发率（本书余同）。

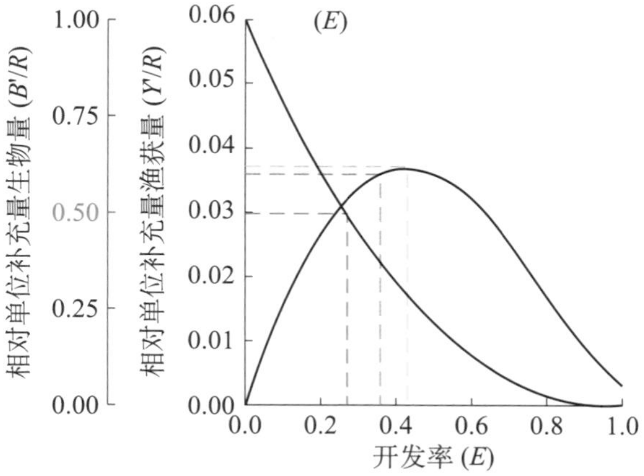

图 4-18　体长变换渔获量曲线分析

2）资源现状影响因素

有研究认为可通过设置 M/k 和 L_c/L_∞ 模拟值进行渔业形势敏感性分析，以判断当前渔业状况是否合理，同时可初步推断应对当前渔业做何种调整。通过表4-7可以看出，改变 M/k 值和 L_c/L_∞ 值并不能显著改变对长薄鳅渔业资源的开发力度。可认为当前长薄鳅过度捕捞现象是多重因素引起的，单一改变某一参数并不会对当前渔业资源产生明显影响。

表 4-7　通过模拟 M/k 和 L_c/L_∞ 值 ±30% 变化，获得资源开发理论水平估计值 E_{max}、$E_{0.1}$ 和 $E_{0.5}$

$\Delta M/k$	M/k	L_c/L_∞	E_{max}	$E_{0.1}$	$E_{0.5}$
−30%	1.095	0.159	0.449	0.367	0.289
−20%	1.251	0.159	0.441	0.368	0.282
−10%	1.408	0.159	0.435	0.357	0.276
当前	1.564	0.159	0.430	0.357	0.272
+10%	1.720	0.159	0.426	0.355	0.268
+20%	1.877	0.159	0.423	0.352	0.265
+30%	2.033	0.159	0.401	0.301	0.262
$\Delta L_c/L_\infty$	L_c/L_∞	M/k	E_{max}	$E_{0.1}$	$E_{0.5}$
−30%	0.111	1.564	0.407	0.309	0.262
−20%	0.127	1.564	0.414	0.303	0.265
−10%	0.143	1.564	0.422	0.353	0.268
当前	0.159	1.564	0.430	0.357	0.272
+10%	0.175	1.564	0.438	0.360	0.275
+20%	0.190	1.564	0.446	0.371	0.278
+30%	0.206	1.564	0.455	0.366	0.282

3）最适开捕规格

开捕规格的增大可能一定程度地损害渔业利益，因此，有学者估算出了一个理论的开捕体长理论值，尽可能少地损害渔业利益，保证渔业资源的可持续，这个开捕体长值被认为是能获得最大相对单位补充量渔获量的体长（L_{opt}）。如果将长薄鳅的开捕体长（L_c）提高到能获得最大相对单位补充量渔获量的体长（L_{opt}）202.52mm［长薄鳅初次性成熟体长（L_m）为175.40mm］，估算出理论开发率 $E_{max}=0.526$、$E_{0.1}=0.401$、$E_{0.5}=0.308$（图4-19），仍与当前开发

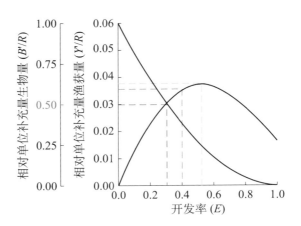

图 4-19　体长变换渔获量曲线分析

率存在较大差距，理论上提高开捕体长至少能获得最大相对单位补充量渔获量的体

长，但仍不能接受当前开发率水平，仅能在当前渔业基础上一定程度地弥补资源损失和提高鱼产量。

4.1.4 鱼类早期资源

1. 早期资源量

经形态及分子鉴定获得2010—2012年长薄鳅鱼卵在所有鱼卵中的平均百分比为5.05%（其中，2010年占2.17%，2011年占6.42%，2012年占6.55%）。2010年长江上游江津断面长薄鳅产卵量为0.29×10^8 ind；2011年长江上游江津断面长薄鳅产卵量为0.99×10^8 ind；2012年长江上游江津断面长薄鳅产卵量为0.58×10^8 ind。

2010年江津断面共出现2次产卵高峰：5月27—31日，产卵量为5×10^6 ind；6月29—30日，产卵量为0.23×10^8 ind（图4-20）。

2011年江津断面共出现3次产卵高峰：6月18—21日，产卵量为0.43×10^8 ind；6月26—29日，产卵量为0.38×10^8 ind；7月2—4日，产卵量为0.18×10^8 ind（图4-20）。

2012年江津断面共出现3次产卵高峰：6月23—27日，产卵量为0.11×10^8 ind；6月30日—7月1日，产卵量为0.37×10^8 ind；7月8日，产卵量为0.10×10^8 ind（图4-20）。

2010—2012年长薄鳅产卵高峰主要集中时间为6月10日—7月10日，产卵量为1.80×10^8 ind，占总产卵量的96.24%。

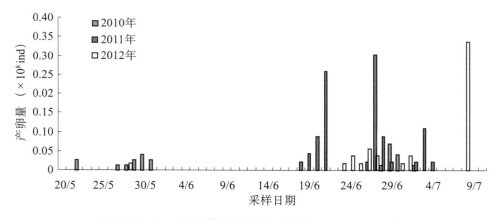

图4-20　5—7月长薄鳅产卵量变化图（2010—2012年）

2. 产卵场分布

根据2010—2012年长薄鳅鱼卵发育时期和流速退算，长薄鳅产卵区域有18个（2010年4个，2011年10个，2012年10个），累计长度约90km（2010年26km，2011年57km，2012年52km）。3年监测结果显示，18个产卵区域中弥陀（弥陀镇—黄市坝，长4.0km）产卵场3年均有产自该区域的鱼卵监测到；朱杨（朱杨溪—大堂河，长4.5km）、合江下（茶息亭—赤水河口，长8.1km）、合江上（黄嘴—新瓦房，长8.2km）和泸州（纳西—沱江河口，长9.1km）4个产卵场两年均有产自该区域的鱼卵监测到；其余产卵场仅1年监测到产自该产卵场的鱼卵。

根据 2010—2012 年长薄鳅产卵量估算结果，18 个产卵区域中产卵量排在前列的为朱杨（朱杨溪—大堂河，长 4.5km）、合江下（茶息亭—赤水河口，长 8.1km）、榕山（铜车湾—楼坊头村，长 3.7km）和弥陀（弥陀镇—黄市坝，长 4.0km）4 个产卵场，这 4 个产卵场产卵总量占所有产卵场产卵总量的 31.58%。

根据 2010—2012 年监测到长薄鳅鱼卵的时间，2010 年 18 个产卵区域中，合江下（铜车湾—赤水河口，长 10km）产卵场最早发生产卵行为，时间为 5 月 22 日；2011 年朱杨下（杨岩—罗湾坝，长 3.8km）产卵场最早发生产卵行为，时间为 6 月 18 日；2012 年弥陀（弥陀镇—黄市坝，长 4.0km）产卵场最早发生产卵行为，时间为 5 月 28 日。

综合分析 2010—2012 年长薄鳅鱼卵出现频次、产卵量估算结果及鱼卵发生时间，朱杨溪—杨岩和新瓦房—楼坊头村 2 个江段为长薄鳅产卵场的主要分布江段（图 4-21），分布于上述 2 个江段中的产卵场 3 年产卵总量占所有产卵场产卵总量的 63.16%。

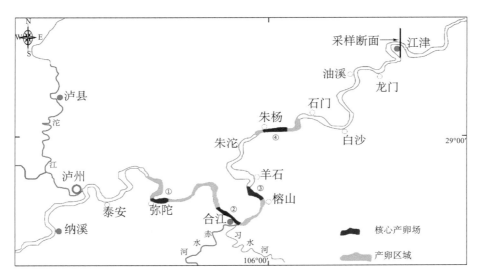

图 4-21　长薄鳅产卵场分布（长江干流）示意图

2010 年以来，众多研究者在长江上游开展了多断面鱼类早期资源调查，相关调查结果显示，长薄鳅产卵场主要分布在金沙江新庄村—密地大桥江段（产卵规模约为 4.99 百万粒 / 年），雅砻江盐边县江段（产卵规模约为 0.2 百万粒 / 年），金沙江巧家江段（产卵规模约为 3.99 百万粒 / 年），岷江下游乐山—河口江段（产卵规模约为 184.01 百万粒 / 年），长江弥陀、合江、榕山和朱杨江段（产卵规模约为 62.39 百万粒 / 年），长江上游其他江段未见其产卵场分布或仅零星分布。

4.1.5　遗传多样性

1. 线粒体 DNA Cyt _b_

1）序列变异和多样性

采集到攀枝花、水富、岷江、南溪、赤水河、嘉陵江、江津和万州 8 个群体样本 137 尾，采用 SeqMan 拼接和 MegAlign 比对后的长薄鳅 Cyt *b* 基因序列片段长 1059bp，Cyt *b* 基因序列片段 T、C、A、G 的平均含量分别为 28.14%、14.16%、27.76% 和 29.93%，A+T 含量（55.90%）大于 G+C 含量（44.10%），在 Cyt *b* 基因序列片段中共发现个 25 变异位点，占分析位点总数的 2.27%，其中 9 个为简约信息位点，16 个为单一突变位点。在不同地理群体中，万州群体没有发现变异位点，江津和南溪群体的变异位点数最多，均为 12 个，其他群体的变异位点数较少。

Cyt *b* 基因序列核苷酸多样性指数攀枝花群体最高，为 0.001 53；万州群体最低，为 0；其余群体在 0.000 69 ～ 0.001 13 之间。单倍型多样性指数赤水河群体最高，为 0.800 00；万州群体最低，为 0；其余群体在 0.464 62 ～ 0.761 90 之间。所有样本作为同一群体进行数据分析，核苷酸多样性指数和单倍型多样性指数分别为 0.000 89 和 0.608 52（表 4-8）。

表 4-8　基于线粒体 DNA Cyt *b* 基因长薄鳅遗传多样性参数

种群	样品数，N	单倍型，h	变异位点数，S	单倍型多样性，H_d	核苷酸多样性，π
江津	43	13	12	0.684 39	0.001 01
南溪	35	11	12	0.534 45	0.000 70
岷江	26	6	6	0.464 62	0.000 69
赤水河	6	4	3	0.800 00	0.000 94
水富	10	5	6	0.666 67	0.001 13
嘉陵江	8	4	3	0.642 86	0.000 71
攀枝花	7	3	3	0.761 90	0.001 53
万州	2	1	0	0	0
总计 / 平均	137	25	25	0.608 52	0.000 89

2）种群遗传结构

基于 Cyt *b* 基因序列分析，在长薄鳅 137 尾个体共检测到 25 个单倍型（表 4-9），编号为 H_1 ～ H_25。其中 H_1 分布最广，在所有群体中均出现，频率最高，为 62.04%；其次为 H_8，分布于攀枝花、水富、南溪和江津群体，频率为 5.84%；再次为 H_4，分布于江津、南溪和岷江群体，频率为 4.38%；H_5 分布于江津、南溪、岷江、水富群体，H_7 分布于江津、南溪、岷江和嘉陵江群体，频率均为 3.65%；H_11 分布于江津、南溪和赤水河群体，H_14 分布于江津和赤水河群体，频率均为 2.92%；H_12 分布于江津和南溪群体，H_17 分布于攀枝花群体，频率均为 1.46%；其他单倍型频率均较低，其中有 16 个单倍型为群体独享。

使用 Network 的 Median-joining 方法构建单倍型网络结构见图 4-22，单倍型网络关系呈星型结构，H_1 单倍型位于网络结构图的中心位置，除了单倍型 H_4 和 H_8 外，其余 22 个单倍型均由单倍型 H_1 突变而来，可初步推测 H_1 为原始单倍型。

表 4-9　基于线粒体 DNA Cyt *b* 基因长薄鳅单倍型地理分布表

单倍型	江津	南溪	岷江	赤水河	水富	嘉陵江	攀枝花	万州	总计
H_1	24	24	19	3	6	5	2	2	85
H_2	—	—	1	—	—	—	—	—	1
H_3	—	—	1	—	—	—	—	—	1
H_4	2	1	3	—	—	—	—	—	6
H_5	2	1	1	—	1	—	—	—	5
H_6		1	—	—	—	—	—	—	1
H_7	1	2	1	—	—	1	—	—	5
H_8	3	1	—	—	1	—	3	—	8
H_9	—	1	—	—	—	—	—	—	1
H_10	—	1	—	—	—	—	—	—	1
H_11	2	1	—	1	—	—	—	—	4
H_12	1	1	—	—	—	—	—	—	2
H_13	—	1	—	—	—	—	—	—	1
H_14	3	—	—	1	—	—	—	—	4
H_15	1	—	—	—	—	—	—	—	1
H_16	1	—	—	—	—	—	—	—	1
H_17	—	—	—	—	—	—	2	—	2
H_18	1	—	—	—	—	—	—	—	1
H_19	—	—	—	—	—	1	—	—	1
H_20	—	—	—	—	—	1	—	—	1
H_21	—	—	—	—	1	—	—	—	1
H_22	—	—	—	—	1	—	—	—	1
H_23	—	—	—	1	—	—	—	—	1
H_24	1	—	—	—	—	—	—	—	1
H_25	1	—	—	—	—	—	—	—	1
总计	43	35	26	6	10	8	7	2	137

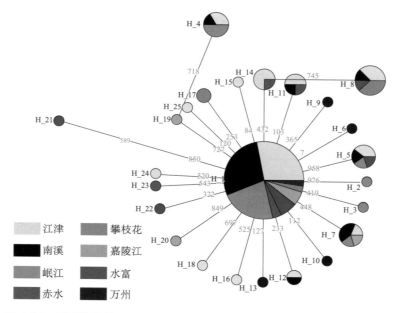

图 4-22　基于线粒体 DNA Cyt *b* 基因序列构建的长薄鳅单倍型网络结构图
（长薄鳅 Cyt *b* 基因序列单倍型网络结构图）

注：圆圈大小表示单倍型的频率；mv 代表缺失的单倍型

以松花江薄鳅（*Leptobotia mantschurica*）Cyt *b* 基因序列（GenBank 登录号：AB242170.1）为外类群，使用 MEGA5.0（基于 Kimura-2-parameter 模型）对长薄鳅 8 个群体共 25 个单倍型构建 NJ 树（图 4-23），单倍型的拓扑结构显示，单倍型间系统关系的支持率除 H_8 和 H_14 间大于 50%（66%），其余单倍型间系统关系的支持率均低于 50%，单倍型的拓扑结构总体未显示与地理位置有关的信息。

使用 Arlequin v3.1 对长薄鳅群体间和群体内的分子变异分析（AMOVA）（表 4-10）结果显示，群体内的变异大于群体间的变异，总遗传变异中，地理群体间的变异占 2.83%，各地理群体内的变异占 97.17%，变异主要来自群体内。群体基因流（N_m）为 17.16784，表明群体的基因交流十分频繁。遗传变异系数（F_{st}）为 0.028 30（$F_{st} < 0.05$），群体间没有显著的遗传差异。群体两两间 AMOVA 分析结果表明（表 4-11），攀枝花群体与江津群体、南溪群体、岷江群体和嘉陵江群体间存在显著差异（$P < 0.05$），而其他群体间流传变异系数不存在显著性差异。群体间基因流分析结果显示，南溪、江津、岷江、赤水河和水富群体间基因交流十分频繁，攀枝花和万州群体与其他群体间基因交流较少。

表 4-10　基于线粒体 DNA Cyt *b* 基因序列长薄鳅群体间和群体内的分子变异分析

变异来源	自由度	方差	变异组成	变异百分比（%）
群体间	7	4.687	0.013 44Va	2.83
群体内	129	59.526	0.461 44Vb	97.17
总计	136	64.204	0.474 88	—

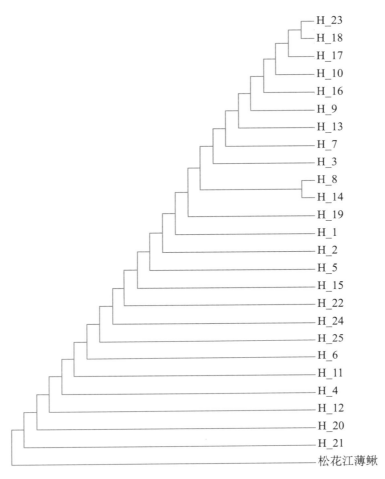

图 4-23　基于线粒体 DNA Cyt *b* 基因序列构建的长薄鳅单倍型 NJ 树（以松花江薄鳅为外类群）

表 4-11　基于 Cyt *b* 基因的长薄鳅群体间群体分化指数和基因流

	江津	南溪	岷江	赤水河	水富	嘉陵江	攀枝花	万州
江津	—	−325.175 32	35.163 34	−12.444 58	−25.227 99	−53.466 10	2.680 86	−2.208 88
南溪	−0.001 54	—	1 135.863 64	356.642 86	306.248 47	−19.275 82	1.290 70	−2.022 30
岷江	0.014 02	0.000 44	—	10.733 43	16.729 50	−19.163 68	1.131 11	−2.242 04
赤水河	−0.041 86	0.001 4	0.044 51	—	−13.940 86	75.719 51	3.665 97	−2.142 85
水富	−0.020 22	0.001 63	0.029 02	−0.037 2	—	−83.972 45	3.987 52	−2.045 45
嘉陵江	−0.009 44	−0.026 63	−0.026 79	0.006 56	−0.005 99	—	1.684 46	−2.074 06
攀枝花	0.157 19*	0.279 22*	0.306 54*	0.120 02	0.111 42	0.228 89*	—	−2.193 19
万州	−0.292 59	−0.328 45	−0.287 02	−0.304 35	−0.323 53	−0.317 65	−0.295 30	—

注：＊表示 $P < 0.05$。

3）种群历史

采用单倍型错配分布、无限突变位点模型的中性检验值 Tajima's D 和 Fu's F_s 等方法，基于 Cyt b 基因序列分析长薄鳅种群历史变动。错配分布分析结果显示，长薄鳅种群单倍型和碱基差异呈单峰分布（图 4-24），较为保守的 Tajima's D（−2.279 09，$P<0.01$）支持长薄鳅群体极显著偏离中性平衡，Fu and Li's D*（−4.670 47，$P<0.02$）和 Fu and Li's F*（−4.470 16，$P<0.02$）均为显著负值，检验结果支持长薄鳅种群经历了最近的种群选择或扩张事件。

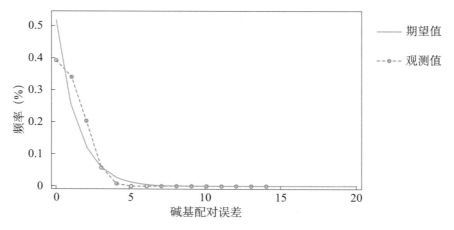

图 4-24　基于线粒体 DNA Cyt b 基因序列以种群变异分布检验长薄鳅种群扩张结果

2. 线粒体 DNA 控制区

1）序列变异和多样性

采用 SeqMan 拼接和 MegAlign 比对后的长薄鳅控制区序列片段长 898bp。控制区序列片段 T、C、A、G 的平均含量分别为 31.75%、19.07%、35.67% 和 13.52%，A+T 含量（67.41%）大于 G+C 含量（32.59%），在控制区序列片段中共发现 36 个变异位点，占分析位点总数的 4.00%，其中 18 个为简约信息位点，18 个为单一突变位点，在不同地理群体中，万州群体没有发现变异位点，南溪群体的变异位点数最多，为 23 个，另攀枝花、岷江和江津群体的变异位点数也较多，分别为 14 个、12 个和 11 个，其他群体变异位点数较少（表 4-12）。

表 4-12　基于线粒体 DNA 控制区序列长薄鳅遗传多样性参数

种群	样品数，N	单倍型数，h	变异位点数，S	单倍型多样性，H_d	核苷酸多样性，π
江津	26	11	11	0.750 77	0.002 44
南溪	24	16	23	0.931 16	0.004 21
岷江	21	10	12	0.909 52	0.003 37
赤水河	5	3	6	0.700 00	0.002 67
水富	7	7	9	1.000 00	0.003 82
嘉陵江	11	6	8	0.800 00	0.002 55
攀枝花	10	7	14	0.911 11	0.004 21
万州	2	1	0	0	0
总计	106	39	36	0.870 08	0.003 37

　　控制区序列核苷酸多样性指数，攀枝花和南溪群体最高，均为 0.004 21，万州群体最低，为 0，其余群体在 0.002 44 ～ 0.003 82 之间。单倍型多样性指数水富群体最高，为 1.000 00，万州群体最低，为 0，其余群体在 0.750 77 ～ 0.931 16 之间。所有样本作为同一群体进行数据分析，核苷酸多样性指数和单倍型多样性指数分别为0.003 37 和 0.870 08（表 4-12）。

　　2）种群遗传结构

　　基于控制区序列分析，长薄鳅 106 尾个体共检测到 39 个单倍型，编号为H_1 ～ H_39（表 4-13）。其中 H_2 和 H_6 分布最广，H_2 在除万州群体外所有群体中均出现，频率最高，为 33.02%；H_6 在除赤水河群体外所有群体中均出现，频率仅次于 H_2，为 12.26%；H_5 分布与江津、南溪和岷江群体，频率为 6.60%；H_4 分布于南溪和岷江群体，H_9 分布于南溪、岷江和嘉陵江群体，频率均为 4.72%；H_1 分布于江津、南溪和岷江群体，H_21 分布于江津和攀枝花群体，频率均为 2.83%；H_7分布于岷江和水富群体，H_15 分布于南溪和赤水河群体，H_22 分布于攀枝花群体，频率均为 1.89%；其他单倍型频率均较低。有 29 个单倍型为群体独享。

表 4-13　基于控制区序列长薄鳅单倍型地理分布表

单倍型	江津	南溪	岷江	赤水河	水富	嘉陵江	攀枝花	万州	总计
H_1	1	1	1	—	—	—	—	—	3
H_2	13	6	4	3	1	5	3	—	35
H_3	—	—	1	—	—	—	—	—	1
H_4	—	2	3	—	—	—	—	—	5
H_5	2	1	4	—	—	—	—	—	7
H_6	2	3	3	—	1	1	2	1	13
H_7	—	—	1	—	1	—	—	—	2
H_8	—	—	1	—	—	—	—	—	1
H_9	—	1	3	—	—	1	—	—	5
H_10	—	—	—	—	—	—	—	—	
H_11	—	—	—	—	—	—	—	—	
H_12	—	1	—	—	—	—	—	—	1
H_13	—	1	—	—	—	—	—	—	1
H_14	—	—	—	—	—	—	—	—	
H_15	—	1	—	1	—	—	—	—	2
H_16	—	1	—	—	—	—	—	—	1
H_17	—	1	—	—	—	—	—	—	1

单倍型	江津	南溪	岷江	赤水河	水富	嘉陵江	攀枝花	万州	总计
H_18	—	1	—	—	—	—	—	—	1
H_19	1	—	—	—	—	—	—	—	1
H_20	1	—	—	—	—	—	—	—	1
H_21	2	—	—	—	—	—	1	—	3
H_22	—	—	—	—	—	—	2	—	2
H_23	—	—	—	—	—	—	1	—	1
H_24	—	—	—	—	—	—	1	—	1
H_25	—	—	—	—	—	—	1	—	1
H_26	—	—	—	—	—	1	—	—	1
H_27	—	—	—	—	—	1	—	—	1
H_28	1	—	—	—	—	—	—	—	1
H_29	—	—	—	—	—	1	—	—	1
H_30	—	1	—	—	—	—	—	—	1
H_31	—	—	—	—	1	—	—	—	1
H_32	—	—	—	—	1	—	—	—	1
H_33	—	—	—	—	1	—	—	—	1
H_34	—	—	—	—	1	—	—	—	1
H_35	—	—	—	1	—	—	—	—	1
H_36	—	—	1	—	—	—	—	—	1
H_37	1	—	—	—	—	—	—	—	1
H_38	1	—	—	—	—	—	—	—	1
H_39	1	—	—	—	—	—	—	—	1
总计	26	24	22	5	7	10	11	1	106

用 Network 的 Median-joining 方法构建单倍型网络结构（图 4-25），单倍型 H_2 位于网络结构图的中心位置，H_2 为较为原始的单倍型，其余均由单倍型突变而来，H_15、H_18、H_28、H_29 和 H_38 均由单倍型 H_2 经由一步突变而来，其余单倍型均由 H_2 经 2 次以上突变而来，并显示有 1 个缺失单倍型（mv-1），单倍型网络结构图总体未出显著分枝。

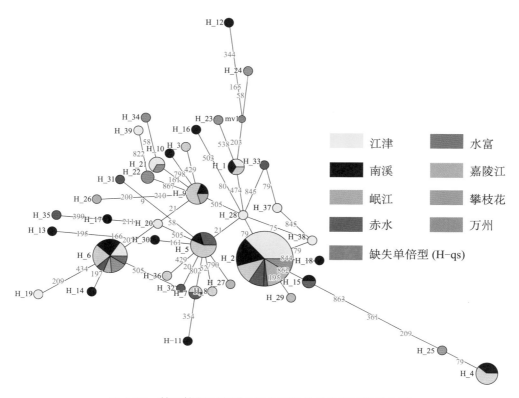

图 4-25　基于控制区序列构建长薄鳅的单倍型网络结构图

用 MEGA 5.0（基于 Kimura 2-parameter 模型）以下载自 GenBank 的松花江薄鳅控制区序列（登录号：AB242170.1）为外类群，对长薄鳅 8 个群体共 39 个单倍型构建单倍型 NJ 树（图 4-26），单倍型的拓扑结构显示，单倍型 H_4 和 H_25 间支持率最高，为 89%，分别来自南溪、岷江和攀枝花群体。单倍型 H_17 和 H_35 间支持率为 69%，分别来自南溪和赤水河群体。单倍型 H_1、H_12、H_23 和 H_24 间支持率为 65%，分别来自江津、南溪、岷江和攀枝花群体。单倍型 H_22 和 H_39 间支持率为 64%，分别来自攀枝花和江津群体。单倍型 H_7 和 H_11 间支持率为 63%，分别来自岷江、水富和南溪群体。单倍型 H_13 和 H_30 间支持率为 50%，均来自南溪群体。其余单倍型间的支持率均低于 50%，单倍型的拓扑结构总体未形成明显分枝或者地理种群相关信息。

使用 Arlequin v3.1 对长薄鳅群体间和群体内的分子变异分析（AMOVA）（表 4-14）结果显示，遗传变异系数（F_{st}）为 0.028 99（$F_{st} < 0.05$），显示群体内变异大于群体间变异，群体间变异不显著。群体基因流（N_m）为 16.747 33，表明群体的基因交流频繁。总遗传变异分析结果显示，群体间分子变异占总变异数的 2.90%，群体内的变异占 97.10%，变异主要来自于群体内，群体间没有显著的遗传差异。群体两两间 AMOVA 分析结果表明（表 4-15），岷江与江津群体间存在显著差异（$P < 0.05$），其他群体间不存在显著性差异。群体间基因流分析结果显示，南溪与江津群体间基因流大于其他群体间基因流，赤水河群体与其他群体间基因流均较低。

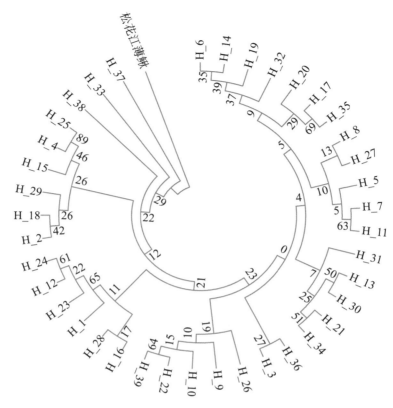

图 4-26　基于控制区序列构建长薄鳅的单倍型 NJ 树，以松花江薄鳅为外类群

表 4-14　基于线粒体 DNA 控制区序列长薄鳅群体间和群体内的分子变异分析

变异来源	自由度	方差	变异组成	变异百分比（%）
群体间	7	14.177	0.044 07 Va	2.90
群体内	98	144.772	1.476 25 Vb	97.10
总计	105	158.849	1.520 32	—

表 4-15　长薄鳅群体间遗传变异系数（F_{st}）和基因流（N_m）

	江津	南溪	岷江	赤水河	水富	嘉陵江	攀枝花	万州
江津	—	103.450 10	7.477 03	-29.451 94	5.249 11	-14.002 57	-820.172 13	0.637 01
南溪	0.004 81	—	-24.309 52	-83.281 46	-35.198 13	-57.125 14	-26.259 92	2.297 05
岷江	0.062 68*	-0.021 00	—	5.337 03	-85.245 76	8.737 02	19.460 08	1.670 52
赤水河	-0.017 30	-0.006 04	0.085 66	—	3.551 21	-13.734 52	-38.931 98	0.405 40
水富	0.086 97	-0.014 41	-0.005 90	0.123 42	—	5.742 98	11.351 15	3.631 21
嘉陵江	-0.037 00	-0.008 83	0.054 13	-0.037 78	0.080 09	—	-23.552 10	0.644 35
攀枝花	-0.000 60	-0.019 41	0.025 05	-0.013 01	0.042 19	-0.021 69	—	1.328 15
万州	0.439 75	0.178 76	0.230 36	0.552 24	0.121 03	0.436 93	0.273 50	—

注：* 表示 $P < 0.05$。

3）种群历史

采用控制区基因序列对长薄鳅的野生种群进行种群历史变动分析，采用单倍型错配分布、无限突变位点模型的中性检验值 Tajima's D 和 Fu's F_s 等方法同时调查长薄鳅种群历史变动错配分布（图 4-27）。分析结果显示，长薄鳅的单倍型和碱基差异呈单峰分布，较为保守的 Tajima's D（−1.802 59，$P<0.05$）显著偏离中性平衡，Fu and Li's D*（−3.292 43，$P<0.02$）；Fu and Li's F*（−3.232 61，$P<0.02$）中性检验结果显著，控制区序列分析结果支持长薄鳅种群经历了种群选择或扩张事件。

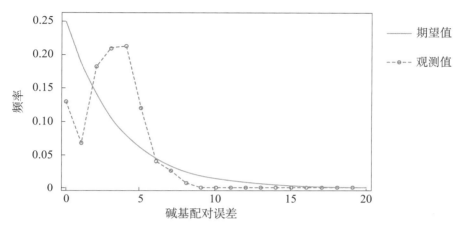

图 4-27　基于控制区序列以种群变异分布检验长薄鳅种群扩张结果

3. 微卫星多样性

1）引物开发

利用（AC）$_n$ 探针构建微卫星富集文库，开发了长薄鳅 23 对具有多态性的二碱基重复微卫星引物。这些引物对采自朱杨溪的 30 尾样本进行分析显示，每一对引物获得的等位基因数量分别为 2 ~ 12 个，平均为 4.23 个；观测杂合度和期望杂合度分别是 0.266 7 ~ 1.000 0 和 0.239 1 ~ 0.901 1。利用（GATA）$_n$ 探针构建微卫星富集文库，开发了长薄鳅 12 对具有多态性的四碱基重复微卫星引物。这些引物对采自朱杨溪的 24 尾样本进行分析显示，每一对引物获得的等位基因数量分别为 4 ~ 15 个，平均为 9.83 个；观测杂合度和期望杂合度分别是 0.500 0 ~ 0.966 7 和 0.579 8 ~ 0.889 3。

2）微卫星多样性

选用 15 对多态性丰富的微卫星引物（4 对二碱基引物 CB42、CB45、CB49、CB57，9 对四碱基引物 Lef7、Lef10、Lef11、Lef17、Lef23、Lef24、Lef31、Lef35、Lef39，1 对三碱基引物 Let11，1 对五碱基引物 Lep1）对采自攀枝花、新市、赤水河、宜宾、朱杨溪 5 个位点的 100 尾长薄鳅样本进行分析（表 4-16）。

表 4-16　长薄鳅各群体微卫星多态性数据

群体	位点	A	H_o	H_e	PIC
攀枝花	CB42	4	0.900 00	0.600 00	0.491 62
	CB45	4	1.000 00	0.700 00	0.603 48
	CB49	1	0.000 00	—	—
	CB57	7	0.545 45	0.826 84	0.764 00
	Lef7	6	0.727 27	0.796 54	0.732 08
	Lef10	8	0.833 33	0.858 70	0.801 27
	Lef11	7	1.000 00	0.816 99	0.738 54
	Lef17	11	1.000 00	0.873 19	0.819 60
	Lef23	8	1.000 00	0.821 05	0.751 05
	Lef24	7	1.000 00	0.833 33	0.772 43
	Lef31	7	0.857 14	0.879 12	0.792 26
	Lef35	9	0.727 27	0.883 12	0.825 54
	Lef39	2	1.000 00	1.000 00	0.375 00
	Let11	5	0.750 00	0.793 48	0.718 87
	Lep1	6	0.750 00	0.811 59	0.742 24
平均		6.133	0.806 03	0.766 26	0.709 14
新市	CB42	3	0.166 67	0.439 39	0.363 31
	CB45	8	1.000 00	0.924 24	0.829 55
	CB49	1	0.000 00	—	—
	CB57	5	0.714 29	0.769 23	0.665 64
	Lef7	3	0.800 00	0.711 11	0.563 2
	Lef10	5	1.000 00	0.844 44	0.720 4
	Lef11	7	1.000 00	0.890 11	0.804 81
	Lef17	8	0.857 14	0.868 13	0.785 77
	Lef23	6	0.571 43	0.747 25	0.663 55
	Lef24	5	1.000 00	0.769 23	0.670 62
	Lef31	5	1.000 00	0.835 16	0.738 12
	Lef35	7	1.000 00	0.909 09	0.811 90
	Lef39	4	0.750 00	0.821 43	0.667 48
	Let11	6	0.857 14	0.857 14	0.765 60
	Lep1	5	0.714 29	0.780 22	0.685 24
平均		5.200	0.762 06	0.744 41	0.695 37

续表

群体	位点	A	H_o	H_e	PIC
赤水河	CB42	4	1.000 00	0.800 00	0.620 37
	CB45	6	0.750 00	0.892 86	0.754 39
	CB49	2	0.400 00	0.355 56	0.268 80
	CB57	4	0.250 00	0.821 43	0.667 48
	Lef7	4	0.166 67	0.772 73	0.651 95
	Lef10	6	0.833 33	0.878 79	0.777 18
	Lef11	4	0.750 00	0.785 71	0.629 88
	Lef17	6	0.833 33	0.878 79	0.777 18
	Lef23	7	0.833 33	0.878 79	0.781 83
	Lef24	7	0.666 67	0.878 79	0.781 83
	Lef31	5	0.833 33	0.833 33	0.725 98
	Lef35	7	0.666 67	0.893 94	0.795 61
	Lef39	4	0.666 67	0.866 67	0.671 32
	Let11	5	0.833 33	0.848 48	0.740 92
	Lep1	5	0.800 00	0.755 56	0.642 00
平均		5.067	0.685 56	0.809 43	0.685 78
宜宾	CB42	6	0.515 15	0.592 07	0.545 30
	CB45	12	0.741 94	0.879 96	0.852 14
	CB49	2	0.114 29	0.109 32	0.101 88
	CB57	7	0.666 67	0.814 72	0.770 06
	Lef7	10	0.687 50	0.869 54	0.839 68
	Lef10	12	0.968 75	0.888 39	0.862 24
	Lef11	8	0.821 43	0.801 30	0.760 47
	Lef17	16	0.750 00	0.863 10	0.834 70
	Lef23	11	0.766 67	0.876 84	0.848 32
	Lef24	10	0.818 18	0.869 00	0.839 69
	Lef31	10	0.875 00	0.865 25	0.829 38
	Lef35	16	0.925 93	0.898 67	0.873 05
	Lef39	14	0.920 00	0.890 61	0.860 87
	Let11	8	0.766 67	0.817 51	0.775 84
	Lep1	8	0.812 50	0.815 97	0.776 71
平均		10.000	0.743 38	0.790 15	0.758 02
朱杨溪	CB42	7	0.593 75	0.566 47	0.530 72
	CB45	11	0.777 78	0.875 61	0.845 53
	CB49	2	0.129 03	0.122 69	0.113 39
	CB57	7	0.692 31	0.811 46	0.768 68
	Lef7	11	0.600 00	0.897 18	0.870 69
	Lef10	11	0.925 93	0.880 50	0.849 78
	Lef11	8	0.846 15	0.804 68	0.764 22

群体	位点	A	H_o	H_e	PIC
朱杨溪	Lef17	14	0.888 89	0.860 24	0.830 74
	Lef23	13	0.916 67	0.878 55	0.847 01
	Lef24	8	0.848 48	0.865 27	0.834 69
	Lef31	12	0.862 07	0.865 70	0.835 45
	Lef35	13	0.933 33	0.901 13	0.875 44
	Lef39	10	0.750 00	0.872 98	0.827 78
	Let11	7	0.714 29	0.802 60	0.756 60
	Lep1	8	0.965 52	0.790 08	0.746 63
平均		9.467	0.762 95	0.786 34	0.753 15

注：A 为等位基因数，H_o 为平均观测杂合度，H_e 为平均期望杂合度，PIC 为多态信息含量。全书余同。

长薄鳅群体的等位基因在 1 ~ 16 之间，平均观测杂合度为 0.685 56 ~ 0.806 03，平均期望杂合度 0.744 41 ~ 0.809 43。分子变异方差分析（AMOVA）结果显示，遗传变异主要来自群体内，F_{st}：0.013 01，说明长薄鳅群体出现了微弱的遗传分化（表 4-17）。

表 4-17　长薄鳅群体分子变异方差分析

变异来源	自由度	方差	变异组成	变异百分比	固定指数
群体	4	33.434	0.077 50Va	1.30	F_{is}：0.037 77
群体间	93	445.718	0.222 02Vb	3.72	F_{st}：0.013 01
群体内	98	442.500	5.656 10Vc	94.98	F_{it}：0.050 29
总计	195	921.651	5.955 61	—	

长薄鳅 5 个群体两两之间固定指数（F_{st}）分析表明，群体间出现初步遗传分化；从 7 个群体 Nei 氏遗传距离计算数据来看，朱杨溪和宜宾群体遗传距离最小（0.026 7）；新市和攀枝花群体遗传距离最大（0.286 5）。攀枝花与新市的种群分化指数最大（0.050 16），朱杨溪与宜宾的种群分化指数最小（0.007 81）（表 4-18）。

表 4-18　长薄鳅 7 个群体间的种群分化指数与 Nei 氏遗传距离（Nei，1972）

种群	攀枝花	新市	赤水河	宜宾	朱杨溪
攀枝花	—	0.286 5	0.264 0	0.179 5	0.183 1
新市	0.050 16	—	0.181 0	0.166 4	0.178 8
赤水河	0.039 23	0.021 15	—	0.097 9	0.110 6
宜宾	0.026 67	0.017 10	0.007 14	—	0.026 7
朱杨溪	0.036 20	0.006 25	0.009 86	0.007 81	—

注：对角线下方为种群分化指数，对角线上方为 Nei 氏遗传距离。

4.1.6　其他研究

1. 组织学

陈康贵等（2002）研究了长薄鳅胃的组织结构，长薄鳅属典型的有胃鱼，胃呈 V 型；消化道较短，仅为体长的 70.4%；肠长为体腔长的 1.14 倍。食道黏膜层中有丰富的杯状细胞和棒状细胞，杯状细胞 H.E 染为蓝紫色，棒状细胞着色较浅；外肌层为横纹肌，纵行；内肌层为平滑肌，环行。胃分为贲门部、盲囊部和幽门部，均有较丰富的胃腺组织。肠各段在组织结构上差异不显著，但直肠黏膜褶明显平缓，杯状细胞数量明显增多，肌肉层明显增厚。

采用 4 种染色方法对长薄鳅脑垂体的形态结构和各种激素分泌细胞的分布进行了研究（图 4-28）。结果表明：长薄鳅脑垂体由神经垂体和腺垂体构成。腺垂体可分为前外侧部（RPD）、中外侧部（PPD）和垂体中间部（PI）。腺垂体中可分辨出 7 种激素分泌细胞，其中前外侧部有促肾上腺皮质激素（ACTH）分泌细胞、催乳激素（PRL）分泌细胞和生长激素（GH）分泌细胞，中外侧部有促性腺激素（GTH）分泌细胞、促甲状腺激素（TSH）分泌细胞和生长激素（GH）分泌细胞，中间部包括促黑色素细胞刺激激素（MSH）分泌细胞和 PAS 阳性细胞（余必先等，2008）。

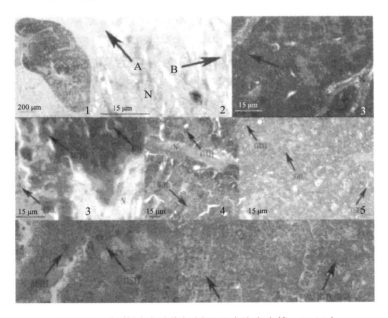

图 4-28　长薄鳅脑垂体解剖图示（陈康贵等，2002）

a. 长薄鳅脑垂体正中矢状切面：示神经垂体（N）、前外侧部（RPD）、中外侧部（PPD）和中间部 Mallory 一步三色法染色；b. 示神经垂体（N）、颗粒垂体细胞（A）、纤维垂体细胞（B）Mallory 一步三色法染色；c. 前外侧部：示神经垂体（N）、ACTH 细胞　铅苏木精染色；d. 前外侧部：示神经垂体（N）、PRL 细胞、ACTH 细胞、GH 细胞 Mallory 一步三色法染色；r. 中外侧部：示神经垂体（N）、GH 细胞、GTH 细胞　PAS-OG 染色；f. 中外侧部：示 GH 细胞、GTH 细胞、TSH 细胞　PAS-OG 染色；g. 中间部：示 MSH 细胞　Azan 染色；h. 中间部：示 MSH 细胞、PAS 阳性细胞　PAS-OG 染色

2. 血液学

黄小铭等（2012）开展了长薄鳅外周血细胞显微结构和细胞化学研究，长薄鳅外周血细胞可分为红细胞、中性粒细胞、单核细胞、淋巴细胞和血栓细胞（图 4-29）。在数量上，中性粒细胞、单核细胞、淋巴细胞和血栓细胞占白细胞总数的百分比分别是 17.06%、5.83%、28.16% 和 48.94%。长薄鳅外周血细胞细胞化学染色显示：所有白细胞均含有糖原物质，所有红细胞均不含酸性磷酸酶，中性粒细胞、单核细胞、淋巴细胞和血栓细胞均含有酸性磷酸酶。非特异性酯酶染色显示单核细胞呈阳性反应，中性粒细胞、淋巴细胞和血栓细胞均为部分呈阳性反应。所有细胞的碱性磷酸酶、过氧化物酶、苏丹黑显色反应均呈阴性。

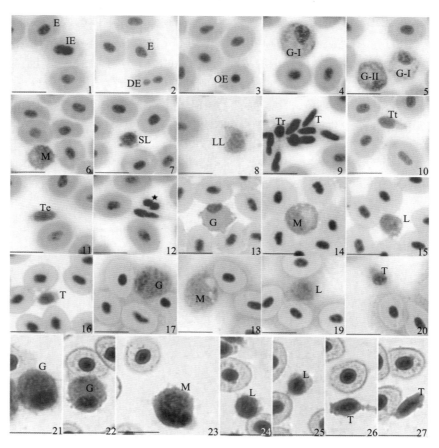

图 4-29　长薄鳅外周血细胞显微结构和细胞化学观察（黄小铭等，2012）

1. 红细胞 (E) 和幼稚红细胞 (IE)；2. 红细胞 (E) 和直接分裂的红细胞 (DE)；3. 衰老红细胞 (OE)；4. Ⅰ型粒细胞 (G-Ⅰ)；5. Ⅰ型粒细胞 (G-Ⅰ) 和Ⅱ型粒细胞 (G-Ⅱ)；6. 单核细胞 (M)；7. 小淋巴细胞 (SL)；8. 大淋巴细胞 (LL)；9. 圆形血栓细胞 (Tr) 和长棒状血栓细胞 (T)；10. 蝌蚪形血栓细胞 (Tt)；11. 椭圆形血栓细胞 (Te)；12. 直接分裂的血栓细胞 (★)；13～16. 过碘酸希弗反应 (PAS)；13. 中性粒细胞 (G)；14. 单核细胞 (M)；15. 淋巴细胞 (L)；16. 血栓细胞 (T)；17～20. 酸性磷酸酶染色 (ACP)；17. 中性粒细胞 (G)；18. 单核细胞 (M)；19. 淋巴细胞 (L)；20. 血栓细胞 (Tt)；21～27. 酸性 -α- 醋酸萘酯酶染色 (ANAE)；21～22. 中性粒细胞 (G)；23. 单核细胞 (M)；24～25. 淋巴细胞 (L)；26～27. 血栓细胞 (T)；标尺 = 10 μm。

3. 能量代谢

李凤杰等（2012）研究了长薄鳅幼鱼消化道指数和消化酶活性，测定了长薄鳅幼鱼（8.0 ～ 110.1g）的消化道指数和不同体重组（10g、30g、50g）幼鱼的胃、肝胰脏、前肠、中肠、后肠的淀粉酶，胃蛋白酶，胰蛋白酶及脂肪酶活性。结果显示：①长薄鳅幼鱼肝指数平均为（1.400 ± 0.004）%，比肠长平均为（0.418 ± 0.080），体重与体长呈幂函数相关，相关式为 $W = 0.019L^{2.8181}$（$R^2 = 0.948$，$P < 0.01$，$n = 43$）；鱼体肥满度在 30g 组中最高。②各部位消化酶活性均以蛋白酶＞脂肪酶＞淀粉酶；各体重组淀粉酶活性在肝胰脏中最高（$P < 0.05$）；蛋白酶活性在胃和中肠中较高；脂肪酶活性沿消化道从前至后升高。③各部位淀粉酶活性在各体重组间变化不大，胃蛋白酶、肠段胰蛋白酶和脂肪酶活性随体重的增加而下降。本研究认为长薄鳅幼鱼为杂食、偏肉食性，其消化酶活性存在组织特异性，体重 30g 左右是其营养需求转变或者生长发育的重要时期。

4.1.7　资源保护

1. 人工繁殖

梁银铨等（2001）于 1999 年首次突破了长薄鳅人工繁殖技术，获得受精卵 15 000粒，孵化出鱼苗 6 000 余尾。

1）人工催产

采用两针注射法时针距为 6h，第一次注射总剂量的 20%，第二次注射 80%。人工催情后定时测定水温并观察亲鱼活动情况，定时检查性腺发育状况。

2）催产效果

采取两针注射法的雌性亲鱼均能顺利产出成熟卵粒，但产后卵巢内仍有大量卵粒。一次注射法的亲鱼均未产，解剖发现游离卵粒量很少，近几百粒。雄性亲鱼采用一次注射法能使精子发育成熟，并获得很高的受精率（84%）。

3）内塘防止性腺退化措施

采用鲤脑垂体防止性腺退化，剂量为 15mg/kg，取得了较好效果，经对 5 对后备亲鱼的试验，均能在人工催情后获得成熟卵粒。

4）雌雄成熟亲鱼分池放养

催产后，雌雄亲鱼发育有先有后，经 3 次催产试验结果表明，雄鱼性腺发育优于雌鱼，如果同池放养，雄鱼出现自行排精，待雌鱼发育成熟时，雄鱼已无法挤出精液。分池放养可以避免雄性亲鱼自行排精，人工授精可以获得理想的效果。

5）雌雄亲鱼催情后效应期的判断

催情后的亲鱼，在发情前都十分安静地栖息在卵石旁，即使人为干扰，仍能立即回到卵石旁栖息。在效应期到来之前，应降低催产池水位，观察亲鱼的活动。当亲鱼不断沿池壁游动捕捞时鱼体严重弯曲，肌肉阵发性收缩，此时，应立即检查雌鱼，轻压腹部，有成熟卵粒流出，说明亲鱼可以进行人工授精。

6）卵的特性

长薄鳅的成熟卵粒呈圆球形，内含丰富的卵黄，无油球，卵粒呈青灰色，卵径1 150～1 166mm，平均1 158mm，具光泽和弹性，受精后15～20min卵膜开始吸水，45min后卵间隙明显扩大，卵膜径增大到3 167～4 100mm，平均3 179mm，密度仍大于水，黏性，属漂流性鱼卵。

7）孵化管理

长薄鳅鱼卵孵化设备采用"四大家鱼"卵孵化设施，模拟金沙江水流，鱼卵随水流漂流孵化，流速调节由快—中—快—慢四步，具体视水温、发育情况而定。刚受精卵吸水未完全，卵粒小，密度大，易沉于水底，水流速度宜快些。受精后1h左右水流可适当调低，只要鱼卵在水层中间翻滚即可，不一定要求鱼卵均匀分布。如果强行要求鱼卵在水中均匀分布，则有可能使水流速度过大。鱼卵接近出膜和刚出膜时水流速度应适当调大，尽量避免刚出膜的鱼苗沉入水底，一般以鱼苗在水面有分布为准。出膜后，鱼苗游泳能力不断增强，此时，水流速度可以逐渐减小。

8）孵化出膜

鲢、鳙、草鱼、青鱼的胚体远大于卵膜径，而长薄鳅胚体长度小于卵膜径，胚体相对于卵膜来讲较小，因此，出膜前胚体可以在卵膜内平行游动，并靠尾鳍褶和尾柄的扭动发力，使鱼头部不断冲出卵膜，使卵膜瘪塌而出膜。刚出膜鱼苗全身无任何色素，全长约510mm，鱼体十分细长，易贴纱窗，需不断清洗纱窗，以防鱼苗在纱窗上停留时间过长而死亡。

2. 苗种培育

1）苗种培育

长薄鳅苗出膜后1～3d，游泳和摄食能力很弱，需在孵化缸中进行胚后的早期培育，其培育时间的长短应随水温和鳅苗的生长情况来决定。若孵化缸中培育的时间太短，鳅苗下池时的规格较小，体质弱，易大量夭折，群体成活率很低；若孵化缸中培育的时间过长，鳅苗因生长使得密度相应增大，影响生长速度。长薄鳅苗长到0.6～0.7cm能自由平游时即可下池。气温高的6月，鳅苗出膜后2d就可达到下池的规格；气温较低的5月，鳅苗出膜后需3～4d培育才能下池。因刚下池的鳅苗还没有较强的钻窜能力，苗种培育池底层不需淤泥。随着苗种培育时间的增长，池底渐渐地自然产生沉淀物和腐质，并生长青苔，为长薄鳅苗提供了天然的钻、躲和蔽光环境。另外，池水的颜色（绿色）和浑浊度也有利于鳅苗蔽光。在气温高的夏季，水深可以加到1.3m大面积养殖时，为了不浪费水体空间，可以投放其他非凶猛性的中、上层鱼类或不善于钻泥的底层鱼类。

2）饵料

决定鳅苗成活率的关键技术之一是苗种早期培育中的"投饲"。除了合适的饲料种类、营养成分外，重要的是投食方法。由于刚下池的长薄鳅苗善于在小范围内活动，不善于全池奔走觅食，所以不宜在少数位置定点投饲，应多设投食点，分散、均匀投喂，且少量多次。若忽略了这一点，将会使鳅苗因缺食而大量死亡，成活率极低。长薄鳅为肉食性鱼类中的底栖动物食性鱼类。仔稚鱼期以浮游动物为食，幼鱼期以水蚯蚓和其他鱼类苗种为食。长薄鳅的摄食方式与其栖息习性及饵料生物的行为密切相关。以浮游动物为食时，沿水泥池壁四周摄食；摄食高峰在天刚完全黑的最初一段时间，长薄鳅摄食量较大，晚上摄食后，第二天白天一般不再摄食，所以投饵最好在傍晚进行。

长薄鳅鱼苗开口摄食期沿水泥池壁四周分布，不惧光，晚上有趋光性。随着个体不断增长，长薄鳅逐渐向水体底部分布，但仍然沿水泥池壁四周活动。开口摄食一星期后的鱼种出现畏光，此时，水泥池角用石棉瓦遮盖后鱼种都集中在下面。晚上，鱼种出来均匀地分布在水泥池四周，一旦用光照射水面，鱼种就四处游窜。体长达到3.0cm 左右时，鱼种开始摄食水蚯蚓并有钻洞行为。白天一般生活在洞内，天黑后出来在池底寻觅饵料。投饵量和次数要视天气、水质而定。养大规格长薄鳅时，历经7—8 月高温，水质易恶化而造成鳅的大量死亡。由于长薄鳅鱼苗十分细小，形似头发丝粗细，死后很少漂浮在水面上，若水的透明度低，不易观察到。所以，在日常管理中要时常注意水质的变化，一旦发现有较多的长薄鳅在水层游动甚至浮头时，立即加注新水（梁银铨等，2001；周剑等，2007）。

3. 现状评估与保护建议

1）资源现状评估

目前，长薄鳅已被列入《中国濒危动物红皮书·鱼类》（乐佩琦和陈宜瑜，1998）和《中国物种红色名录·第一卷　红色名录》（汪松和解焱，2004）。刘军根据 1997—2002 年野外渔获物调查数据并结合相关文献资料，运用濒危系数、遗传损失系数和物种价值系数对长江上游 16 种特有鱼类的优先保护顺序进行了定量分析，结果表明长薄鳅达到三级急切保护（刘军，2004）。

2）遗传多样性保护

根据田辉伍（2013）的研究结果，长薄鳅的遗传多样性较红唇薄鳅、中华沙鳅、赤眼鳟和铜鱼等低，可能的原因是长江上游保护区长薄鳅面临着较大的捕捞压力，并且近年来长江上游保护区渔政管理部门持续进行长薄鳅人工增殖放流（孙大东等，2010），且放流群体与天然群体的比例已达到 1∶8，对长薄鳅天然群体已经产生了较大的影响。Cyt b 基因分析结果表明：长薄鳅攀枝花群体与江津群体、南溪群体、岷江群体和嘉陵江群体间存在显著差异（$P < 0.05$），其他群体间无显著性差异（$P > 0.05$），但群体总体遗传变异系数 $F_{st} < 0.05$，分化不明显。长薄鳅的 Cyt b 和控制区研究结果均显示其中的攀枝花群体和岷江群体与其他群体间的遗传变异系数存在显著差异（$P < 0.05$），这些种群有必要加强对现有资源的科学管理和保护，维持有效种群大小是保护长薄鳅自然资源的有效举措之一。

3）鱼类早期资源保护

根据田辉伍（2013）的研究结果，在 2010—2012 年鱼类早期资源调查过程中，2011 年长薄鳅产卵量明显高于前后两年，分析原因可能是水温较高导致的，2011 年调查期间平均水温为 23.3℃，而 2010 年和 2012 年分别为 21.9℃和 22.1℃，通过产卵与水文条件的相关关系分析，显示长薄鳅产卵行为与水温变化间均存在极显著关系（$P < 0.01$），因此，可认为水温是影响长薄鳅早期资源量变动较为关键的因素，鳅科鱼类产卵与水温的正相关性已在相关研究中得以证实（姜伟，2009）。另外，长薄鳅产卵与水位变化也有显著相关性，而流速变化也可能是长薄鳅产卵行为发生的刺激因子，因此，有必要在金沙江下游水利工程运行后进行生态调度，以人为营造水位及流速变化，刺激产卵行为的发生，调度过程中还应该考虑水温因素，采用分层泄水或其他方式对水温进行调节。

4）渔业资源保护

根据田辉伍（2013）的研究结果，长薄鳅体长超过110mm时，捕捞死亡已替代自然死亡成为资源群体主要影响因素，这一体长明显低于能获得最大相对单位渔获量的体长（L_{opt}）202.52mm。Gulland（1983）提出鱼类资源最佳开发率应维持为0.5（$F_{opt}=M$），本研究估算出的长薄鳅能获得最大渔获量的最佳开发率0.430比之更小，而理论值低于长薄鳅当前开发率0.740。以上结果均说明长薄鳅已过度捕捞，若不及时采取措施，其资源将会遭到进一步的破坏。当前形势下，长薄鳅尤其是其补充群体受到的捕捞压力较高。同时发现，长薄鳅在当前渔业形势下要找到一个适合的渔业规划标准较难，主要是因为长薄鳅个体更大，因此，其补充群体受渔业压力的影响更大。本研究认为一般对于已受到过度捕捞影响的大个体鱼类来说，开捕规格的有限提高不会对当前渔业形势产生积极的改变，必须采取其他补救措施如降低捕捞强度。

目前，长薄鳅规模化繁殖已取得成功，但由于相对于四大家鱼等传统种类，繁殖成功率低下，苗种培育也存在较多的困难，因此，苗种成本居高不下，未来有必要在苗种培育过程管理、繁殖技术突破等方面开展相关研究，以备开展大规模资源增殖放流弥补资源损失。

4. 保护措施

1）增殖放流

长薄鳅2001年获得规模化繁殖成功，经过多年试验的推广，近年来长江上游保护区渔政管理部门持续进行长薄鳅人工增殖放流（孙大东等，2010），且放流群体与天然群体的比例已达到1：8，较好地补充了天然资源（表4-19）。

表4-19　向家坝增殖放流站以及四川、云南、贵州、重庆三省一市
2008—2013年长薄鳅放流情况（孙志禹等，2014）

2008 年		2009 年		2010 年		2011 年		2012 年		2013 年	
向家坝	QT	向家坝	QT	向家坝	QT	向家坝	QT	向家坝	QT	向家坝	QT
0.02	—	0.01	0.40	0.08	0.40	0.20	1.00	0.20	0.40	0.00	0.60

注：QT表示四川、云南、贵州、重庆放流情况；"—"表示无数据。

2）渔业管理

渔政管理机构是政府监督执行《中华人民共和国渔业法》等法律的职能部门，必须加强和完善其组织建设，保证法律法规的贯彻执行。在它的组织领导下，建立好各级群众性的渔业管理委员会，做好群众性的鱼类资源保护工作。要严厉打击酷鱼滥捕，坚决取缔电、毒、炸等危害鱼类资源的渔具渔法，并严格控制各种渔具的规格。例如，应严格限制网目小于 50 mm 的三层流刺网的作业，禁止在繁殖季节使用滚钩。另外，还要通过发给捕鱼执照或捕捞许可证，限定参加作业的渔船数量，限制渔船的作业时间等，以达到控制捕捞强度的目的。

3）禁渔制度

长江实施禁渔的第一个 3 年，就有数据表明长江渔业资源得到进一步恢复，首先，产量有较大幅度增长。2004 年比 2002 年同期产量增加 1 倍，尾数增加 55%，比 2003 年同期产量增加 58.4%。其次，平均每尾鱼的体重增幅大。2006 年比 2002 年同期渔获物中长薄鳅数量百分比增长 3.03%（段辛斌，2008）。春季禁渔制度有效地遏制了有害渔具渔法作业，削减了捕捞强度，为长江中的鱼、虾、蟹等各种水产资源创造了一个休养生息的机会，有效保护了长江渔业资源。但每年 3 个月的禁渔对长江渔业资源的保护是非常有限的，长江上游禁渔时间在 4 月底结束，而长江上游早期资源监测表明，5—6 月是长江上游产漂流性卵的鱼类的繁殖期盛期，其中包括长薄鳅、"四大家鱼"、铜鱼、圆口铜鱼、圆筒吻鮈、花斑副沙鳅等 20 余种，此时正是禁渔结束后捕捞高峰期，对亲鱼和幼鱼资源的危害非常大。2016 年，农业部正式发文长江全江调整禁渔期为 3—6 月，同时在赤水河开展全面禁渔试点，2017 年，农业部再次发文研究长江流域保护区全面禁渔，同时长江沿江各级政府部门也在同步开展全面禁渔试点工作，2021 年 1 月 1 日，长江十年禁捕正式启动，渔业资源将得到有效的保护。

4）加大保护区建设

保护长薄鳅资源，紧靠禁渔显然远远还不够，更要就地加大建设重点水域的珍稀野生水生鱼类保护区，如已建成的长江上游珍稀特有鱼类国家级自然保护区。鉴于长江上游既是未来中国水利水电工程重点开发区，又是我国鱼类特有物种仅有的聚集区，因此，要重视长江上游尚未进行水电开发河流的"原生境"区域的保护，建议从流域尺度规划好鱼类的保护物种，在尚未修建水利工程且鱼类物种及其生境较丰富的干流河段及一、二级支流中，开辟一定区域建立生态库或保护区，以保护长薄鳅种质资源。

5）改进和完善水利水电工程

应该采用"趋利避害"的态度，改进和完善现有的工程规划和设计技术。对于未来的水利水电工程既要具有它原本的功能，还要有利于生态系统健康与稳定。

因此，可以采取以下措施（温明利和司恩来，2008）。

（1）加强生物群落调查，开展已建工程的生态健康评估与预测，并在评估基础上调整运行方式、改建甚至拆除。

（2）合理调度运行方案，提高水体的自净能力和自我修复能力，消除或减小工程对生态的不利影响。

（3）在工程规划中，应尊重天然河道形态和断面，保护河流形态多样性。

（4）工程设计应考虑受影响鱼类的生活繁殖，提供鱼类觅食和产卵的必要条件。

（5）利用生态系统自我净化和自我修复功能，开发与推广生态系统治污技术。

6）保护渔业生态环境

长江上游流域地处工业较发达区，人口稠密，部分江段污染较严重。因此，防治江河污染是一个十分重要的问题，有关部门应采取切实可行的措施进行治理。应当对江河沿岸的污染源采取防治措施，力争改进工程工艺流程，减少污染，对一些难以控制的重要污染源以及大量的生活污水应分别兴建集沉设施，做到枯集洪排，减轻对江河的污染。另外，还应加强长江流域环境的监测和水污染的治理，实行退田还湖的渔业综合措施，疏通鱼类洄游通道，保证世代循环，避免生态环境恶化给渔业资源造成更大的损失。

7）加强长薄鳅资源监测和科学研究

由于长江流域经济带的发展，长江流域生态环境面临着严峻挑战，因此建议对长薄鳅进行一次系统调查，包括鱼类区系组成、鱼类生物学、种群生态学、渔业资源量、渔业生产、产卵场调查等，对以往的相关研究成果进行系统的整理，建立长薄鳅种质资源库。研究梯级水库运行后水文、水质等变化对长薄鳅等珍稀特有鱼类栖息地质量的影响，通过对其繁殖行为的研究和关键栖息地生态因子的调查，研究这些珍稀特有鱼类的繁殖生态需求；从流域尺度上研究生境破碎化过程与关键种群动态的关系，探讨流域水生生境破碎化过程对物种和鱼类区系的影响（孙大东等，2010）。

4.2 红唇薄鳅

4.2.1 概况

1. 分类地位

红唇薄鳅（*Leptobotia rubrilabris* Dabry et Thiersant，1872），隶属鲤形目（Cyprini-formes）鳅科（Cobitidae）沙鳅亚科（Botiinae）薄鳅属（*Leptobotia*），英文名 Redlip loach，俗称"红龙丁""红玄鱼子""花鳅""花鱼"等（图4-30）。

图4-30 红唇薄鳅（拍摄者：田辉伍；拍摄地点：江津；拍摄时间：2012年）

标准体长为体高的 3.8～4.4 倍，为头长的 3.8～4.1 倍，为尾柄长的 5.8～6.9 倍，为尾柄高的 7.7～8.4 倍。头长为吻长的 2.1～2.2 倍，为眼径的 13.3～21.0 倍，为眼间距的 4.6～5.7 倍，为尾柄长的 1.4～1.8 倍，为尾柄高的 1.9～2.2 倍。尾柄长为尾柄高的 1.2～1.3 倍。

体延长，较高，侧扁，尾柄高而侧扁。头长，呈锥形。吻较长，前端尖，其长较眼后头长短。口小，下位，口裂呈马蹄形。上颌稍长于下颌，下颌边缘匙形，唇厚，有许多褶皱，颏部中央有 1 对较发达的纽状突起，具须 3 对，吻须 2 对，聚生在吻端，口角须 1 对，稍粗长，后伸达到眼前缘下方，眼小，位于头的前半部，眼下刺粗壮，光滑，末端超过眼后缘。鼻孔离眼前缘较近，鳃孔小，鳃膜在胸鳍基部前方与峡部相连，鳃耙粗短，排列稀疏。

背鳍较宽，外缘截形，无硬刺。起点至吻端的距离大于至尾鳍基部距离。胸鳍稍长，末端圆钝，后伸可达胸、腹鳍基部的 1/2 处。腹鳍较小，外缘截形，起点与背鳍第 2～3 根分枝鳍条相对，末端常超过肛门，臀鳍稍长，无硬刺，外缘稍内凹，末端后伸不达尾鳍基部。尾鳍长，深分叉，上下叶等长，末端尖，肛门位于腹鳍基部后端与臀鳍起点的中点。

鳞片细小，腹鳍基部具狭长腋鳞。侧线完全，平直，位于体侧中部。身体基色为棕黄色带褐色，腹部黄白色，背部有 6～8 个不规则的棕黑色斑纹，略呈马鞍形，有时延伸至侧线上方，有时不明显。体侧有不规则的棕黑色大小斑点，头背面具许多不规则棕褐色斑点或连成条纹，背鳍上有 2 条棕黑色条纹，胸鳍外缘具有 1 条浅棕黑色条纹，腹鳍上有 1～2 条浅棕黑色条纹。臀鳍上有 1 条棕黑色带纹，尾鳍上有 3～5 条不规则的斜行棕黑色短条纹。个体较大，仅次于长薄鳅，有食用价值，目前种群数量较小，许多水系和江段都难捕到。20 世纪 50 年代，岷江下游渔获物中占有一定的比例，现已稀少。

2. 种群分布

红唇薄鳅历史记录分布于长江上游干流、岷江、嘉陵江、沱江、赤水河、青衣江和大渡河中下游水域中。调查期间仅在长江上游干流、金沙江下游和岷江出现，渔获量较大。2011—2013 年共统计到红唇薄鳅个体 1 368 尾，采集到红唇薄鳅样本 827 尾，分别采自宜宾、江津、岷江及嘉陵江段（表 4-20），捕捞网具主要为百袋网。

表 4-20　红唇薄鳅年均渔获量及 CPUE

采样点		南溪	江津	岷江	总计
样本量 / 尾		645	683	40	1 368
平均 CPUE（g）		29.7	78.7	9.7	—
渔获量（kg）	2011 年	238.9	791.1	14.8	1 044.8
	2012 年	260.8	598.1	21.5	880.4
	2013 年	204.5	489.7	38.9	733.1

3. 研究概况

红唇薄鳅属于长江上游特有鱼类，主要分布于长江上游干流、岷江和嘉陵江，相对长薄鳅、紫薄鳅分布范围更为狭窄。目前，关于红唇薄鳅的研究主要集中在分类学及形态学描述（丁瑞华，1994）、生物学（田辉伍，2013）、资源量（田辉伍，2013）、组织学（史晋绒等，2014）和分子遗传（田辉伍，2013）等方面，关注度相对较低，研究内容相对较少，基础生物资料仍显缺乏，尤其是胚胎发育、人工繁殖技术突破等方面未开展相关工作。

4.2.2 生物学研究

1. 渔获物结构

2011—2013 年，在长江上游采集到的红唇薄鳅样本的体长范围为 70 ～ 166mm，平均体长 112.74mm，优势体长组为 90 ～ 130mm（83.12%）；体重范围为 4.4 ～ 60.9g，平均体重 17.13g，优势体重组为 10 ～ 30g（78.71%）（图 4-31）；年龄范围为 1 ～ 6 龄，优势年龄组为 2 ～ 3 龄（85.03%）（图 4-32）。

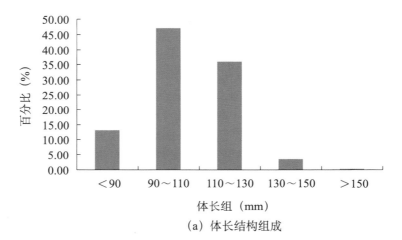

（a）体长结构组成

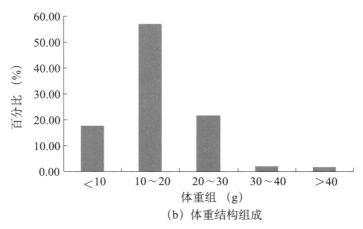

（b）体重结构组成

图 4-31　红唇薄鳅体长和体重结构组成（续）

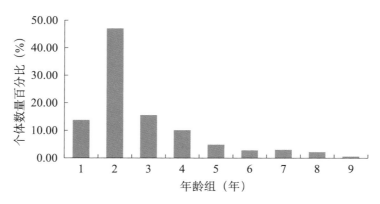

图 4-32　红唇薄鳅年龄结构组成

2. 年龄与生长

1）年轮特征

红唇薄鳅耳石呈不规则形状，随个体年龄的增大，耳石一端突出形成近匙状，年轮特征较为明显，发现有少量样本原基分离，原基分离样本多数呈现双核心。耳石截面上的年轮有疏密型、切割型两种形式，明暗带间隔较为清楚，明带宽而暗带窄，随个体的增大，轮纹清晰度相应增加，越至耳石边缘轮纹间距越小［图 4-33(a)］，红唇薄鳅存在原基分离现象，多为 2 原基或 3 原基，其中单原基的比例为 47.91%，2 原基的比例为 22.95%，3 原基的比例为 29.14%（$n=387$），另外，还存在生长中心分离现象（15.23%）。脊椎骨年轮特征也较明显，生长轮纹与脊椎骨边缘轮廓相平行，与脊椎骨中心椎孔大致呈同心圆规律排列。有些脊椎骨样本凹面上的生长轮纹并不呈同心圆排列，轮纹之间有一些交叉及重叠现象，尤其是大龄个体［图 4-33(b)］。鳃盖骨表面年轮特征不十分明显，为疏密型年轮，生长轮纹的疏密排列也较为紊乱［图 4-33(c)］。鳞片小，自鱼体上摘取后，在去除肌肉等处理过程中易碎或丢失轮纹，生长轮纹特征清晰度差，直接排除。

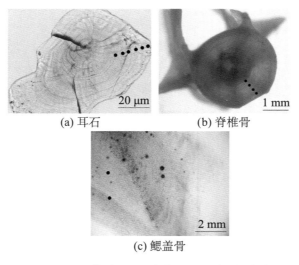

(a) 耳石　　　　　　　(b) 脊椎骨

(c) 鳃盖骨

图 4-33　红唇薄鳅耳石、脊椎骨和鳃盖骨年轮特征

红唇薄鳅耳石、脊椎骨和鳃盖骨的年龄可判读率分别为 89.22%、75.37% 和 42.13%（$n = 387$），均低于 90%，其中，耳石对红唇薄鳅年龄的判读能力最高，脊椎骨次之，鳃盖骨最低。耳石判读年龄主要的影响因素是材料处理时造成的材料损坏，红唇薄鳅耳石很小，尤其是低龄个体，导致在耳石打磨时较难把握力度，易磨过耳石原基导致轮纹丢失。脊椎骨判读年龄主要的影响因素是年轮并不处在同一断面，且各断面堆叠在一起，不能同时读取所有断面数据。鳃盖骨判读年龄主要的影响因素是轮纹细弱且凌乱，有些样本基本看不到轮纹。

　　2）年轮边际增长率

　　采用个体数量最多的 3 龄组进行年轮边际增长率分析，发现红唇薄鳅耳石透明边缘生长（透明亮带）主要在当年 3—6 月材料中出现，不透明暗带主要在 7—9 月和 12 月—次年 2 月材料中出现，当年 10—11 月还会形成一个较 4—6 月窄的透明亮带。透明亮带和不透明暗带边际主要出现在 6 月和 12 月（图 4-34）。因此，本研究认为红唇薄鳅耳石材料生长的完整周年，应为较宽且亮的透明亮带 + 较淡的不透明暗带 + 较窄略暗的透明亮带 + 较深的不透明暗带。另外，在观察 2 龄及不足 2 龄材料时，本研究发现 6—8 月的年龄材料中出现了一个较高龄个体透明亮带暗但较不透明暗带亮的特殊亮带，可能会被误判为 1 龄，通过该轮纹出现的时间及轮纹特征可较好的排除这种可能。

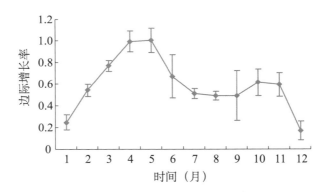

图 4-34　红唇薄鳅耳石月平均边际增长（误差线表示 ±SE）

　　红唇薄鳅生长特征采用最小二乘法（退算体长）和体长频数分析法估算生长参数，前者采用耳石作为年龄鉴定材料和退算体长依据。

　　3）体长与体重关系

$W = 1 \times 10^{-5} L^{2.9881}$（$n = 819$，$R^2 = 0.9015$，$F = 3094.5650$，$P < 0.01$）［图 4-35(a)］。幂指数 b 值接近 3（$P > 0.05$），红唇薄鳅属于匀速生长类型鱼类。

　　4）体长与耳石半径关系

$L = 0.2175R - 15.108$（$n = 387$，$R^2 = 0.8206$，$F = 667.8206$，$P < 0.01$）［图 4-35(b)］。

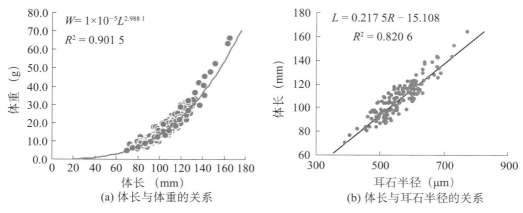

图 4-35　红唇薄鳅体长与体重和耳石半径的关系

5）退算体长

按上式求得各龄组的退算体长值（表 4-21），并求平均值，结果显示长薄鳅退算体长值与实测体长值无显著性差异（$|t|=1.756$，$P>0.05$），仅 1 龄和 2 龄个体的退算体长值明显小于实测体长值。

表 4-21　红唇薄鳅各龄退算体长

年龄组	各年龄组退算体长（mm）									样本数
	L_1	L_2	L_3	L_4	L_5	L_6	L_7	L_8	L_9	
1	42.54	—	—	—	—	—	—	—	—	68
2	42.35	127.47	—	—	—	—	—	—	—	233
3	40.96	127.09	196.78	—	—	—	—	—	—	77
4	45.15	132.30	201.79	256.76	—	—	—	—	—	50
5	42.98	133.18	205.80	257.90	304.56	—	—	—	—	24
6	42.84	122.46	191.99	243.29	292.13	335.39	—	—	—	14
7	40.56	127.21	194.48	247.95	295.97	340.08	380.11	—	—	15
8	41.89	124.29	191.04	241.64	291.13	337.18	379.98	417.35	—	11
9	43.60	133.24	196.15	252.78	303.80	349.66	391.59	429.84	457.95	3
加权平均值	42.43	128.07	198.33	252.73	297.80	338.48	381.25	420.02	457.95	T：495
实测体长均值	98.43	168.26	216.71	280.60	309.50	341.00	374.23	413.19	441.50	—
差值	56.00	40.19	18.38	27.87	11.70	2.52	−7.02	−6.83	−16.45	

6）生长参数

方法一：由退算体长估算的红唇薄鳅生长参数为 $L_\infty=223.49$mm，$W_\infty=104.66$g，$k=0.205$/ 年，$t_0=0.091$ 年。方法二：由 Shepherd 法估算的红唇薄鳅生长参数为 $L_\infty=216.85$mm，$W_\infty=95.65$g，$k=0.258$/ 年，$t_0=-0.050$ 年。退算体长法和 Shepherd 法估算的生长参数间无显著性差异（$P>0.05$），因此，采用两种方法估算的综合平均值作为红唇薄鳅的生长参数：$L_\infty=220.17$mm，$k=0.232$/ 年，$W_\infty=100.09$g，$t_0=-0.053$ 年。

7）生长方程

$L_t = 220.17 \left[1 - e^{-0.232 (t+0.053)} \right]$，$W_t = 100.09 \left[1 - e^{-0.232 (t+0.053)} \right]^{2.988}$（图 4-36）。

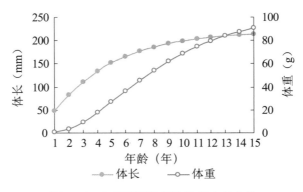

图 4-36　红唇薄鳅体长和体重生长曲线

体长和体重生长速度（dL/dt，dW/dt）、生长加速度（d^2L/dt^2，d^2W/dt^2）方程（图 4-37）：

$$dL/dt = 51.08e^{-0.232 (t+0.053)}$$

$$d^2L/dt^2 = -11.85e^{-0.232 (t+0.053)}$$

$$dW/dt = 69.386e^{-0.232 (t+0.053)} \times \left[1 - e^{-0.232 (t+0.053)} \right]^{1.988}$$

$$d^2W/dt^2 = 16.10e^{-0.232 (t+0.053)} \times \left[1 - e^{-0.232 (t+0.053)} \right]^{0.988} \times \left[2.988e^{-0.232 (t+0.053)} - 1 \right]$$

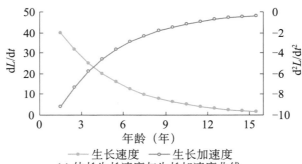

(a) 体长生长速度与生长加速度曲线

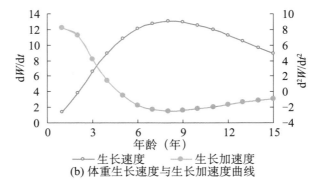

(b) 体重生长速度与生长加速度曲线

图 4-37　红唇薄鳅体长和体重生长速度与生长加速度曲线

8）生长拐点

红唇薄鳅体重生长拐点年龄 $t_i = 4.67$ 龄，对应体长 $L_i = 144.66$ mm、体重 $W_i = 33.57$ g。

9）生长特征

红唇薄鳅是长江中仅次于长薄鳅的最大鳅科鱼类（丁瑞华，1994），红唇薄鳅最大可生长至 100g 左右。长江上游鳅科鱼类中有许多与红唇薄鳅体型相似鱼类，将红唇薄鳅的 5 个生长参数与其他同亚科或同流域的其他 14 种小型鱼类进行比较，其他 14 种鱼类的生长特征参数引自相关文献资料（表 4-22）。

表 4-22　红唇薄鳅与相关鱼类生长参数比较

种类	生长参数						样本量	来源
	k	L_∞（mm）	W_∞（g）	t_0	b	t_i（龄）		
长鳍吻鮈	0.24	299.42	555.57	−0.420	3.211 5	4.45	546	辛建峰等，2010
圆筒吻鮈	0.18	348.78	603.17	−1.150	3.099 0	5.12	511	王美荣等，2012
铜鱼	0.23	600.29	3261.91	−0.611	3.113 0	4.20	1 030	庄平和曹文宣，1999
圆口铜鱼	0.12	730.15	7493.05	−1.010	2.994 2	8.13	1 549	杨志等，2011
泥鳅	0.16	286.50	232.14	−0.997	3.253 0	6.38	139	王敏等，2001
大鳞副泥鳅	0.13	294.40	241.00	−1.212	3.126 0	7.36	156	
中华沙鳅	0.39	125.00	29.10	−1.106	2.840 9	1.60	91	赵天等，2008
花斑副沙鳅	0.29	222.30	146.23	−0.267	3.150 6	3.59	620	杨明生，2009
红尾副鳅	0.09	222.71	51.40	−2.162	2.309 0	6.97	129	郭自强等，2008
花鳅	0.25	106.50	379.25	−0.507	3.503 0	4.46	174	Alicja *et al.* 2008
沼泽鳅	0.32	88.46	48.82	−0.882	3.435 8	2.92	99	Soriguer *et al.* 2000
萨瓦拉鳅	0.41	85.00	23.49	−0.320	3.302 0	2.59	77	Davor *et al.* 2008
长薄鳅	0.13	654.99	3 411.23	−0.049	3.084 9	7.82	1525	本研究
异鳔鳅鮀	0.249 8	179.49	133.18	−0.289 8	3.294 3	4.48	405	王生等，2012
红唇薄鳅	0.23	220.17	100.09	−0.052	2.988 1	4.68	1658	本研究

以上述 14 种已知生长特征参数的鱼类为参照物，应用模糊聚类分析法，对 15 种鱼类进行聚类分析，得到聚类树状图（图 4-38），15 种鱼大致聚为四类：一类为泥鳅、大鳞副泥鳅、圆筒吻鮈和铜鱼，二类为圆口铜鱼和长薄鳅，三类为长鳍吻鮈、花斑副沙鳅、异鳔鳅鮀、红唇薄鳅、中华沙鳅、花鳅、沼泽鳅和萨瓦拉鳅，另外，红尾副鳅独自聚为一类。从聚类分析树状图分枝距离来看，红唇薄鳅和长鳍吻鮈、异鳔鳅鮀和花斑副沙鳅聚为一类，红唇薄鳅的生长特征与这些鱼类较为相似。

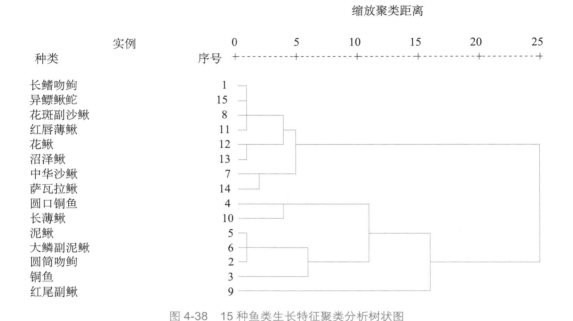

图 4-38　15 种鱼类生长特征聚类分析树状图

从聚类分析结果可以看出，同属红唇薄鳅生长速度较快（$k = 0.232/$ 年）、渐近体长较小（$L_\infty = 220.17\text{mm}$）和拐点年龄较低（$t_i = 4.68$ 年）。鱼类生长速度、个体大小等生长特征与其生态习性及生活水域中饵料的丰度密切相关（Bagenal and Tesch，1978；詹秉义，1995）。红唇薄鳅主要以底栖甲壳类和水生昆虫为食，属底栖动物食性鱼类，理论上应具有较快的生长速度，但因长江上游底栖动物分布并不均匀（刘向伟等，2009），红唇薄鳅主要选食底栖水生昆虫，这类饵料生物游泳能力相对较弱，易于被捕捞，因此其具有相对较高的生长速度。

3. 食性特征

红唇薄鳅口较小，亚下位，有一定伸缩性，唇边缘光滑，口腔肌肉组织发达，肠管盘曲较简单，多数胃后肠无盘旋，少数 1 个小盘旋，肠长小于等于体长，平均肠长系数为 0.79 ± 0.13（$0.49 \sim 1.11$）。胃含物共计 7 类 15 种（属），种类数量上动物性饵料甲壳类、软体类和昆虫类 3 大类占优势，其次为植物性饵料硅藻门、绿藻门及少量植物碎屑（表 4-23）。

红唇薄鳅饵料生物中，个体数量和出现频率以硅藻门 4 属和绿藻门 1 属最高，其次为动物性饵料摇蚊幼虫。重量比以钩虾最高（20.627%），其次为蜓科（19.338%）和日本沼虾（11.173%）。相对重要性百分比指数与优势度指数结果不一致，相对重要性百分比指数以硅藻最高（多数为 10% 以上），其次为摇蚊幼虫（7.76%）和蜓科（6.62%）。优势度以蜓科最高（389.528），其次为钩虾（276.998%）。初步判断红唇薄鳅为底栖动物食性鱼类。

表 4-23 红唇薄鳅食物组成及其重要性

类	细分	个数百分比 %	出现频率 %	重量百分比 %	相对重要性指数 %	优势度 %
甲壳类	钩虾	1.825	25.0	20.627	4.85	276.998
	日本沼虾	0.365	12.5	11.173	1.25	75.020
昆虫类	摇蚊幼虫	6.204	62.5	8.165	7.76	274.112
	石蚕	3.285	50.0	3.438	2.91	92.333
	蜓科	1.095	37.5	19.338	6.62	389.528
	蜉蝣科	2.190	50.0	1.934	1.78	51.937
软体类	沼蛤	0.365	12.5	11.173	1.25	75.020
植物碎片		—	62.5	3.635	—	122.629
硅藻	舟形藻	20.073	100.0	+	17.35	0.025 0
	直链藻	13.869	100.0	+	11.99	0.022 0
	小环藻	18.613	100.0	+	16.09	0.018 0
	异极藻	7.299	75.0	+	4.73	0.018 0
	针杆藻属	16.423	100.0	+	14.20	0.024 0
绿藻	刚毛藻	8.394	100.0	+	7.26	0.024 0
食糜		—	—	20.498	—	—

注："—"表示无法统计；"+"表示小于 0.001。

长江上游保护区红唇薄鳅饵料生物多样性分析结果显示：shannon-Wiener 多样性指数 H 为 2.14，均匀度指数 J 为 0.152，饵料优势度 D 为 0.139。

4. 繁殖特征

1）繁殖群体组成

2011—2013 年在保护区采集到的红唇薄鳅样本中，雌性由 2 ～ 5 龄组成，体长 80 ～ 133mm，平均体长（113.9 ± 15.9）mm，体重 7.3 ～ 31.7g，平均体重（21.7 ± 8.2）g；雄性由 2 ～ 7 龄组成，体长 98 ～ 164mm，平均体长（111.5 ± 20.5）mm，体重 8.0 ～ 56.1g，平均体重 25.9 ± 14.5g。性比为♀:♂ = 1.222:1。

2）初次性成熟年龄

红唇薄鳅群体中 50% 个体达性成熟的体长组的平均体长为（123.04 ± 2.77）mm，该体长即为红唇薄鳅的初次性成熟体长，换算得出初次性成熟的体重为（17.59±1.21）g，对应初次性成熟年龄为 3.5 龄（图 4-39）。3.5 龄是首次有 50% 个体进入Ⅲ期性腺的起始阶段，繁殖期间首次 100% 个体均进入Ⅲ期性腺阶段的体长组为 140 ～ 150mm，平均体长为（143.75±2.63）mm（4.5 龄），因此，可认为体长 4.5 龄及其以上个体是红唇薄鳅繁殖群体的主要组成部分，4.5 龄以下个体为繁殖群体补充部分。

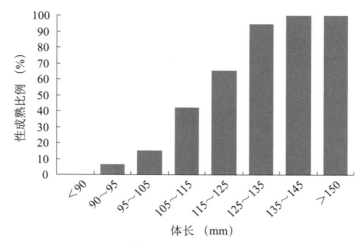

图 4-39　红唇薄鳅性成熟个体在不同体长组的百分比组成

3）产卵类型

红唇薄鳅卵径平均为（1 361.40±214.40）μm，受精卵吸水膨胀后卵膜径为（4 032.10±452.20）μm（图 4-40），其中，Ⅲ期卵巢的平均卵径为（124.1.40±150.40）μm，Ⅳ期卵巢成熟卵平均卵径为（1 521.40±179.70）μm。同一卵巢（Ⅳ期）中卵粒的发育基本同步，因此，红唇薄鳅可以初步判断为一次性产卵类型鱼类。

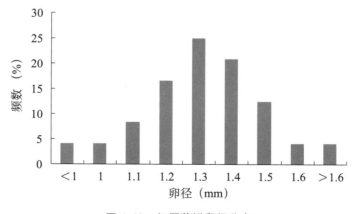

图 4-40　红唇薄鳅卵径分布

4）繁殖力

红唇薄鳅平均绝对怀卵量 4 513±1 411（2 096 ～ 7 650）粒，平均相对怀卵量 161.6±26.16（131.86 ～ 223.88）粒 /g。

5）繁殖时间

根据 2010—2012 年江津江段红唇薄鳅早期资源监测结果，红唇薄鳅鱼卵出现时间主要集中在 6 月底—7 月初。其中，2010 年未监测到红唇薄鳅鱼卵出现；2011 年红唇薄鳅鱼卵出现开始和结束时间分别为 6 月 21 日（水温 24.3℃）和 7 月 7 日（水温 24.5℃），累计 12 天采集到红唇薄鳅鱼卵；2012 年仅 1 天监测到红唇薄鳅鱼卵，为 6 月 27 日（水温 21.4℃）。

通过对红唇薄鳅成熟系数与肥满度指数变化分析（图 4-41），二系数的变化趋势在 4—7 月呈较为明显的逆向分布。5—7 月所采样本性腺成熟系数最高，明显高于其他月份，此时近 60% 的性成熟个体性腺发育达Ⅳ期或以上，尤其是 6—7 月，成熟雌鱼解剖后大多可见明显卵粒，此时肥满度指数处于周年低水平时间段；8 月所采样本成熟系数急剧下降，肥满度指数也下降至周年最低水平，卵巢大多为空囊；9 月以后所采样本性腺基本已退化至Ⅱ期水平，成熟系数偏低，此时的肥满度指数上升较快，12 月达周年最高水平；11 月—次年 2 月所采样本有少部分个体性腺回复至Ⅲ期水平。

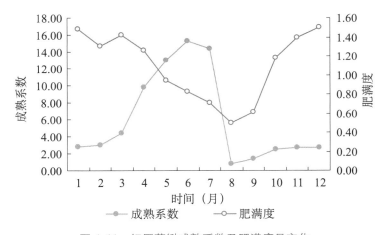

图 4-41 红唇薄鳅成熟系数及肥满度月变化

6）生境特点与繁殖习性

红唇薄鳅主要分布于长江上游干流、支流岷江等水域，这些江段两岸地势较为平坦，处于四川盆地与云贵高原过度区域，河流延程水位落差较大、水流速度快、河道弯曲，综合水文情势复杂。从实地调查和胃含物分析结果看，红唇薄鳅主要分布于河流敞水区中下层的多砂石区域，取食其中的底栖生物，喜藏匿，性成熟个体多集中至流态紊乱的水域或支流尤其是岷江中产卵，卵淡鲜黄色、黏性弱，卵产出后吸水膨胀，随水漂流发育。

4.2.3 渔业资源

1. 死亡系数

1）总死亡系数

总死亡系数（Z）根据变换体长渔获曲线法，通过 FiSAT II 软件包中的 length-converted catch curve 子程序估算，估算数据来自体长频数分析资料。选取其中 25 个点（黑点）作线性回归（图 4-42），回归数据点的选择以未达完全补充年龄段和体长接近 L_∞ 的年龄段不能用作回归为原则，估算得出全面补充年龄时体长为 101.53mm，总死亡系数 $Z = 1.42/$ 年。

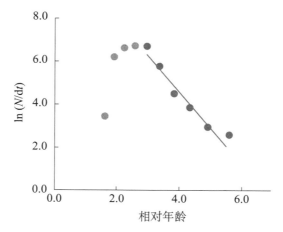

图 4-42　根据变换体长渔获曲线估算红唇薄鳅总死亡系数

2）自然死亡系数

自然死亡系数（M）按公式 $\lg M = -0.006\,6 - 0.279\,\lg L_\infty + 0.654\,3\,\lg k + 0.463\,4\lg T$ 计算，2010—2012 年长江上游调查平均水温 $T \approx 18.4\,℃$，生长参数 $k = 0.239/$ 年、$L_\infty = 21.69$cm，代入公式计算得 $M = 0.63/$ 年。

3）捕捞死亡系数

捕捞死亡系数（F）为总死亡系数（Z）与自然死亡系数（M）之差，即 $F = Z - M = 0.79/$ 年。

2. 捕捞群体量

1）开发率

通过上述变换体长渔获曲线估算出的总死亡系数 Z 及捕捞死亡系数 F，得出红唇薄鳅当前开发率为 $E_{cur} = F/Z = 0.56$。

2）资源量

2010—2013 年长江上游红唇薄鳅年平均渔获量为 886.1kg，通过 FiSAT II 软件包中的 length-structured VPA 子程序将样本数据按比例变换为渔获量数据，另输入参数如下：$k = 0.239/$ 年，$L_\infty = 216.85$mm，$M = 0.63/$ 年，$F = 0.79/$ 年。

实际种群分析结果显示，在当前渔业形势下，红唇薄鳅体长超过 90mm 时捕捞死亡系数明显增加，群体被捕捞的概率明显增大，捕捞死亡在数值上也在此时超过了自然死亡，渔业资源群体主要分布在 80～120mm。平衡资源生物量随体长的增加呈先升后降趋势，最低为 0.09t（体长组 150～160mm），最高为 0.46t（体长组 100～110mm）。捕捞死亡系数最大出现在体长组 110～120mm，为 1.22/ 年，此时平衡资源生物量下降至 0.38t（图 4-43）。

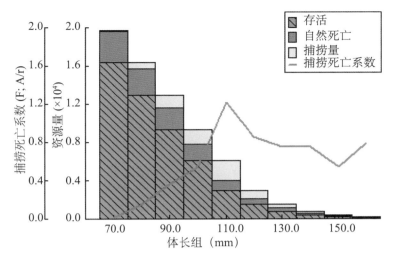

图 4-43　长江上游红唇薄鳅实际种群分析图（2010—2013 年）

经实际种群分析估算，得长江上游红唇薄鳅 2010—2013 年年均平衡资源生物量为 2.77t，对应年均平衡资源尾数为 70 279 尾。同时采用 Gulland 经验公式估算得 2010—2013 年长江上游红唇薄鳅最大可持续产量（MSY）为 1.35t。

3. 资源动态

经体长变换渔获量曲线分析（图 4-44），当前，长江上游红唇薄鳅补充体长为 101.53mm。目前，长江上游捕捞强度大，刚刚补充的幼鱼就有可能被捕获上来，开捕体长与补充体长趋于一致，因此，认为长江上游红唇薄鳅当前开捕体长（L_{cx}）为 101.53mm。采用 Beverton-Holt 动态综合模型分析，由相对单位补充渔获量（Y'/R）与开发率 E 关系作图估算出理论开发率 $E_{maxx} = 0.84$、$E_{0.1x} = 0.71$、$E_{0.5x} = 0.36$，而当前开发率（E_{curx}）为 0.56，介于理论最佳开发率之间，未过度捕捞，但降低开发率，可提高长江上游红唇薄鳅资源的生物量和鱼产量。

假设保留渔业利益，也就是不降低开发率，将开捕体长 L_c 提高到能获得最大相对单位渔获量的体长（L_{opt}）136.99mm［红唇薄鳅初次性成熟体长（L_m）约为 121mm］，估算出理论开发率 $E_{max} = 1.00$、$E_{0.1x} = 1.00$、$E_{0.5x} = 0.42$（图 4-45），理论上提高开捕体长能获得最大相对单位渔获量的体长，能在当前渔业基础上更好地保护红唇薄鳅生物资源和提高鱼产量。

有研究认为可通过设置 M/k 和 L_c/L_∞ 模拟值进行渔业形势敏感性分析，以判断当前渔业状况是否合理，同时可初步推断应对当前渔业作何种调整。通过表 4-24 可以看出，改变 M/k 值不能显著改变红唇薄鳅渔业资源的开发力度，但改变 L_c/L_∞ 值可以显著改变红唇薄鳅渔业资源的开发力度。可认为当前红唇薄鳅过度捕捞现象主要是因为开捕规格过小引起的，因此需要增大开捕规格。

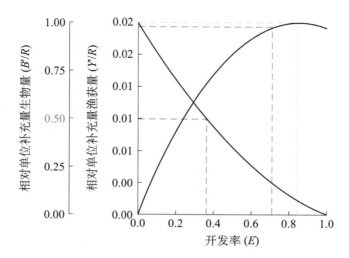

图 4-44　红唇薄鳅相对单位补充量渔产量和相对单位补充量生物量关系曲线

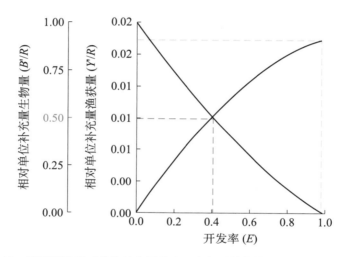

图 4-45　红唇薄鳅相对单位补充量渔产量和相对单位补充量生物量关系曲线

表 4-24　通过模拟 M/k 和 L_c/L_∞ 值 ±30% 变化，获得资源开发理论水平估计值 E_{max}、$E_{0.1}$ 和 $E_{0.5}$

$\triangle M/k$	M/k	L_c/L_∞	E_{max}	$E_{0.1}$	$E_{0.5}$
−30%	1.188	0.416	0.601	0.521	0.340
−20%	1.358	0.416	0.610	0.518	0.339
−10%	1.528	0.416	0.622	0.510	0.338
当前	1.698	0.416	0.636	0.501	0.338
+10%	1.867	0.416	0.651	0.557	0.338
+20%	2.037	0.416	0.668	0.568	0.339
+30%	2.207	0.416	0.686	0.562	0.340

续表

$\Delta L_c/L_\infty$	L_c/L_∞	M/k	E_{max}	$E_{0.1}$	$E_{0.5}$
−30%	0.291	1.698	0.514	0.413	0.301
−20%	0.333	1.698	0.550	0.464	0.313
−10%	0.374	1.698	0.590	0.506	0.325
当前	0.416	1.698	0.636	0.501	0.338
+10%	0.457	1.698	0.686	0.554	0.350
+20%	0.499	1.698	0.744	0.601	0.363
+30%	0.541	1.698	0.809	0.707	0.376

4.2.4 鱼类早期资源

1. 早期资源量

经形态及分子鉴定获得 2010—2012 年红唇薄鳅鱼卵在所有鱼卵中的平均百分比为 1.88%（其中，2010 年未监测到，2011 年占 5.41%，2012 年占 0.53%）。2011 年长江上游江津断面红唇薄鳅产卵量为 8.4×10^7 ind；2012 年长江上游江津断面红唇薄鳅产卵量为 2.1×10^7 ind。

2011 年江津断面共出现 4 次产卵高峰：6 月 21—23 日，产卵量为 1.8×10^7 ind；6 月 26—28 日，产卵量为 4.0×10^7 ind；7 月 1—3 日，产卵量为 1.6×10^7 ind；7 月 5—7 日，产卵量为 1.1×10^7 ind（图 4-46）。

2012 年江津断面监测到红唇薄鳅鱼卵的时间为 6 月 27 日，因此，可初步判断红唇薄鳅产卵高峰时间主要集中在 6 月 20 日—7 月 10 日。

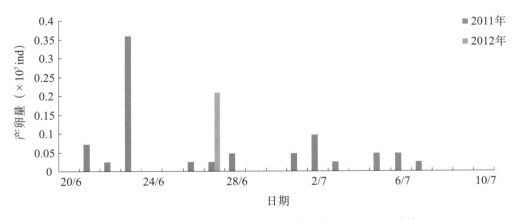

图 4-46 6—7 月红唇薄鳅产卵量变化图（2011—2012 年）

2. 产卵场分布

根据 2011—2012 年红唇薄鳅鱼卵发育时期和流速退算，红唇薄鳅产卵区域有 10

个（2011年10个，2012年1个），累计长度约50km。两年监测结果显示，上白沙（鹿角树—石鼻子村，长9.3km）产卵场两年均有产自该区域的鱼卵监测到，其余产卵场仅1年有产自该产卵场的鱼卵监测到。

根据2011—2012年红唇薄鳅产卵量估算结果，10个产卵区域中产卵量较高的依次为上白沙（鹿角树—石鼻子村，长9.3km）、泸州（泸州城南—桓子树，长8.2km）、朱杨下（二溪—罗林村，长4.6km）和朱沱（幺店子—龟剑滩，长5.8km），上述4个产卵场3年产卵总量占所有产卵场产卵总量的71.58%。

根据2011—2012年监测到红唇薄鳅鱼卵的时间，2011年10个产卵区域中，油溪（大头井—油溪，长3.2km）产卵场最早发生产卵行为，时间为6月21日；2012年上白沙（鹿角树—石鼻子村，长9.3km）产卵场最早发生产卵行为，时间为6月27日。

综合分析2011—2012年红唇薄鳅鱼卵出现频次、产卵量估算结果及鱼卵发生时间，泸州城南—桓子树、弥陀镇—石鼻子村和幺店子—罗林村3个江段为红唇薄鳅产卵场的主要分布江段（图4-47），分布于上述3个江段中的产卵厂，两年产卵总量占所有产卵场产卵总量的81.37%。

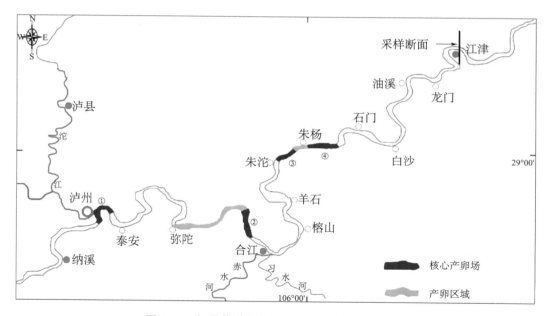

图4-47 红唇薄鳅产卵场分布示意图（长江干流）

2010年以来，众多研究者在长江上游开展了多断面鱼类早期资源调查，相关调查结果显示，红唇薄鳅产卵场主要分布在金沙江攀枝花陶家渡大桥至新庄大桥江段（产卵规模约为0.65百万粒/年），金沙江巧家、会泽和会东江段（产卵规模约为2.99百万粒/年），岷江高场江段（产卵规模约为2.69百万粒/年），长江泸州、上白沙、朱杨江段（产卵规模约为52.57百万粒/年），长江上游其他江段未见其产卵场分布或仅零星分布。

4.2.5　遗传多样性

1. 线粒体 DNA Cyt *b*

1）序列变异和多样性

分别获得水富、岷江、南溪和江津4个群体样本115尾，采用 SeqMan 拼接和 MegAlign 比对后的红唇薄鳅 Cyt *b* 基因序列片段长1061 bp，Cyt *b* 基因序列片段 T、C、A、G 的平均含量分别为28.08%、13.86%、27.85%和30.21%，A+T含量（55.93%）大于 G+C 含量（44.07%），在 Cyt *b* 基因序列片段中共发现50个变异位点，占分析位点总数的4.71%，其中24个为简约信息位点，26个为单一突变位点。在不同地理群体中，水富群体变异位点数最少，仅7个，江津和南溪群体的变异位点数相同，均为30个，岷江群体的变异位点数为19个。

Cyt *b* 基因序列核苷酸多样性指数和单倍型多样性参数见表4-25。其中，核苷酸多样性指数水富群体最高，为0.006 6；南溪群体最低，为0.002 83；岷江群体为0.003 61，江津群体为0.003 14，介于水富和南溪群体之间。单倍型多样性指数水富群体最高，为1.000 00，南溪群体最低，为0.899 22；岷江群体为0.926 41，江津群体为0.904 26，介于水富和南溪群体之间。总样本核苷酸多样性指数和单倍型多样性指数分别为0.003 15 和 0.907 09。

表 4-25　基于线粒体 DNA Cyt *b* 基因红唇薄鳅遗传多样性参数

种群	样品数，N	单倍型数，h	变异位点数，S	单倍型多样性，H_d	核苷酸多样性，π
水富	2	2	7	1.000 00	0.006 6
南溪	43	22	30	0.899 22	0.002 83
江津	48	23	30	0.904 26	0.003 14
岷江	22	15	19	0.926 41	0.003 61
总计	115	44	50	0.907 09	0.003 15

基于 Cyt *b* 基因序列分析，红唇薄鳅115尾个体共检测到44个单倍型（表4-26），编号为 H_1 ～ H_44。其中 H_2 分布最广，在所有群体中均出现，频率最高，为26.09%；其次为 H_4，分布于南溪、江津和岷江群体，频率为13.91%；H_20 分布于南溪、江津和岷江群体，频率为5.22%；H_5 分布于南溪和江津群体，H_9 分布于南溪和岷江群体，H_10 分布于南溪群体，频率均为3.48%；H_7 分布于水富和岷江群体，H_11 分布于南溪群体，H_31 分布于南溪和江津群体，频率均为2.61%；其他单倍型频率均较低，为0.87% ～ 1.74% 之间。有28个单倍型为群体独享。

表 4-26　基于 Cyt *b* 基因序列红唇薄鳅单倍型地理分布表

单倍型	水富	南溪	江津	岷江	总计
H_1	—	—	1		1
H_2	1	13	10	6	30
H_3	—	—	1		1

单倍型	水富	南溪	江津	岷江	总计
H_4	—	3	11	2	16
H_5	—	1	3	—	4
H_6	—	—	1	—	1
H_7	1	—	—	2	3
H_8	—	1	—	—	1
H_9	—	3	—	1	4
H_10	—	4	—	—	4
H_11	—	3	—	—	3
H_12	—	1	1	—	2
H_13	—	—	1	—	1
H_14	—	—	1	1	2
H_15	—	—	—	1	1
H_16	—	—	—	1	1
H_17	—	1	—	1	2
H_18	—	—	—	1	1
H_19	—	—	2	—	2
H_20	—	2	3	1	6
H_21	—	—	—	1	1
H_22	—	—	—	1	1
H_23	—	—	—	1	1
H_24	—	—	—	1	1
H_25	—	—	1	—	1
H_26	—	—	1	—	1
H_27	—	1	1	—	2
H_28	—	—	1	—	1
H_29	—	—	1	—	1
H_30	—	—	1	—	1
H_31	—	2	1	—	3
H_32	—	—	1	—	1
H_33	—	—	1	—	1
H_34	—	1	—	—	1
H_35	—	1	—	—	1

单倍型	水富	南溪	江津	岷江	总计
H_36	—	1	—	—	1
H_37	—	1	—	—	1
H_38	—	1	—	—	1
H_39	—	1	—	—	1
H_40	—	1	—	—	1
H_41	—	2	—	—	2
H_42	—	2	—	—	2
H_43	—	1	—	—	1
H_44	—	1	—	—	1
总计	2	48	44	21	115

2）种群遗传结构

使用 Network 的 Median-joining 方法构建单倍型网络结构见图 4-48，单倍型 H_2 为较为原始的单倍型，H_3 等 23 个单倍型均由单倍型 H_2 经 1 次突变形成，其他单倍型均由单倍型 H_2 经 2 次以上突变形成，并显示有 1 个缺失单倍型（mv-1）。单倍型结构图形成了一个较为明显的分枝，由单倍型 H_4 经多步突变形成。

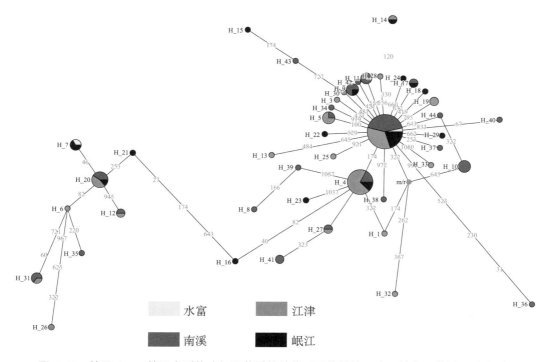

图 4-48　基于 Cyt b 基因序列构建红唇薄鳅的单倍型网络结构图（以松花江薄鳅为外类群）

注：圆圈大小表示单倍型的频率；mv 代表缺失的单倍型。

以松花江薄鳅 Cyt b 基因序列（GenBank 登录号：AB 242170.1）为外类群，用MEGA5.0（基于 Kimura-2-parameter 模型）对红唇薄鳅 4 个群体共 44 个单倍型构建单倍型 NJ 树（图 4-49），单倍型的拓扑结构显示，单倍型 H_6、H_7、H_12、H_20、H_21、H_26、H_31 和 H_35 间支持率最高，为 67%，但进一步聚类时各单倍型间支持率均低于 50%，且这些单倍型分别来自不同群体，单倍型 H_8 和 H_39 间支持率为60%，均来自南溪群体，单倍型 H_15、H_30 和 H_43 支持率大于 50%，分别来自不同群体。其余单倍型间的支持率均低于 50%，单倍型的拓扑结构总体未形成明显分枝或地理种群相关信息。

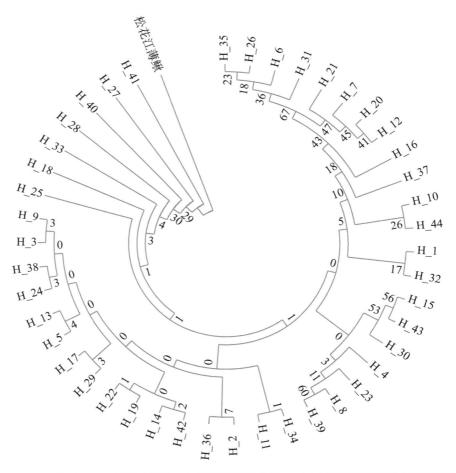

图 4-49　基于 Cyt b 基因序列构建红唇薄鳅的单倍型 NJ 树（以松花江薄鳅为外类群）

用 Arlequin v3.1 对红唇薄鳅群体间和群体内的分子变异分析（AMOVA）（表 4-27）结果显示：遗传变异系数（F_{st}）为 0.001 87（$F_{st} < 0.05$），表明群体内的变异大于群体间的变异，群体间的变异很小。群体基因流（N_m）为 266.879 7，表明群体的基因交流十分频繁。总遗传变异分析结果显示，地理群体间的变异占 0.19%，各地理群体内的变异占 99.81%，变异主要来自群体内，群体间没有显著的遗传差异。群体两两间 AMOVA 分析结果表明（表 4-28），所有群体间均不存在显著分化。群体间基因流

分析结果显示，岷江群体与南溪群体间基因流大于其他群体间基因流，水富群体与其他群体间基因流较低。

表 4-27　基于线粒体 DNA Cyt *b* 基因序列红唇薄鳅群体间和群体内的分子变异分析

变异来源	自由度	平方和	变异组和	变异百分比（%）
群体间	3	5.238	0.003 12 Va	0.19
群体内	111	185.197	1.668 44 Vb	99.81
总计	114	190.435	1.671 56	—

表 4-28　红唇薄鳅群体间遗传变异系数（F_{st}）和基因流（N_m）

	江津	南溪	水富	岷江
江津	—	9.082 22	4.639 80	−4.536 49
南溪	0.052 18	—	−81.668 83	1 851.351 85
水富	0.097 28	−0.006 16	—	40.720 12
岷江	−0.123 9	0.000 27	0.012 13	—

3）种群历史

采用 Cyt *b* 基因序列对红唇薄鳅的野生种群进行种群历史变动分析，采用单倍型错配分布、无限突变位点模型的中性检验值 Tajima's *D* 和 Fu's F_s 等方法同时调查红唇薄鳅种群历史变动错配分布（图 4-50）。分析结果显示，红唇薄鳅种群单倍型和碱基差异呈明显的双峰分布，较为保守的 Tajima's D（−2.018 90，*P*<0.05）显著偏离中性平衡，Fu and Li's D*（−3.848 01，*P*<0.02）和 Fu and Li's F*（−3.710 73，*P*<0.02）均为显著负值，支持红唇薄鳅种群经历了种群选择或扩张事件。

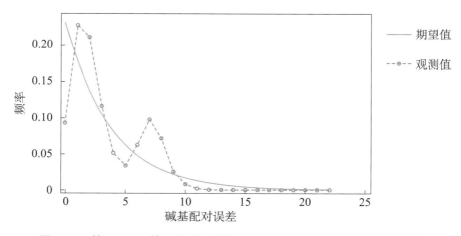

图 4-50　基于 Cyt *b* 基因序列以种群变异分布检验红唇薄鳅种群扩张结果

2. 线粒体 DNA 控制区

1）序列变异与多样性

采用 SeqMan 拼接和 MegAlign 比对后的红唇薄鳅控制区序列片段长 985 bp。控制区序列片段 T、C、A、G 的平均含量分别为 30.71%、19.56%、35.95% 和 13.78%，A+T 含量（66.66%）大于 G+C 含量（33.34%），在控制区序列片段中共发现 56 个变异位点，占分析位点总数的 5.70%，其中 37 个为简约信息位点，19 个为单一突变位点，在不同地理群体中，水富群体变异位点最少，仅 10 个，江津群体变异位点最多，有 39 个，另岷江群体的变异位点数也较多，为 34 个，南溪群体的变异位点数为 31 个。

控制区序列核苷酸多样性指数和单倍型多样性指数见表 4-29。其中，核苷酸多样性指数岷江群体最高，为 0.008 22；江津群体最低，为 0.006 18；水富群体为 0.006 77，南溪群体为 0.007 22，介于岷江和江津群体之间。单倍型多样性指数水富群体最高，为 1.000 00；南溪群体最低，为 0.956 92；江津群体为 0.977 96，岷江群体为 0.957 14，介于水富和江津群体在之间。总样本核苷酸多样性指数和单倍型多样性指数分别为 0.006 89 和 0.972 53。

表 4-29　基于线粒体 DNA 控制区序列红唇薄鳅遗传多样性参数

种群	样品数，N	单倍型数，h	变异位点数，S	单倍型多样性，H_d	核苷酸多样性，π
水富	3	3	10	1.000 00	0.006 77
南溪	26	18	31	0.956 92	0.007 22
江津	50	33	39	0.977 96	0.006 18
岷江	21	15	34	0.957 14	0.008 22
总计	100	55	56	0.972 53	0.006 89

2）种群遗传结构

基于控制区序列分析，红唇薄鳅 100 尾个体共检测到 55 个单倍型，编号为 H_1 ～ H_55（表 4-30）。其中 H_4 的分布最广，在所有群体中均出现，频率排在第 3 位，为 6.00%；H_11、H_6 和 H_15，均分布于南溪、江津和岷江群体，频率依次为 11.00%、8.00% 和 4.00%；H_5、H_7、H_13 和 H_14 均在长江干流南溪和江津群体中出现，频率依次为 2.00%、4.00%、5.00% 和 3.00%；H_47 在江津和岷江群体中出现，频度为 2.00%；其他单倍型的出现群体和频率均较低。有 39 个单倍型为群体独享，其中有 19 个单倍型为江津群体独享，10 个单倍型为南溪群体独享，8 个单倍型为岷江群体独享，水富群体独享 2 个单倍型。

表 4-30　基于控制区序列红唇薄鳅单倍型地理分布表

单倍型	水富	南溪	江津	岷江	总计
H_1	1	—	—	—	1
H_2	1	—	—	—	1
H_3	—	1	—	—	1
H_4	1	1	2	2	6
H_5	—	1	1	—	2
H_6	—	2	5	1	8
H_7	—	1	3	—	4

单倍型	水富	南溪	江津	岷江	总计
H_8	—	—	1	—	1
H_9	—	1	—	—	1
H_10	—	1	—	—	1
H_11	—	5	2	4	11
H_12	—	1	—	—	1
H_13	—	2	3	—	5
H_14	—	1	2	—	3
H_15	—	2	1	1	4
H_16	—	1	—	—	1
H_17	—	1	—	—	1
H_18	—	1	—	—	1
H_19	—	1	—	—	1
H_20	—	1	—	—	1
H_21	—	1	—	—	1
H_22	—	—	1	—	1
H_23	—	—	3	—	3
H_24	—	—	1	—	1
H_25	—	—	1	—	1
H_26	—	—	1	—	1
H_27	—	—	1	—	1
H_28	—	—	1	—	1
H_29	—	—	2	—	2
H_30	—	—	1	—	1
H_31	—	—	1	—	1
H_32	—	—	1	—	1
H_33	—	—	2	—	2
H_34	—	—	1	—	1
H_35	—	—	2	—	2
H_36	—	—	1	—	1
H_37	—	—	1	—	1
H_38	—	—	1	—	1
H_39	—	—	2	—	2
H_40	—	—	—	1	1
H_41	—	—	—	1	1

单倍型	水富	南溪	江津	岷江	总计
H_42	—	—	—	1	1
H_43	—	—	—	3	3
H_44	—	—	—	1	1
H_45	—	—	—	1	1
H_46	—	—	—	1	1
H_47	—	—	1	1	2
H_48	—	—	—	2	2
H_49	—	—	—	1	1
H_50	—	—	1	—	1
H_51	—	—	—	1	1
H_52	—	—	1	—	1
H_53	—	—	1	—	1
H_54	—	—	1	—	1
H_55	—	—	1	—	1
总计	3	25	50	22	100

使用 Network 的 Median-joining 方法构建单倍型网络结构（图 4-51），单倍型 H_6 为较为原始的单倍型，其余单倍型均由该单倍型突变而来，H_3、H_13、H_25、H_26、H_34、H_35、H_39、H_47 和 H_55 均由单倍型 H_6 经由 1 次突变而来，其余单倍型均由 H_6 经 2 次以上突变而来，并显示有 19 个缺失单倍型（mv-1～mv-19），单倍型网络结构图总体显示出了 2 个较为明显的分枝，其中一个分枝由 H_6 经 H_34 多步突变形成，另一个分枝突变过程中缺失了 2 个单倍型，形成了一个较为独立的分枝。

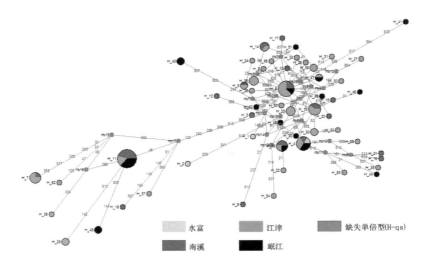

图 4-51　基于控制区序列构建红唇薄鳅的单倍型网络结构图

使用 MEGA5.0（基于 Kimura-2-parameter 模型）以下载自 GenBank 的松花江薄鳅控制区序列（登录号：AB242170.1）为外类群，对红唇薄鳅 4 个群体共 55 个单倍型构建单倍型 N J 树（图 4-52），单倍型的拓扑结构显示，单倍型 H_15 和 H_22 间支持率最高，为 70%，分别来自南溪、江津和岷江群体。单倍型 H_7、H_11、H_19、H_29、H_36、H_37、H_48 和 H_52 间支持率为 64%，分别来自南溪、江津和岷江群体。单位型 H_5 和 H_24 间支持率为 63%，分别来自南溪和江津群体。水富群体单倍型与其他群体单倍型间的支持率均低于 50%，但同时水富群体样本数量也仅有 3 尾，因此，单倍型的拓扑结构总体所显示的与地理位置有关的相关信息有待进一步补充样本研究。

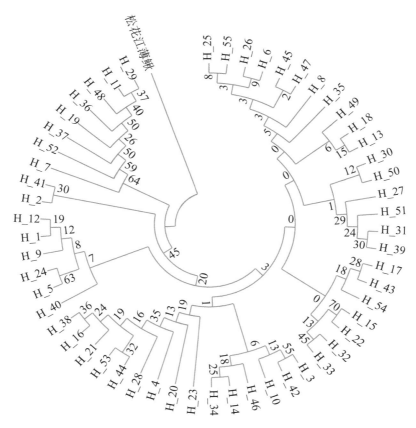

图 4-52　基于控制区序列构建红唇薄鳅的单倍型 N J 树（以松花江薄鳅为外类群）

使用 Arlequin v3.1 对红唇薄鳅群体间和群体内的分子变异分析（AMOVA）（表 4-31）结果显示：遗传变异系数（F_{st}）为 0.000 80（$F_{st} < 0.05$），显示群体内的变异大于群体间的变异，群体间的变异很小。群体基因流（N_m）为 624.500 00，表明群体的基因交流十分频繁。总遗传变异分析结果显示，地理群体间的变异占 0.08%，各地理群体内的变异占 99.92%，变异主要来自群体内，群体间没有显著的遗传差异（$P >$ 0.05）。群体间遗传变异分析结果表明（表 4-32），所有群体间均不存在显著分化。群体间基因流分析结果显示，岷江与水富群体间基因流大于其他群体间基因流，江津和水富群体间基因流较低。

表 4-31　基于线粒体 DNA 控制区序列红唇薄鳅群体间和群体内的分子变异分析

变异来源	自由度	平方和	变异组和	变异百分比（%）
群体间	3	10.348	0.002 72Va	0.08
种群内	96	325.582	3.391 48Vb	99.92
总计	99	335.930	3.394 20	—

表 4-32　基于 Cyt b 基因序列红唇薄鳅群体间群体分化指数（F_{st}）和基因流（N_m）

	水富	江津	南溪	岷江
水富	—	−307.248 47	9.594 89	87.683 42
江津	−0.001 63	—	29.932 14	−25.906 50
南溪	0.049 53	0.016 43	—	19.983 41
岷江	0.005 67	−0.019 68	0.024 41	—

3）种群历史

采用控制区序列对红唇薄鳅的野生种群进行种群历史变动分析，采用单倍型错配分布、无限突变位点模型的中性检验值 Tajima's D 和 Fu's F_s 等方法同时调查红唇薄鳅种群历史变动错配分布（图 4-53）。分析结果显示，红唇薄鳅种群单倍型和碱基差异呈明显的双峰分布，较为保守的 Tajima's D（−1.192 58，$P > 0.10$）未偏离中性平衡，Fu and Li's D*（−1.640 94，$P > 0.10$）和 Fu and Li's F*（−1.749 862，$P > 0.10$）中性检验结果不显著，控制区序列分析结果不支持红唇薄鳅种群经历了种群选择或扩张事件。

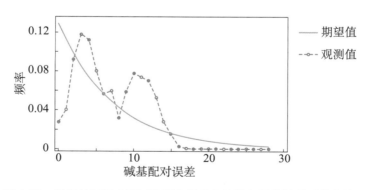

图 4-53　基于控制区序列以种群变异分布检验红唇薄鳅种群扩张结果

3. 微卫星多样性

1）引物开发

利用（AC）$_n$ 探针构建微卫星富集文库，开发了红唇薄鳅 16 对具有多态性微卫星引物。这些引物对采自朱杨溪的 24 尾样本进行分析显示，每一对引物获得的等位基因数量分别为 2 ～ 8 个，平均为 4.63 个；观测杂合度和期望杂合度分别是 0.166 7 ～ 1.000 0 和 0.158 7 ～ 0.834 2。

2）微卫星多样性

选用 9 对多态性丰富的微卫星引物（7 对红唇薄鳅二碱基引物 LR26、LR27、LR31、LR33、LR34、LR35、LR37 和 2 对长薄鳅二碱基引物 CB12、CB18）对采自蕨溪和朱杨溪 2 个位点的 47 尾红唇薄鳅样本进行分析。样本采集时间均为 2012 年 1 月—2013 年 1 月。红唇薄鳅群体微卫星多样性数据见表 4-33。

表 4-33　红唇薄鳅各群体微卫星多样性数据

群体	位点	A	H_o	H_e	PIC
蕨溪	LR26	8	1.000 00	0.832 18	0.779 60
	LR27	7	1.000 00	0.787 88	0.739 02
	LR31	6	0.812 50	0.754 03	0.696 97
	LR33	3	0.071 43	0.547 62	0.421 42
	LR34	8	0.250 00	0.695 56	0.647 86
	LR35	9	1.000 00	0.878 79	0.836 16
	LR37	9	0.944 44	0.800 00	0.752 91
	CB12	2	0.277 78	0.322 22	0.264 16
	CB18	3	0.625 00	0.538 31	0.451 46
平均		6.111	0.664 57	0.684 07	0.621 06
朱杨溪	LR26	9	0.892 86	0.867 53	0.834 68
	LR27	9	0.740 74	0.747 73	0.709 70
	LR31	9	0.965 52	0.847 55	0.815 31
	LR33	4	0.217 39	0.544 93	0.431 44
	LR34	9	0.538 46	0.767 72	0.730 95
	LR35	12	0.814 81	0.865 13	0.833 97
	LR37	11	0.965 52	0.860 86	0.829 04
	CB12	3	0.413 79	0.380 52	0.315 82
	CB18	3	0.461 54	0.527 15	0.401 89
平均		7.667	0.667 85	0.712 12	0.655 86

红唇薄鳅群体的等位基因在 2 ～ 12 之间；平均观测杂合度为 0.664 57 ～ 0.667 85；平均期望杂合度 0.684 07 ～ 0.712 12。分子变异方差分析（AMOVA）结果显示：遗传变异主要来自群体内，F_{ST}：0.013 24，说明红唇薄鳅群体出现了微弱的遗传分化（表 4-34）。

表 4-34　红唇薄鳅群体分子变异方差分析

变异来源	自由度	方差	变异组成	变异百分比	固定指数
群体	1	5.189	0.042 46	1.324 47	F_{IS}: 0.051 34
群体间	45	136.323	0.162 42	5.066 05	F_{ST}: 0.013 24
群体内	47	132.500	3.001 15	93.609 48	F_{IT}: 0.063 91
总计	93	274.012	3.206 04	—	—

4.2.6　其他研究

1. 组织学

史晋绒等（2014）研究了红唇薄鳅的泌尿系统组织结构（图4-54），红唇薄鳅的头肾极小，属淋巴器官。泌尿系统由中肾、输尿管和膀胱组成。中肾由肾小体和肾小管组成。肾小体有聚集现象且在中肾中段分布最多，肾小球大小（64.00 ± 5.10）μm，属于典型淡水真骨鱼类的中肾单位。肾小管可分为颈段、第一近端小管、第二近端小管、远端小管和集合管。第一、第二近端小管上皮为单层柱状上皮，上皮细胞游离面具丰富的刷状缘。远端小管与集合管管腔游离面无刷状缘。输尿管上皮为假复层上皮，黏膜下层甚薄或缺失，肌层由环肌和纵肌组成，两者界限不清。膀胱为输尿管膀胱，黏膜上皮为变移上皮，上皮中有分泌细胞分布。

1）解剖结构

红唇薄鳅的肾脏为中肾，位于体腔背壁，紧接头肾，呈红褐色扁平状，腹面光滑平坦，前端靠近骨鳔后缘，末端到达体腔后部，外被结缔组织膜。头肾位于左右骨鳔之间前沿的凹陷处，新鲜时红褐色，为块状实体组织。中肾长（40.67 ± 3.61）mm，约为体长的（0.32 ± 0.19）倍，由前向后逐渐变窄，末端比较尖细。左右肾在前中段被后主静脉和背大动脉相隔，中后段完全愈合，左右肾前端两侧各伸出一条输尿管，输尿管细线状沿中肾两侧边缘下行，至肾近末端合二为一，且在愈合处稍微膨大，形成膀胱。膀胱为输尿管膀胱，经泄殖窦通于体外。

2）头肾

红唇薄鳅头肾较小，由淋巴样组织构成，属淋巴器官，组织内有黑色素巨噬细胞中心存在，无肾单位及功能分区。

3）中肾

红唇薄鳅的体肾属于中肾，是成体的主要泌尿器官。组织学观察发现，中肾由大量肾单位和拟淋巴组织构成。每一个肾单位由肾小体和肾小管组成。

4）输尿管和膀胱

红唇薄鳅的输尿管为中肾管，由集合管终端汇集后出肾形成。管壁较薄，分黏膜层、黏膜下层、肌肉层和外膜。黏膜层为假复层上皮，其向输尿管管腔凹陷形成纵行褶皱；上皮细胞高（24.41 ± 6.71）μm，核椭圆形，中位或基位，上皮细胞间偶有分泌细胞分布，管腔径切面大小（115.29 ± 38.10）cm × Mf（29.83 ± 4.52）μm。黏膜下

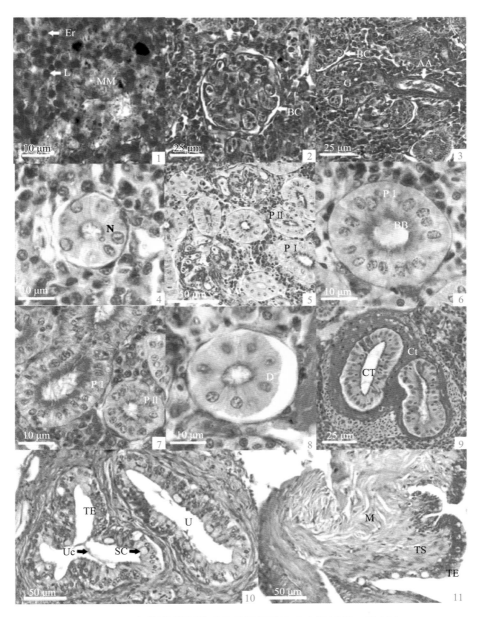

图 4-54　红唇薄鳅泌尿系统的组织结构（史晋绒等，2014）

注：1—头肾，示拟淋巴组织和黑色素巨噬细胞（H.E）；2—肾小体，示肾小球和肾小囊（H.E）；3—肾小体，示肾小球、肾小囊和入球小动脉（H.E）；4—颈段（PAS-H）；5—中肾横切，示颈段、第一近端小管、第二近端小管和远端小管（PAS-H）；6—第一近端小管，示刷状缘（PAS-H）；7—第一近端小管、第二近端小管（PAS-H）；8—远端小管（PAS-H）；9—集合管，示外围的结缔组织（PAS-H）；10—输尿管并行处（H.E）；11—膀胱，示变移上皮、黏膜下层和肌肉层（H.E）。

AA—入球小动脉，BB—刷状缘，BC—肾小囊，Ct—结缔组织，CT—集合管，D—远端小管，Er—红细胞，G—肾小球，L—拟淋巴组织，M—肌层，MM—黑色素巨噬细胞，N—颈段，PI—第一近端小管，PII—第二近端小管，SC—分泌细胞，TE—变移上皮，TS—黏膜下层，U—输尿管，Uc—尿样结晶。

层甚薄或缺失，为结缔组织。肌肉层为两层，内层为环肌，外层为纵肌，二者界限不清。外膜甚薄。红唇薄鳅泌尿系统组织结构见图4-54。

红唇薄鳅膀胱为输尿管膀胱，管壁组成与输尿管相似。黏膜层厚（21.04±6.51）μm，由变移上皮和固有膜组成。变移上皮覆盖在黏膜层表面，有2～5层细胞，上皮细胞间间或有分泌细胞镶嵌，黏膜下层为疏松结缔组织，厚（59.34±36.51）μm。肌肉层较厚，内层为环肌，厚（37.24±8.60）μm，外层为纵肌，厚（68.08±40.21）μm，均为平滑肌。

4.2.7 资源保护

1. 人工繁殖

目前，红唇薄鳅胚胎发育过程数据缺乏，苗种培育等关键过程未取得突破，因此，无法开展人工繁殖，而同属的长薄鳅已突破了规模化人工繁殖，技术相对成熟，对于红唇薄鳅人工繁殖技术突破具有指导意义，因此，有必要增加该部分理论研究和项目支持。

2. 保护对策

1）鱼类早期资源保护

根据田辉伍（2013）的研究结果，长江上游江津断面产漂流性卵鱼类产卵总量中，2010—2012年红唇薄鳅的产卵量占1.88%，其与薄鳅属其他种类总的产卵量小于鮈亚科、鲌亚科、鳅鮀亚科和"四大家鱼"，位列第5位，产卵量较为丰富，因此，长江上游保护区干流江段是红唇薄鳅重要的产卵区域。在2010—2012年3年调查过程中，2011年，红唇薄鳅产卵量明显高于前后两年，分析原因可能是水温较高导致的，2011年调查期间平均水温为23.3℃，而2010年和2012年分别为21.9℃和22.1℃，通过产卵与水文条件的相关关系分析，显示红唇薄鳅产卵行为与水温变化间均存在极显著差异（$P < 0.01$），因此，可认为水温是影响红唇薄鳅早期资源量变动较为关键的因素，鳅科鱼类产卵与水温的正相关性已在相关研究中得以证实（姜伟，2009），另外，红唇薄鳅产卵与水位变化也有显著相关性，而流速变化也可能是红唇薄鳅产卵行为发生的刺激因子，因此，有必要在金沙江下游水利工程运行后进行生态调度，以人为营造水位及流速变化，刺激产卵行为的发生，调度过程中还应该考虑水温因素，采用分层泄水或其他方式对水温进行调节。

2）渔业资源保护

根据田辉伍（2013）的研究结果显示，红唇薄鳅体长超过80mm时，捕捞死亡已替代自然死亡成为资源群体主要影响因素，这一体长明显低于能获得最大相对单位渔获量的体长（L_{opt}）136.99mm。Gulland（1971）提出鱼类资源最佳开发率应维持为0.5（$F_{opt} = M$），本研究估算出的红唇薄鳅能获得最大渔获量的最佳开发率0.636比之更小，而该理论值均低于红唇薄鳅当前开发率0.740。以上结果均说明红唇薄鳅已过度捕捞，若不及时采取措施，其资源将会遭到进一步的破坏。从年均资源量、渔获数量差异和个体大小来看，红唇薄鳅目前补充群体的剩余群体均受到了捕捞影响，补充群体影响相对较小。

3）遗传多样性保护

根据田辉伍（2013）的研究结果、红唇薄鳅 Cyt *b* 基因分析结果表明，水富、南溪、江津和岷江群体间遗传变异系数均无显著差异（$P > 0.05$）。基因流的分析结果表明，Cyt *b* 基因和控制区基因均表现为红唇薄鳅群体间基因流的绝对值明显大于长薄鳅（266.88/624.50；17.17/16.75）。Cyt *b* 基因分析结果表明红唇薄鳅南溪群体与其他群体间的基因流较高，红唇薄鳅水富群体与本种群其他群体间的基因流均极低。红唇薄鳅 Cyt *b* 和控制区研究结果均显示群体间没有形成显著的遗传分化，基因交流频繁，但也需要对现有种群进行科学管理，以维持有效种群大小。

红唇薄鳅年渔获量缺乏历史统计数据，无法与历史数据相比，从渔获现状来看，红唇薄鳅因体形与中华沙鳅相似，生活习性也相似，在长江上游尤其是干流宜宾至重庆段，中华沙鳅的捕捞中不能被其专用捕捞网具筛选出去，因此，往往被同时捕捞后以"玄鱼子"或"青龙丁"（中华沙鳅的俗称）的名义广泛销售，受中华沙鳅食用热潮的影响，红唇薄鳅也被大量捕捞，因此，渔业前景不容乐观。通过调整 M/k 和 L_c/L_∞ 比值发现，调整开捕体长（规格）能减缓红唇薄鳅资源下降趋势。

4.3　小眼薄鳅

4.3.1　概况

1. 分类地位

小眼薄鳅（*Leptobotia microphthalrna* Fu *et* Ye，1983），隶属鲤形目（Cypriniformes）鳅科（Cobitidae）沙鳅亚科（*Botiinae*）薄鳅属（Leptobotia），俗称"高粱鱼""竹叶鱼""红鱼片儿"等（图 4-55）。

图 4-55　小眼薄鳅（拍摄者：高天珩；拍摄地点：犍为；拍摄时间：2015 年）

标准体长为体高的 5.2 倍，为头长的 3.8 倍，为尾柄长的 8.1 倍，为尾柄高的 6.3 倍。头长为吻长的 2.5 倍，为眼径的 20 倍，为眼间距的 5 倍。

个体较小，是一种小型鱼类，和红唇薄鳅一样产漂流性卵，同时属于洄游鱼类，需洄游到产卵场进行产卵繁殖，常藏匿于石头之后，是一种底栖性鱼类。历史记录小眼薄鳅主要分布于大渡河下游、岷江中下游等支流，嘉陵江以及长江干流宜宾到重庆一带也有分布（丁瑞华，1994；青弘等，2009），是长江上游特有鱼类。小眼薄鳅主要形态学特征为体延长，体高偏低，尾柄高，扁而薄。头短小，侧扁。吻较短，前端稍尖，侧扁。为下位口，较小，唇薄而有褶皱。小眼薄鳅眼较小，眼间距窄，鼻孔较小，鳃孔小，鳃耙也较短小。背鳍、胸鳍、腹鳍和臀鳍均短小，尾鳍分叉深。体被细小而薄的鳞片，颊部有鳞片，侧线完全而平直。身体基色为黄白色带灰色，胸鳍、腹鳍为浅灰色，背鳍和臀鳍有一两条斑纹，尾鳍上下叶有灰黑色斑纹。

2. 种群分布

根据长江上游各江段鱼类早期资源调查结果，小眼薄鳅在金沙江宜宾江段、岷江下游、宜宾至重庆江段、嘉陵江江段均有分布，但以岷江下游河口区域分布最为集中，截至 2018 年，在上述区域每年均有少量样本调查到，但资源规模总体较小，部分江段持续调查 20 余天仅能调查到不足 5 尾样本，资源稀少。

3. 研究与保护概况

关于小眼薄鳅的研究资料并不多，1986 年，傅天佑首次报道在四川省乐山市大渡河下游发现此鱼，作为一个新种而诞生（傅天佑和叶妙荣，1986）。2009 年，青弘等人首次报道在嘉陵江发现此鱼（青弘等，2009）。田辉伍在 2010—2012 年期间，对长江上游保护区的小眼薄鳅进行过鱼类资源调查。申绍祎在 2018 年对小眼薄鳅遗传多样性进行了研究，并与长薄鳅、红唇薄鳅、紫薄鳅等同属鱼类进行了比较研究，相关研究报道较少。小眼薄鳅这种个体小、分布范围狭窄、产漂流性卵的特征，可作为评估梯级电站开发对鱼类影响的良好模式生物。

4.3.2 生物学研究

2010—2018 年，在长江上游干流、岷江仅调查到 37 尾活体样本。样本在岷江河口江段其出现频率相对较高，约为 22.7%，在长江上游干流江段出现频率较低，约为 6.85%。调查样本体长分布在 56 ～ 88mm 之间，平均体长 60mm，体长主要分布在 50 ～ 100mm 之间，体重分布在 2.0 ～ 20.2g 之间，平均体重 4.6g，体重主要分布在 1 ～ 5g 之间。

4.3.3 鱼类早期资源

小眼薄鳅产漂流性卵，2010 年以来，在长江上游宜宾、岷江和江津断面监测到了小眼薄鳅自然繁殖现象，产卵场广泛分布在金沙江下游、岷江和长江上游干流江段，分布较为集中。同时，不同年份产卵量差异较大，其中金沙江宜宾横江河口至三块石江段（产卵规模约为 10.72 百万粒 / 年），岷江蕨溪至岷江河口江段（产卵规模约为 328.38 百万粒 / 年），长江合江江段（产卵规模约为 4.87 百万粒 / 年），岷江产卵场 2016 年产卵量较 2017 年产卵量大约 300 倍，可能与 2016 年水文过程较为特殊有关，长江上游其他江段近年来未监测到自然繁殖现象。

4.3.4　遗传多样性

本研究采用线粒体 Cyt b 序列和控制区序列为分子标记,对小眼薄鳅遗传结构和遗传多样性进行分析,了解小眼薄鳅遗传背景,以期为小眼薄鳅种质资源库构建、资源保护等提供基础资料。同时有利于评估长江上游产漂流性卵鱼类遗传资源的现状,为水电工程和人类活动对水生生物产生的影响评估提供基础数据,对长江上游生物多样性的保护有重要意义。

在 2016—2017 年 5—7 月长江上游鱼类繁殖季节,本课题组在金沙江攀枝花、宜宾江段,岷江下游宜宾江段,赤水河中下游赤水河江段,长江上游江津江段、长江中游监利、嘉鱼、九江江段设置断面,采用圆锥网和弶网收集鱼卵(段辛斌,2008)。采集到的鱼卵在显微镜下进行发育时期判断,鱼卵洗净后放入 5ml 离心管中用无水乙醇固定,将管口用封口膜密封保存后带回实验室(陈会娟等,2016),采用 DNA 条形码进一步确定种类(GenBank 登录号:NC_024049.1)。共采集到 104 尾小眼薄鳅样本,其中,岷江宜宾江段 48 粒、江津江段 56 粒,采样点信息见表 4-35。金沙江攀枝花、宜宾段、赤水河、监利、嘉鱼、九江江段未采集到小眼薄鳅鱼卵样本。

岷江宜宾江段采集的小眼薄鳅鱼卵发育时期为囊胚早期到胚孔封闭期,江津江段的小眼薄鳅鱼卵发育时期为原肠晚期到心脏搏动期。以长江上游同属特有鱼类红唇薄鳅的发育时期为参照(田辉伍,2013),退算出岷江宜宾江段的小眼薄鳅样本来自岷江下游的宜宾市古柏镇至喜捷镇江段;江津江段的样本来自长江上游泸州市黄舣镇至江津市石门镇江段。

表 4-35　小眼薄鳅采样点信息

采样点	代号	样本量(尾)
岷江	MJ	48
江津	JJ	56
总计	—	104

1. 线粒体 DNA Cyt b

1)序列变异及多样性

获得 104 尾小眼薄鳅线粒体 Cyt b 序列 991 bp,A、T、C、G 的平均含量分别为 28.23%、27.47%、29.94% 和 14.36%,表现出明显的反 G 偏倚。A+T 含量(55.70%)大于 G + C 含量(44.30%)。序列中的转换数明显高于颠换数,Ts/ Tv=15.366。序列中共检测出 35 个变异位点,其中有 16 个为单一突变位点,19 个为简约信息位点。序列检测出 37 个单倍型(H_1 ~ H_37),其中,主要单倍型为 H_2(25.96%)、H_6(15.38%)、H_9(8.65%),其余单倍型围绕其呈星型分布。有 8 个单倍型为群体共享,共享单倍型所属样本共 71 尾,占总样本 68.27%,其余单倍型为部分群体独享,所属样本占比 31.73%。小眼薄鳅群体平均单倍型多样性(H_d)为 0.899,平均核苷酸多样性(P_i)0.004 0(表 4-36)。

表 4-36　小眼薄鳅种群遗传多样性、Tajima'*D* 和 Fu's *F*~s~

种群	变异位点数，S	单倍型	单倍型多样性，H_d	核苷酸多样性，P_i	Tajima's D	Fu's F_s
岷江	27	26	0.949	0.004 4	−0.951 9	−14.809**
江津	26	19	0.838	0.003 6	−1.359 8	−6.271**
总计	35	37	0.899	0.004 0	−1.321 8	−23.664**

2）种群遗传结构

以红唇薄鳅（GenBank 登录号：NC_022851；AY625717）、长薄鳅（GenBank 登录号：JQ230103；AY625715）、紫薄鳅（GenBank 登录号：KU517104；NC_026130）为外类群构建小眼薄鳅 Cyt *b* 单倍型系统发育 NJ 树（图 4-56）。以红唇薄鳅（GenBank 登录号：NC_022851；DQ105267）、长薄鳅（GenBank 登录号：JQ230103；DQ105271）、

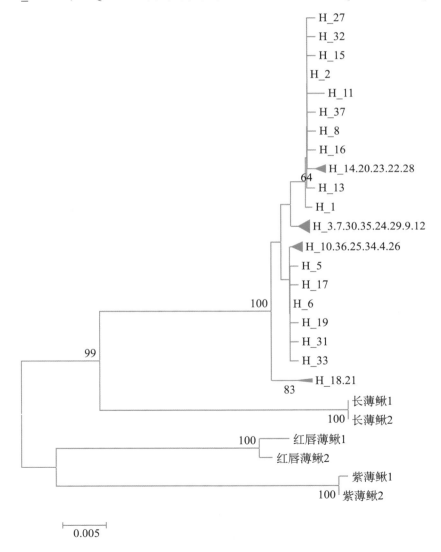

图 4-56　基于 Cyt *b* 基因系列构建小眼薄鳅的单倍型 NJ 树

紫薄鳅（GenBank 登录号：AY600870；NC_026130）为外类群构建小眼薄鳅控制区单倍型 NJ 系统发育树。Cyt b 和控制区 NJ 树均不显示谱系分化。

小眼薄鳅单倍型网络连接见图 4-57，Cyt b 单倍型网络进化关系较为简单，以 H_2、H_6、H_9 3 个单倍型为中心呈星型结构分布，H_2 为最高频单倍型，有 4 个缺失单倍型。

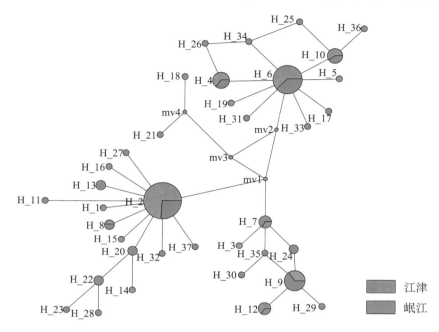

图 4-57　小眼薄鳅 Cyt b 单倍型 Network 网络结构图

注：圆圈大小表示单倍型的频率；mv 代表缺失的单倍型。

对小眼薄鳅 Cyt b 序列作分子变异分析（AMOVA），结果显示，群体遗传分化指数 F_{st}=0.015 6，群体内变异百分比为 98.44%，变异大多来自群体内部（表 4-37）。Cyt b 结果表明小眼薄鳅群体间未形成遗传分化。

表 4-37　小眼薄鳅群体分子方差分析（AMOVA）

变异来源	自由度	平方和	方差分量	变异百分比（%）	固定指数
群体间	1	3.559	0.031 0	1.56	—
群体内	102	199.470	1.955 6	98.44	0.015 6
总计	103	203.029	1.986 6	—	—

3）种群历史

采用中性检验 Tajima's D、Fu's F_s、核苷酸错配分析和 BSP 等方法分析种群历史。基于 AMOVA 的结果，由于小眼薄鳅群体间未形成显著遗传分化，因此只将总样本作错配分布及 BSP 分析。Cyt b Fu's F_s 为极显著负值，错配分布图表现为双峰［图 4-58(a)］。进一步做 BSP 分析，结果显示大约在 3 万年前［图 4-58(b)］，小眼薄鳅发生过种群扩张事件，扩张处于晚更新世时期。

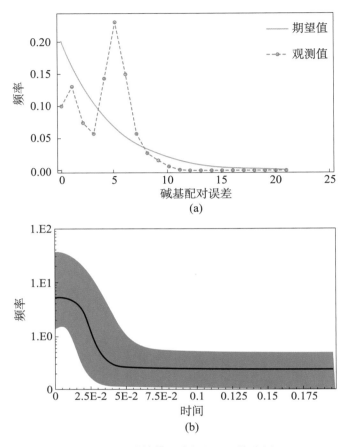

图 4-58　碱基错配分析和天际线分析

2. 线粒体 DNA 控制区

1）序列变异及多样性

将小眼薄鳅控制区序列进行拼接，获得序列长度为 951bp（去除 Gap 为 947bp）。对序列片段进行分析，序列中的转换数明显高于颠换数，Ts/ Tv = 6.945。A、T、G、C 平均碱基组成为 35.24%、30.86%、19.91%、13.99%，A + T 含量（66.10%）大于 G + C 含量（33.90%）。序列中共检测到 50 个变异位点，其中 22 个为单一突变位点，28 个为简约信息位点。序列中共检测到 65 个单倍型，分别命名 H_1 ～ H_65。主要单倍型为 H_4（18.63%）、H_11（5.88%），共有 4 个单倍型为群体间共享，所属样本占比 32.35%。平均单倍型多样性（H_d）和平均核苷酸多样性（P_i）分别为 0.959、0.004 3（表 4-38）。

表 4-38　小眼薄鳅种群遗传多样性、Tajima'D 和 Fu's F_s

种群	样品数，N	单倍型数，h	单倍型多样性，H_d	核苷酸多样性，π	Tajima's D	Fu's F_s
岷江	41	52	0.971	0.005 0	−1.660 8	−39.067**
江津	30	31	0.942	0.003 4	−1.728 2	−29.562**
总计	50	65	0.959	0.004 3	−1.868 2*	−87.659**

注：* 表示 $P < 0.05$，** 表示 $P < 0.01$.

2）种群遗传结构

以红唇薄鳅（GenBank 登录号：NC_022851；AY625717）、长薄鳅（GenBank 登录号：JQ230103；AY625715）、紫薄鳅（GenBank 登录号：KU517104、NC_026130）为外类群构建小眼薄鳅 Cyt b 单倍型系统发育 NJ 树（图 4-59）。以红唇薄鳅（GenBank 登录号：NC_022851；DQ105267）、长薄鳅（GenBank 登录号：JQ230103；DQ105271）、紫薄鳅（GenBank 登录号：AY600870；NC_026130）为外类群构建小眼薄鳅控制区单倍型 NJ 系统发育树。Cyt b 和控制区 NJ 树均不显示谱系分化。

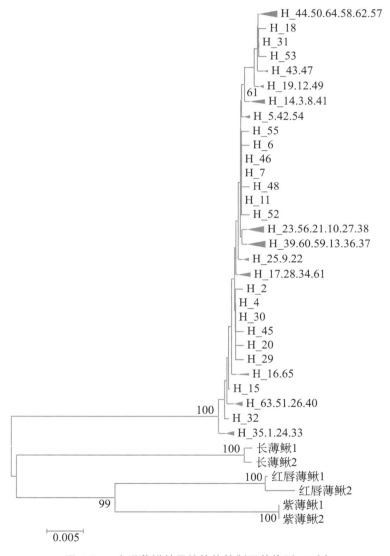

图 4-59　小眼薄鳅基于线粒体控制区单倍型 NJ 树

小眼薄鳅控制区单倍型网络进化关系较为复杂，单倍型间有许多环形连接，无中心单倍型，H_4、H_11 为较高频单倍型。有 22 个缺失单倍型（mv1 ～ mv22）。Cyt b

和控制区单倍型网络连接图（图 4-60）不显示地理差异和谱系差异。

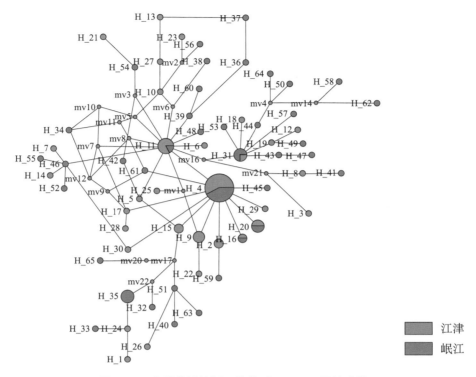

图 4-60　小眼薄鳅控制区单倍型 Network 网络连接图

注：圆圈大小表示单倍型的频率；mv 表示缺失的单倍型。

对小眼薄鳅控制区序列分子变异分析显示，群体遗传分化指数（F_{st}）为 0.024 1，群体内变异占比 97.59%，群体间只有少量变异。Cyt b 和控制区结果均表明小眼薄鳅群体间未形成遗传分化。小眼薄鳅群体分子方差分析见表 4-39。

表 4-39　小眼薄鳅群体分子方差分析（AMOVA）

变异来源	自由度	平方和	方差分量	变异百分比（%）	固定指数
群体间	1	4.929	0.053 9	2.41	—
群体内	100	218.091	2.180 9	97.59	0.024 1
总计	101	223.020	2.234 8	—	—

3）种群历史

采用中性检验 Tajima's D、Fu's F_s、核苷酸错配分析和 BSP 等方法分析种群历史。基于 AMOVA 的结果，由于小眼薄鳅群体间未形成显著遗传分化，因此只将总样本作错配分布及 BSP 分析。控制区显示 Fu's F_s 为极显著负值，错配分布图控制区表现为单峰结构［图 4-61(a)］。进一步做 BSP 分析，结果显示大约在 3 万年前［图 4-61(b)］，小眼薄鳅发生过种群扩张事件，扩张处于晚更新世时期。

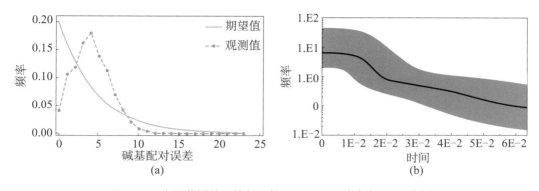

图 4-61　小眼薄鳅基于控制区的 Mis-match 分布和 BSP 分析

3. 遗传结构分析

小眼薄鳅的遗传多样性结果为（Cyt b：H_d =0.899，P_i=0.004 0；D-loop：H_d =0.959，P_i = 0.004 3），与长江上游几种同属鱼类如长薄鳅（Cyt b：H_d = 0.608，P_i = 0.000 9；D-loop：H_d = 0.870，P_i = 0.003 4）（田辉伍，2013）、红唇薄鳅（Cyt b：H_d = 0.907，P_i = 0.003 2；D-loop：H_d = 0.973，P_i = 0.006 9）（田辉伍，2013），以及与本研究中的红唇薄鳅（Cyt b：H_d = 0.901，P_i = 0.003 2；D-loop：H_d = 0.972，P_i = 0.007 0）、长薄鳅（Cyt b：H_d = 0.625，P_i = 0.001；D-loop：H_d = 0.925，P_i = 0.004）等鱼类的线粒体 DNA 遗传多样性相比较，小眼薄鳅的遗传多样性比长薄鳅高，比红唇薄鳅低。与长江上游其他同产漂流性鱼卵的鱼类遗传多样性相比较，例如，铜鱼（D-loop：H_d = 0.925，P_i = 0.004）（袁娟等，2010）、长鳍吻鮈（Cyt b：H_d = 0.709，P_i = 0.001 4；D-loop：H_d = 0.814，P_i = 0.001 6）（程晓凤，2013）、蛇鮈（Cyt b：H_d = 0.872，P_i = 0.004）（李小兵等，2016）、圆口铜鱼（D-loop：H_d = 0.947，P_i = 0.004 8）（熊美华等，2014）、中华沙鳅（D-loop：H_d = 0.986，P_i = 0.004）（刘红艳等，2009）等，本研究中的小眼薄鳅的遗传多样性高于铜鱼和长鳍吻鮈，与蛇鮈和圆口铜鱼的遗传多样性水平相近，低于中华沙鳅。总体而言，小眼薄鳅的遗传多样性与长江上游多数鱼类处于同一水平。与红唇薄鳅一样，小眼薄鳅仍处于高单倍型多样性，低核苷酸多样性的状态。说明小眼薄鳅群体在历史上经历过瓶颈效应后，发生过快速扩张，使得小眼薄鳅群体内部积累了大量的变异而导致该结果。小眼薄鳅两个群体中，Cyt b 和控制区结果均显示岷江群体的遗传多样性要高于江津群体，意味着岷江可能更适合小眼薄鳅的生存。

1）遗传分化

本研究中小眼薄鳅样本为受精卵，使得该样本具有产卵场代表性。根据受精卵的发育时期、测得的当地水流速度（余志堂等，1984），退算出小眼薄鳅受精卵样本分别来自岷江下游和长江干流的产卵场，因此代表了两个不相同产卵场的繁殖群体。根据 AMOVA 分析来看，Cyt b 与控制区结果都显示 F_{st} 小于 0.05，表明小眼薄鳅江津和岷江群体没有发生遗传分化，这意味着地理距离未对小眼薄鳅种群产生显著隔离影响。和本研究中的红唇薄鳅一样，小眼薄鳅产漂流性卵，其漂流性卵随水流进行扩散和发育，成鱼又从数百公里洄游到产卵场，使得小眼薄鳅交配经常发生在途中，群体间基因流大，种群未形成显著的遗传分化。

小眼薄鳅没有发生地理和谱系分化。从种群历史上看，小眼薄鳅的种群扩张时间发生在距今约 3 万年前，而有谱系分化的红唇薄鳅其种群扩张时间发生在距今约 9 万年前。小眼薄鳅未出现地理结构分化和谱系结构分化，可能是由于小眼薄鳅群体在历史上发生扩张的时间比较晚，群体缺少充足的时间在迁移和遗传漂变之间获得平衡（Slatkin 等，1993）。尽管小眼薄鳅两个采样点群体间不存在显著的遗传分化，但仔细检查其单倍型分布情况及其频率发现，频率比较高的几个单倍型在两个采样点的分布是有较大差异的，例如，在 Cyt b 序列里，频率最高的单倍型为 H_2，但两个群体在这个单倍型里的样本量有较大差异，江津和岷江群体其所占单倍型频率分别为 74.1%（20/27）和 25.9%（7/27）。频率第二高的单倍型为 H_6，江津和岷江群体各自的样本占单倍型所含的总样本比分别为 62.5%（10/16）、37.5%（6/16）。频率第三高的单倍型其所含的江津和岷江群体的样本量分别为 33.3%（3/9）和 66.7%（6/9）。控制区序列也有类似情况，如频率最高的单倍型是 H_4，江津样本所占频率为 57.9%（11/19），而岷江群体频率所占为 42.1（8/19）；同样频率第二高的单倍型是 H_11，江津样本频率为 83.3%（5/6），岷江群体所占频率为 16.7%（1/6）。而频率第三的单倍型 H_31 其所含的江津和岷江的样本则分别为 25%（1/4）和 75%（3/4）。并且从遗传多样性上看，岷江群体的遗传多样性也要高于江津群体，这意味着岷江和长江的小眼薄鳅虽然暂时没有显著的地理结构分化，但是两个群体在遗传结构上是有一定差异的。

2）种群历史动态

通过小眼薄鳅遗传多样性指数特征来看，其属于高单倍型多样性低核苷酸多样性，暗示小眼薄鳅历史上可能经历过瓶颈，随后发生过快速扩张。Cyt b 与控制区 BSP 结果均表明小眼薄鳅种群扩张时间发生在大约 3 万年前——晚更新世时期，扩张时间与长薄鳅的扩张时间较为接近。由于更新世时期全球气候发生了多次冰期—间冰期的反复交替，到了晚更新世时期，气候相对温暖稳定（Lambeck et al.，2002），小眼薄鳅种群随着气候的回升而发生了扩张。小眼薄鳅 BSP 中呈现的扩张结果与碱基错配分布分析和中性检验的结果不吻合，可能是由于碱基错配分析和中性检验不能充分利用 DNA 系谱中的种群历史统计信号（Grant，2015）。此外，错配分布分析容易受到分化的谱系的影响，而 BSP 分析不受此影响，因此也会出现扩张信号不统一的情况（Grant，2015）。

4.3.5 资源保护

小眼薄鳅在长江上游地区不是主要的经济鱼类，其经济价值虽然没有很高，但是因为其产漂流性卵加上分布区域有限等特点，所以是一种具有生态敏感性的鱼类。从遗传多样性方面看，其和长江上游鱼类比较，遗传多样性并没有特别高，因此应该注意保护。由于岷江小眼薄鳅群体要比长江干流群体稍高，因此在不能两全的情况下，保护岷江群体为主的工作意义更大一些。因此，在今后的保护工作中，应该加强监测小眼薄鳅的产卵场以及遗传多样性，注意对岷江下游水电站截流后的小眼薄鳅单倍型频率变化进行分析，这对科学地评估水电站开发对长江上游水生生物的影响具有重要意义。同时需要注意到有关调查研究显示，2013 年溪洛渡、向家坝水库蓄水以来，2015 年始向家坝下至岷江河口金沙江段每年均能监测到一定量的小眼薄鳅自然繁殖，因此，在岷江下游梯级航电投产运行后，向家坝下至岷江河口 30km 江段可能更适宜于小眼薄鳅自然繁殖，但受上游梯级水电运行调度影响，有必要开展相关研究，从鱼类生态需求和水温、水文调度两方面找到一个平衡点，促进坝下河段鱼类自然繁殖。

4.4　长鳍吻鮈

4.4.1　概况

1. 分类地位

长鳍吻鮈（*Rhinogobio ventralis* Sauvage *et* Dabry，1874），隶属于鲤形目（Cypriniformes）鲤科（Cypri-nidae）鮈亚科（Gobioninae）吻鮈属（*Rhinogobio*），俗称"土哈儿""洋鱼""耗子鱼""土耗儿"等（图 4-62）。

图 4-62　长鳍吻鮈（拍摄者：吕浩 / 张浩；拍摄地点：江津；拍摄时间：2017 年）

标准体长为体高的 4.0 ～ 4.5 倍，为头长的 4.0 ～ 4.6 倍，为尾柄长的 4.2 ～ 4.5 倍，为尾柄高的 9.0 ～ 9.5 倍。头长为吻长的 2.0 ～ 2.3 倍，为眼径的 6.6 ～ 7.4 倍，为眼间距的 3.3 ～ 4.0 倍，为尾柄长的 0.9 ～ 1.1 倍，为尾柄高的 1.8 ～ 2.2 倍。尾柄长为尾柄高的 1.9 ～ 2.2 倍。

体长且高，稍侧扁，头后背部至背鳍起点渐隆起，腹部圆，尾柄宽而侧扁。头较短，钝锥形，吻略短，圆钝，稍向前突出。口小，下位，呈深弧形，唇较厚，光滑，上唇有深沟与吻皮分离，下唇狭窄，自口角向前伸，不达口前缘。下颌厚，肉质，唇后沟中断，间距宽。须 1 对，位于口角，长度略大于眼径。眼小，距吻端较至鳃盖后缘的距离为大或相等。眼间宽，略隆起，体鳞较小，腹部鳞片较体侧鳞小，腹鳍前缘向前逐渐细小，侧线完全，平直。

背鳍较长，第一根分枝鳍条的长度显著大于头长，外缘凹入较深，背鳍起点距吻端与其后端至尾鳍基的距离约相等。胸鳍宽且长，长度超过头长，外缘明显内凹，呈镰刀形，末端可到达或超过腹鳍起点。腹鳍长，末端远超过肛门，几达臀鳍起点，其起点位于背鳍起点之后，约与背鳍第二根分枝鳍条相对。肛门位置较近臀鳍起点，位于腹鳍基与臀鳍起点间的后 1/3 处，臀鳍亦长，外缘深凹，尾鳍深分叉，上下叶末端尖，等长。

下咽齿主行的前 3 枚齿末端钩曲，其余 2 枚末端圆钝。鳃耙较小，排列稀疏，分布均匀。肠管约与体长相当，为体长的 0.8 ～ 1.1 倍。鳔小，2 室，前室较大，外被较厚的膜质囊。后室细长，为前室的 1.0 ～ 1.2 倍。腹膜灰白色。体背深灰，略带黄色，腹部灰白。背、尾鳍黑灰色，其边缘色较浅，其余各鳍均为灰白色。

2. 种群分布

长鳍吻鮈历史记录分布于长江上游干流，金沙江、岷江、沱江、赤水河、嘉陵江和乌江中均有分布。长鳍吻鮈是长江上游干流及金沙江的重要渔业资源，在渔获物中所占的比例较大，尤其是在金沙江攀枝花江段、长江上游干流宜宾江段和江津江段，但 2015 年未在攀枝花江段采集到其样本，尤其是 2015 年下半年，综合来看其在长江上游渔获物中的出现频率维持在 40% 左右，最高为 60.02%，CPUE 维持在 100g/ 船 /日左右，最高为 347.88g/ 船 / 日，渔获物重量百分比在 5% 左右，最高为 10.60%（表4-40）。蓄水前后，长鳍吻鮈在渔获物中的出现频率呈现波动变化趋势，2013 年下降明显，主要原因是金沙江段出现区域和数量减少；重量百分比呈现波动变化趋势，仅2011 年上升明显，2012 年下降明显，其余年份差异不明显，2016 年相对下降较为明显；CPUE 变化可能与蓄水影响有关，2013 年后有所恢复，2018 年急剧下降，原因有待长期监测判定。

表 4-40　长鳍吻鮈资源变化（2010—2018 年）

指标	2010 年	2011 年	2012 年	2013 年	2014 年	2015 年	2016 年	2017 年	2018 年
出现频率（%）	60.02	44.92	37.04	21.46	37.92	40.16	35.15	11.17	6.82
CPUE [g/（船·d）]	96.34	347.88	68.61	40.04	130.75	167.5	107.58	39.8	8.05
重量百分比（%）	5.53	10.60	2.70	3.36	4.90	4.83	3.86	4.83	0.35

蓄水后，2014 年在长江上游采集到 163 尾样本，2015 年采集到 184 尾，2016 年采集到 458 尾，2017 年采集到 94 尾，2018 年采集到 58 尾。2016 年后样本数量有较大幅度减少，主要原因是样本采集到的范围有缩小，攀枝花江段难以采集到（受金沙江上游电站蓄水影响），永善江段采集到的数量减少（受金沙江一期工程蓄水影响），长江上游干流段样本数量在 2017 年后急剧减少，原因有待分析。

3. 研究概况

长鳍吻鮈是长江上游江段中特有的底栖小型经济鱼类（湖北省水生生物研究所鱼类

研究室，1976），广泛分布于金沙江、乌江下游、长江上游干流及其主要支流（丁瑞华，1994；伍献文等，1997）。长鳍吻鮈在上游的渔业资源重量百分比中约占 10%。目前，针对长鳍吻鮈的研究主要集中于基础生物学（段中华等，1991；周启贵和何学福，1992；张松，2003；邓辉胜和何学福，2005；曲焕韬等 2015；Silva and Stewart，2006；鲍新国，2009；辛建峰，2010；姚建伟等，2016）、胚胎发育（管敏等，2015；吴兴兵等，2015）、组织学（李蔼君等，2007）和分子遗传（洪云汉，1987；程晓凤，2013）、种群评估（辛建峰等，2010；熊飞等，2016）等方面，研究较多，但全面性仍显不足。

4.4.2　生物学研究

1. 渔获物结构

2011—2013 年，在保护区采集到的长鳍吻鮈样本的体长范围为 73 ～ 225mm，平均体长 164mm，优势体长组为 160 ～ 180mm（45.22%）；体重范围为 5.2 ～ 208.8g，平均体重 81.5g，优势体重组为 100 ～ 140g（60.51%）（图 4-63）；年龄范围 1 ～ 6 龄，优势年龄组为 2 ～ 3 龄（75.68%）（图 4-64）。

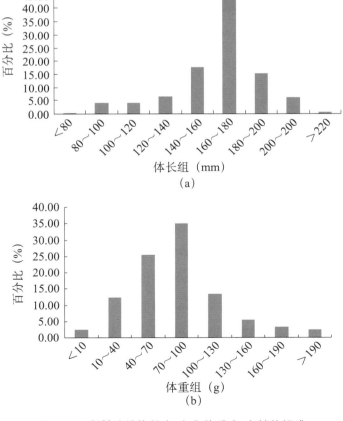

图 4-63　长鳍吻鮈体长（a）和体重（b）结构组成

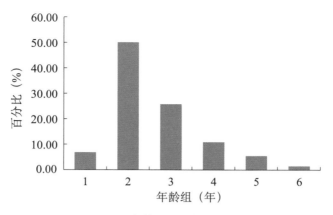

图 4-64　长鳍吻鮈年龄结构组成

2. 年龄与生长

1）年轮特征

选择了耳石、脊椎骨和鳞片作为年龄鉴定材料，耳石经过打磨后，经拍照观察、鉴定年龄和测量轮径，三种材料中耳石的效果最好，脊椎骨次之，鳞片轮纹有破损，最终选择耳石为年龄鉴定与生长退算用材料，脊椎骨及鳞片为辅助年龄鉴定材料。

采用耳石为年龄鉴定材料和退算体长依据，并用退算体长由最小二乘法对长鳍吻鮈的生长参数进行了估算。

2）体长与体重关系

$W = 6 \times 10^{-6} L^{3.2127}$（$n$=457，$R^2$=0.944，$P < 0.01$）（图 4-65）。

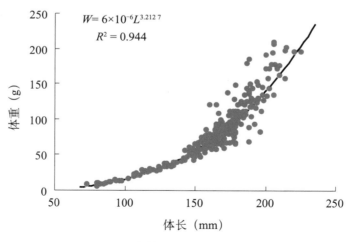

图 4-65　长鳍吻鮈体长和体重关系

幂指数 b 值接近于 3（$P < 0.01$），长鳍吻鮈属于匀速生长类型鱼类。

3）生长参数

L_∞=415.75mm，W_∞=547.31g，k=0.185/ 年，t_0=−0.653 年。

4）生长方程

$L_t=415.75\left[1-e^{-0.185(t+0.653)}\right]$，$W_t=547.31\left[1-e^{-0.185(t+0.653)}\right]^{3.213}$（图 4-66）。

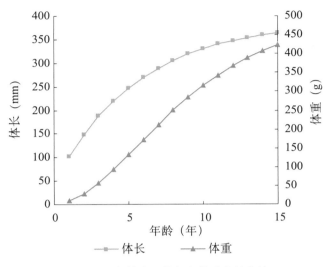

图 4-66　长鳍吻鮈体长和体重生长曲线

体长和体重生长速度（dL/dt，dW/dt）和生长加速度（d^2L/dt^2，d^2W/dt^2）方程（图 4-67）：

$$dL/dt=74.55e^{-0.185(t+0.653)}$$

$$d^2L/dt^2=-17.43e^{-0.185(t+0.653)}$$

$$dW/dt=297.14e^{-0.185(t+0.653)}\left[1-e^{-0.185(t+0.653)}\right]^{2.213}$$

$$d^2W/dt^2=32.47e^{-0.185(t+0.653)}\left[1-e^{-0.185(t+0.653)}\right]^{1.213}\left[2.977e^{-0.185(t+0.653)}-1\right]。$$

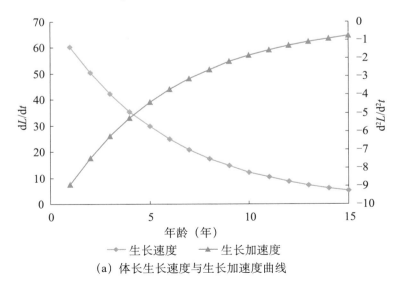

（a）体长生长速度与生长加速度曲线

图 4-67　长鳍吻鮈体长与体重生长速度与生长加速度曲线

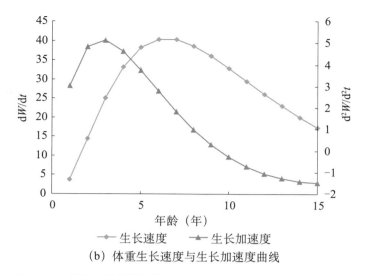

（b）体重生长速度与生长加速度曲线

图 4-67 长鳍吻鮈体长与体重生长速度与生长加速度曲线（续）

5）生长拐点

长鳍吻鮈体重生长拐点年龄 t_i=4.31 龄，对应体长 L_i=221.63mm、体重 W_i=109.85g。

3. 食性特征

长鳍吻鮈平均肠长系数为 0.817（0.525 ～ 1.215），长鳍吻鮈肠含物中、植物碎屑、藻类（主要是硅藻）出现频率最高（大于 80%），其次是水生昆虫（主要是蜻蜓幼虫和摇蚊幼虫等）出现频率较高（大于 30%），出现频率最低的是软体动物（小于 30%）。个数百分比最高的是藻类（大于 20%），其次是蜻蜓幼虫（4.03%）。藻类出现频率高，但相对重量较低，因此，综合前面二项指标及相对重量得出 IRI 最高的是水生昆虫（表 4-41）。从食物组成的出现频率和相对重量来看，长鳍吻鮈是一种杂食性的鱼类。

表 4-41 长鳍吻鮈的食物组成及各类群食物的出现频率

类	细分	出现频率（%）	个数百分比（%）
软体动物	螺类	10.9	0.49
	河蚬	18.4	0.61
	淡水壳菜	30.7	1.13
水生昆虫	毛翅目幼虫	28.9	0.52
	蜻翅目幼虫	19.8	0.93
	蜻蜓幼虫	32.9	4.03
	摇蚊幼虫	40.3	0.35
藻类	蓝藻	100	30.56
	硅藻	100	24.29
	绿藻	87.5	20.75
植物碎屑		100	+
不可辨物		+	+

注："+"表示小于 0.001 或无法评判。

4. 繁殖特征

1）繁殖群体组成

2011—2013 年在保护区采集到的长鳍吻鮈样本中，雌性由 2～7 龄组成，体长 103～225mm，平均体长（174.24±39.28）mm，体重 45.7～208.8g，平均体重（122.43±44.17）g；雄性由 2～6 龄组成，体长 102～208mm，平均体长（164.72±48.22）mm，体重 39.21～192.36g，平均体重（103.20±35.55）g。性比为♀：♂＝1.13：1。

2）初次性成熟年龄

长鳍吻鮈群体中 50% 个体达性成熟的平均体长为（159±8.65）mm，该体长即为长鳍吻鮈的初次性成熟体长，换算得出初次性成熟的体重为 70.88g，对应初次性成熟年龄为 2.20 龄。

3）精巢发育和精子发生

精巢 1 对，近似为横向 Y 形，早期呈细线状，后随发育逐渐变粗呈近似棍状。左右精巢发育较卵巢同步性更强，形态无明显差异。长鳍吻鮈性腺发育的组织学观察见图 4-68。

Ⅱ期精巢：精巢呈半透明细线状，稍扁。镜下观察绝大多数细胞处于精母细胞生长期，精原细胞较第Ⅰ期数量明显增多，出现精小叶雏形，成束排列，形成管腔，精小叶间被结缔组织间隔开。

Ⅲ期精巢：精巢呈半透明细棍状，略带红色，表面出现毛细血管及支管分布。镜下观察绝大多数细胞处于精母细胞成熟期。出现成熟的精小叶和小叶腔，生殖细胞以初级精母细胞为主，此外还有少量未分化的精原细胞。初级精母细胞直径比精原细胞小，核内染色质丰富，染色质浓缩成团块状，呈嗜碱性，染成蓝紫色。

Ⅳ期精巢：精巢较Ⅲ期更加饱满，呈乳白色直棍状，表面毛细血管增加，并出现疣状凸起。镜下观察绝大多数细胞处于精子细胞变态期。早期精小叶主要由初级精母细胞、次级精母细胞、精子细胞和少量精子组成，同类型细胞成堆排列。次级精母细胞细胞质很少，核膜消失，核的嗜碱性比初级精母细胞强。精子细胞圆形或椭圆形，无明显细胞质，只有强嗜碱性的细胞核。中后期精子数量逐渐增多，汇聚于小叶腔，精小叶出现破裂现象，小叶腔合并，形成一个大的管腔，精子融汇其中，染色呈深紫色。

Ⅴ期精巢：精巢饱满，体积达到最大，呈乳白色直棍状，表面疣状凸起数量明显增多。镜下观察绝大多数细胞处于精子成熟期。生殖细胞主要由精子细胞和正在变态的精子组成，精小叶中小叶腔显著扩大，精小叶破裂增多，浓密的精子呈旋涡状充满其中。

Ⅵ期精巢：早期精巢萎缩松弛，呈半透明细线状，后期形态与Ⅱ期类似，镜下观察，可见精原细胞和少量未被吸收的精子细胞分散在束状结缔组织间。

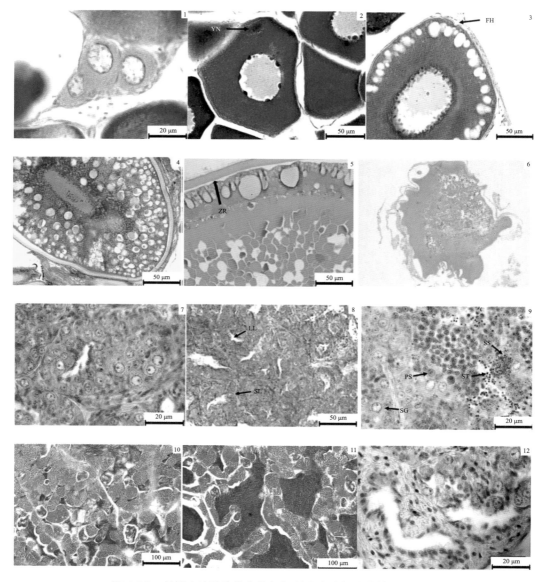

图 4-68　长鳍吻鮈性腺发育的组织学观察（姚建伟等，2016）

注：1—Ⅱ期卵巢中卵原细胞；2—Ⅱ期卵巢中卵黄核；3—Ⅲ期卵巢中受精孔；4—Ⅳ期卵巢；5—Ⅴ期卵巢中放射带；6—Ⅵ期卵巢中处于退化中的卵母细胞；7—Ⅱ期精巢；8—示Ⅲ期精巢中精小叶与小叶腔；9—Ⅳ期精巢早期；10—Ⅳ期精巢晚期；11—Ⅴ期精巢；12—Ⅵ期精巢。

YN—卵黄核，FH—受精孔，ZR—放射带，SL—精小叶，LL—小叶腔，SG—精原细胞，PS—初级精母细胞，SS—次级精母细胞，ST—精子细胞。

4）卵巢发育和卵子发生

雌鱼卵巢 1 对，近似为轴对称结构，早期呈细线状或细棒状，后随发育逐渐变粗呈扁平条状。左右卵巢发育基本同步，只在Ⅱ期早期因生长积累不同步，形态差异较明显。

Ⅱ期卵巢：卵巢呈透明细棒状，顶端稍尖，表面分布有红色毛细血管。绝大多数细胞处在初级卵母细胞小生长期。卵母细胞多呈圆形或不规则多边形，细胞质嗜碱性较强，核近圆形，呈嗜酸性。大小不等的核仁环布在核周边，第Ⅱ时相晚期初级卵母细胞可见个别核仁穿透核膜进入到细胞质中，核膜外周出现团块状卵黄核，呈深蓝色，卵母细胞外围出现单层滤泡膜。

Ⅲ期卵巢：卵巢呈米黄色扁条状，顶端宽大，以下渐窄，毛细血管粗大且分枝多而明显。肉眼可见浅棕色卵粒出现。绝大多数细胞处在初级卵母细胞大生长期。Ⅲ时相初级卵母细胞仍呈圆形或不规则多边形，体积较Ⅱ时相细胞增大，细胞质嗜碱性较弱，被染成蓝紫色，核呈弱嗜酸性，被染成微红色。近卵膜皮质层中出现 1～2 层大小不等的液泡，随着卵细胞进一步发育，液泡慢慢增大，并由皮层向内层移动，接着又形成新液泡层使液泡层逐渐增加；核仁数量增多，大部分紧贴核膜内缘分布；之后核膜发生不规则变形，核物质开始向动物性极偏移；卵膜外又出现一层滤泡膜，形成双层滤泡膜结构。出现放射层并逐渐增厚。出现受精孔。细胞中出现卵黄粒。

Ⅳ期卵巢：卵巢饱满，体积膨大，呈浅棕色，卵巢壁薄而透明，肉眼可见浅棕色、墨绿色半透明卵粒充满其中。绝大多数细胞处于初级卵母细胞大生长期晚期。第Ⅳ时相卵母细胞体积持续增大。核物质持续向动物性极偏移，卵黄粒积累明显，放射膜进一步增厚。之后细胞核体积减小，核膜消失，核发生明显偏位，核质紧缩，核仁散布其中。细胞质中充满卵黄粒与液泡，卵黄粒与液泡均出现融合现象。

Ⅴ期卵巢：卵巢形态似Ⅳ期，但体积更加膨大而且松软，卵粒呈墨绿色并处于游离状态。提起鱼体后，卵粒由泄殖孔自动流出。镜下观察，绝大多数细胞处于初级卵母细胞向次级卵母细胞过渡的阶段。卵黄粒逐渐融合成板，液泡逐渐融合并脱离细胞膜，卵黄及细胞质集中到细胞动物性极一侧。

Ⅵ期卵巢：卵巢表面血管萎缩，卵巢膜松弛变厚，呈半透明扁条状，肉眼或见其中残留有未退化完全的白色卵粒。镜下观察卵母细胞处于退化中，萎缩变形，卵黄颗粒结块，颜色暗淡。有产卵后剩下的空的滤泡细胞、第Ⅱ时相的卵母细胞和少量卵原细胞。

5）产卵类型

长鳍吻鮈成熟期个体卵径范围为 0.98～1.45mm，随性腺发育时期的增加，卵径有增加的趋势，Ⅲ期卵巢的平均卵径为（1.24±0.11）mm，Ⅳ期卵巢成熟卵平均卵径为（1.65±0.14）mm。同一卵巢（Ⅳ期）中卵粒的发育基本同步，因此，可以初步判断长鳍吻鮈为一次性产卵类型鱼类。

6）繁殖力

长鳍吻鮈平均绝对怀卵量 25 287±29 485（6 847～83 456）粒，平均相对怀卵量 41.53±17.42（18.33～59.18）粒/g。

7）繁殖时间

根据 2011—2013 年长江上游鱼类早期资源监测结果，长鳍吻鮈自 5 月开始产卵，7 月结束，繁殖高峰在 6—7 月。

8）生境特点及繁殖习性

长鳍吻鉤喜栖息于激流河沟中，不喜游泳，对水质尤其是溶解氧要求较高，出水后无法长时间存活。产卵条件要求较高，需要不间断激流刺激，繁殖行为一般较为分散，但在水文条件合适时也会集中产卵。

5. 胚胎发育

在水温（17.35±0.24）℃时，长鳍吻鉤整个胚胎发育过程（即从受精到孵化出膜）历时73.50 h，总积温为1 275.44 ℃·h。胚胎发育过程可分为7个阶段26个时期，包括受精卵阶段（1.00 h）、卵裂阶段（3.50 h）、囊胚阶段（5.00 h）、原肠阶段（7.50 h）、神经胚阶段（6.50 h）、器官形成阶段（28.50 h）和出膜阶段（22.00 h）。各个时期胚胎发育特征描述见表4-42和图4-69。

表4-42 长鳍吻鉤胚胎发育特征

序号	发育时期	发育时间（h）	水温（℃）	积温（℃·h）	主要特征
1	受精卵	0.00	17.30	1.21	—
2	卵周隙形成期	0.07	17.30	7.40	受精卵开始吸水膨胀
3	胚盘隆起期	0.50	17.20	8.70	胚盘隆起
4	2细胞期	1.00	17.40	8.70	2细胞
5	4细胞期	1.50	17.40	17.20	4细胞
6	8细胞期	2.50	17.20	8.70	8细胞
7	16细胞期	3.00	17.40	8.65	16细胞
8	32细胞期	3.50	17.30	8.65	32细胞
9	多细胞期	4.00	17.30	5.19	多细胞
10	囊胚早期	4.30	17.30	37.84	动物极细胞已经分不清界限，胚盘隆起至最高处
11	囊胚中期	6.50	17.20	43.25	囊胚层变矮变平
12	囊胚晚期	9.00	17.30	50.70	囊胚层下包至1/3
13	原肠早期	12.00	16.90	60.20	囊胚层细胞下包接近1/2，胚环出现
14	原肠中期	15.50	17.20	16.90	囊胚层细胞下包至2/3，胚盾出现
15	原肠晚期	16.50	16.90	17.70	囊胚层细胞下包至3/4，胚盾膨大
16	神经胚期	17.50	17.70	94.05	囊胚层细胞下包至4/5，卵黄栓明显，胚体基本形成
17	胚孔封闭期	23.00	17.10	52.80	胚孔闭合
18	肌节出现期	26.00	17.80	135.20	肌节开始形成
19	眼囊形成期	27.50	17.60	26.70	眼囊出现
20	耳囊形成期	35.50	16.90	148.75	肌节20对，耳囊形成，尾泡出现

序号	发育时期	发育时间（h）	水温（℃）	积温（℃·h）	主要特征
21	尾芽期	44.00	17.50	61.25	尾芽游离
22	肌肉效应期	47.50	17.50	26.25	肌节 32 对，肌肉收缩约 6 次 /min
23	耳石形成期	49.00	17.50	44.25	耳石出现，心原基形成
24	心跳期	51.50	17.70	243.60	胚胎心脏开始搏动
25	出膜前期	65.50	17.40	141.60	胚胎可在卵膜内转动
26	孵出期	73.50	17.70	61.95	胚胎出膜

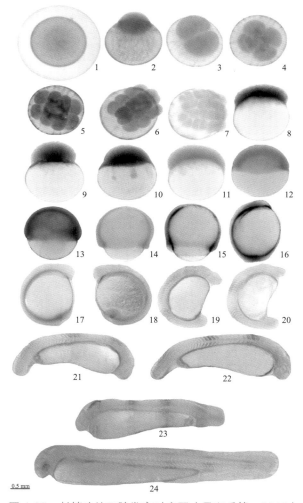

图 4-69　长鳍吻鮈胚胎发育时序图（吴兴兵等，2015）

注：1—卵周隙形成期，2—胚盘隆起期，3—2 细胞期，4—4 细胞期，5—8 细胞期，6—16 细胞期，7—32 细胞期，8—多细胞期，9—囊胚早期，10—囊胚中期，11—囊胚晚期，12—原肠早期，13—原肠中期，14—原肠晚期，15—神经胚期，16—胚孔封闭期，17—肌节出现期，18—眼囊形成期，19—耳囊形成期，20—尾芽期，21—肌肉效应期，22—耳石形成期，23—心跳期，24—初孵仔鱼。

4.4.3 渔业资源

1. 死亡系数

1）总死亡系数

总死亡系数（Z）根据变换渔获体长曲线法，通过 FiSAT II 软件包中的 length-converted catch curve 子程序估算，估算数据来自体长频数分析资料。选取其中 15 个点（黑点）作线性回归（图 4-70），回归数据点的选择以未达完全补充年龄段和体长接近 L_∞ 的年龄段不能用作回归为原则，估算得出全面补充年龄时体长为 171.09mm，总死亡系数 $Z = 2.21/$ 年。

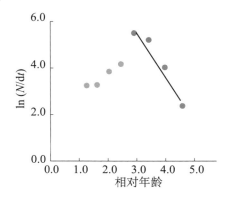

图 4-70　根据变换体长渔获曲线估算长鳍吻鮈总死亡系数

2）自然死亡系数

自然死亡系数（M）采用 Pauly's 经验公式估算，参数如下：栖息地年平均水温 $T \approx 19.20$ ℃（2011—2013 年实地调查数据），$TL_\infty = 48.39$cm，$k = 0.185/$ 年，代入公式估算得自然死亡系数 $M = 0.45/$ 年。

3）捕捞死亡系数

捕捞死亡系数（F）为总死亡系数（Z）与自然死亡系数（M）之差，即：$F = Z - M = 1.76/$ 年。

2. 捕捞群体量

1）开发率

通过上述变换体长渔获曲线估算出的总死亡系数（Z）及捕捞死亡系数（F），得长鳍吻鮈当前开发率为 $E_{cur} = F/Z = 0.80$。

2）资源量

2011—2013 年，长江上游长鳍吻鮈年平均渔获量为 7.47t，通过 FiSAT II 软件包中的 length-structured VPA 子程序将样本数据按比例变换为渔获量数据，另输入参数如下：$k = 0.185/$ 年，$L_\infty = 415.75$mm，$M = 0.45/$ 年，$F = 1.76/$ 年。

经实际种群分析，估算得出长江上游长鳍吻鮈 2014—2018 年年均平衡资源生物量分别为 5.21t、5.47t、3.28t、3.24t 和 2.59t，对应年均平衡资源尾数分别为 45 814 尾、48 100 尾、28 843 尾、28 491 尾和 22 775 尾（图 4-71）。

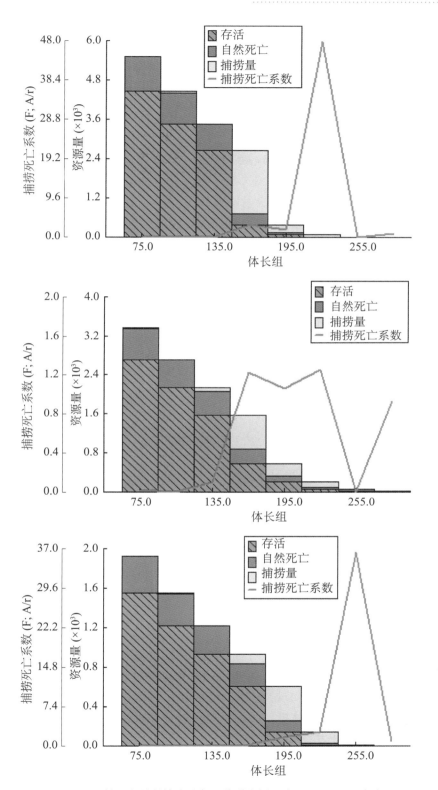

图 4-71　长江上游长鳍吻鉤实际种群分析图（2014—2018 年）

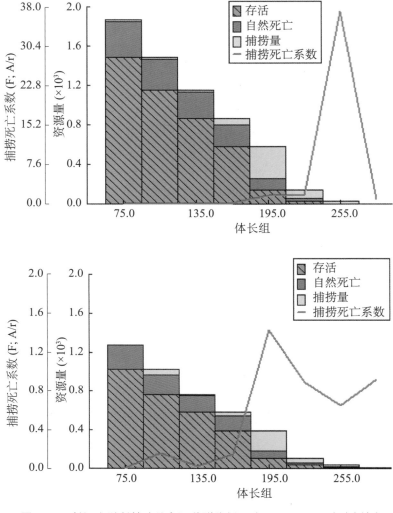

图 4-71　长江上游长鳍吻鮈实际种群分析图（2014—2018 年）（续）

同时采用 Gulland 经验公式，估算得出 2014—2018 年长江上游长鳍吻鮈最大可持续产量（MSY）为 6.19t。

3. 资源动态

经体长变换渔获量曲线分析，当前长江上游长鳍吻鮈补充体长为 171.10mm，目前长江上游捕捞强度大，刚刚补充的幼鱼就有可能被捕获上来，开捕体长与补充体长趋于一致，因此认为长江上游长鳍吻鮈当前开捕体长（L_c）为 171.10mm。采用 Beverton-Holt 动态综合模型分析，由相对单位补充渔获量（Y'/R）与开发率（E）关系作图，估算出理论开发率 $E_{max} = 0.706$、$E_{0.1} = 0.602$、$E_{0.5} = 0.340$（图 4-72），而当前开发率（E_{cur}）为 0.80，高于理论最佳开发率，处于过度捕捞状态。

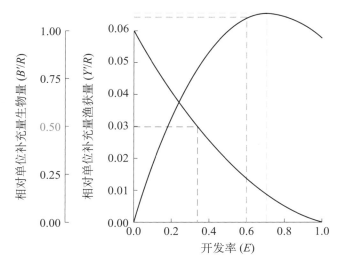

图 4-72　开捕体长 L_c= 171.10mm 时，长鳍吻鉤相对单位补充量渔产量和相对单位补充量生物量
关系曲线（E_{max}=0.706，$E_{0.1}$=0.602，$E_{0.5}$=0.340）

假设保留渔业利益，也就是不降低开发率，将开捕体长 L_c 提高到能获得最大相对单位渔获量的体长（L_{opt}）182.63mm（长鳍吻鉤初次性成熟体长 L_m 约为 159mm），估算出理论开发率 E_{max} = 0.753，$E_{0.1}$ = 0.607，$E_{0.5}$ = 0.349（图 4-73），仍与当前开发率存在较大差距，理论上提高开捕体长至能获得最大相对单位渔获量的体长，仍不能接受当前开发率水平，仅能在当前渔业基础上一定程度地弥补资源损失和提高鱼产量。

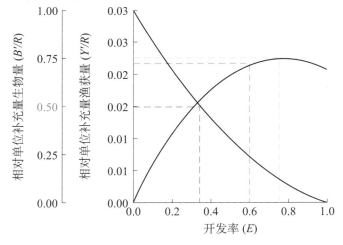

图 4-73　开捕体长 L_c=182.63mm 时长鳍吻鉤相对单位补充量渔产量和相对单位补充量生物量
关系曲线（E_{max}=0.753，$E_{0.1}$=0.607，$E_{0.5}$=0.349）

4.4.4　鱼类早期资源

1. 早期资源量

根据长江上游不同断面监测结果，仅 2013 年在长江上游江津断面监测到长鳍吻鉤规模化繁殖现象，未在其他江段监测到规模化繁殖现象，当年长鳍吻鉤产卵量为

0.020 3×10⁸ ind，其余年份未在长江上游干流采集到长鳍吻鮈卵苗样本。

2. 产卵场分布

长鳍吻鮈仅 2013 年采集到鱼卵，推测产卵场位置为朱沱和合江两个江段（图 4-74）。朱沱江段产卵规模 98 万粒，合江江段产卵规模 105 万粒。长鳍吻鮈最早为 5 月 22 日在合江江段产卵，最迟 6 月 6 日在朱沱江段产卵，产卵时间较短。

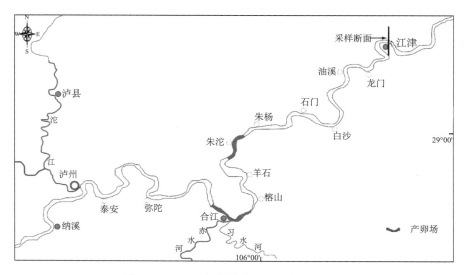

图 4-74　2013 年长鳍吻鮈主要产卵场位置

4.4.5　遗传多样性

1. 线粒体 DNA Cyt b

1）序列变异和多样性

获得了江津、宜宾、攀枝花、水富、岷江、赤水河等 6 个长鳍吻鮈群体样本 107 尾，长鳍吻鮈 Cyt b 基因序列经比对后获得序列片段长 979bp，经过分析，A、T、C、G 的平均含量分别为 28.1%、28.3%、14.3%、29.3%。A+T 的含量为 56.4%，明显高于 G+C 的含量 43.6%。979bp Cyt b 基因序列中共发现 18 个变异位点，定义 18 个单倍型。变异位点数约占分析位点总数的 1.84%，其中 4 个为简约信息位点，14 个为单一突变位点。单倍型 2（H_2）的频率最大，有 50 个个体（50/107），其次是 H_3，有 27 个个体（27/107），2 种单倍型均在所有群体中都有分布；H_7 有 9 个个体（9/107），分布在除水富和赤水河以外的 4 个群体中，此外，还有 13 个单倍型为某些群体独享，并且每个单倍型只有 1 个个体，如 H_1、H_4、H_8～H_18，分别分布在江津群体、南溪群体、攀枝花群体、水富群体，赤水河群体和岷江群体没有独享的单倍型。单倍型在 6 个种群中的分布详见表 4-43。

表 4-43　基于线粒体 DNA Cyt *b* 基因长鳍吻鮈单倍型地理分布表

单倍型	江津	南溪	攀枝花	水富	赤水河	岷江	总计
H_1	—	—	—	1	—	—	1
H_2	12	21	6	4	3	4	50
H_3	13	4	5	2	1	3	27
H_4	—	—	1	—	—	—	1
H_5	2	—	1	1	—	1	5
H_6	1	—	—	1	—	—	2
H_7	3	3	2	—	—	1	9
H_8	—	—	1	—	—	—	1
H_9	—	1	—	—	—	—	1
H_10	1	—	—	—	—	—	1
H_11	1	—	—	—	—	—	1
H_12	1	—	—	—	—	—	1
H_13	—	1	—	—	—	—	1
H_14	—	1	—	—	—	—	1
H_15	—	—	1	—	—	—	1
H_16	—	1	—	—	—	—	1
H_17	—	—	—	1	—	—	1
H_18	—	—	1	—	—	—	1
总计	34	32	18	10	4	9	107

6 个群体基于 Cyt *b* 序列的遗传多样性参数见表 4-44。由表 4-44 可知，长鳍吻鮈各群体单倍型数在 2～8 之间，变异位点数也在 2～8 之间。6 个群体平均单倍型多样性指数和核苷酸多样性来指数分别为 0.709 和 0.001 43，其中单倍型多样性最高的为水富群体（0.844），最低的是赤水河群体（0.500），核苷酸多样性最高的为攀枝花群体（0.001 89），最低的为南溪群体（0.000 99）。

表 4-44　长鳍吻鮈线粒体 Cyt *b* 基因遗传多样性参数

种群	样品数，N	单倍型数，h	变异位点数，S	单倍型多样性指数，H_d	核苷酸多样性指数，P_i
江津	34	8	7	0.736	0.001 45
南溪	32	7	7	0.558	0.000 99
水富	10	6	5	0.844	0.001 73
攀枝花	18	8	8	0.830	0.001 89
赤水河	4	2	2	0.500	0.001 02
岷江	9	4	3	0.750	0.001 31
总计	107	18	18	0.709	0.001 43

2）种群遗传结构

用 MEGA 4.0 和 Network4.0 软件进行单倍型聚类分析。根据 Kimura-2-parameter

进化参数模型，构建单倍型的 NJ 分子系统树（图 4-75）；用 Network 4.0 的 Median-joining 方法构建单倍型网络结构图（图 4-76）。基于 Cyt b 序列的单倍型 NJ 树未显示与地理位置相关关系的信息，并且单倍型间系统关系的支持率均大都低于 50%。网络图结构能够更清晰分析单倍型的演化关系。单倍型 H_2 位于网络结构图最基础位置，其余单倍型都是由单倍型 H_2 经过 1 次或多次突变而形成的，因此推测单倍型 H_2 是可能是祖先单倍型。

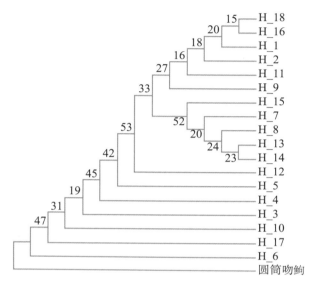

图 4-75　基于 Cyt b 基因序列构建的长鳍吻鉤单倍型 NJ 树
（以圆筒吻鉤为外类群）

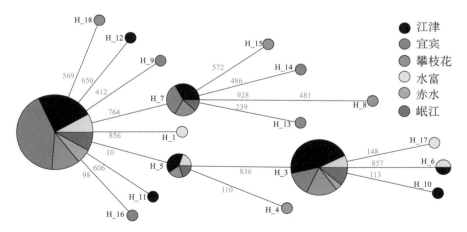

图 4-76　基于 Cyt b 基因序列构建的长鳍吻鉤单倍型网络结构图（以圆筒吻鉤为外类群）

长鳍吻鉤 6 个群体 Cyt b 序列 AMOVA 分析结果显示，总遗传变异中，群体间变异占 3.93%，群体内变异占 96.07%，变异主要来自于群体内。群体间总遗传分化系数 F_{st} 为 0.039 27（$P>0.05$），表明群体间无显著分化（表 4-45）。对 6 个群体两两之间的固定指数（F_{st}）进行分析表明，南溪和江津及水富群体达到中等分化（$F_{st} \approx 0.15$），其余群体间均无明显分化。从 6 个群体遗传距离来看，各群体间的遗传距离在 0.000 93 ～ 0.001 80 之间，其中攀枝花和水富群体遗传距离最大（0.001 80）；赤水河和南溪群体遗传距离最小（0.000 93）（表 4-46）。

表 4-45　基于线粒体 DNA Cyt b 基因序列长鳍吻鮈群体间和群体内的分子变异分析（AMOVA）

变异来源	自由度	方差	变异组成	变异百分比（%）
群体间	5	5.660	0.027 73 Va	3.93
群体内	101	68.527	0.678 49 Vb	96.07
总计	106	74.187	0.706 22	—

表 4-46　基于线粒体 DNA Cyt b 基因序列长鳍吻鮈 6 个群体间的种群分化指数和遗传距离

群体	江津	南溪	水富	攀枝花	赤水河	岷江
江津	—	0.001 45	0.001 52	0.001 68	0.001 20	0.001 31
南溪	0.151 90**	—	0.001 54	0.001 50	0.000 93	0.001 22
水富	−0.041 32	0.149 92*	—	0.001 80	0.001 28	0.001 41
攀枝花	0.005 85	0.045 31	−0.009 81	—	0.001 37	0.001 51
赤水河	−0.064 16	−0.086 48	−0.110 09	−0.115 44	—	0.001 02
岷江	−0.060 29	0.069 71	−0.077 82	−0.067 19	−0.153 47	—

注：* 表示 $P < 0.05$，** 表示 $P < 0.01$。对角线下方为种群分化指数，对角线上方为遗传距离。

3）种群历史

采用线粒体 DNA 单倍型错配分布、无限突变位点模型的中性检验值 Fu's F_s 和 Tajima's D 等方法同时检验长鳍吻鮈种群历史变动。两种方法均以 1 000 次重复模拟抽样的情况下完成，基于 Cyt b 序列的单倍型错配分布曲线如图 4-77 所示，曲线呈明显的单峰形；同时中性检验值 Fu's F_s（−11.389，$P<0.01$）为显著负值，但 Tajima's D（−1.673 58，$0.05<P<0.1$）为非显著性负值。两种中性检验值并未提示同一结果，所以长鳍吻鮈在历史上是否发生过种群扩张还有待验证。

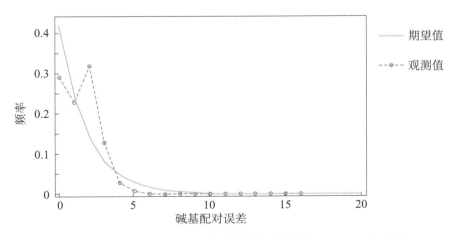

图 4-77　基于 mtDNA Cyt b 基因的长鳍吻鮈群体 Mismatch 分布图

2. 线粒体 DNA 控制区

1）序列变异与多样性

116 尾长鳍吻鮈控制区序列经比对后获得 999 bp 序列，经过分析，A、T、C、G 4 种碱基平均含量分别为 33.2%、31.8%、21.1%、13.9%。A+T 的含量为 65.0%，明显高于 G+C 的含量 35.0%。999 bp 控制区序列中共发现 32 个变异位点（包括 25 个变异位点和 7 个 gap），定义了 41 个单倍型。变异位点数约占分析位点总数的 3.2%，其中 11 个为简约信息位点，14 个为单一突变位点。单倍型 1（H_1）的频率最大，有 29 个个体（29/116），其次是 H_2，有 23 个个体（23/116），2 种单倍型均在除岷江以外的其他群体中都有分布；此外，共有 28 个单倍型为某些群体独享且每个单倍型只有 1 个个体，如 H_3、H_7、H_9、H_10、H_25 等。分别分布在江津群体、攀枝花群体、岷江群体、南溪群体、赤水河群体，水富没有独享的单倍型。单倍型在 6 个群体中的分布详见表 4-47。

表 4-47　基于 mtDNA 控制区的长鳍吻鮈单倍型地理分布表

单倍型	江津	南溪	攀枝花	水富	赤水河	岷江	总计
H_1	9	11	5	3	1	—	29
H_2	10	7	3	2	1	—	23
H_3	1	—	—	—	—	—	1
H_4	1	—	—	—	—	—	1
H_5	1	1	1	—	—	—	3
H_6	1	—	—	—	—	—	1
H_7	—	—	1	—	—	—	1
H_8	—	—	1	—	—	—	1
H_9	—	—	—	—	—	1	1
H_10	—	1	—	—	—	—	1
H_11	—	—	1	—	—	—	1
H_12	—	—	—	—	—	1	1
H_13	1	—	—	—	—	—	1
H_14	1	1	—	—	—	—	2
H_15	3	1	1	1	—	—	6
H_16	3	2	1	—	—	—	6
H_17	—	1	—	—	—	—	1
H_18	—	2	—	—	—	—	2
H_19	—	—	1	—	—	—	1
H_20	—	—	—	—	—	1	1
H_21	—	—	—	—	—	1	1
H_22	—	—	1	—	—	2	3
H_23	—	1	—	—	—	—	1
H_24	—	1	—	—	—	—	1
H_25	—	—	—	1	—	—	1

单倍型	江津	南溪	攀枝花	水富	赤水河	岷江	总计
H_26	2	—	—	—	—	—	2
H_27	—	1	—	—	—	—	1
H_28	—	1	—	—	—	—	1
H_29	—	1	—	—	—	—	1
H_30	2	3	—	1	—	—	6
H_31	—	—	—	—	1	—	1
H_32	—	—	—	—	—	1	1
H_33	1	1	—	—	—	—	2
H_34	1	1	—	—	—	—	2
H_35	—	2	—	—	—	—	2
H_36	—	—	1	—	—	—	1
H_37	—	—	—	—	—	1	1
H_38	—	—	1	—	—	—	1
H_39	1	—	—	—	—	—	1
H_40	1	—	—	—	—	—	1
H_41	1	—	—	—	—	—	1

　　6 个群体基于控制区序列的遗传多样性参数见表 4-48。由表 4-48 可知，长鳍吻鉤各群体单倍型数在 4 ～ 18 之间，变异位点数在 3 ～ 17 之间。6 个群体平均单倍型多样性指数和核苷酸多样性指数分别为 0.814 和 0.001 65，其中所有种群中单倍型多样性最高的为岷江群体（0.964），最低的是水富群体（0.571），核苷酸多样性最高的也是岷江群体（0.002 37），最低的也是水富群体（0.000 57）。

表 4-48　长鳍吻鉤线粒体 DNA 控制区遗传多样性参数

种群	样品数，N	单倍型数，h	变异位点数，S	单倍型多样性，H_d	核苷酸多样性 P_i
江津	40	17	17	0.805	0.001 67
南溪	39	18	16	0.826	0.001 73
水富	7	4	3	0.571	0.000 57
攀枝花	18	12	15	0.863	0.001 75
赤水河	4	4	6	0.833	0.001 01
岷江	8	7	11	0.964	0.002 37
总计	116	41	32	0.814	0.001 65

　　2）种群遗传结构

　　基于控制区序列的单倍型 NJ 树（图 4-78）未显示与地理位置相关关系的信息，并且单倍型间系统关系的节点支持率大多低于 50%。网络结构图（图 4-79）显示，单倍型 H_1、H_2 位于网络结构图较中心的位置，为较为原始的单倍型；H_10、H_15 两个分枝是由 H_1 经 1 个缺失单倍型突变而形成的，单倍型进化关系与种群地理位置没有明显的相关性。

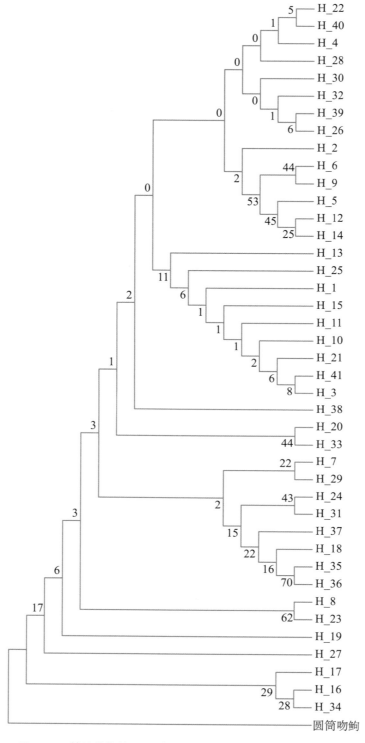

图 4-78　基于线粒体 DNA 控制区序列的长鳍吻鮈单倍型 NJ 树

（以圆筒吻鮈为外类群）

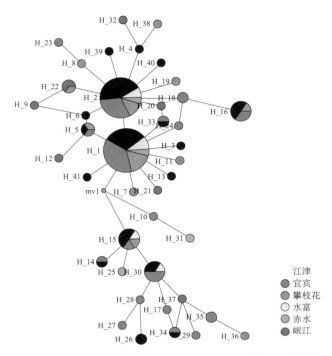

图 4-79　基于线粒体 DNA 控制区的长鳍吻鮈单倍型网络结构图

长鳍吻鮈 6 个群体控制区序列 AMOVA 分析结果显示，群体间总遗传分化系数 $F_{st} = -0.001\ 53$（$P > 0.05$），表明群体间无分化，变异主要来自于群体内（表 4-49）。对 6 个群体间成对固定指数（F_{st}）分析表明，群体间均也无显著分化。对 6 个群体遗传距离来看，攀枝花和岷江群体遗传距离最大（0.002 06）；赤水河和水富群体遗传距离最小（0.000 72）（表 4-50）。

表 4-49　基于 mtDNA 控制区的长鳍吻鮈群间和种群内的分子变异分析（AMOVA）

变异来源	自由度	方差	变异组成	变异百分比（%）
群体间	5	6.243	−0.001 96 Va	−0.15
群体内	110	141.016	1.281 96 Vb	100.15
总计	115	147.259	1.280 00	—

表 4-50　基于 mtDNA 控制区的长鳍吻鮈 6 个群体间种群分化指数和遗传距离

群体	江津	南溪	水富	攀枝花	赤水河	岷江
江津	—	0.001 70	0.001 12	0.001 67	0.001 34	0.002 01
南溪	−0.004 44	—	0.001 19	0.001 71	0.001 35	0.002 05
水富	−0.060 35	−0.047 26	—	0.001 12	0.000 72	0.001 55
攀枝花	−0.012 25	−0.012 67	−0.046 71	—	0.001 32	0.002 06
赤水河	−0.000 67	−0.040 85	−0.072 66	−0.011 48	—	0.001 83
岷江	0.042 08	0.058 86	0.042 74	0.005 36	0.005 14	—

注：对角线下方为种群分化指数，对角线上方为遗传距离。

3）种群历史

基于控制区序列的单倍型错配分布曲线如图 4-80 所示，曲线呈明显的单峰形，同时 Tajima's D（$-1.907\,43$，$P<0.05$）与 Fu's F_s（$-26.813\,51$，$P<0.01$）均为显著负值。两种结果同时提示长鳍吻鮈在历史上可能发生过种群扩张。

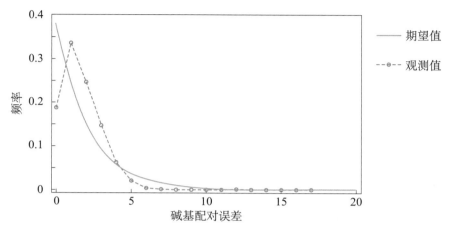

图 4-80　基于 mtDNA 控制区的长鳍吻鮈群体 Mismatch 分布图

3. 微卫星多样性

1）引物开发

利用（AC）$_{15}$、（CT）$_{15}$ 探针构建微卫星富集文库，开发了 10 对具有多态性的微卫星引物，其中 8 对（除 RV-4、RV-6）分型结果良好，用于进行群体分析。从微卫星位点看，8 个位点分别检测到 5（RV-2）～ 48（RV-7）个等位基因，共 202 个等位基因，平均每个座位 25.25 等位基因，PIC 在 0.385 85（RV-2）～ 0.907 583（RV-7）（表 4-51）。经哈迪－温伯格平衡定律（Hardy–Weinberg equilibrium）检验，RV-2 在江津和南溪群体中处于不平衡状态外，其他位点均处于平衡状态。

表 4-51　长鳍吻鮈 8 个微卫星位点的多态性信息

位点	A	PIC
RV-1	9	0.653 817
RV-2	5	0.385 85
RV-3	39	0.896 05
RV-5	28	0.856 8
RV-7	48	0.907 583
RV-8	31	0.884 533
RV-9	20	0.816 933
RV-10	22	0.847 467

2）微卫星多样性

利用 10 个微卫星位点对采自江津、宜宾、攀枝花、水富、岷江、赤水河等江段 6 个长鳍吻鮈群体共 142 尾样本进行了遗传多样性分析。从群体来看，各群体平均等位基因数为江津 18.00 个，南溪 17.25 个，攀枝花 13.63 个，水富 10.13 个，岷江 11.00 个，赤水河 5.25 个；平均观测杂合度在 0.702 1（南溪）-0.887 5（水富）之间；群体平均期望杂合度在 0.830 4（赤水河）-0.858 6（水富）之间，各群体平均杂合度均较高；平均 PIC 值在 0.680 5（赤水河）-0.821 8（江津）之间（表 4-52）。

表 4-52　长鳍吻鮈 6 个群体的 8 个多态性位点的多样性指数情况

群体	位点	A	N_e	H_O	H_E	PIC	P
江津	RV-1	8	4.347 2	0.791 7	0.778 1	0.736 1	0.278 5
	RV-2	4	2.144 3	0.520 8	0.539 3	0.438 2	0.010 0
	RV-3	30	17.003 7	0.854 2	0.951 1	0.938 1	1.000 0
	RV-5	22	9.384 9	0.833 3	0.902 9	0.885 9	1.000 0
	RV-7	25	17.791 5	0.833 3	0.953 7	0.940 9	1.000 0
	RV-8	20	9.481 5	0.687 5	0.903 9	0.886 5	1.000 0
	RV-9	16	7.372 8	0.770 8	0.873 5	0.850 4	1.000 0
	RV-10	19	10.617 5	0.937 5	0.915 4	0.898 6	1.000 0
平均		18.00	9.767 9	0.778 6	0.852 2	0.821 8	0.786 1
南溪	RV-1	6	4.056 9	0.766 0	0.761 6	0.711 7	0.708 0
	RV-2	4	2.266 8	0.531 9	0.564 9	0.483 5	0.000 1
	RV-3	30	16.609 0	0.766 0	0.949 9	0.936 7	1.000 0
	RV-5	20	7.833 3	0.787 2	0.881 7	0.862 5	1.000 0
	RV-7	24	9.752 8	0.489 4	0.907 1	0.892 0	0.999 6
	RV-8	21	8.871 5	0.702 1	0.896 8	0.878 7	1.000 0
	RV-9	15	8.628 9	0.659 6	0.893 6	0.873 6	0.760 3
	RV-10	18	11.357 3	0.914 9	0.921 8	0.905 4	0.999 3
平均		17.25	8.672 1	0.702 1	0.847 2	0.818 0	0.808 4
攀枝花	RV-1	5	3.580 1	0.777 8	0.741 3	0.669 9	0.319 5
	RV-2	2	1.737 3	0.500 0	0.436 5	0.334 4	0.508 8
	RV-3	20	16.615 4	0.888 9	0.966 7	0.936 6	1.000 0
	RV-5	13	8.756 8	0.888 9	0.911 1	0.875 9	0.996 5
	RV-7	26	20.903 2	0.944 4	0.979 4	0.950 1	1.000 0
	RV-8	18	13.787 2	1.000 0	0.954 0	0.922 9	1.000 0
	RV-9	10	6.480 0	0.833 3	0.869 8	0.827 8	0.857 2
	RV-10	15	8.202 5	1.000 0	0.903 2	0.868 1	1.000 0
平均		13.63	10.007 8	0.854 2	0.845 3	0.798 2	0.835 2

群体	位点	A	N_e	H_O	H_E	PIC	P
水富	RV-1	5	4.651 2	0.900 0	0.826 3	0.751 1	0.265 3
	RV-2	2	1.923 1	0.400 0	0.505 3	0.364 8	0.487 9
	RV-3	15	12.500 0	1.000 0	0.968 4	0.914 5	1.000 0
	RV-5	9	5.882 4	1.000 0	0.873 7	0.811 1	0.980 3
	RV-7	17	14.285 7	1.000 0	0.978 9	0.925 8	1.000 0
	RV-8	13	9.523 8	1.000 0	0.942 1	0.886 3	1.000 0
	RV-9	9	5.405 4	0.900 0	0.857 9	0.792 1	0.961 4
	RV-10	11	7.692 3	0.900 0	0.915 8	0.857 9	0.993 3
平均		10.13	7.733 0	0.887 5	0.858 6	0.787 9	0.836 0
岷江	RV-1	5	3.797 8	0.846 2	0.766 2	0.695 2	0.170 6
	RV-2	2	1.742 3	0.461 5	0.443 1	0.335 3	0.872 9
	RV-3	16	10.242 4	1.000 0	0.938 5	0.896 0	1.000 0
	RV-5	12	9.135 1	0.846 2	0.926 2	0.880 7	0.968 7
	RV-7	18	12.071 4	1.000 0	0.953 8	0.912 0	1.000 0
	RV-8	16	11.655 2	1.000 0	0.950 8	0.908 1	1.000 0
	RV-9	8	4.970 6	0.846 2	0.830 8	0.771 6	0.787 9
	RV-10	11	7.041 7	1.000 0	0.892 3	0.842 9	0.983 7
平均		11.00	7.582 1	0.875 0	0.837 7	0.780 2	0.848 0
赤水河	RV-1	2	1.882 4	0.750 0	0.535 7	0.358 9	0.253 2
	RV-2	2	1.882 4	0.250 0	0.535 7	0.358 9	0.218 2
	RV-3	6	4.571 4	1.000 0	0.892 9	0.754 4	0.878 8
	RV-5	7	6.400 0	1.000 0	0.964 3	0.824 7	0.915 6
	RV-7	7	6.400 0	1.000 0	0.964 3	0.824 7	0.915 6
	RV-8	7	6.400 0	0.750 0	0.964 3	0.824 7	0.793 5
	RV-9	6	5.333 3	1.000 0	0.928 6	0.786 1	0.818 3
	RV-10	5	4.000 0	1.000 0	0.857 1	0.711 9	0.534 4
平均		5.25	4.608 7	0.843 8	0.830 4	0.680 5	0.666 0

长鳍吻鮈6个群体AMOVA分析结果显示，群体间总遗传分化系数 F_{st} = 0.005 81（$P > 0.05$），表明群体间无显著分化。总遗传变异中，群体间变异占0.58%，各群体内变异占99.42%，变异主要来自于群体内（表4-53）。6个群体两两之间固定指数（F_{st}）分析表明，群体间均无显著分化；从6个群体Nei氏遗传距离来看，江津和南溪群体遗传距离最小（0.091 1）；赤水河和岷江群体遗传距离最大（0.465 2），其他各个群体间的遗传距离在0.139 4～0.440 5之间（表4-54）。

表 4-53　长鳍吻鉤群间和种群内的分子变异分析（AMOVA）

变异来源	自由度	方差	变异组成	变异百分	固定指数
群体间	5	22.473	0.019 87 Va	0.58	F_{is}：0.080 56
群体内	134	492.127	0.273 80 Vb	8.01	F_{st}：0.005 81
个体内	140	437.500	3.125 00 Vc	91.41	F_{it}：0.085 90
总计	279	952.100	3.418 67	—	

表 4-54　长鳍吻鉤 6 个群体间的种群分化指数与 Nei 氏遗传距离（Nei，1972）

群体	江津	南溪	攀枝花	水富	岷江	赤水河
江津	—	0.091 1	0.139 4	0.172 9	0.194 4	0.357 9
南溪	0.005 75*	—	0.155 2	0.180 0	0.200 8	0.399 2
攀枝花	0.006 83	0.009 71*	—	0.203 4	0.174 5	0.382 4
水富	0.002 07	0.003 56	0.014 27	—	0.193 9	0.440 5
岷江	0.012 91*	0.014 27*	0.002 50	-0.004 76	—	0.465 2
赤水河	0.014 77	0.022 07	0.022 07	0.011 52	0.024 29	—

注：* 表示 $P < 0.05$。对角线下方为种群分化指数，对角线上方为 Nei 氏遗传距离。

4.4.6　其他研究

1. 组织学

李菡君等（2007）对长鳍吻鉤的消化系统组织学进行了初步的研究（图 4-81）。长鳍吻鉤消化道由口咽腔、食道、肠和肛门几部分组成，食道粗短，肠较长，在活体内呈 N 形盘旋状；消化腺分为肝脏和胰腺，肝脏暗褐色，分被、腹两叶，胰为弥漫型，分布于口咽、食道肠壁和肝脏内，肉眼不可分辨；食道上皮为复层上皮，而肠上皮为单层柱状上皮，少量杯状细胞分布于食道、肠前段、肠中段上皮细胞之间，肠后段杯状细胞丰富；消化道肌肉层分 2 层，内层为环肌，外层为纵肌，肌肉层从肠前段到肠后段逐渐加厚。肝小叶不明显，肝细胞呈卵圆形或多角形。

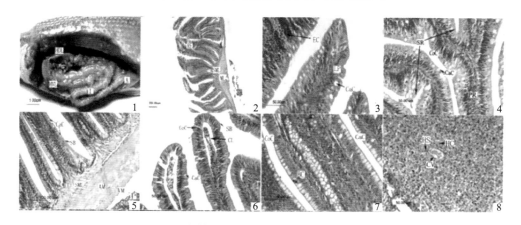

图 4-81　长鳍吻鉤消化系统（李菡君等，2007）

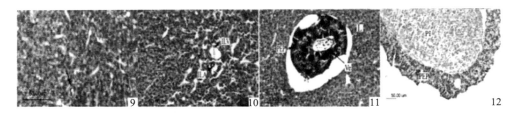

图 4-81　长鳍吻鮈消化系统（李菡君等，2007）（续）

1—长鳍吻鮈内脏腹面观：肝脏背叶（HDL），肠（I），肛门（A），肝脏腹叶（HVL）；2—食道：食道皱襞（RE），黏膜下层（SML），肌肉层（ML），胰腺（P）；3—食道皱襞：上皮细胞（EC），杯状细胞（CaC），固有膜（LP）；4—肠前段皱襞：柱状细胞（CoC），杯状细胞（CaC），初级皱襞（PR），次级皱襞（SR）；5—肠中段：纵肌层（VM），环肌层（AM），黏膜下层（SML），纹状缘（SB），杯状细胞（CaC），胰腺（P）；6—肠中段：柱状细胞（CoC），杯状细胞（CaC），纹状缘（SB），中央乳糜管（CL）；7—肠后段：柱状细胞（CoC），杯状细胞（CaC），血管及血细胞（BC）；8—肝脏：肝细胞（HC），中央静脉（CV），肝血窦（HS）；9—肝脏：小叶间胆管（↑）；10—肝脏：小叶间静脉（ILV），小叶间动脉（ILA）；11—肝脏：胰脏外分泌部（PEP），静脉（Ve），肝脏组织（L）；12—胰腺组织：胰岛（PI），胰脏外分泌部（PEP）

2. 血液学

赵海鹏等（2010）通过外周血细胞显微观察，研究了长鳍吻鮈的血液学指标（图 4-82），观察到红细胞、嗜中性粒细胞、单核细胞、淋巴细胞和血栓细胞 5 种血细胞；红细胞有直接分裂现象；成红细胞有 2 种类型，单核细胞呈不规则球形，淋巴细胞有"大""小" 2 型。长鳍吻鮈共有 5 种血细胞，无嗜碱和嗜

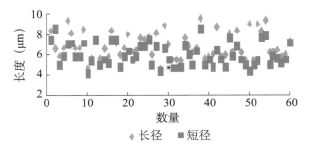

图 4-82　长鳍吻鮈淋巴细胞长短径散点图（赵海鹏等，2010）

酸性粒细胞；"大""小" 2 型淋巴细胞无定量区别；各种血细胞单核细胞最少，血栓细胞最多。

3. 营养生态生理

鲍新国等（2011）试验测定了长鳍吻鮈含肉率及其肌肉常规营养成分（蛋白质、脂肪、灰分、水分）、矿物元素（钙、磷、钠、镁、铜、锌、铁、锰、铬、硒）和氨基酸组成，并对其营养价值作了综合评定（表 4-55）。结果表明，长鳍吻鮈含肉率为（69.51±4.91）%；肌肉（鲜样）中水分、粗蛋白、粗脂肪和灰分的含量分别为（70.14±0.72）%、（17.26±0.47）%、（11.28±0.64）%、（0.87±0.03）%；肌肉中 17 种常见氨基酸（除色氨酸外）总含量为（16.15±0.26）%，其中，必需氨基酸含量为（6.31±0.11）%，占氨基酸总含量的 39.10%。必需氨基酸与非必需氨基酸含量的比值为 64.20%。鲜味氨基酸含量为（6.27±0.11）%，占氨基酸总含量的38.83%。必需氨基酸指数为 82.17。长鳍吻鮈的限制性氨基酸主要是异亮氨酸、蛋氨

酸 + 胱氨酸、缬氨酸。10 种矿物元素中，钙、磷、钠、镁 4 种常量元素的平均含量在 296.32 ～ 3 278.14μg/g，而铜、锌、铁、锰、铬、硒 6 种微量元素含量的平均值则在 0.06 ～ 112.5μg/g；平均钙磷比为 1：2.1。

表 4-55　长鳍吻鮈的含肉率及其肌肉营养成分

项目	变幅	平均值	变异系数（%）
体长（mm）	154 ～ 192	171.77 ± 9.73	5.67
体重（g）	57.8 ～ 169	93.08 ± 28.98	31.13
空壳率（%）	77.64 ～ 96.51	88.01 ± 3.72	4.23
含肉率（%）	61.24 ～ 73.64	69.51 ± 4.91	7.06
鳃含有率（%）	0.63 ～ 1.70	1.05 ± 0.29	27.62
鳍条含有率（%）	2.48 ～ 5.81	3.87 ± 0.92	23.77
皮肤及鳞片含有率（%）	6.09 ～ 8.18	7.03 ± 0.52	7.40
骨骼含有率（%）	4.61 ～ 7.58	6.12 ± 1.05	17.16
性腺含有率（%）	0.27 ～ 1.67	0.78 ± 0.34	43.59
净内脏含有率（%）	6.21 ～ 20.81	10.04 ± 3.21	31.97
水分（%）	69.00 ～ 70.84	70.14 ± 0.72	1.03
蛋白质（鲜样）（%）	16.64 ～ 17.86	17.26 ± 0.47	2.72
蛋白质（干样）（%）	55.59 ～ 58.73	57.62 ± 1.21	2.10
脂肪（鲜样）（%）	10.46 ～ 11.91	11.28 ± 0.64	5.67
脂肪（干样）（%）	35.87 ～ 39.81	37.62 ± 1.63	4.33
灰分（鲜样）（%）	0.85 ～ 0.92	0.87 ± 0.03	3.45
灰分（干样）（%）	1.32 ～ 2.98	2.59 ± 0.71	27.41

4.4.7　资源保护

1. 人工繁殖

管敏等（2015）于 2012 年 3 月—2014 年 4 月首次突破了长鳍吻鮈人工繁殖技术，获得受精卵 98 000 粒，孵化出鱼苗 31 500 尾。

1）亲鱼催产

挑选性征明显、体质健壮、成熟度好的雌、雄亲鱼进行催产，试验在圆形玻纤缸流水养殖池进行（图 4-83），面积 4.9m²，流量 3 ～ 4t/h，水温 16 ～ 19℃。雌鱼采用三针注射法；雄鱼采用一次性注射，药物剂量为雌鱼的 1/3。

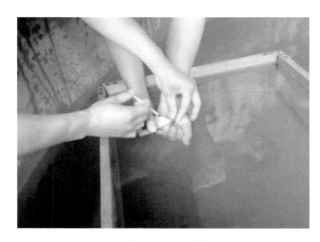

图 4-83　人工注射催产（管敏等，2015）

2）人工授精

雌鱼注射第三针后约 14h 开始排卵，此时进行人工授精（图 4-84）。授精时先挤出卵子至清洁干燥的容器，再挤压雄鱼腹部使其排精，有精液流出时立即向盛有卵子的容器中加水，冲洗卵子，水倒掉，冲洗时用羽毛搅 2～3min。完成受精后漂清杂质，将受精卵转入孵化器中孵化。

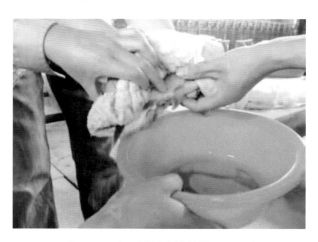

图 4-84　人工授精（管敏等，2015）

3）受精卵孵化

根据漂流性卵的特性，选用流水孵化方式，孵化器为不锈钢锥形桶（图 4-85），载水量约 140L，流量为 0.5～0.8t/h。孵化期间水温 17.6～18.3℃，溶解氧 7～9mg/L，氨氮、亚硝氮均小于 0.05mg/L。

孵化过程中，挑取部分受精卵在解剖镜下观察胚胎发育，细胞分裂期每 0.5h 观察 1 次，囊胚期后 1.5～3.0h 观察 1 次，以样本中 50% 胚胎发育到某个时期的时间作为该时期的发育时间，原肠中期分批次统计受精卵。

图 4-85　孵化（管敏等，2015）

2. 苗种培育

1）苗种培育

仔鱼孵出后 2 ～ 3d，转入直径 6.0m 的玻纤缸中培育，苗种培育采用"前期静水、后期微流水"的方式，鱼苗转入培育池前先接种小球藻（*Chlorella vulgaris*）降低水体透明度，调控水质，小球藻的接种密度为 $6.0 \times 10^5 \sim 8.0 \times 10^5$ 个 /ml。

2）饵料

苗种培育过程饵料投喂：①开口仔鱼至 10 日龄投喂轮虫（*Brachionus plicatilis*），密度 3 ～ 5 个 /ml；② 11 ～ 20 日龄投喂枝角类、桡足类幼体，密度 0.5 个 /ml；③ 21 ～ 40 日龄投喂枝角类、桡足类成体，密度 0.1 个 /ml；④ 40 日龄后开始驯食粒径约 0.2mm 的"升索"牌 S2 微颗粒饲料，每日投喂 2 次，投饵率 2% ～ 3%。整个培苗期间水温 18.1 ～ 20.5℃，pH 6.8 ～ 7.5，溶解氧大于 5mg/L，同时定期全池泼洒芽孢杆菌（*Bacillus*）、光合细菌等有益调控水质，以保持氨氮和亚硝氮的含量均低于 0.05mg/l。养殖过程及时清除死苗，定期取样进行生长指标测定并做好记录。

3. 现状评估与保护建议

辛建峰等（2010）研究显示，长江干流不同江段长鳍吻鮈个体大小差异显著，下游江段个体大于上游江段，本研究结果与之一致，下游江津江段长鳍吻鮈个体明显大于上游宜宾江段。20 世纪 80 年代末，江津江段长鳍吻鮈平均体长约 164.1mm，优势体长组为 100 ～ 180mm（段中华等，1991），熊飞等（2016）的研究显示，2007—2009 年该江段长鳍吻鮈的平均体长为 169.0mm，优势体长组为 135 ～ 210mm，2010—2013 年该江段长鳍吻鮈的平均体长为 163.6mm，优势体长组为 160 ～ 180mm，3 个时期的体长结构基本相似。三峡水库蓄水前（1998—2002 年），宜宾江段长鳍吻鮈的种群数量在 1 294 ～ 4 421 尾 /km 波动，平均种群数量为 2 506 尾 /km（刘军等，2010），熊飞等（2016）的研究结果与之相近，2007—2009年长鳍吻鮈种群数量在1 530～3 089尾/km范围波动，平均种群数量为2 296尾/km，表明三峡水库蓄水前后宜宾江段长鳍吻鮈种群数量相对稳定。合江江段长鳍吻鮈的种群数量为5 726尾/km，熊飞等（2016）的研究显示，江津和宜宾江段长鳍吻鮈的平均种群数量分别为6 932尾/km和2 296尾/km，表明下游江段的长鳍吻鮈种群数量要高于上游江段。三峡水库从2003年开始蓄水，长鳍吻鮈等流水性种类逐渐从库区迁移到上游流水江段，江津江段靠近三峡水库库区，鱼类种群可能受水库调节影响较大。2009年长鳍吻鮈种群数量突然升高，可能与三峡水库的水位调节有关。

长鳍吻鮈仍是长江上游的主要渔获对象之一。Froese和Binohlan（2000）提出能获得最大相对渔获量的最适捕捞体长（L_{opt}）可由最小性成熟体长L_m估算，即$\log L_{opt} = 1.053 \lg L_m - 0.056\,5$。长鳍吻鮈$L_m$为157mm（邓辉胜和何学福，2005），由此估算出其最适开捕体长为180.2mm。熊飞等（2016）的研究表明，目前江津和宜宾江段渔获群体的平均体长为150.8mm，远低于最适开捕体长。江津和宜宾江段长鳍吻鮈的资源开发率分别为0.81和0.79，均已超过了其最大开发率，属过度开发。2010—2013年的研究表明，目前长江上游江段渔获群体的平均体长为163.6mm，仍低于最适开捕体长，当前资源开发率为0.80，仍超过了其最大开发率，属于长期过度捕捞状态。

渔业资源保护已有研究均表明长江上游长鳍吻鮈种群生存受到严重威胁（刘军，2010；熊飞等，2016）。当前长江已实现十年禁捕，在渔业退出政策新形势下，有必要加强长鳍吻鮈种群动态监测及重要栖息生境的保护和修复。已有研究结果显示，江津等下游江段的长鳍吻鮈种群数量要大于上游江段，因此，应重点加强江津等下游江段的长鳍吻鮈种群保护。

4.5 圆筒吻鮈

4.5.1 概况

1. 分类地位

圆筒吻鮈（*Rhinogobio cylindricus* Günther，1888），隶属于鲤形目（Cypriniformes）鲤科（Cyprinidae）鮈亚科（Gobioninae）吻鮈属（*Rhinogobio*），俗称"鳅子""黄鳅子""尖脑壳"（图4-86）等。

体细长，呈筒形，腹部稍平，尾柄长，稍侧扁。头较长，呈锥形，其长度较体高为大。吻长而尖，向前突出。口下位，略呈马蹄形。唇较厚，无乳突，上唇厚，下唇口角处稍宽厚，唇后沟中断，其间相距较宽。口角须1对，较粗壮，其长度超过眼径。眼小，位于头侧上方，眼前缘距吻端较距鳃盖后缘稍小，眼间宽平。鼻孔比眼小，离眼前缘较近。鳃膜连于鳃颊，其间距离较狭小，鳃耙短小，排列较稀。下咽齿较弱，主行齿侧扁，末端稍呈钩状。

图 4-86　圆筒吻鉤（拍摄者：田辉伍；拍摄地点：朱杨溪；拍摄时间：2012 年）

背鳍无硬刺，外缘凹形，其起点距吻端较距尾鳍基为近。胸鳍末端稍尖，后伸不达腹鳍起点。腹鳍起点在背鳍起点之后，约与背鳍第一、第二根分枝鳍条基部相对，其末端不达臀鳍起点。臀鳍稍短，其起点距腹鳍基较至尾鳍基部为近。尾鳍分叉深，上、下叶末端尖。尾柄较细长。肛门位于腹鳍基部后端至臀鳍起点的中点。鳞片细小，稍呈椭圆形，胸部鳞片变小，埋于皮下。侧线完全，平直。体背部棕黑色，腹部灰色，背鳍和尾鳍灰黑色，其余各鳍灰白色。幼鱼体色浅，体侧上部有 5 个较大的灰黑色斑块，吻背部为黑色，吻侧有一黑色条纹。

2. 种群分布

圆筒吻鉤历史记录分布于长江中上游及其支流中。调查期间仅在长江上游万州以上江段干流出现，渔获量较大。2011—2013 年共采集到圆筒吻鉤样本 569 尾，分别采自宜宾、江津、嘉陵江及三峡库区万州段（表 4-56），捕捞网具主要为百袋网。

表 4-56　圆筒吻鉤年均渔获量及 CPUE

采样点		宜宾	江津	涪陵	万州	总计
样本量（尾）		88	436	34	11	569
CPUE（g）		43.21	219.87	32.19	9.16	—
渔获量 /kg	2011 年	904.25	4 286.19	426.84	185.36	5 802.64
	2012 年	585.71	3 204.86	512.39	202.15	4 505.11
	2013 年	329.98	2 895.74	715.95	268.15	4 209.82

3. 研究与保护概况

圆筒吻鉤是长江中上游特有的小型底栖鱼类，通常以底栖无脊椎动物为食（丁瑞华等，1994），主要分布在长江中上游干流以及金沙江下游、嘉陵江、乌江、沱江、岷江等支流中，具有较高经济价值（刘建康和曹文宣，1992）。国内目前对于圆筒吻鉤的研究报道主要集中在基础生物学方面，温龙岚等（2006）对圆筒吻鉤的脾脏组织学进行了初步观察，马惠钦和何学福（2004）研究了木洞江段圆筒吻鉤的年龄与生长，王美荣等（2012）研究了长江上游合江至木洞江段圆筒吻鉤的年龄与生长，熊飞等（2014）利用 2007—2009 年数据研究了长江上游朱杨溪江段圆筒吻鉤种群参数和资源量，熊星等（2013）利用 2010—2012 年数据研究了长江上游宜宾至万州江段圆筒吻鮈的年龄与生长，评估了该江段圆筒吻鮈的资源量和资源动态。

圆筒吻鮈为长江上游特有鱼类，是长江上游珍稀特有鱼类国家级自然保护区重点保护鱼类之一，在长江上游的分布范围相对同属其他种类范围较为狭窄，主要在长江上游干流中生活，目前其生境已被压缩至宜宾至涪陵江段，下游万州偶见，资源形势不容乐观。

4.5.2 生物学研究

1. 渔获物结构

2011—2013 年在保护区采集到的圆筒吻鮈样本的体长范围为 72 ～ 280mm，平均体长 180.79mm，优势体长组为 165 ～ 234mm（61.39%）；体重范围为 3.8 ～ 254.7g，平均体重 78.26g，优势体重组为 35.1 ～ 126.1g（74.85%）（图 4-87）；年龄范围为 1 ～ 7 龄，优势龄组为 2 ～ 4 龄（79.89%）（图 4-88）。

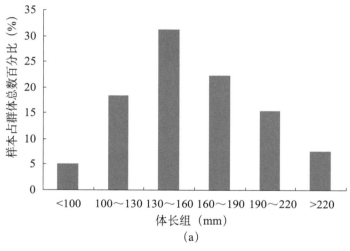

(a)

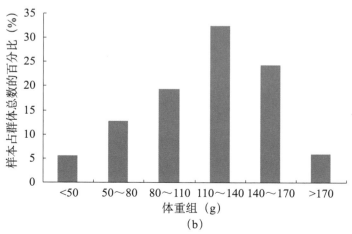

(b)

图 4-87　圆筒吻鮈体长 (a) 和体重 (b) 结构组成

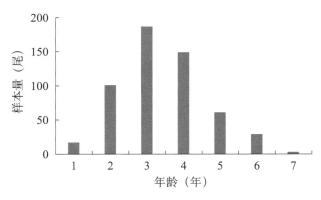

图 4-88　圆筒吻鮈年龄结构组成

2. 年龄与生长

1）年轮特征

耳石特征：圆筒吻鮈微耳石略呈新月形，中间略凹，两头凸起，在显微镜下耳石磨片轮纹清晰，有一个中心原点，在原点至 1 龄有明显的副轮出现，在显微镜透射光下，副轮外侧有明显亮暗相间的年轮轮纹，0～1 龄轮纹间距最长，耳石匙状突一端生长快速，轮纹稀疏，两条轮纹间间距随匙状突的走向差别较大，耳石另三个方向生长较匙状突一端缓慢，轮纹致密，两条轮纹间间距差别不大，轮纹形态规整，环纹清楚。耳石磨片中偶尔有少数轮纹不清晰以致年龄不能鉴别，可能与耳石打磨程度有关。脊椎骨透射光下轮纹较清晰，在显微镜下能观察到椎体中央斜凹面上暗色与亮色交替的同心环纹，每一轮交替即为一个生长年轮，但脊椎骨近中心处轮纹较模糊［图 4-89(a)］。

鳞片特征：圆筒吻鮈的鳞片为圆鳞，大部分致密且黏液较多。其大小随着区域不同而不同，靠近侧线的鳞片稍大，尤其是侧线上下部分。鳞片主要为疏密和切割型轮纹，骨质层以鳞焦为中心呈环状排列，环纹由疏带向密带过渡。上下侧区轮纹较为清晰，后区由于延伸使鳞片后延重叠，形成副轮。在整体观察，正常年轮能够形成完整的环片结构［图 4-89(b)］。

脊椎骨特征：圆筒吻鮈的脊椎骨为双凹形，轮纹以脊椎腔为中心形成同心圆。在入射光下观察，观察到椎体中央斜凹面上暗色与亮色交替的同心环纹，亮色宽带与暗色窄带形成一个年带，暗色窄带与下一个亮色宽带的分界线为一个年轮。脊椎骨近中心处轮纹较模糊，脊椎骨的初始年轮不易判断，对于判读年龄会造成一定误差［图 4-89(c)］。

鳃盖骨特征：圆筒吻鮈鳃盖骨为不规则的四边形，上面也有平行排列的弧形线，但早期生长的轮纹和年轮标志不清晰，不适合圆筒吻鮈进行年龄的鉴定，只能作为年龄鉴定的辅助材料。

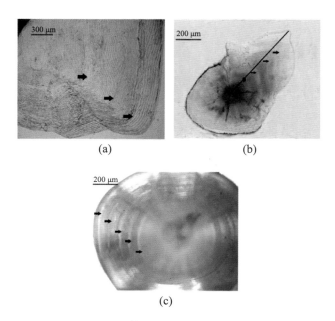

图 4-89 圆筒吻鮈年龄鉴定材料及年轮

注：(a)—脊柱骨；(b)—鳞片；(c)—耳石；→ 表示年轮；● 表示副轮。

采用耳石作为年龄鉴定材料和退算体长依据，并用退算体长由最小二乘法估算了圆筒吻鮈的生长参数。

2）体长与体重关系

$W=8\times10^{-6}L^{2.9972}$（$n=204$，$R^2=0.9548$）（图 4-90）。

幂指数 b 值接近 3（$P>0.05$），圆筒吻鮈属于匀速生长类型鱼类。

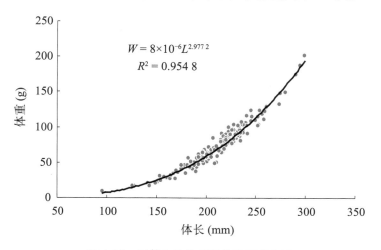

图 4-90 圆筒吻鮈体长和体重关系曲线

3）体长与耳石半径关系

$L=8\times10^{-4}R^{2.149}$（$n=547$，$R^2=0.945$，$F=419.20$，$P<0.01$）。

4）退算体长

利用体长与耳石半径关系式计算各龄组体长退算值，结果如表 4-57。对实测体长均值与退算体长均值进行配对样本 t 检验，结果显示实测体长和退算体长差异不明显（$t=0.690$，$P > 0.05$）。

表 4-57　圆筒吻鮈的实测体长和退算体长

年龄	样本数	实测平均体长（mm）	退算体长（mm）					
			L_1	L_2	L_3	L_4	L_5	L_6
1	17	118.40	—	—	—	—	—	—
2	101	167.40	116.85	—	—	—	—	—
3	187	201.97	114.93	168.21	—	—	—	—
4	149	214.90	110.28	154.27	190.94	—	—	—
5	61	234.59	109.55	143.18	185.29	220.16	—	—
6	29	242.60	107.69	142.77	182.84	211.06	239.87	—
7	3	277.00	105.83	146.43	179.56	202.49	235.76	265.07
退算体长均值			110.86	150.97	184.66	211.24	237.82	265.07

5）生长参数

$L_\infty = 389.37$ mm、$k = 0.177$、$t_0 = -0.739$ 龄、$W_\infty = 515.26$ g。

6）生长方程

$L_t = 389.37 \left[1 - e^{-0.177(t+0.739)} \right]$，$W_t = 515.26 \left[1 - e^{-0.177(t+0.739)} \right]^{2.977}$（图 4-91）。

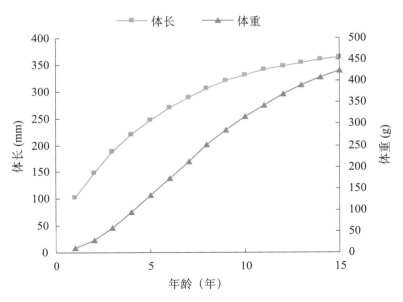

图 4-91　圆筒吻鮈体长和体重关系曲线

体长、体重生长速度和生长加速度方程为（图 4-92）：

$$dL/dt = 68.72e^{-0.177(t+0.739)}$$

$$d^2L/dt^2 = -12.13e^{-0.177(t+0.739)}$$

$$dW/dt = 270.76e^{-0.177(t+0.739)}\left[1-e^{-0.177(t+0.739)}\right]^{1.977}$$

$$d^2W/dt^2 = 47.79e^{-0.177(t+0.739)}\left[1-e^{-0.177(t+0.739)}\right]^{0.977}\left[2.977e^{-0.177(t+0.739)}-1\right]$$

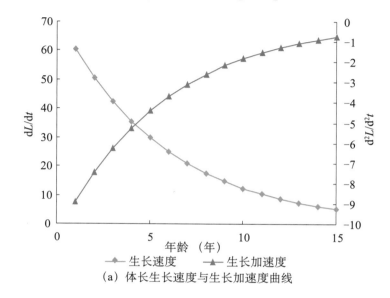

（a）体长生长速度与生长加速度曲线

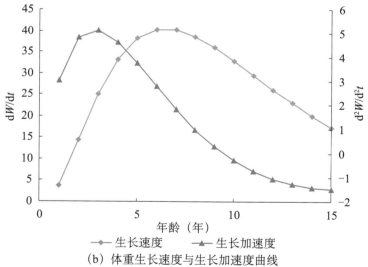

（b）体重生长速度与生长加速度曲线

图 4-92　圆筒吻鉤体长和体重生长速度与生长加速度曲线

7）生长拐点

圆筒吻鉤体重生长拐点年龄 $t_i = 5.44$ 龄，对应的体长和体重分别是：$L_t = 322.19mm$，$W_t = 415.27g$。

8）生长特征

圆筒吻鮈生长特征历史上已有两次研究，历史研究所得生长参数值与本研究结果存在一定差异（表 4-58）。

表 4-58　各研究中圆筒吻鮈生长参数比较

采样地点	b	k	t_0	t_i	L_∞（mm）	W_∞（g）	样本量	数据来源
木洞江段	2.731	0.21	-1.42	3.324	335.88	386.27	551	马惠钦和何学福，2004
合江、木洞	3.099	0.18	-1.15	5.12	348.78	603.17	397	王美荣等，2012
长江上游及支流流域	2.977	0.18	-0.74	5.442	389.37	515.26	547	本研究（2010—2012）

鱼类生长过程中，体长体重关系系数 b 值接近或者等于 3，则为等速生长。本研究中 b 值为 2.977 2，介于马惠钦（2004）和王美荣（2012）的研究结果之间，但都接近于 3，说明长江上游流域能满足圆筒吻鮈生长的物质营养条件，鱼体呈匀速生长。生长系数 k 规定了曲线接近渐进值的速率，k 越大，意味着曲线接近渐进值越快，L_∞ 和 W_∞ 越小（王美荣，2012）。k 值与王美荣（2012）研究中相近，略小于马惠钦的研究结果，说明鱼体需要较大年龄才能接近渐进值，因此 L_∞ 和 W_∞ 要高。t_0 为假设的理论生长起点年龄，它的存在仅仅是方程数学结构的结果，本次 t_0 较前两次大，所以体长和体重均值较小，与前两次研究结果比较，鱼体已经相对小型化，因此在渔业开发利用中应扩大渔网规格。拐点年龄较 2001 年木洞群体大了 2 龄多，较 2008—2010 年合江—木洞群体略大，表明鱼体生长速率在逐渐变慢。渐进体重 W_∞ 是鱼体所能达到的最大理论体重，渐进体长 L_∞ 是鱼体所能达到的最大理论体长，本实验渐进体长都大于前两次研究，渐进体重介于两次研究之间，比较结果表明圆筒吻鮈的体长变化大于体重的变化，体长在减小的同时体重并没有一起减少，这可能是由于过强的捕捞压力所导致。圆筒吻鮈历史研究中以鳞片为主要年龄鉴定材料，本研究中年龄鉴定以耳石为主，脊椎骨、鳞片及鳃盖骨为辅助鉴定材料，避免了单一年龄材料所引起的鉴定误差，同时避免引起与历次研究结果间的差异。

造成圆筒吻鮈生长特征变化的原因可能是多方面的。自从 2003 年三峡工程蓄水后，喜流水性底栖生活的圆筒吻鮈等鱼类的生活环境发生了巨大变化（刘军，2010），导致生活水域被压缩至木洞以上江段。生境面积的缩小，可能会导致种内及种间在觅食方面形成了较大的竞争（许蕴玕等，1981），在长江上游圆筒吻鮈产地能同时见到大量长鳍吻鮈、吻鮈、蛇鮈以及铜鱼，这些彼此间食性相差不大的鱼类生活在一个缩小的适宜水域，也可能导致圆筒吻鮈生长特性产生适应性变化。除环境胁迫外，人为影响也是其中不可忽视的重要因素，高强度的渔业捕捞对鱼类生长率是一个潜在的选择力（Ricker WE，1975），鱼类通常表现出生长加快，个体变小。非法的电鱼、毒鱼者，甚至会对鱼类种群造成破坏性的影响（陈大庆等，2000）。

9）生活史对策

圆筒吻鮈的渐进体长 L_∞ = 389.37mm，渐进体重 W_∞ = 515.26g，生长系数 k = 0.178，初次性成熟年龄 T_m = 2.73 龄。

根据经验公式 $\lg M = -0.006\ 6 - 0.279\ 1\lg L_\infty + 0.6531\lg k + 0.4634\lg T$（$L_\infty$ 为渐进体长，k 为生长系数，T 为长江上游全年平均水温），其中 $T \approx 18.1℃$（根据 2010 年 7 月—2012 年 7 月长江上游实测平均水温），带入公式计算得出圆筒吻鮈的瞬时自然死亡系数 M = 0.229。

最大年龄根据公式 $T_{max} = 3/k + t_0$，计算得出 T_{max} = 16.11 龄。

从历史研究文献中选取 13 种已知生活史类型鱼类的生态学参数列入表 4-59，用以划分圆筒吻鮈的生活史类型。

表 4-59　14 种鱼类的生态学参数

鱼名	L_∞（mm）	W_∞（g）	k	M	T_{max}（年）	T_m（年）	数据来源
施氏鲟	4 134	540 600	0.06	0.09	51.2	15	叶富良，1998
长江鲟	4 770	756 800	0.04	0.07	73.8	16	叶富良，1998
中华鲟	3 459	529 700	0.07	0.12	43.7	14	叶富良，1998
青海湖裸鲤	590	3 099	0.07	0.07	42.73	6	叶富良，1998
色林错裸鲤	485	1 410	0.07	0.14	43.6	9	叶富良，1998
尖头塘鳢	260	387	0.28	0.71	10.7	1	叶富良，1998
大眼鳜	547	4 179.9	0.18	0.43	16.8	2	叶富良，1998
鳊	526	3 864.1	0.2	0.48	14.5	2	叶富良，1998
鲢	1 007	19 264.9	0.56	0.42	11.3	4	叶富良，1998
黄尾密鲴	357	1 013.5	0.22	0.54	14	2	叶富良，1998
赤眼鳟	470	2 183.6	0.28	0.55	12	2	叶富良，1998
银鲴	481	116.8	0.21	0.51	13.7	2	叶富良，1998
鲤	760	13 719	0.21	0.4	14.5	2	叶富良，1998
圆筒吻鮈	389	515	0.18	0.23	16.1	2,73	本研究

将圆筒吻鮈的各项生态学参数同上述 13 种鱼的进行分析对比，介于黄尾密鲴和赤眼鳟之间，结果显示圆筒吻鮈的生活史类型属于 r- 选择（表 4-60）。鱼类的生活史类型是鱼类在长期进化过程中与环境相互作用形成的，是组成不同种群动态类型的基础。主要分为两个大类，即 k- 选择类型和 r- 选择类型。r- 选择类型鱼类种群结构简单、世代交替快、更新能力强且增殖能力高，但易受环境影响，资源稳定性较差。判断的主要依据是鱼类各生态学参数的大小及各参数间的相互关系。然而受各种人为因素的影响，鱼类的主要生态学参数往往并非趋向一致。本研究采用模糊聚类法研究该问题，将各参数标准化后，通过 SPSS 软件处理及分析，简单且直观。选择达氏鲟、黄尾密鲴等 13 种已知生活史类型鱼类为参照物（图 4-93）。根据常用的 6 种生态学参

数进行模糊聚类分析，14 种鱼被聚为两类，即圆筒吻鮈与黄尾密鲴等小型鱼类的距离最近，被聚为 r- 选择类型鱼类。受人类活动（如航道整治、挖沙作业等）的影响，长江上游鱼类生存环境已发生了较大改变，可能会对圆筒吻鮈的生存及繁衍造成不利影响。因此，应减少人类活动对圆筒吻鮈生境的扰动。

表 4-60　生活史类型与生态学参数的关系

生活史类型	L_∞	W_∞	k	T_m	T_{max}	M
r- 选择	较小	较小	较大	较小	小	大
k- 选择	较大	较大	较小	较大	大	小

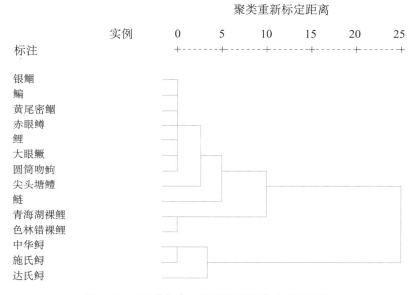

图 4-93　14 种鱼类生活史类型聚类分析树状图

3. 食性特征

用于食性分析的 157 尾圆筒吻鮈样本，对其肠道的充塞度进行了统计，其中 141 尾肠道内有食物，空肠率为 10.19%。充塞度达到 4 级以上者占 30.50%，有食物的肠道大部分为 2 ～ 4 级（表 4-61）。

表 4-61　圆筒吻鮈肠道充塞度

充塞度（级）	数量（尾）	百分比（%）
0	16	10.19
1	21	14.89
2	31	21.98
3	39	27.66
4	28	19.86

充塞度（级）	数量（尾）	百分比（%）
5	15	10.64
含食物肠道	141	89.81
总数	157	100

对其肠道内含物鉴定结果表明，圆筒吻鮈所摄食的饵料生物包括藻类、枝角类、软体动物、环节动物、水生昆虫和桡足类等，另外，部分肠道内含有泥沙和木屑。

对圆筒吻鮈食物组成及其出现率进行了分析（表4-62），软体动物（主要是蚌）和水生昆虫（主要是摇蚊成虫及幼虫）出现率最高（100%），其次是藻类（82.97%），出现率最低的是环节动物（33.33%）。藻类和软体动物在数量上明显多于其他食物（93.00%），重量上藻类、软体动物、水生昆虫占主要（78.38%），综合前面三项指标得出 IRI 最高的是软体动物（7 731.32），其次是水生昆虫（2 105.61），环节动物则最低（106.51）。从食物组成的数量和重量百分比来看，圆筒吻鮈是一种杂食性的鱼类。

表4-62　圆筒吻鮈的食物组成及各类群食物的出现率

食物类群	代表生物	F（%）	N（%）	W（%）	IRI
藻类	蓝藻门：鱼腥藻，色球藻，蓝纤维藻 硅藻门：针杆藻，等片藻 绿藻门：纤维藻，鼓藻，团藻	82.97	52.00	13.53	306.41
枝角类	平直溞	41.67	1.00	5.82	271.96
软体动物	楔蚌，矛蚌	100.00	41.00	48.27	7 731.32
环节动物	水丝蚓	33.33	1.00	2.65	106.51
水生昆虫	摇蚊虫，石蝇，石蚕	100.00	4.00	16.58	2 105.61
桡足类	哲水蚤	58.33	1.00	7.94	513.37
不可辨物		75.00	1.00	5.22	392.25

4. 繁殖生物学特征

1）繁殖群体组成

2011—2013年，在保护区采集到的圆筒吻鮈样本雌雄性比为♀：♂=1.39：1。其中，雌性由2～7龄组成，体长166～280mm，平均体长（213.41±27.53）mm，体重66.5～254.7g，平均体重（128.39±21.55）g；雄性由3～6龄组成，体长135～237mm，平均体长（175.47±23.84）mm，体重45.9～172.8g，平均体重（112.77±15.62）g。

2）初次性成熟年龄

圆筒吻鮈群体50%个体达性成熟的平均体长为（186.4±8.35）mm，对应初次性成熟年龄为2.73龄。

3）产卵类型

圆筒吻鮈成熟期个体卵径范围为 0.83 ～ 1.65mm，Ⅲ 期卵巢的平均卵径为（0.931 ± 0.36）mm，Ⅳ 期卵巢成熟卵平均卵径为（1.382 ± 0.416）mm。同一卵巢（Ⅳ期）中卵粒的发育基本同步，因此，圆筒吻鮈可以初步判断为一次性产卵类型鱼类。

4）繁殖力

圆筒吻鮈平均绝对怀卵量 18 835 ± 5 214（7 325 ～ 25 723）粒，平均相对怀卵量 19.32 ± 4.51（15.14 ～ 23.26）粒 /g。

5）生境特点及繁殖习性

圆筒吻鮈主要栖息于长江上游干流急流河道，少至支流生活，是一种喜敞水生活的鱼类，喜多石河床河段。繁殖场所较为分散，经短距洄游，其在 5 月底至 7 月初产卵，该段时候河水普遍上涨，水流急，透明度下降较快。繁殖行为发生一般较为分散，但在水文条件合适时也会集中产卵。

4.5.3　渔业资源

1. 死亡系数

1）总死亡系数

共采集圆筒吻鮈样本 547尾，按体长 10mm 进行分组，估算圆筒吻鮈总死亡系数采用渔获长度变换曲线法，并作线性回归（图 4-94），拟合的直线方程为：$\ln(N/\Delta t) = -1.419t + 9.746\,1$（$R^2 = 0.95$）。方程的斜率为 -1.419，故所估算圆筒吻鮈的总死亡系数为 $Z=1.419$。

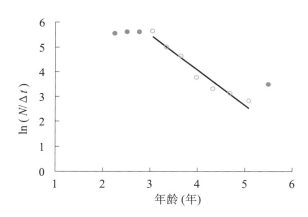

图 4-94　根据变换体长渔获曲线估算圆筒吻鮈总死亡系数

2）自然死亡系数

7 龄为渔获物样本中最大的年龄个体，代入詹秉义等推导的公式：$M=-0.002\,1 + 2.591\,2/t_\lambda$，计算得出 $M=0.37$。

将相关数据代入公式 $\ln[(M+3k)/M] = 0.25T_{max}k$（式中 $T_{max} = 3/k+t_0$，k 为生长参数），其中由 Von Bertalanffy 生长方程知，$k = 0.18$，$t_0 = -0.74$，计算得出 $M=0.51$。

将数据带入公式 $\lg M = -0.006\,6 - 0.279\lg L_\infty + 0.654\,3\log k + 0.463\,4\log T$（式中 T 表示年平均栖息水温，L_∞ 为渐近体长，k 为生长参数），计算得出 $M=0.23$。

将上述 3 种不同公式分别计算得出的数值进行评价，即可作为圆筒吻鮈的自然死亡系数，即 $M=(0.37+0.51+0.23)/3=0.37$。

3）捕捞死亡系数

捕捞死亡系数（F）为总死亡系数（Z）与自然死亡系数（M）之差，即：$F=Z-M=1.419-0.37=1.049$。

2. 捕捞群体量

1）开发率

通过上述变换体长渔获曲线估算出的总死亡系数（Z）及捕捞死亡系数（F）得圆筒吻鉤当前开发率：$E_{cur} = F/Z = 1.049/1.419 = 0.74$。

2）开捕年龄（t_c）

圆筒吻鉤体长在110mm以下的个体在渔获物中出现的比例较低，且捕捞死亡系数值也较小，说明在此范围以下的个体所受捕捞压力较小，因此可以把110mm作为圆筒吻鉤的开捕体长，由此算出开捕年龄为 $t_c = 1.2$ 龄。渔获物中最小个体样本为68mm，补充量可以认为是体长在70mm以下的个体，圆筒吻鉤的补充年龄 $t_r = 0.6$ 龄。由此得出长江上游圆筒吻鉤的开捕年龄 $t_c = 1.2$ 龄，开捕体长110mm，$L_c/L_\infty = 0.283$。

3）资源量

2010—2013年，长江上游宜宾至江津江段圆筒吻鉤的年平均渔获量约为 4.839×10^3 kg。圆筒吻鉤的各生长参数：$k = 0.18$，$L_\infty = 389.37$mm，$t_0 = -0.74$ 年；自然死亡系数 $M = 0.37$，捕捞死亡系数 $F = 1.049$，总死亡系数 $Z = 1.419$。计算得出结果见表4-63，圆筒吻鉤的年平均资源量为 62.72×10^3 kg，对应年平均资源数量为 2.61×10^6 尾；可供渔业利用的初始资源量为 117.41×10^3 kg，对应初始资源数量为 4.88×10^6 尾。

表 4-63　圆筒吻鉤 LCA 表

体长范围（mm）	样本数	百分比	渔获量 10^6 尾	系数	种群数量 10^6（尾）	系数	单倍时间总死亡	开发率	捕捞死亡	总死亡	生物数量 10^6 尾	生物重量 10^4（kg）
60～70	2	0.38	0.002	1.033	1.449	0.936	0.066	0.020	0.001	0.377	0.245	0.612
70～80	5	0.76	0.004	1.034	1.357	0.933	0.070	0.040	0.003	0.386	0.236	0.904
80～90	6	0.95	0.005	1.035	1.266	0.930	0.073	0.052	0.004	0.390	0.227	1.262
90～100	5	0.76	0.004	1.036	1.177	0.928	0.074	0.043	0.003	0.387	0.218	1.688
100～110	7	1.14	0.006	1.038	1.092	0.924	0.079	0.066	0.005	0.396	0.209	2.180
110～120	4	0.57	0.003	1.039	1.009	0.924	0.079	0.036	0.003	0.384	0.201	2.737
120～130	12	2.09	0.010	1.040	0.932	0.913	0.091	0.125	0.011	0.423	0.191	3.345
130～140	14	2.47	0.012	1.042	0.852	0.907	0.097	0.151	0.015	0.436	0.181	3.980
140～150	23	4.17	0.020	1.044	0.773	0.893	0.114	0.244	0.028	0.489	0.170	4.614
150～160	27	4.93	0.024	1.046	0.690	0.881	0.126	0.291	0.037	0.522	0.157	5.205
160～170	65	12.14	0.059	1.048	0.608	0.819	0.200	0.533	0.107	0.791	0.139	5.575
170～180	73	13.66	0.066	1.050	0.498	0.780	0.248	0.605	0.150	0.936	0.117	5.567
180～190	76	14.23	0.069	1.053	0.388	0.734	0.309	0.667	0.206	1.110	0.093	5.232
190～200	83	15.56	0.075	1.055	0.285	0.647	0.435	0.749	0.326	1.475	0.068	4.479
200～210	46	8.54	0.041	1.059	0.184	0.681	0.384	0.702	0.270	1.241	0.047	3.621
210～220	35	6.45	0.031	1.062	0.126	0.653	0.427	0.715	0.305	1.300	0.034	2.951
220～230	16	2.85	0.014	1.066	0.082	0.723	0.325	0.605	0.197	0.938	0.024	2.442

体长范围（mm）	样本数	百分比	渔获量 10^6 尾	系数	种群数量 10^6（尾）	系数	单倍时间总死亡	开发率	捕捞死亡	总死亡	生物数量 10^6 尾	生物重量 10^4（kg）
230～240	11	1.90	0.009	1.070	0.059	0.728	0.317	0.570	0.181	0.860	0.019	2.145
240～250	10	1.71	0.008	1.075	0.043	0.687	0.376	0.611	0.230	0.952	0.014	1.843
250～260	8	1.33	0.006	1.081	0.030	0.655	0.424	0.628	0.266	0.996	0.010	1.501
260～270	16	2.85	0.014	1.088	0.019	0.192	1.650	0.879	1.451	3.057	0.005	0.840
270～280	3	0.57	0.003	1.096	0.004	—	—	—	—	—	—	—
总计	547	100	0.485	—	—	—	—	—	—	—	2.607	62.722

3. 资源动态

针对长江上游圆筒吻鉤当前的开发程度，利用 FiSAT Ⅱ 软件分别估算出当前长江上游圆筒吻鉤的最大开发率 E_{max}、$E_{0.1}$ 及 $E_{0.5}$，其中生长参数 $k=0.187$，自然死亡系数 $M=0.37$，开捕体长（L_c）与渐进体长（L_∞）比值 $L_c/L_\infty=0.283$，建立由相对单位补充渔获量（Y'/R）与开发率（E）关系曲线（图 4-95），估算出 $E_{max}=0.521$、$E_{0.1}=0.408$、$E_{0.5}=0.299$。相对单位补充量渔获量等值曲线被用作预测相对单位补充量渔获量随开捕体长（L_c）和开发率（E）而变化的趋势（图 4-96）。分为 A（左上区域）、B（左下区域）、C（右上区域）、D（右下区域）四象限（Pauly and Soriano，1986），图中 P 点为圆筒吻鉤当前渔业点，坐标点（开发率（E）为 0.74 和 $L_c/L_\infty=0.283$）位于等值曲线的 D 象限，这意味着圆筒吻鉤幼龄个体（补充群体）面临着较高的捕捞压力。

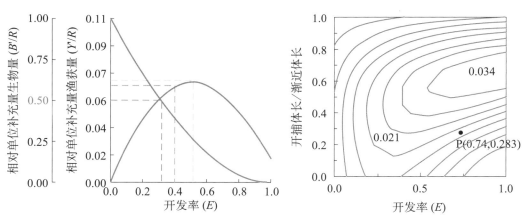

图 4-95　圆筒吻鉤相对单位补充量和相对单位补充量生物量与开发率的关系

图 4-96　圆筒吻鉤相对单位补充量渔获量与开发率和开捕体长的关系

4.5.4　鱼类早期资源

1. 早期资源量

根据圆筒吻鉤鱼卵日均密度和当日江水径流量，估算江津断面圆筒吻鉤鱼卵径流量（图 4-97）。2011—2015 年调查期间，长江上游江津断面圆筒吻鉤鱼卵总径流量分

别为 1.96×10^7、1.16×10^7、6.4×10^6、2.8×10^6 和 1.00×10^7 粒。圆筒吻鮈在监测的 5 年中均有调查到产卵行为，早期资源量变化不显著。

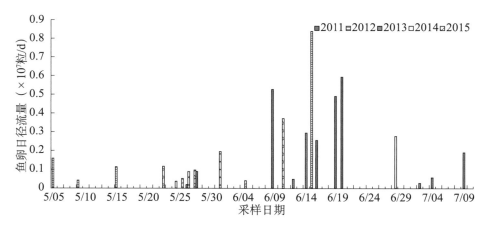

图 4-97　5—7 月圆筒吻鮈鱼卵日径流量变化（2011—2015 年）

2. 产卵场分布

根据 2011—2015 年圆筒吻鮈鱼卵发育时期和流速退算，圆筒吻鮈产卵区域主要分布在白沙、朱杨、榕山和黄舣等 4 个江段（图 4-98）。圆筒吻鮈各年产卵场位置差异较大，产卵区域不集中。根据 2011—2015 年监测到的圆筒吻鮈产卵行为发生时间，2011 年朱沱江段最早发生产卵行为，时间为 5 月 28 日；2012 年 5 月 5 日朱杨产卵场发生产卵行为，朱杨产卵场当天也发现有铜鱼和吻鮈产卵；2013 年 5 月 26 日泸州市区江段最早发生产卵行为；2014 年泰安江段最早发生产卵行为，时间为 6 月 28 日；2015 年圆筒吻鮈最早于 5 月 22 日在榕山江段产卵。

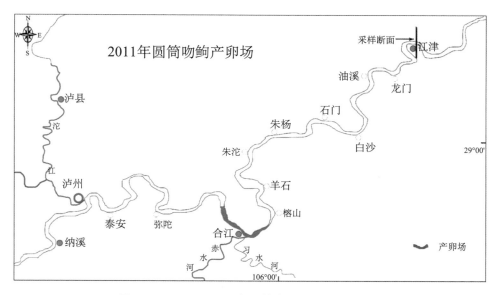

图 4-98　2011—2015 年圆筒吻鮈主要产卵场位置

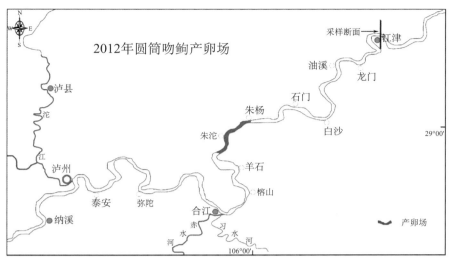

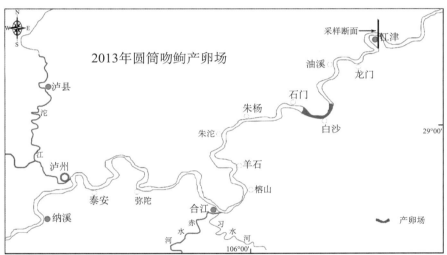

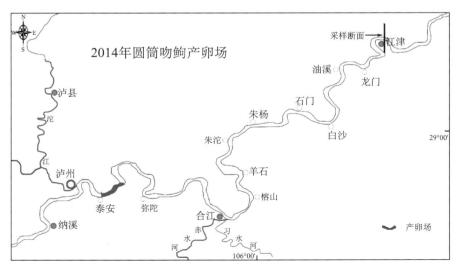

图 4-98　2011—2015 年圆筒吻鮈主要产卵场位置（续）

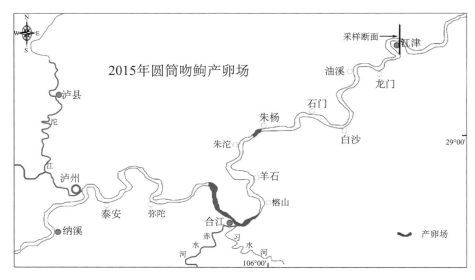

图 4-98　2011—2015 年圆筒吻鮈主要产卵场位置（续）

2010 年以来，众多研究者在长江上游开展了多断面鱼类早期资源调查，相关调查结果显示，圆筒吻鮈产卵场主要分布在金沙江乌东德江段（产卵规模约为 0.40 百万粒 / 年），长江合江江段（产卵规模约为 0.12 亿粒 / 年），其他江段未见产卵场分布或仅零星分布。

4.5.5　遗传多样性

1. 线粒体 DNA Cyt b

1）序列变异和多样性

测序后共获得 140 条圆筒吻鮈 Cyt b 序列为 999bp，序列中的转换数（T_s）明显高于颠换数（T_v），Ts/Tv =6.01。A、T、C、G 的平均含量分别为 27.64%，30.85%，27.11% 和 14.40%，A+T（58.49%）大于 C+G（41.51%），并显示明显的反 G 含量倾向，与其他硬骨鱼类的情况相似。

在 999 bp 的序列中，发现 14 个变异位点，其中 7 个为单一突变，7 个为简约信息位点。圆筒吻鮈的平均核苷酸差异数（K）为 0.772，平均单倍型多样性指数（H）和核苷酸多样性指数（π）分别为 0.625 和 0.000 77，多样性最高的为泸州群体，其次是巴南群体，涪陵群体最低（表 4-64）。

表 4-64　圆筒吻鮈线粒体 Cyt b 基因遗传多样性参数

群体	样本数，n	突变位点数，s	单倍型数，h	单倍型多样性指数，H_d	核苷酸多样性指数，π
宜宾	10	2	3	0.511	0.000 56
泸州	12	5	6	0.818	0.001 11
合江	23	4	5	0.605	0.000 71
江津	63	12	13	0.634	0.000 78

群体	样本数，n	突变位点数，s	单倍型数，h	单倍型多样性指数，H_d	核苷酸多样性指数，π
巴南	20	5	6	0.758	0.001 01
涪陵	6	0	1	0	0
黄冈	6	2	2	0.333	0.000 67
合计	140	14	15	0.625	0.000 77

从各个不同群体的多样性水平评估结果可以发现，泸州群体的样本数量（N）小于合江、江津和巴南，但其单倍型多样性指数和核苷酸多样性指数均大于合江、江津和巴南群体，说明分布于泸州的圆筒吻鮈群体具有比合江、江津和巴南更高的遗传多样性。

140 个圆筒吻鮈 Cyt b 序列共定义为 15 个单倍型，4 个单倍型为两个或两个以上群体共享，其中单倍型 H_4 出现的频率最高，为 58.6%，其次是 H_2（13.6%）和 H_3（12.1%）。特有单倍型为 7 个，2 个及 2 个以上的单倍型为 6 个，7 个地理群体中江津群体的单倍型数最多为 13 个，涪陵的单倍型数最少，仅有一个。

表 4-65 基于线粒体 Cyt b 基因序列的圆筒吻鮈单倍型地理分布表

单倍型	宜宾	泸州	合江	江津	巴南	涪陵	黄冈	总计
H_1		1	1	2	1			5
H_2	1	2	4	9	3			19
H_3	2	1	3	5	6			17
H_4	7	5	14	37	8	6	5	82
H_5		1			1			2
H_6				1	1			2
H_7							1	1
H_8		1	1					2
H_9				1				1
H_10		2		2				4
H_11				1				1
H_12				1				1
H_13				1				1
H_14				1				1
H_15				1				1
总计	10	12	23	63	20	6	6	140

2）种群遗传结构

利用 NETWORK 里 Nedian Joining 方法构建圆筒吻鮈 Cyt b 序列的单倍型网络结构（图 4-99）显示，圆筒吻鮈单倍型网络结构图以 H_4 为中心呈星状结构，相邻单倍型之间均是通过一个突变步骤连接。

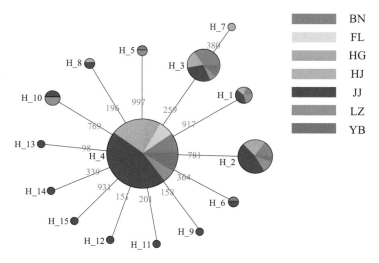

图 4-99　基于线粒体 Cyt b 基因序列构建的圆筒吻鮈单倍型网络结构图

基于 Kimura 2-parameter 模型，以长鳍吻鮈的 Cyt b 基因序列为外类群对圆筒吻鮈的群体 15 个单倍型利用 NJ 法构建系统发育树，系统树未出现高支持率的分支，系统树拓扑结构与样本的地理分布没有明显关系。

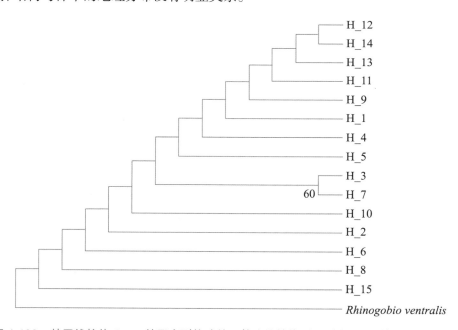

图 4-100　基于线粒体 Cyt b 基因序列构建的圆筒吻鮈单倍型 NJ 树（以长鳍吻鮈为外类群）

圆筒吻鮈 7 个群体 Cyt b 基因的分子变异方差分析（AMOVA）见表 4-66，分析结果显示，群体内存在很高的遗传变异（101.00%），而群体间的遗传变异非常小（−1.00%，$P > 0.05$），群体内的差异大于群体间的差异。遗传分化指数 $F_{ST} = -0.009\,98$

（$P < 0.01$）及基因流 $N_m > 1$，说明群体间交流十分频繁，各群体间没有遗传分化（Millar 和 Libby，1991；曲若竹等，2004）。

表 4-66　基于线粒体 Cyt b 基因序列圆筒吻鮈种群间和种群内的分子变异分析

变异来源	自由度	方差	变异组成	变异百分比（%）
群体间	6	1.939	−0.003 85 Va	−1.00
群体内	133	51.740	0.389 02 Vb	101.00
总变异	139	53.679	0.385 17	
遗传分化指数（F_{st}）		−0.009 98		

3）种群历史

通过线粒体 Cyt b 基因无限突变位点模型的中性检验值 Tajima's D 和 Fu's F_s 及单倍型错配分布图检验圆筒吻鮈 7 个种群的历史变动。单倍型错配分布分析发现，Tajima's D=−1.822（$P < 0.05$）及 Fu's F_s =−12.199（$P < 0.01$），均为显著性负值。单倍型错配分布分析显示圆筒吻鮈群体的歧点分布表现为单峰（图 4-101），表明圆筒吻鮈经历过种群扩张事件。BSP 进一步分析结果表明，圆筒吻鮈群体在近期发生过种群扩张。

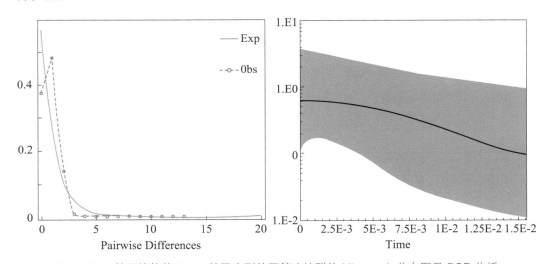

图 4-101　基于线粒体 Cyt b 基因序列的圆筒吻鮈群体 Mismatch 分布图及 BSP 分析

2. 线粒体 DNA 控制区

1）序列变异与多样性

测序后共获得 135 尾圆筒吻鮈控制区序列，比对后得到有效基因的长度为 958 bp，经计算，A、T、C、G 的平均含量为 33.21%、32.24%、20.99% 和 13.56%。通过此数据可以看出控制区基因的碱基组成有明显的偏向性，A+T 的含量为 65.45%，C+G 的含量为 34.55%，其中又以 G 的含量最低，这与已经报道的鲤科鱼类控制区基因的碱基组成特征相一致。

在 958 bp 的序列中,共检测到 7 个变异位点,其中 5 个为单一突变位点,2 个为简约信息位点。平均核苷酸差异数(K)为 0.495,圆筒吻鮈的平均单倍型多样性指数(H_d)和平均核苷酸多样性指数(π)分别为 0.437、0.000 52,其中宜宾群体的单倍型多样性指数和核苷酸多样性指数均为最高,巴南群体为最低(表 4-67)。

表 4-67 圆筒吻鮈线粒体控制区遗传多样性参数

群体	样本数,n	突变位点数,s	单倍型数,h	单倍型多样性指数,H_d	核苷酸多样性指数,π
宜宾	26	5	5	0.677	0.000 95
泸州	13	2	3	0.295	0.000 32
合江	23	2	3	0.372	0.000 40
江津	45	4	5	0.445	0.000 51
巴南	17	1	2	0.118	0.000 12
涪陵	6	1	2	0.333	0.000 35
黄冈	5	1	2	0.600	0.000 63
合计	135	7	7	0.437	0.000 52

135 尾圆筒吻鮈 D-loop 序列中共检测到 7 个单倍型,单倍型分布见表 4-68,其中共享单倍型 H_1 在 7 个群体中均有分布。所有单倍型中特有的单倍型共有 4 个,江津特有单倍型共有 2 个,宜宾特有单倍型共 2 个。

表 4-68 基于线粒体控制区序列的圆筒吻鮈单倍型地理分布表

单倍型	宜宾	泸州	合江	江津	巴南	涪陵	黄冈	总计
H_1	13	11	17	34	16	5	3	99
H_2	4	1	4	6	1			16
H_3	7	1	1	4		1	2	16
H_4				1				1
H_5				1				1
H_6	1							1
H_7	1							1
总计	26	13	22	46	17	6	5	135

2)种群遗传结构

利用 MEGA 5.1 和 Network 4.0 进行圆筒吻鮈的单倍型聚类分析,采用 Median Joining 方法构建圆筒吻鮈控制区的单倍型网络结构图(图 4-102),可以看出单倍型的分布与地理位置没有明显相关性。H_1 位于图中最基础的位置,因此推断 H_1 可能为较原始的单倍型。

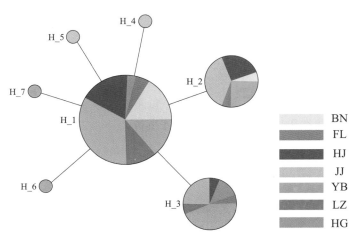

图 4-102　基于线粒体控制区序列构建的圆筒吻鮈单倍型网络结构图

基于 Kimura 2-parameter 模型，以长鳍吻鮈的控制区序列为外类群对圆筒吻鮈的群体 7 个单倍型利用 NJ 法构建系统发育树（图 4-103），系统树未出现高支持率（均低于 60%）的分支，说明群体内部没有明显遗传分化。

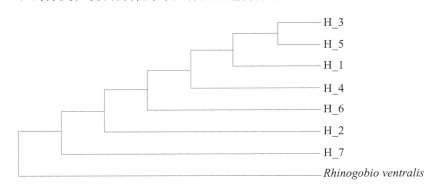

图 4-103　基于线粒体控制区序列构建的圆筒吻鮈单倍型 NJ 树（以长鳍吻鮈为外类群）

圆筒吻鮈 7 个群体控制区基因的分子变异方差分析（AMOVA）见表 4-69，分析结果显示，群体内存在很高的遗传变异（98.35%），而群体间的遗传分化值非常小（1.65%，$P > 0.05$），变异主要存在于群体内。遗传分化指数 $F_{st} = 0.016\,47$（$F_{st} < 0.05$）及基因流计算结果 Nm=8.54，说明群体间交流十分频繁，种群间没有发生明显的遗传分化。

表 4-69　基于线粒体控制区序列圆筒吻鮈种群间和种群内的分子变异分析

变异来源	自由度	方差	变异组成	变异百分比（%）
群体间	6	1.094	0.004 09 Va	1.65
群体内	128	31.266	0.244 27 Vb	98.35
总变异	134	33.170	0.248 36	
遗传分化指数（F_{st}）	0.016 47			

3）种群历史

通过线粒体控制区无限突变位点模型的中性检验值 Tajima's D 和 Fu's F_s 及单倍型错配分布图检验圆筒吻鉤 7 个种群的历史变动。单倍型错配分布分析发现，Tajima's $D=-1.373$（$P>0.05$）及 Fus's $F_s=-3.506$（$P>0.05$），均为显著性负值。错配分布图分析结果如图 4-104，圆筒吻鉤群体的歧点分布表现为单峰，且 BSP 进一步分析结果表明，圆筒吻鉤群体在历史上出现过种群扩张事件。

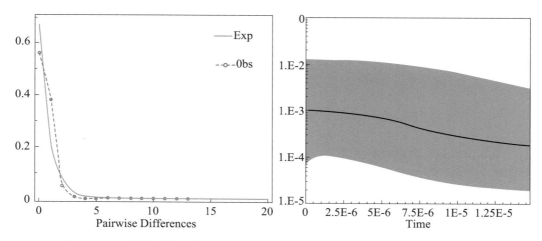

图 4-104　基于线粒体控制区序列的圆筒吻鉤群体 Mismatch 分布图及 BSP 分析

3. 微卫星多样性

1）引物开发

开发了圆筒吻鉤 19 对具有多态性的微卫星引物。利用 8 对荧光引物（RM-3、RM-7、RM-8、RM-9、RM-10、RM-11、RM-13、RM-17）进行微卫星 PCR 扩增，扩增产物使用 ABI 3730XL 型测序仪分型。分型结果利用 Genemarker V1.5 软件读取，同时判定等位基因大小。通常使用多态信息指数（PIC）来衡量基因片段多态性，当多态信息指数 > 0.5 时，该座位为高度多态性；当 0.25 < 多态信息指数 < 0.5 时，该座位为中度多态性；当多态信息指数 < 0.25 时，该座位为低度多态性。从本研究选用的微卫星 DNA 标记的多态性来看（PIC > 0.6），圆筒吻鉤群体微卫星位点全部为高度多态性位点，这说明圆筒吻鉤的等位基因多样性较为丰富。

2）微卫星多样性

通过实验可以判断 8 对引物皆可用于分析圆筒吻鉤遗传多样性（表 4-70）。从表中可以看出等位基因数（N_a）为 6.500 0 ～ 20.375 0；有效等位基因数（N_e）介于 4.998 6 ～ 11.512 1；观测杂合度（H_o）为 0.723 4 ～ 0.833 3，期望杂合度（H_e）为 0.787 9 ～ 0.894 7。其中观测杂合度最高的为涪陵群体，其次是赤水河群体，合江群体为最低。期望杂合度最高的为合江群体，其次是巴南群体，泸州群体为最低。综上表明，8 个地理位置的圆筒吻鉤群体均具有较高的遗传多样性水平。

表 4-70　圆筒吻鮈微卫星多样性

群体	位点	N	N_a	N_e	N_o	N_e
巴南	RM-3	42	5.000	3.105 6	0.761 9	0.694 5
	RM-13	42	26.000	18.375 0	1.000 0	0.968 6
	RM-7	42	14.000	11.307 7	0.809 5	0.933 8
	RM-9	40	9.000	7.142 9	0.750 0	0.882 1
	RM-8	38	12.000	5.966 9	0.789 5	0.854 9
	RM-10	38	15.000	9.756 8	0.842 1	0.921 8
	RM-11	38	14.000	10.027 8	0.631 6	0.924 6
	RM-17	42	5.000	3.486 2	0.523 8	0.730 5
	Mean	40	12.500 0	8.646 1	0.763 5	0.863 9
赤水河	RM-3	38	8.000 0	2.123 5	0.421 1	0.543 4
	RM-13	38	19.000 0	13.127 3	0.947 4	0.948 8
	RM-7	38	14.000 0	8.698 8	0.789 5	0.909 0
	RM-9	38	17.000 0	12.892 9	0.947 4	0.947 4
	RM-8	4	4.000 0	4.000 0	1.000 0	1.000 0
	RM-10	16	8.000 0	5.120 0	0.500 0	0.858 3
	RM-11	38	15.000	12.448 3	0.894 7	0.944 5
	RM-17	38	5.000 0	2.439 2	0.894 7	0.606 0
	Mean	31	11.250 0	7.606 2	0.799 3	0.844 7
涪陵	RM-3	14	5.000 0	3.769 2	0.714 3	0.791 2
	RM-13	14	11.000 0	8.909 1	0.857 1	0.956 0
	RM-7	14	10.000 0	8.166 7	1.000 0	0.945 1
	RM-9	14	7.000 0	4.260 9	1.000 0	0.824 2
	RM-8	12	3.000 0	2.181 8	0.666 7	0.590 9
	RM-10	12	8.000 0	6.545 5	1.000 0	0.924 2
	RM-11	14	5.000 0	4.260 9	0.857 1	0.824 2
	RM-17	14	3.000 0	2.578 9	0.571 4	0.659 3
	Mean	14	6.500 0	5.084 1	0.833 3	0.814 4
合江	RM-3	74	9.000 0	4.898 0	0.621 6	0.806 7
	RM-13	74	34.000 0	23.808 7	0.864 9	0.971 1
	RM-7	74	24.000 0	13.100 5	0.837 8	0.936 3
	RM-9	74	23.000 0	10.695 3	0.756 8	0.918 9

群体	位点	N	N_a	N_e	N_o	N_e
合江	RM-8	48	14.000 0	5.408 5	0.666 7	0.832 4
	RM-10	74	26.000 0	16.901 2	0.729 7	0.953 7
	RM-11	68	23.000 0	12.430 1	0.823 5	0.933 3
	RM-17	74	10.000 0	4.854 6	0.486 5	0.804 9
	Mean	70	20.375 0	11.512 1	0.723 4	0.894 7
黄冈	RM-3	12	3.000 0	2.666 7	0.500 0	0.681 8
	RM-13	12	10.000 0	9.000 0	0.833 3	0.969 7
	RM-7	12	9.000 0	7.200 0	1.000 0	0.939 4
	RM-9	12	6.000 0	3.789 5	0.833 3	0.803 0
	RM-8	12	8.000 0	5.538 5	0.833 3	0.893 9
	RM-10	12	9.000 0	7.200 0	0.833 3	0.939 4
	RM-11	12	4.000 0	2.880 0	0.833 3	0.712 1
	RM-17	12	4.000 0	1.714 3	0.333 3	0.454 5
	Mean	12	6.625 0	4.998 6	0.750 0	0.799 2
江津	RM-3	132	10.000 0	3.448 9	0.681 8	0.715 5
	RM-13	132	38.000 0	26.723 9	0.909 1	0.969 9
	RM-7	132	31.000 0	12.681 2	0.878 8	0.928 2
	RM-9	132	14.000 0	6.448 6	0.757 6	0.851 4
	RM-8	114	24.000 0	9.626 7	0.754 4	0.904 1
	RM-10	122	21.000 0	13.265 6	0.721 3	0.932 3
	RM-11	126	13.000 0	6.866 8	0.730 2	0.861 2
	RM-17	130	10.000 0	2.370 9	0.446 2	0.582 7
	Mean	128	20.125 0	10.179 1	0.734 9	0.843 1
泸州	RM-3	28	4.000 0	3.038 8	0.642 9	0.695 8
	RM-13	28	23.000 0	19.600 0	0.928 6	0.984 1
	RM-7	28	14.000 0	11.200 0	0.857 1	0.944 4
	RM-9	28	8.000 0	4.962 0	0.857 1	0.828 0
	RM-8	26	8.000 0	4.072 3	0.923 1	0.784 6
	RM-10	28	9.000 0	5.939 4	0.642 9	0.862 4
	RM-11	28	5.000 0	3.438 6	0.785 7	0.735 4
	RM-17	28	4.000 0	1.823 3	0.285 7	0.468 3

续表

群体	位点	N	N_a	N_e	N_o	N_e
泸州	Mean	28	9.375 0	6.759 3	0.740 4	0.787 9
宜宾	RM-3	66	8.000 0	4.078 7	0.545 5	0.766 4
	RM-13	64	27.000 0	19.140 2	0.875 0	0.962 8
	RM-7	66	25.000 0	14.328 9	0.939 4	0.944 5
	RM-9	66	17.000 0	9.268 1	0.878 8	0.905 8
	RM-8	58	14.000 0	5.901 8	0.758 6	0.845 1
	RM-10	56	20.000 0	11.042 3	0.785 7	0.926 0
	RM-11	62	12.000 0	6.180 1	0.871 0	0.851 9
	RM-17	66	12.000 0	2.799 5	0.484 8	0.652 7
	Mean	63	16.875 0	9.902 4	0.767 3	0.856 9

通过 Arlequin 软件对圆筒吻鮈 8 个群体进行分子变异方差分析（AMOVA），如表 4-71 所示，分析结果表明变异群体主要变异来源为群体内（95.72%），群体内的差异大于群体间的差异。

表 4-71　圆筒吻鮈基于微卫星分子变异方差分析（AMOVA）

变异来源	自由度	方差	变异组成	变异百分比（%）
群体间	7	53.203	0.109 75 Va	4.28
群体内	398	977.046	2.454 89 Vb	95.72
总变异	405	1 030.249	2.564 64	

使用 Arlequin3.11 对圆筒吻鮈群体的遗传固定分化指数进行分析。群体间总的遗传固定系数 F_{st}=0.042 79（P=0.000 00+-0.000 00）。对圆筒吻鮈的 8 个群体两两群体间的固定指数进行计算，如表 4-72 所示，分析结果表明两两群体间固定指数最大的为 0.189 52（赤水河和黄冈），最小的为 -0.008 55（泸州和黄冈）。

表 4-72　圆筒吻鮈种群间的固定分化指数

	巴南	赤水河	涪陵	合江	黄冈	江津	泸州	宜宾
巴南	—							
赤水河	0.148 97	—						
涪陵	-0.001 55	0.156 62	—					
合江	0.013 55	0.100 38	0.009 86	—				
黄冈	0.036 41	0.189 52	0.001 80	0.024 44	—			
江津	0.013 29	0.161 78	0.011 28	0.015 58	-0.00004	—		
泸州	0.026 31	0.186 93	0.010 00	0.028 46	-0.008 55	0.001 62	—	
宜宾	0.017 76	0.133 70	0.007 27	0.010 85	-0.006 37	0.004 30	-0.00050	—

通过 POPGENE 1.31（Yeh et al.，1997）计算 Nei's 遗传距离（Nei's genetic distance）和群体间遗传一致度，如表 4-73 所示，从 8 个群体的 Nei 氏遗传距离可以看出，泸州和赤水河的遗传距离最大，黄冈与泸州、宜宾两两之间遗传距离最小。

表 4-73　8 个圆筒吻鮈群体间遗传一致度（对角线以上）和 Nei's 遗传距离（对角线以下）

	巴南	赤水河	涪陵	合江	黄冈	江津	泸州	宜宾
巴南		0.172	0.990	0.884	0.790	0.913	0.747	0.803
赤水河	1.760		0.180	0.379	0.133	0.195	0.20	0.253
涪陵	0.010	1.712		0.922	0.845	0.893	0.742	0.811
合江	0.123	0.970	0.081		0.902	0.944	0.844	0.907
黄冈	0.236	2.017	0.168	0.103		0.995	1.024	1.058
江津	0.091	1.634	0.113	0.057	0.005		0.945	0.953
泸州	0.292	2.123	0.299	0.170	0.000	0.056		1.007
宜宾	0.219	1.374	0.209	0.098	0.000	0.049	0.000	

4.5.6　其他研究

1. 组织学

温龙岚等（2006）初步观察了圆筒吻鮈的脾脏组织结构，没有脾小梁和明显脾小结，红髓和白髓混合程度高，椭圆体明显。脾脏组织中的黑色素巨噬细胞团均周边层包裹。

2. 能量代谢

彭涛等（2013）研究了圆筒吻鮈鱼体的化学组成和能量密度，同龄组圆筒吻鮈雌、雄鱼之间各化学组成没有显著差异，其总样本的含水量（WAT）、脂肪质量分数（FAT）、蛋白质质量分数（PRO）、灰分质量分数（ASH）和能量密度（E）的平均值范围分别为 68.07% ～ 70.27%、10.43% ～ 11.87%、11.58% ～ 15.65%、3.19% ～ 3.36% 和 7.61 ～ 8.36 kJ/g；鱼体含水量随年龄增加呈下降趋势，1 龄组鱼蛋白质质量分数显著低于其他 3 组，4 龄组鱼能量密度显著高于其他 3 组，而脂肪质量分数和灰分质量分数在各年龄组之间差异不显著。蛋白质质量分数与体长和体重的关系式为 PRO = $0.331L + 8.344$（$R^2 = 0.66$，$n = 107$，$P < 0.05$）和 PRO = $0.026\,2M + 12.119$（$R^2 = 0.58$，$n = 107$，$P < 0.05$）；脂肪质量分数和能量密度与含水量存在显著负线性关系，得到方程 $F_{AT} = -0.910WAT + 74.31$（$R^2 = 0.82$，$n = 107$，$P < 0.05$）和 $E = -0.378WAT + 34.10$（$R^2 = 0.97$，$n = 107$，$P < 0.05$）。通过讨论认为，该种鱼较高的脂肪质量分数与其活动范围小、身体消耗量小及全年不停食的生活习性相关。

4.5.7　资源保护

1. 人工繁殖

目前圆筒吻鮈胚胎发育过程数据缺乏，苗种培育等关键过程未取得突破，因此，

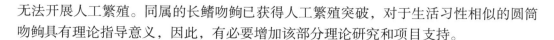

无法开展人工繁殖。同属的长鳍吻鉤已获得人工繁殖突破，对于生活习性相似的圆筒吻鉤具有理论指导意义，因此，有必要增加该部分理论研究和项目支持。

2. 现状评估与保护对策

1）资源现状

圆筒吻鉤作为长江上游特有经济鱼类之一，具有较高的经济价值。近年来，长江上游流域生态环境发生较大变化，很多支流小生态环境的消失，过度捕捞、水质污染等已导致鱼类种群数量急剧减少（马跃岗等，2012）。根据熊星（2012）的研究结果，受经济利益的驱使以及捕捞工具的革新，长江上游沿江城市餐饮业的快速发展，圆筒吻鉤等长江上游野生鱼类的捕捞强度一年比一年增大，已经导致圆筒吻鉤在渔获物中越来越少见。丁瑞华等（1994）研究发现圆筒吻鉤可在攀枝花至宜昌江段生活，本次野外调查期间，未在攀枝花—宜宾、万州—宜昌江段发现圆筒吻鉤样本，同时一些历史上曾经出现的支流流域目前也很少能收到圆筒吻鉤样本，说明圆筒吻鉤的生活范围已大大减小，这可能与环境胁迫及捕捞压力有关，同时圆筒吻鉤的渔获物组成中，小个体所占比例较大，高龄个体缺乏。

2）渔业资源保护

对于 r 选择性的鱼类，适当的捕捞强度能够取得较高的产量，在低龄阶段提高起捕年龄可以增加一定产量（Shepherd，1987）。以下三方面因素是确定鱼类最适开捕年龄及开捕体长所需要考虑的：①尽量使鱼类资源利用达到最大化并能够保持资源稳定；②保护当年鱼，留足补充群体；③保证至少产卵一次。根据熊星（2013）的研究结果，当前圆筒吻鉤资源利用不合理，开捕规格小，捕捞强度大，捕捞死亡是圆筒吻鉤种群总死亡中的主要因素，理论上要获得渔业和资源的可持续发展，应增大开捕规格和降低捕捞强度。建议渔政等相关部门应及时做好渔民思想工作，严格控制捕捞强度，限制渔网的网目规格，严厉打击电鱼、炸鱼、毒鱼等非法行为（段辛斌等，2002），科学研究上应加强对圆筒吻鉤产卵场调查、全人工繁殖、栖息地修复等方面的研究。

4.6　异鳔鳅鮀

4.6.1　概况

1. 分类地位

异鳔鳅鮀（*Xenophysogobio ballengeri* Tchang，1986），隶属于鲤形目（Cypriniformes）鲤科（Cyprinidae）鳅鮀亚科（Gobiobotinae）异鳔鳅鮀属（*Xenophysogobio*），俗称"燕尾条""叉胡子"等（图 4-105）。

体长为体高的 4.0 ～ 5.0 倍，为头长的 3.6 ～ 4.0 倍，为尾柄长的 5.0 ～ 8.0 倍，为尾柄高的 8.0 ～ 10.2 倍。头长为吻长的 1.9 ～ 2.3 倍，为眼径的 8.0 ～ 11.2 倍，为眼间距的 3.1 ～ 3.4 倍。尾柄长为尾柄高的 1.0 ～ 1.7 倍。

图 4-105　异鳔鳅鉈（拍摄者：田辉伍；拍摄地点：朱杨溪；拍摄时间：2012 年）

体长，稍侧扁，尾柄短而高，头胸部腹面平坦，头较长，头宽约等于头高，吻圆钝，吻长约等于眼后头长，吻端及头背面有极细小的皮质颗粒。眼很小，侧上位，眼径明显小于眼间距，也小于鼻孔径，眼间距宽，稍隆起，口大，下位，呈弧形，口宽稍小于吻长。上唇于口角处稍具皱褶，下唇光滑。须 4 对，1 对口角须，3 对颏须，口角须较长，末端向后延伸，超过眼后缘下方；第一对颏须起点与口角须起点在同一水平，末端稍过第二对颏须起点；第二对颏须细小，末端仅达眼中部下方；第三对颏须较长，末端接近胸鳍基部。颏须各须基部之间具发达的小乳突。鳞较小，呈圆形。侧线平直、完全，侧线鳞较其他鳞片较大。背鳍以前的侧线以上鳞片具微弱的射线，但无棱脊；臀鳍前面的胸腹面级胸鳍和腹鳍基部之间的体侧都裸露无鳞；腹鳍基部前的侧线下鳞仅有 2～3 排。

背鳍起点位置在腹鳍起点之前，距吻端较距尾鳍基部为近或距离相等。胸鳍发达，第三鳍条最长；胸鳍末端一般不达腹鳍起点。腹鳍起点距臀鳍起点较胸鳍起点为近。尾鳍宽大且深分叉，末端长而尖。肛门位于腹鳍起点与臀鳍起点的中点或稍近于臀鳍。下咽齿细长，匙状。鳃耙细小。鳔较大，分 2 室。前室横宽，中部稍狭隘，左右侧泡分化不明显。鳔前室包围于一厚而坚实的膜质囊中，鳔后室较鳅鉈亚科中其余种类大，其长度约为鳔前室宽度的一半，鳔管存在，自后室前端发出与食道相通，腹膜为灰白色。

固定标本背部深褐色，腹部灰白。头背较黑，鳃盖处有 1 处黑色斑块。横跨背部中线有 6～7 个黑色斑块，体侧正中有 6～8 个黑色斑块。背鳍和尾鳍近基部带黑色，其余各鳍为灰白色。

2. 种群分布

异鳔鳅鉈历史记录分布于长江中上游干支流水域，调查期间在金沙江、长江上游干流和岷江出现，原分布区赤水河未出现，分布区渔获数量较大。2011—2013 年共采集到异鳔鳅鉈样本 1 014 尾，分别采自攀枝花、永善、宜宾及江津江段（表 4-74），捕捞网具主要为百袋网。

表 4-74　异鳔鳅鮀年均渔获量及 CPUE

采样点		攀枝花	宜宾	江津	岷江	总计
样本量 / 尾		86	467	392	69	1 014
CPUE/g		9.9	49.17	58.35	13.88	—
渔获量 /kg	2011 年	358.56	959.43	1 388.11	345.19	3 051.29
	2012 年	217.45	623.27	1 103.12	337.72	2 281.56
	2013 年	128.95	704.13	966.25	369.26	2 168.59

3. 研究概况

异鳔鳅鮀是长江上游特有鱼类（刘建康和曹文宣，1991），主要分布于长江上游干流及其支流，通常栖息于江河流水处的沙石底上，以底栖无脊椎动物为食（丁瑞华等，1994）。目前，有关异鳔鳅鮀的研究多见于分类学、系统发育和生物地理学（陈宜瑜等，1977；乐佩琦和陈宜瑜，1998），曹玉琼（2003）曾研究过异鳔鳅鮀的年龄、生长及繁殖生物学，但样本采集仅局限于长江上游宜宾段，不能完整地反映长江上游异鳔鳅鮀的生物学特征及其差异，且长江上游生境自 2003 年三峡工程正式蓄水后已发生了较大的变化（许蕴玕等，1981）。王生等（2012）对长江上游宜宾至江津江段异鳔鳅鮀的年龄结构及生长特性做了进一步研究，同时研究了其生活史类型。

4.6.2　生物学研究

1. 渔获物结构

2011—2013 年，在长江上游采集到的异鳔鳅鮀样本体长范围为 58 ～ 118mm，平均体长为 80.13 ± 12.18mm，优势体长组为 60 ～ 90mm（81.88%），体长 60mm 以下和 105mm 以上个体所占群体比例较少，分别占 2.9% 和 2.42%；体重范围为 2.7 ～ 23.8g，平均体重为 9.32g ± 4.98g，优势体重组为 4 ～ 10.0g（53.86%），体重 4.0 g 以下个体较少，占 6.76%，体重为 22.0 g 以上个体占 2.42%（图 4-106）。

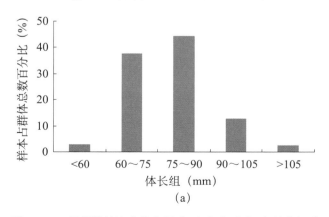

(a)

图 4-106　异鳔鳅鮀渔获物体长（a）和体重（b）结构组成

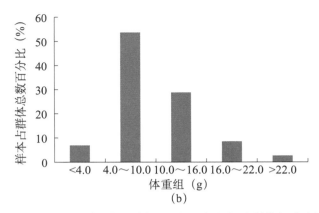

图 4-106 异鳔鳅鮀渔获物体长（a）和体重（b）结构组成（续）

2. 年龄与生长

1）年轮特征

异鳔鳅鮀微耳石（图 4-107A）呈不规则的圆锥形，两面微凸，中心区域较厚，在显微镜下其年轮特征较为明显，耳石核心至 1 龄，存在明显副轮；鳞片（图 4-107B）上年轮特征不明显，轮纹有缺损或碎裂，影响年轮判读；脊椎骨（图 4-107C）年轮特征较明显，但起始年轮较难判定；鳃盖骨轮纹不明显，不适合鉴定年龄。

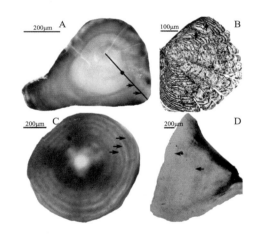

图 4-107 异鳔鳅鮀年龄鉴定材料及年轮特征

A—耳石；B—鳞片；C—脊柱骨；D—鳃盖骨；→示年轮；● 示副轮

采用耳石作为年龄鉴定材料和退算体长依据，并用退算体长由最小二乘法估算了异鳔鳅鮀的生长参数。

2）体长与体重关系

$W = 5 \times 10^{-6} L^{3.2841}$（$R^2 = 0.964\ 1$，$n = 939$，$F = 7\ 142.64$，$P < 0.01$）[图 4-108(a)]。幂指数 b 值接近 3（$P > 0.05$），异鳔鳅鮀属于匀速生长类型鱼类。

3）体长和耳石半径关系

$L = 0.000\ 8R^2 - 0.168\ 4R + 42.504$（$R^2 = 0.836\ 5$，$n = 399$，$F = 399.20$，$P < 0.01$）

［图 4-108(b)］。

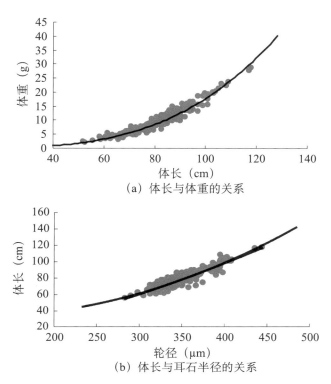

（a）体长与体重的关系

（b）体长与耳石半径的关系

图 4-108　异鳔鳅鮀体长与体重和耳石半径的关系

4）生长参数

L_∞ = 188.05mm，k = 0.248 7，t_0 = −0.286 3 龄，W_∞ = 147.21g。

5）生长方程

L_t=188.05 $\left[1-e^{-0.248\,7(t+0.286\,3)}\right]$；$W_t$=147.21 $\left[1-e^{-0.248\,7(t+0.286\,3)}\right]^{3.284\,1}$（图 4-109）。

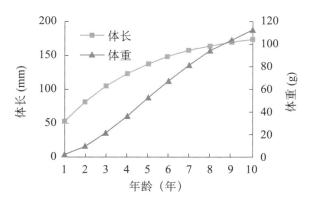

图 4-109　异鳔鳅鮀体长和体重生长曲线

体长和体重生长速度、生长加速度方程：

$$dL/dt = 46.77e^{0.248\,7(t+0.286\,3)}$$

$$\mathrm{d}^2L/\mathrm{d}t^2 = -11.63\mathrm{e}^{-0.248\,7\,(t+0.286\,3)}$$

$$\mathrm{d}W/\mathrm{d}t = 120.24\mathrm{e}^{-0.248\,7\,(t+0.286\,3)}\left[1-\mathrm{e}^{-0.248\,7\,(t+0.286\,3)}\right]^{2.284\,1}$$

$$\mathrm{d}^2W/\mathrm{d}t^2 = 29.91\mathrm{e}^{-0.248\,7\,(t+0.286\,3)}\left[1-\mathrm{e}^{-0.248\,7\,(t+0.286\,3)}\right]^{1.284\,1}\left[3.284\,1\mathrm{e}^{-0.248\,7\,(t+0.286\,3)}-1\right]$$

（图 4-110）。

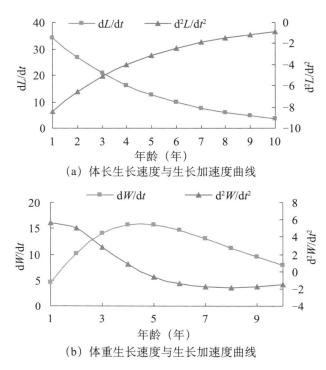

(a) 体长生长速度与生长加速度曲线

(b) 体重生长速度与生长加速度曲线

图 4-110　异鳔鳅鮀体长和体重生长速度与生长加速度曲线

6）生长拐点

异鳔鳅鮀体重生长拐点年龄 t_i = 4.49 龄，对应的体长和体重分别是：L_t = 130.79mm，W_t = 44.67g。

3. 食性特征

异鳔鳅鮀食物种类包括蚊科幼虫、淡水壳菜、水生昆虫、水蛭幼虫、水蚯蚓、水草、丝状藻及枝角类，另外，部分个体肠道内还有少量泥沙。异鳔鳅鮀的食物组成中，出现频率最高的蚊科幼虫，占 84.82%，重量百分比最高的是淡水壳菜，占 34.73%，相对重要性指数最高的是蚊科幼虫，为 0.27（表 4-75）。初步判断异鳔鳅鮀为底栖动物食性鱼类。

表 4-75　异鳔鳅鮀食物组成及其重要性

食物成分	个数百分比（%）	出现频率（%）	重量百分比（%）	相对重要性指数（IRI）
淡水壳菜	10.01	45.38	34.73	0.14
水蛭幼虫	31.23	62.86	18.14	0.16

食物成分	个数百分比（%）	出现频率（%）	重量百分比（%）	相对重要性指数（IRI）
水生昆虫	10.25	61.71	9.18	0.12
蚊科幼虫	24.25	84.82	14.91	0.27
水蚯蚓	0.87	11.28	0.95	0.03
水草	0.61	6.76	0.18	0.00
丝状藻	0.82	15.00	0.06	0.00
枝角类	0.97	17.19	0.11	0.02
砂石	0.43	16.88	0.09	0.00
食糜	10.56	67.54	22.33	0.26

4. 繁殖生物学

1）繁殖群体组成

2011—2013 年，在保护区采集到的异鳔鳅鮀样本雌雄性比为 ♀ : ♂ = 1.03 : 1。其中雌性由 1 ～ 4 龄组成，体长 68 ～ 115mm，平均体长 83.01 ± 10.54mm，体重 5.4 ～ 22.4g，平均体重 10.24 ± 4.86g；雄性由 1 ～ 4 龄组成，体长 70 ～ 118mm，平均体长 85.43 ± 9.45mm，体重 5.8 ～ 28.8g，平均体重 9.78 ± 5.17g。

2）初次性成熟年龄

异鳔鳅鮀群体最小性成熟个体体长为 70mm，相应年龄为 1.62 龄，50% 以上个体达到性成熟的体长组的平均体长为 80.00mm，对应年龄为 1.98 龄，即异鳔鳅鮀的初次性成熟年龄 T_m 为 1.98 龄（图 4-111）。

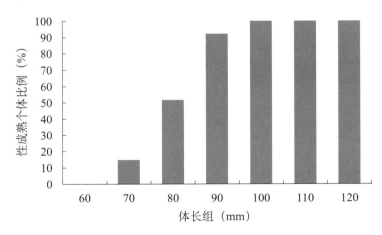

图 4-111　异鳔鳅鮀的性成熟个体在不同体长组的百分比组成

3）产卵类型

异鳔鳅鮀成熟期个体卵径范围为 0.53 ～ 1.36mm，Ⅲ 期卵巢的平均卵径为 0.771 ± 0.289mm，Ⅳ 期卵巢成熟卵平均卵径为 0.892 ± 0.226mm。同一卵巢（Ⅳ 期）

卵径分布出现了 2 个明显的高峰，因此，初步判断异鳔鳅鮀为分批产卵类型鱼类。

4）繁殖力

异鳔鳅鮀平均绝对怀卵量 5943 ± 2115.83（1 231 ～ 14 329）粒，平均相对怀卵量 293.18 ± 90.25（89.74 ～ 122.56）粒 /g。

5）繁殖时间

异鳔鳅鮀鱼卵出现时间主要集中在 5 月初—6 月底，繁殖时间较为分散，繁殖高峰期为 5 月。

6）生境特点及繁殖习性

异鳔鳅鮀喜激流生活，对溶氧要求较高，出水后极易死亡，一般与鳅科鱼类伴生在一起，也会至水层中活动。繁殖过程较长，一般几种鳅鮀类一起产卵，繁殖行为的发生较为分散，受水文条件变化影响较大。

7）生活史类型

异鳔鳅鮀的渐进体长 L_∞ = 188.52mm、渐进体重 W_∞ = 156.55g、生长系数 K = 0.247 4 和最大年龄 T_{max} = 11.83 龄。根据鱼类生活史类型划分，从相关文献中选取 13 种已知生活史类型鱼类的生态学参数列入表 4-76。

表 4-76　14 种鱼类的生态学参数

鱼名	L_∞（mm）	W_∞（g）	K	M	T_{max}（年）	T_m（年）	数据来源
中华鲟	345 9	529 700	0.07	0.12	43.7	14	叶富良 1998
长江鲟	477 0	756 800	0.04	0.07	73.8	16	叶富良 1998
施氏鲟	413 4	540 600	0.06	0.09	51.2	15	叶富良 1998
青海湖裸鲤	590	309 9	0.07	0.07	42.73	6	霍堂斌 2002
色林错裸鲤	485	141 0	0.07	0.14	43.6	9	霍堂斌 2002
尖头塘鳢	260	387	0.28	0.71	10.7	1	叶富良 1998
大眼鳜	547	417 9.9	0.18	0.43	16.8	2	叶富良 1998
鲢	100 7	192 64.9	0.56	0.42	11.3	4	叶富良 1998
鳊	526	386 4.1	0.20	0.48	14.5	2	叶富良 1998
黄尾密鲴	357	101 3.5	0.22	0.54	14	2	叶富良 1998
银鲴	481	116.8	0.21	0.51	13.7	2	叶富良 1998
赤眼鳟	470	218 3.6	0.28	0.55	12	2	叶富良 1998
鲤	760	137 19	0.21	0.4	14.5	2	叶富良 1998
异鳔鳅鮀	189	157	0.25	0.348	11.83	1.98	王生 2012

应用模糊聚类分析法，对 14 种鱼类进行聚类分析，得到聚类树状图（图 4-112）。结果显示异鳔鳅鮀同银鲴等小型鱼类归为一类。

Rescaled Distance Cluster Combine

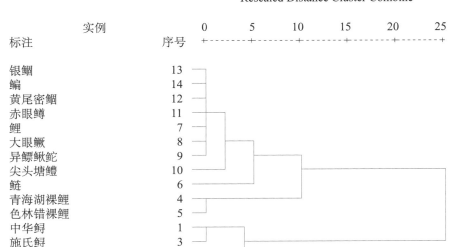

图 4-112　14 种鱼类生活史类型聚类分析树状图

鱼类生活史类型是根据鱼类主要生态学参数的大小，以及各参数间的相互关系作出判断（叶富良等，1996），但其主要生态学参数往往不是趋向一致的，受人为因素影响很大。而应用模糊聚类法研究该问题，将各参数标准化后，消除量纲的影响，通过 SPSS 软件处理和分析，简单且直观。王生等（2013）在研究中选择了中华鲟、银鮈等 13 种已知生活史类型的鱼类为参照物，根据常用的 6 种生态学参数进行模糊聚类分析，14 种鱼被聚为两类，即 k- 选择类型和 r- 选择类型。异鳔鳅鮀与银鮈等小型鱼类的距离最近，被聚为 r- 选择类型鱼类。r- 选择类型鱼类种群结构简单，世代交替快，更新能力强，增殖能力高，但易受环境影响，资源稳定性较差。长江上游生境受人类活动（如航道整治、挖沙作业等）影响已发生了较大改变，可能会对异鳔鳅鮀的生存与繁衍形成不利影响，因此，应减少人类活动对其生境的扰动。

4.6.3　渔业资源

1. 死亡系数

1）总死亡系数

对采集到的标本 933 尾按体长 10mm 分组，根据长度变换渔获曲线法估算异鳔鳅鮀总死亡系数。选取其中 10 个点（空心点）作线性回归（图 4-113），回归数据点的选择以未达完全补充年龄段（最高点左侧）和体长接近 L_∞ 的年龄段不能用作回归为原则，拟合的直线方程为：$\ln(N/\Delta t) = -1.37t + 9.207\ 9$（$R^2 = 0.970$）。方程的斜率

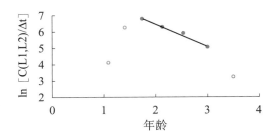

图 4-113　根据变换体长渔获曲线估算异鳔鳅鮀总死亡系数

为 −1.37，故所估算异鳔鳅鮀的总死亡系数为 $Z=1.37$。

2）自然死亡系数

异鳔鳅鮀渔获物中最大年龄个体为 4 龄，代入公式：$M = -0.002\,1+2.591\,2/t\lambda$，计算 $M=0.65$。

将相关数据代入 Alverson 和 Carney 的经验公式，其中由 Von Bertalanffy 生长方程知，$k = 0.250$，$t_0 = -0.286$，计算 $M=0.69$。

将相关数据代入据 Pauly 的经验公式，计算 $M=0.35$。

将上述 3 种方法计算的自然死亡系数综合平均值作为异鳔鳅鮀的自然死亡系数，即：$M = (0.65+0.69+0.35)/3=0.56$。

3）捕捞死亡系数

捕捞死亡系数（F）为总死亡系数（Z）与自然死亡系数（M）之差，即：$F = Z-M = 1.37-0.56 = 0.81$。

2. 捕捞群体量

1）开发率

通过上述变换体长渔获曲线估算出的总死亡系数（Z）及捕捞死亡系数（F），得异鳔鳅鮀当前开发率：$E = F/Z = 0.81/1.37 = 0.59$。

2）资源量

2010—2013 年，通过实地采样及走访渔民，统计得出长江上游宜宾至江津江段异鳔鳅鮀年平均渔获量约为 2.5t。采用体长结构的世代分析（LCA）估算异鳔鳅鮀资源量，其中生长参数：$k=0.250$，$L_\infty = 188.05$ mm，$t_0 = -0.286$ 年；死亡系数：$M=0.56$，$F=0.81$，$Z=1.37$。计算结果见表 4-79，异鳔鳅鮀的年平均资源量为 2.79t，对应年平均资源数量为 4.50×10^5 尾；可供渔业利用的初始资源量为 5.12t，对应初始资源数量为 8.27×10^5 尾。

表 4-77　异鳔鳅鮀体长组分析计算表

体长组（mm）	样本数	百分比	渔获量 10^6 尾	系数	种群数量 10^6（尾）	系数	单倍时间总死亡	开发率	捕捞死亡	总死亡	F	生物数量 10^6 尾	生物重量 10^4（kg）
50～60	18	1.93	0.005	1.089	0.529	0.835	0.181	0.060	0.011	0.598	0.036	0.146	0.380
60～70	164	17.58	0.048	1.096	0.441	0.733	0.311	0.408	0.127	0.948	0.386	0.124	0.559
70～80	302	32.37	0.088	1.105	0.324	0.571	0.560	0.638	0.357	1.552	0.990	0.089	0.643
80～90	205	21.97	0.060	1.116	0.185	0.512	0.670	0.666	0.446	1.680	1.118	0.054	0.583
90～100	159	17.04	0.047	1.129	0.095	0.348	1.055	0.755	0.797	2.297	1.735	0.027	0.420
100～110	71	7.61	0.021	1.146	0.033	0.211	1.556	0.800	1.245	2.805	2.243	0.009	0.201
110～120	14	1.50	0.004	1.167	0.007	—	—	—	—	—	—	—	—
总计	933	100	0.273	—	—	—	—	—	—	—	—	0.450	2.785

3. 资源动态

针对长江上游异鳔鳅鮀目前的开发程度，利用 FiSAT Ⅱ 软件分别估算出当前长江上游异鳔鳅鮀的最大开发率 E_{max}、$E_{0.1}$ 及 $E0.5$，其中生长参数 $k = 0.248\ 7$，自然死亡系数 $M = 0.56$，开捕体长（L_c）与渐进体长（L_∞）比值 $L_c/L_\infty = 0.345$，建立由相对单位补充渔获量（Y'/R）与开发率（E）关系曲线（图 4-114），估算出 $E_{max} = 0.600$、$E_{0.1} = 0.507$、$E_{0.5} = 0.318$。利用 FiSAT Ⅱ 软件建立相对单位补充渔获量等值曲线图，相对单位补充渔获量等值曲线常被用作预测相对单位补充渔获量随开捕体长（L_c）和开发率（E）而变化的趋势（图 4-115）。渔获量等值曲线通常以等值线平面圆点分为 A（左上区域）、B（左下区域）、C（右上区域）、D（右下区域）四象限（Pauly and Soriano，1986），图中 P 点为当前异鳔鳅鮀渔业点，开发率（E）为 0.590 和 $L_c/L_\infty = 0.345$（即开捕年龄 t_c 为 1.5 龄、开捕体长 L_c 为 65mm）这意味着目前异鳔鳅鮀幼龄个体（补充群体）已面临较高的捕捞压力。

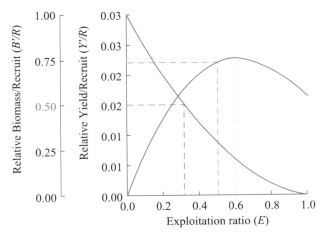

图 4-114　异鳔鳅鮀相对单位补充量和相对单位补充量生物量与开发率的关系

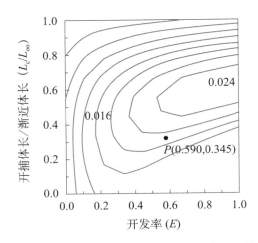

图 4-115　异鳔鳅鮀相对单位补充量渔获量与开发率和开捕体长的关系

4.6.4 鱼类早期资源

1. 早期资源量

2016 年 5—7 月通过江津断面的异鳔鳅鮀卵苗总径流量为 2.2×10^7 粒·尾，异鳔鳅鮀卵苗高峰期主要集中在 6 月 21—22 日、7 月 3—10 日，累计卵苗规模为 1.7×10^7 粒·尾，约占总规模的 77.27%。调查期间，江津断面异鳔鳅鮀卵苗径流量与长江径流量变化过程如图 4-116。

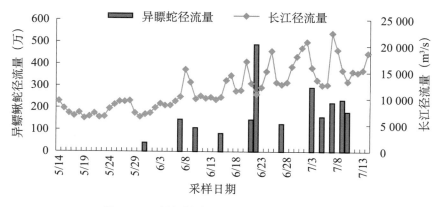

图 4-116　异鳔鳅鮀产卵量变化图（2016 年）

2. 产卵场分布

根据 2016 年调查期间采集到的信息，异鳔鳅鮀鱼卵的发育期主要处于神经胚—心脏期，以此退算得鱼卵漂流时间。用测得江水流速退算，可以退算长江上游江津断面以上异鳔鳅鮀卵密集分布有 1 处，在上游距采样点 $77.2 \sim 133.3$km（即鱼嘴—黄舣场），长度 56.1km。产卵规模达 1.4×10^7 粒，占卵苗总规模的 63.64%。产卵场分布如图 4-117。

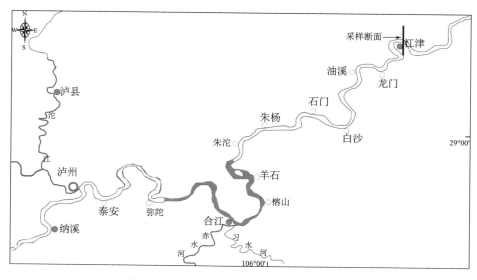

图 4-117　异鳔鳅鮀产卵场分布（长江干流）

2010 年以来，众多研究者在长江上游开展了多断面鱼类早期资源调查，相关调查结果显示，异鳔鳅鮀产卵场主要分布在金沙江东川渡口江段（产卵规模约 0.65 百万粒 / 年），岷江蕨溪至高场江段（产卵规模约 8.36 百万粒 / 年），长江鱼嘴—黄舣场江段（产卵规模 14.26 百万粒 / 年），其他江段未见分布或仅少量分布。

4.6.5　遗传多样性

1. 线粒体 DNA Cyt b

1）序列变异和多样性

测序后，共获得 227 条异鳔鳅鮀 Cyt b 序列，比对校正后得到有效基因的长度为 994 bp，对其片段进行分析，序列中的转换数（T_s）明显高于颠换数（T_v），异鳔鳅鮀的 T_s/T_v 值为 41.014。227 条异鳔鳅鮀 Cyt b 序列中发现 80 个变异位点，划分出 92 个单倍型。92 个单倍型中有 26 个单倍型为两个或两个以上群体共享，在共享单倍型中有 3 个单倍型为 4 个群体共享，没有出现 5 个群体共享的单倍型。异鳔鳅鮀平均单倍型多样性指数为 0.963，其中单倍型多样性最高的是水富群体为 1.000；平均核苷酸多样性指数为 0.004 05，其中最高的是永善群体为 0.004 85（表 4-78）。

表 4-78　基于线粒体 Cyt b 基因序列的异鳔鳅鮀遗传多样性

点位	样本量，N	单倍型数，h	单倍型多样性，H_d	核苷酸多样性，π
江津	55	32	0.963	0.003 73
宜宾	128	61	0.959	0.004 04
水富	7	7	1.000	0.002 97
永善	22	21	0.996	0.004 85
犍为	15	10	0.914	0.004 54
总计 / 平均	227	92	0.963	0.004 05

基于线粒体 Cyt b 单倍型构建的 NJ 和 BI 树（图 4-118，图 4-119）均显示异鳔鳅鮀没有地理聚集，暗示没有明显的地理遗传结构。但 Cyt b 系统树显示异鳔鳅鮀单倍型分为两个较大的谱系 Clade I 和 Clade II，Clade I 包含除水富群体外的 4 个群体，Clade II 包含 5 个地理群体。

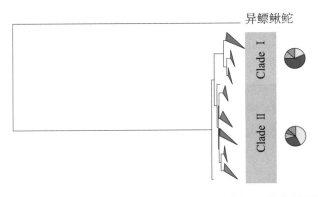

图 4-118　基于 Cyt b 单倍型构建的异鳔鳅鮀 NJ 系统发育树（以裸体异鳔鳅鮀为外类群）

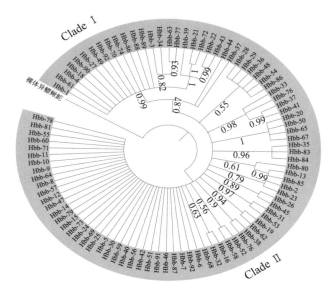

图 4-119   基于 Cyt *b* 单倍型构建的异鳔鳅鲩 BI 系统发育树

注：枝上数字代表节点支持率，仅显示支持率大于 0.5 的结果。

为进一步探究异鳔鳅鲩 Cyt *b* 单倍型的关系，构建了单倍型网络结构图进行更精确的分析，其结果与系统树显示的单倍型关系吻合。单倍型网络结构图也显示异鳔鳅鲩 Cyt *b* 拓扑结构分为两个与系统树一致的谱系 Clade I 与 Clade II，且介于 Clade I 与 Clade II 之间存在 5 个突变步骤。两个谱系的样本来源均分布较广泛，Clade I 的样本分布在除水富的 4 个群体，Clade II 的样本 5 个群体均有分布（图 4-120）。

异鳔鳅鲩

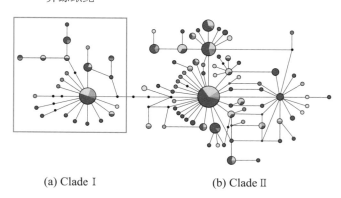

(a) Clade I   (b) Clade II

图 4-120   基于线粒体 DNA Cyt *b* 序列构建的异鳔鳅鲩单倍型网络结构图

注：每个圆圈代表一个单倍型，圆圈面积表示单倍型的频率，不同颜色代表不同地理群体。

2）种群遗传结构

为计算异鳔鳅鲅各群体间的变异来源和总体 F_{st}，我们按照地理群体划分进行了 AMOVA 分析。由于系统树、单倍型网络结构图和两两群体间 F_{st} 均显示裸体异鳔鳅鲅的金沙江群体与长江干流群体出现了分化，于是在 AMOVA 分析中进行了组别划分，将金沙江的攀枝花和巧家群体划为 Group 1，长江干流的江津和宜宾群体划分为 Group 2。结果显示：异鳔鳅鲅的变异主要来源于群体内（99.53%），群体间的总体 F_{st} 值均小于 0.05（$F_{st}=0.004\ 7$），表明异鳔鳅鲅各群体间不存在地理遗传分化。同时，基于异鳔鳅鲅 Cyt b 序列的单倍型网络结构和系统树显示两个谱系分化（Clade I 与 Clade II），为计算两个谱系间的进化关系，将两个谱系作为两个组进行 AMOVA 分析。结果显示，群体间的总体 F_{st} 值大于 0.25（$F_{st}=0.442\ 8$，$P=0.000\ 00$），表明异鳔鳅鲅两个谱系间存在显著分化（表 4-79）。

表 4-79　异鳔鳅鲅各群体间分子变异分析

	变异来源	变异组成	变异百分比 %	固定指数 F_{st}	P 值	Tajima's D	Fu's F_s
Cyt b	群体间	0.009 51	0.47	0.004 7		−2.154*	−123.271*
	群体内	2.008 55	99.53		0.220 92		
	总变异	2.018 06					
Cyt b-Clade	群体间	0.596 66	44.28	0.442 8*			
	群体内	0.750 91	55.72				
	总变异	1.347 57			< 0.0001		

注：* 表示 $P < 0.001$。

为进一步分析异鳔鳅鲅各地理群体之间的遗传分化，基于 Cyt b 序列计算了群体两两间的遗传分化值（F_{st}）（表 4-80）。Cyt b 结果显示异鳔鳅鲅各群体两两间的遗传分化值低，暗示异鳔鳅鲅各群体间未发生明显分化。

为研究异鳔鳅鲅各群体间的遗传距离是否与地理距离有关，检测其是否符合地理隔离模型，采用曼特尔检验对遗传距离和地理距离进行了回归分析。基于 Cyt b 结果（图 4-121）显示异鳔鳅鲅各群体的遗传距离 [$F_{st}/(1-F_{st})$] 与地理距离（ln km）没有相关性（$R=-0.461$，$P=0.140$）。

表 4-80　异鳔鳅鲅各群体间的 F_{st} 值（对角线下方）及其对应的 P 值（对角线上方）

群体	江津	宜宾	水富	永善	犍为
江津	—	0.685	0.270	0.621	0.198
宜宾	−0.005	—	0.198	0.621	0.198
水富	0.030	0.037	—	0.198	0.198
永善	−0.003	−0.006	0.067	—	0.621
犍为	0.030	0.019	0.121	−0.017	—

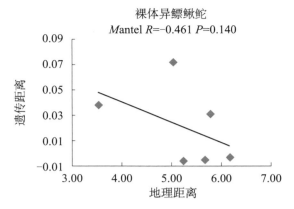

图 4-121　异鱲鳅鮀两两群体比较的地理隔离分析。遗传距离 F_{st} / (1−F_{st})
与地理距离（ln km）的回归线。基于 Cyt b 对异鱲鳅鮀各群体的分析

3）种群历史

基于异鱲鳅鮀 Cyt b 单倍型构建的分子钟 BEAST 系统树（图 4-122）显示，异鱲鳅鮀的分化时间为 7.1Ma，Clade I 与 Clade II 的分化时间为 5.0Ma。

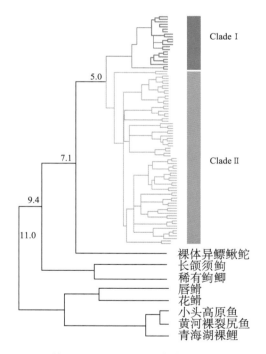

图 4-122　基于 Cyt b 的异鱲鳅鮀单倍型分化时间估算

注：枝上数字表示物种分化时间发生的时间（Ma: 百万年前）。枝端的黑点表示该序列下载自 GenBank。

对于种群历史动态分析，采用的是中性检验（Tajima's D 和 Fu's F_s），错配分布和 BSP 分析。基于两种线粒体分子标记的结果，均显示异鱲鳅鮀的中性检验值为显著负值（Tajima's $D = -2.154$，Fu's $F_s = -123.271$），基于 Cyt b 的异鳔鳅鮀各群体错配分布均显示单峰（图 4-123），暗示异鳔鳅鮀各群体发生了种群扩张事件。

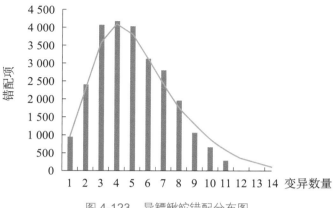

图 4-123　异鳔鳅鮀错配分布图

注：基于 Cyt b 异鳔鳅鮀所有群体的错配分布，XB 为异鳔鳅鮀的缩写。

BSP 也被用来检测异鳔鳅鮀各群体是否发生种群扩张，并计算扩张时间（图 4-124）。基于 Cyt b 的 BSP 分析显示，异鳔鳅鮀的群体有效种群大小出现明显的上升，因此显示异鳔鳅鮀发生了种群扩张事件，结果与中性检验一致，与错配分布不一致。基于 Cyt b 序列计算种群扩张时间，显示异鳔鳅鮀扩张的时间为 0.02 ～ 0.2Ma。

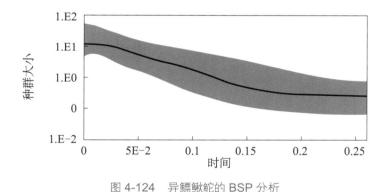

图 4-124　异鳔鳅鮀的 BSP 分析

2. 线粒体 DNA 控制区

1）序列变异和多样性

测序后共获得 225 条异鳔鳅鮀 D-loop 序列，比对校正后得到有效基因的长度为 784 bp，对其片段进行分析（表 4-81），序列中的转换数（T_s）高于颠换数（T_v），异鳔鳅鮀的 T_s/T_v 值为 7.908。225 条异鳔鳅鮀 D-loop 序列中发现 39 个变异位点，划分出 43 个单倍型。43 个单倍型中有 11 个共享单倍型，其中单倍型 Hbc-1 和 Hbc-3 为 4 个群体所共享，频率高，分别是 23.03% 和 35.39%。异鳔鳅鮀平均单倍型多样性指数为 0.791，其中单倍型多样性最高的是水富群体为 1.000；平均核苷酸多样性指数为 0.002 01，其中最高的是水富群体为 0.002 92。

表 4-81　基于线粒体 D-loop 序列的异鳔鳅鮀遗传多样性

种群	单倍型数，h	单倍型多样性，H_d	核苷酸多样性，π
江津	12	0.614	0.001 94
宜宾	24	0.787	0.001 75
水富	7	1.000	0.002 92
永善	9	0.779	0.001 94
犍为	17	0.852	0.002 37
总计	43	0.791	0.002 01

　　基于线粒体 D-loop 单倍型构建的 NJ 和 BI 树（图 4-125，图 4-126）均显示异鳔鳅鮀没有地理聚集，暗示没有明显的地理遗传结构。基于 D-loop 单倍型的系统树未检测到明显的谱系。

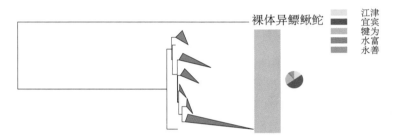

图 4-125　基于 D-loop 单倍型构建的异鳔鳅鮀 NJ 系统发育树

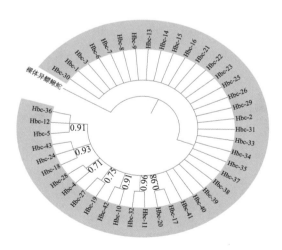

图 4-126　基于 D-loop 单倍型构建的异鳔鳅鮀 BI 系统发育树

　　注：枝上数字代表节点支持率，仅显示支持率大于 0.5 的结果。

　　为进一步探究异鳔鳅鮀 D-loop 单倍型的关系，构建了单倍型网络结构图进行更精确的分析，其结果与系统树显示的单倍型关系吻合。单倍型网络结构图也显示异鳔鳅鮀 D-loop 单倍型未检测到谱系结构（图 4-127）。

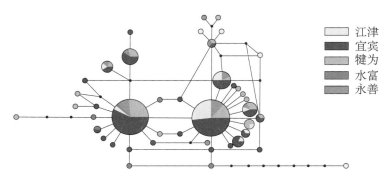

图 4-127　基于 D-loop 序列构建的异鳔鳅鮀单倍型网络结构图

注：每个圆圈代表一个单倍型，圆圈面积表示单倍型的频率，不同颜色代表不同地理群体。

2）种群遗传结构

为计算异鳔鳅鮀各群体间的变异来源和总体 F_{st}，我们按照地理群体划分进行了 AMOVA 分析。由于系统树、单倍型网络结构图和两两群体间 F_{st} 均显示裸体异鳔鳅鮀的金沙江群体与长江干流群体出现了分化，于是在 AMOVA 分析中进行了组别划分，将金沙江的攀枝花和巧家群体划为 Group 1，长江干流的江津和宜宾群体划分为 Group 2。结果显示：异鳔鳅鮀的变异主要来源于群体内（D-loop，96.48%），群体间的总体 F_{st} 均小于 0.05（F_{st} = 0.035 2），表明异鳔鳅鮀各群体间不存在地理遗传分化。同时，基于异鳔鳅鮀 Cyt b 序列的单倍型网络结构和系统树显示两个谱系分化（Clade I 与 Clade II），为计算两个谱系间的进化关系，将两个谱系作为两个组进行 AMOVA 分析。结果显示，群体间的总体 F_{st} 大于 0.25（F_{st} = 0.442 8，P = 0.000 00），表明异鳔鳅鮀两个谱系间存在显著分化（表 4-82）。

表 4-82　异鳔鳅鮀各群体间分子变异分析

变异来源	变异组成	变异百分比 %	固定指数 F_{st}	P 值	Tajima's D	Fu's F_s
群体间	0.028 05	3.52	0.035 2	0.001 96	−2.269*	−51.676*
群体内	0.768 11	96.48	—	—	—	—
总变异	0.796 16	—	—	—	—	—

注：* 表示 P < 0.001。

为进一步分析异鳔鳅鮀各地理群体之间的遗传分化，基于 D-loop 序列计算了群体两两间的遗传分化值（F_{st}）。D-loop 结果显示异鳔鳅鮀各群体两两间的遗传分化值低，暗示异鳔鳅鮀各群体间未发生明显分化。

为研究异鳔鳅鮀各群体间的遗传距离是否与地理距离有关，检测其是否符合地理隔离模型，采用 Mantel test 对遗传距离和地理距离进行了回归分析（表 4-83）。基于 D-loop 结果（图 4-128）显示异鳔鳅鮀各群体的遗传距离 [F_{st}/（1−F_{st}）] 与地理距离（ln km）没有相关性（R = −0.192，P=0.340）。

表 4-83　异鳔鳅鮀各群体间的 F_{st} 值（对角线下方）及其对应的 P 值（对角线上方）

群体	江津	宜宾	水富	永善	犍为
江津	—	<0.001	<0.001	0.309	<0.001
宜宾	0.060**	—	<0.001	0.613	0.613
水富	0.228**	0.136*	—	0.018	0.150
永善	0.013	−0.007	0.140*	—	0.613
犍为	0.068**	−0.002	0.076	−0.005	—

注：** 表示 $P < 0.001$

异鳔鳅鮀各群体间遗传结构相似，没有出现遗传分化，显示其各群体间高水平的基因流。异鳔鳅鮀各群体间地理距离相隔较近，没有长期的地理隔离，这为基因交流提供了条件。其次，异鳔鳅鮀产漂流性鱼卵，这也为群体间基因交流提供了机会（Liu et al., 2012）。再者，异鳔鳅鮀各群体间海拔和气候等环境特征相似，促进了相似的遗传结构模式（Zhou et al., 2016）。长江上游多种鱼类的遗传结构也表现出明显的同质性（Liu et al., 2016；申绍祎等，2017a；Liu et al., 2012）。

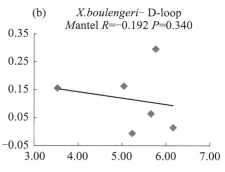

图 4-128　异鳔鳅鮀两两群体比较的地理隔离分析

3）种群历史

基于异鳔鳅鮀 D-loop 单倍型构建的分子钟系统树，显示异鳔鳅鮀的分化时间为 5.2Ma，比基于 Cyt b 的结果更晚。基于裸体异鳔鳅鮀 D-loop 单倍型构建的分子钟 BEAST 系统树显示，异鳔鳅鮀的分化时间为 6.5Ma，比基于 Cyt b 的结果更晚（图 4-129），Clade C 与 Clade D 的分化时间为 2.4Ma。

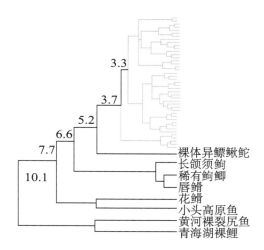

图 4-129　基于 D-loop 的异鳔鳅鮀单倍型分化时间估算

注：枝上数字表示物种分化时间发生的时间（Ma：百万年前）。枝端的黑点表示该序列下载自 GenBank。

对于种群历史动态分析，采用的是中性检验（Tajima's D 和 Fu's F_s），错配分布和 BSP 分析。基于线粒体分子标记的结果显示异鳔鳅鮀的中性检验值为显著负值（Tajima's D=-2.269，Fu's F_s=-51.676）。暗示异鳔鳅鮀发生过历史种群扩张事件。基于 D-loop 的异鳔鳅鮀各群体错配分布均显示单峰（图 4-130），暗示异鳔鳅鮀各群体发生了种群扩张事件。

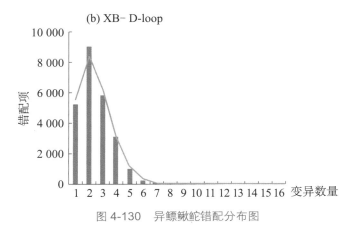

图 4-130　异鳔鳅鮀错配分布图

注：基于 D-loop 对异鳔鳅鮀所有群体的错配分布。XB 为异鳔鳅鮀的缩写。

BSP 也被用来检测异鳔鳅鮀各群体是否发生种群扩张，并计算扩张时间（图 4-131）。基于 D-loop 的 BSP 分析显示，异鳔鳅鮀的群体有效种群大小均出现明显的上升，因此显示异鳔鳅鮀发生了种群扩张事件，结果与中性检验一致，与错配分布不一致。基于 D-loop 序列计算的异鳔鳅鮀复种群扩张的时间为 0.001 ～ 0.020Ma。

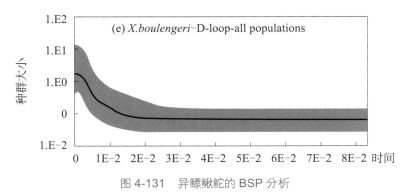

图 4-131　异鳔鳅鮀的 BSP 分析

3. 微卫星 DNA

1）序列变异和多样性

用 9 对微卫星引物分析异鳔鳅鮀 5 个群体的遗传多样性，平均等位基因的范围为 8.7 ～ 17.8，最低的是水富群体，最高的是犍为群体；基因丰度范围为 8.224 ～ 8.667，最低的是宜宾群体，最高的是水富群体；观测杂合度范围为 0.766 ～ 0.825，最低的是江津群体，最高的是水富群体；期望杂合度范围为 0.852 ～ 0.879，最低和最高的分别是江津和水富群体。与线粒体分子标记显示的结果相同，位于金沙江的攀枝花和巧家群体的遗传多样性水平低于位于长江的江津和宜宾群体，但差距不及线粒体数据明显。异鳔鳅鮀遗传多样性见表 4-84。

表 4-84　基于 SSR 的异鳔鳅鮀遗传多样性

种群	样本量（N）	等位基因数（N_A）	有效等位基因数（N_e）	基因丰度（A_r）	观测杂合度（H_O）	期望杂合度（H_e）	近交系数（F_{is}）
江津	66	16.2	10.9	8.346	0.766	0.852	0.102
宜宾	72	16.8	10.7	8.224	0.792	0.863	0.083
水富	14	8.7	7.1	8.667	0.825	0.879	0.066
永善	45	14.6	10.2	8.362	0.785	0.872	0.102
犍为	74	17.8	11.2	8.323	0.817	0.869	0.061
总计	271	—	—	—	—	—	—

2）种群遗传结构

遗传结构分析的最佳 K 值均为 2（图 4-132），结果显示异鳔鳅鮀各群体间遗传结构相似，未出现地理遗传差异，结果与分子变异分析一致（图 4-133）。

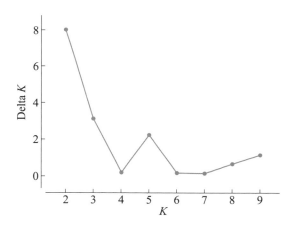
图 4-132　异鳔鳅鮀 Structure 分析 ΔK 与 K 的折线图

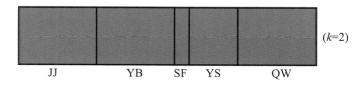
图 4-133　基于微卫星位点的异鳔鳅鮀群体 Structure 分析

为检测异鳔鳅鮀各群体的主成分关系，我们进行了 DAPC 主成分判别分析，其结果与 Structure 分析一致（图 4-134），均表明异鳔鳅鮀各群体间成分相近，没有地理遗传差异。

图 4-134　异鳔鳅鮀群体主成分判别分析（DAPC）分析

　　为验证微卫星数据与线粒体数据分析的遗传变异结果是否一致，基于微卫星数据对异鳔鳅鮀各群体进行了 AMOVA 分析和两两群体间遗传变异分析。基于微卫星数据的 AMOVA 分析结果显示与两种线粒体分子标记 Cyt b 和 D-loop 所得结果一致。异鳔鳅鮀的遗传变异同样是主要来自群体内，群体间不存在明显的遗传分化（F_{st}=0.000 3，P=0.713 59）。基于微卫星数据的两两群体间遗传变异结果显示：异鳔鳅鮀各群体间不存在明显遗传分化（表 4-85）。基于微卫星数据的 Mantel test 分析显示，异鳔鳅鮀各群体间的遗传距离与地理距离不存在显著相关性（R = 0.068，P = 0.400）。基于 9 个微卫星位点计算了异鳔鳅鮀五个地理群体的近交系数（F_{is}），所有地理群体的 F_{is} 均为正值，显示异鳔鳅鮀各地理群体内存在近交行为或无效等位基因（表 4-86）。

表 4-85　异鳔鳅鮀各群体间分子变异分析

变异来源	变异组成	变异百分比（%）	固定指数（F_{st}）	P 值	Tajima's D	Fu's F_{s}
群体间	0.000 35	0.03	0.000 3	0.713 59	—	—
群体内	1.248 45	99.97	—	—	—	—
总变异	1.248 80	—	—	—	—	—

表 4-86　异鳔鳅鮀各群体间的 F_{st} 值（对角线下方）及其对应的 P 值（对角线上方）

	江津	宜宾	水富	永善	犍为
江津	—	0.919	0.919	0.919	0.919
宜宾	0.006	—	0.919	0.919	0.919
水富	−0.010	−0.002	—	0.919	0.919
永善	−0.001	0.002	−0.013	—	0.919
犍为	−0.003	0.004	−0.011	0.000	—

4.6.6　资源保护

1. 人工繁殖

　　目前异鳔鳅鮀胚胎发育过程数据缺乏，苗种培育等关键过程未取得突破，因此，无法开展人工繁殖，因此，有必要增加该部分理论研究和项目支持。

2. 资源现状与保护对策

1）资源现状评估

刘军根据1997—2002年野外渔获物调查数据并结合相关文献资料，运用濒危系数、遗传损失系数和物种价值系数对长江上游16种特有鱼类的优先保护顺序进行了定量分析，结果表明异鳔鳅蛇尚未达到急切保护等级，可能与其个体小、经济价值低有关。繁殖生物学的研究资料表明（王生等，2012），异鳔鳅蛇初始性成熟年龄为2龄，3龄个体才能全部达到性成熟。而当前异鳔鳅蛇的开捕年龄（t_c）为1.5年，致使很多异鳔鳅蛇个体在未完全达到性成熟之前就被大量捕捞。另外据种群动态综合模型分析当前长江上游异鳔鳅蛇资源利用不合理，开捕年龄小，捕捞强度大，捕捞死亡为当前长江上游异鳔鳅蛇种群总死亡的主导因子，理论上要获得渔业资源的可持续发展，应增大开捕规格和降低捕捞强度。

2）渔业资源保护

根据王生等（2012）的研究结果，异鳔鳅蛇属于r生活史类型的鱼类，且当前渔获物群体结构中，小个体所占比例较大。适当的捕捞强度能够取得较高的产量，提高起捕年龄可以增加一定产量（叶富良和陈刚，1998；Adams et al.，1980）。一般最适合的鱼类开捕年龄及开捕体长的确定需考虑以下三方面因素：①保证至少产卵一次；②保护当年幼，留足补充群体；③尽量使鱼类资源利用达到最大化并能够保持资源稳定（Froese et al.，2000；袁蔚文，1989；林龙山等，2006）。渔业资源的最适开捕年龄需接近临界年龄，此时群体的生物量可以达到最大，往后异鳔鳅蛇的自然死亡率将逐渐增加，从而可以充分利用异鳔鳅蛇的生长潜力（陈丕茂，2004）。

研究发现，长江上游异鳔鳅蛇开发率由0.571降低至0.321，并不会对相对单位补充量渔获量造成显著影响，这与Pauly建议的最适开发率水平0.286相近（Pauly et al.，1987）。当开发率$E = 0.321$时，异鳔鳅蛇的捕捞年龄为2.7年；而异鳔鳅蛇的临界年龄3.2年，对应体长为105 mm。基于开发率及临界年龄两个方面的考虑，因此建议长江上游的开捕年龄为2.7年，对应的开捕体长和体重分别为94.43 mm和16.06 g。

随着长江上游干流及其支流梯级电站的建设开发，长江上游的生境将会进一步改变（曹文宣等，1987）。此外，水域污染及外来物种入侵均导致栖息在这一江段的特有鱼类面临严重的威胁，种群资源会大幅度减少甚至消失。当前，异鳔鳅蛇面临的生存状况不容乐观。另外，如电、炸、毒等有害渔具渔法对异鳔鳅蛇资源也是毁灭性的。因此，迫切需要制定异鳔鳅蛇的保护措施，除限制开捕规格，控制捕捞强度，笔者认为，可以通过以下途径来加强对异鳔鳅蛇资源的保护：加强异鳔鳅蛇早期生活史的研究，确定其产卵场的分布和规模，评价水工程建设将对其产生的影响，划定异鳔鳅蛇的关键栖息地；加大执法力度，取缔电、炸、毒等有害渔具渔法并加强渔政管理力度。

4.7　裸体异鳔鳅鮀

4.7.1　概况

1. 分类地位

裸体异鳔鳅鮀（*Xenophysogobio nudicorpa* Huang *et* Zhang），隶属于鲤形目（Cypriniformes）鲤科（Cyprinidae）鳅鮀亚科（Gobiobotinae）异鳔鳅鮀属（*Xenophysogobio*），俗称"无甲鱼""燕尾条""叉胡子"等（图 4-135）。

图 4-135　裸体异鳔鳅鮀（危起伟等，《长江上游珍稀特有鱼类国家级自然保护区鱼类图集》，2015）

体长为体高的 4.3 ～ 5.0 倍，为头长的 3.6 ～ 4.3 倍，为尾柄长的 5.6 ～ 6.5 倍，为尾柄高的 7.3 ～ 8.8 倍。头长为吻长的 2.1 ～ 2.3 倍，为眼径的 6.0 ～ 8.0 倍，为眼间距的 3.6 ～ 5.0 倍。尾柄长为尾柄高的 1.3 ～ 1.6 倍。

体长，尾柄短且高，头胸部腹面平坦。头长，头宽约等于头高。吻圆钝，侧面观略尖，吻长约等于眼后头长，吻端具极细的皮质颗粒。眼较小，侧上位；眼径明显小于眼间距和鼻孔径。眼间距宽。口下位，弧形，上唇略显皱。下唇光滑。想 3 对，口角须 1 对，颏须 2 对，均较细小。口角须较长，末端达眼前缘下方；第一对颏须起点与口角须起点于同一水平，极细小，仅口角须长度的 1/4；第二对颏须退化，个别标本可见遗迹；第三对颏须较长，末端可达鳃盖骨后缘下方；各须基部之间具有小乳突。除侧线鳞外，其余鳞片皆退化。侧线鳞圆形，侧线完全，平直。背鳍起点稍后于腹鳍起点，距吻端较距尾鳍基部为远。胸鳍发达，末端一般不达腹鳍起点。腹鳍起点距臀鳍起点较距胸鳍起点为近，臀鳍起点位于腹鳍起点于腹鳍起点与尾鳍基部的中点，尾鳍宽大，深叉，末端长而尖。肛门位置在腹鳍起点与臀鳍起点的中点。

下咽齿匙形。第一鳃弓外侧无鳃耙，内侧鳃耙 4。鳔较小，分 2 室，前室较宽，中部略狭隘，左右侧泡分化不甚明显，与异鳔鳅鮀一样，鳔前室包围在一个厚而坚实的膜质囊中；鳔后室较大，具鳔管。腹膜为灰白色。固定标本，背部灰黑色，腹部较白。头背呈黑色，尾鳍基部黑色，其余各鳍灰白色。

2. 种群分布

鳅鲀亚科是东亚特有鱼类，除朝鲜鳅鲀（*Gobiobotinae naktongensis*）、短须鳅鲀（*Gobiobotinae brevibarba*）和大头鳅鲀（*Gobiobotinae macrocephala*）外，其余 14 种均分布于我国。在我国的分布范围较广，北起黑龙江，南至元江，以及海南岛和台湾的各江河。多数种分布于长江以南的各河流。王伟等（2002）认为鳅鲀鱼类的分布中心在长江上游。异鳔鳅鲀与裸体异鳔鳅鲀被认为是鳅鲀鱼类中较为原始的种类，主要分布在长江上游，均是长江上游特有鱼类（陈宜瑜，1997）。历史记录异鳔鳅鲀分布于长江中上游流域，裸体异鳔鳅鲀分布于岷江中游、雅砻江下游和长江干流以及金沙江下段（丁瑞华等，1994；陈宜瑜，1998）。但目前在长江中游和三峡库区未调查到异鳔鳅鲀，三峡大坝的修建压缩了异鳔鳅鲀的生境范围（王生等，2012）。目前异鳔鳅鲀主要分布长江上游干流及岷江，裸体异鳔鳅鲀在长江上游干流和岷江已分布较少，主要分布在金沙江攀枝花江段。裸体异鳔鳅鲀在长江上游干流及金沙江出现较多，渔获数量小，其在长江上游渔获物中的出现频率维持在 40% 左右，最高为 5.26%，CPUE 维持在 2g/ 船 / 日左右，最高为 5.55g/ 船 / 日，渔获物重量百分比在 0.1% 左右，最高为 0.19%（表 4-87）。蓄水前后，裸体异鳔鳅鲀在渔获物中的出现频率呈现波动变化趋势，除 2010 年相对较低外，其余年份变化不明显，原因可能是 2010 年采样时间较晚，裸体异鳔鳅鲀鱼汛出现时间较早，主要在 4 月底和 5 月初出现，其余月份出现数量较少；重量百分比呈现波动变化趋势，变化规律基本同出现频率；CPUE 变化并无明显规律，蓄水后相对减少。

表 4-87　裸体异鳔鳅鲀资源变化（2010—2015 年）

参数	2010 年	2011 年	2012 年	2013 年	2014 年	2015 年
出现频率（%）	1.37	3.05	4.49	5.26	4.17	3.22
CPUE ［g/（船·d）］	1.36	4.16	5.55	2.87	2.00	1.57
重量百分比（%）	0.06	0.18	0.14	0.19	0.15	0.11

3. 研究与保护概况

异鳔鳅鲀与裸体异鳔鳅鲀是异鳔鳅鲀属仅有的两个物种，隶属于鲤形目鲤科鳅鲀亚科（陈宜瑜，1998）。在学术界，鳅鲀的分类地位存在争议。鳅鲀最早归入鳅科（Cobitidae），许多作者认为鳅鲀的分类地位是介于鲤科和鳅科之间并更接近后者（何舜平，1991）。刘建康曾提出将鮈亚科及鳅鲀亚科中具有骨质鳔囊的种类合并建立石虎鱼科（Gobiobotidae）（Liu，1940）。鳅鲀亚科大型的鳞片和独特的咽喉齿形态与鲤科鱼类相近，因此部分学者将其归于鲤科，并作为一个属划归鮈亚科（陈湘粦等，1984）。学者已通过解剖结构等形态特征和分子标记构建系统发育关系树，发现鳅鲀鱼类与鮈亚科具有较近的亲缘关系，为鳅鲀鱼类划归为鮈亚科提供了证据。但由于分类的原因，大多数作者认为把它独立为一个亚科更为合适（陈宜瑜等，1977；何舜平，1991；Zeng and Liu，2011；王永梅和唐文乔，2014；王伟等，2002；杨金权，2005；Tao et al.，2013；He et al.，2004）。目前，《中国动物志》已将鳅鲀亚科作为鲤科一个独立的亚科看待，并在学术界普遍达成了共识（Liu et al.，2003；张锷，1991；曹玉琼，2003；王生等，2012）。

4.7.2　生物学研究

1. 渔获物结构

2014—2015 年，在保护区及临近水域采集到的裸体异鳔鳅鮀样本的体长范围为60 ～ 117mm，平均体长 83.47mm，优势体长组为 70 ～ 100mm（79.41%）（图 4-136）；体重范围为 3.0 ～ 26.4g，平均体重 9.81g，优势体重组为 5 ～ 15g（76.47%）（图 4-137）。

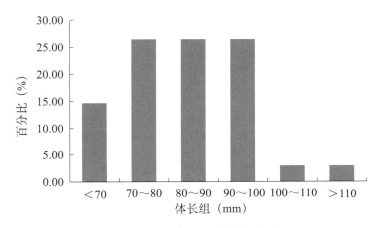

图 4-136　裸体异鳔鳅鮀体长组成

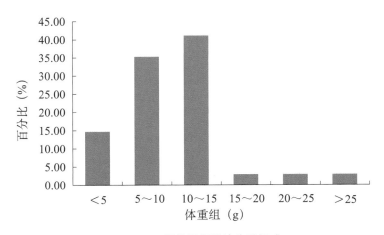

图 4-137　裸体异鳔鳅鮀体重组成

2. 体长与体重关系

裸体异鳔鳅鮀体长和体重关系符合以下幂函数公式：$W=3 \times 10^{-6}L^{3.382}$（$R^2=0.753\,5$，$n=125$）（图 4-138），裸体异鳔鳅鮀为生长速度较快鱼类。

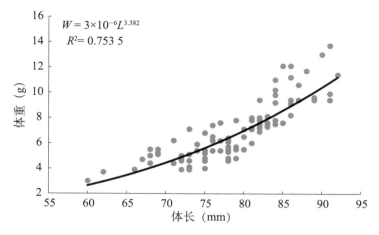

$$W = 3 \times 10^{-6} L^{3.382}$$
$$R^2 = 0.753\ 5$$

图 4-138　裸体异鳔鳅鮀体长与体重关系

4.7.3　渔业资源

2010—2018 年，长江上游采集到裸体异鳔鳅鮀 125 尾样本，主要样本来源于攀枝花（雅砻江汇合口）、巧家、宜宾和江津，2011 年在江津有渔民采集到 160 余尾，采集时间在 4 月初，5 月后江津江段已少有分布，而攀枝花、巧家江段多在下半年出现，据调查渔民介绍，每天最多能捕到 5 ～ 10 尾样本，最少也有 1 ～ 2 尾，从个体大小来说，采集到的个体平均体重攀枝花江段为 7.11g，巧家江段为 10.7g，宜宾以下江段为 5.14g，相对而言，巧家江段个体更大，宜宾以下江段个体规格略小，从调查情况来看，其呈集中分布状态，以雅砻江河口、巧家黑水河口、宜宾南溪江段、江津苦竹渍江段最为集中，应为其产卵场所在江段，但截至 2018 年，攀枝花、巧家、宜宾、江津等断面鱼类早期资源监测结果未显示监测到裸体异鳔鳅鮀集中产卵现象。

4.7.4　遗传多样性

1. 线粒体 DNA Cyt *b*

1）序列变异和多样性

测序后共获得 106 条裸体异鳔鳅鮀 Cyt *b* 序列，比对校正后得到有效基因的长度为 1 013bp，对其片段进行分析，序列中的转换数（T_s）明显高于颠换数（T_v），裸体异鳔鳅鮀的 T_s/T_v 值 339.736。106 条裸体异鳔鳅鮀 Cyt *b* 序列中发现 50 个变异位点，划分出 37 个单倍型。37 个单倍型中仅 3 个共享单倍型，其中单倍型 Hnb_1 为 4 个群体所共享，频率 52.83%，占个体数的一半。裸体异鳔鳅鮀的平均单倍型多样性指数为 0.718，其中单倍型多样性最高的是江津群体为 0.951；平均核苷酸多样性指数为 0.003 48，其中最高的也是江津群体为 0.003 88。裸体异鳔鳅鮀的 4 个群体间遗传多样性水平相差较大（表 4-88），具体表现为位于金沙江的攀枝花和巧家群体远低于位于长江干流的江津和宜宾群体。

表 4-88 基于线粒体 Cyt *b* 序列的裸体异鳔鳅鮀遗传多样性

种群	样本量，N	单倍型数，H	单倍型多样性，h	核苷酸多样性，π
江津	54	34	0.951	0.003 88
宜宾	5	4	0.900	0.003 72
巧家	3	1	0.000	0.000 00
攀枝花	44	3	0.132	0.000 14
总计 / 平均	106	37	0.718	0.003 48

基于线粒体 Cyt *b* 单倍型构建的 NJ 和 BI 树（图 4-139，图 4-140）裸体异鳔鳅鮀均显示明显的地理分枝，将其分为两个 Clade。基于 Cyt *b* 的系统树分为 Clade A 和 Clade B，Clade A 主要为位于金沙江的攀枝花和巧家群体样本，有少数样本来自位于长江干流的江津和宜宾，Clade B 仅包含江津和宜宾样本。暗示裸体异鳔鳅鮀的金沙江群体和长江干流群体明显的地理遗传分化。

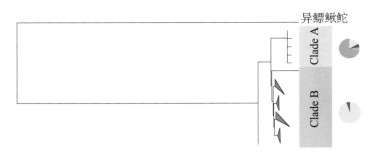

图 4-139 基于 Cyt *b* 单倍型构建的裸体异鳔鳅鮀 NJ 系统发育树

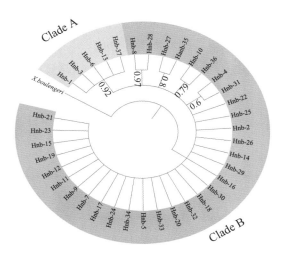

图 4-140 基于 Cyt *b* 单倍型构建的裸体异鳔鳅鮀 BI 系统发育树

注：枝上数字代表节点支持率，仅显示支持率大于 0.5 的结果。

为进一步探究裸体异鳔鳅鮀 Cyt *b* 单倍型的关系，构建了单倍型网络结构图进行更精确的分析，其结果与系统树显示的单倍型关系吻合。单倍型网络结构图也显示异鳔鳅鮀 Cyt *b* 单倍型网络结构图也检测到与系统树一致的分枝。基于 Cyt *b* 单倍型的 Clade A 与 Clade B 之间由 4 个突变步骤相连（图 4-141）。来自金沙江的攀枝花和巧家群体样本全部聚在 Clade A，Clade A 的主要单倍型是 Hnb-1，攀枝花群体的 93% 样体（44 个样本有 41 个）是该单倍型。Clade A 有与来自长江干流的江津和宜宾群体样本存在共享单倍型，在 Clade B 中仅包含江津和宜宾群体的样本。

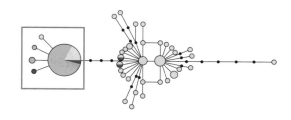

Clade A   Clade B

图 4-141　基于 Cyt *b* 序列构建的裸体异鳔鳅鮀单倍型网络结构图

注：每个圆圈代表一个单倍型，圆圈面积表示单倍型的频率，不同颜色代表不同地理群体。

2）种群遗传结构

为计算裸体异鳔鳅鮀各群体间的变异来源和总体 F_{ST} 值，我们按照地理群体划分进行了 AMOVA 分析（表 4-89）。由于系统树、单倍型网络结构图和两两群体间 F_{st} 值均显示裸体异鳔鳅鮀的金沙江群体与长江干流群体出现了分化，于是在 AMOVA 分析中进行了组别划分，将金沙江的攀枝花和巧家群体划为 Group 1，长江干流的江津和宜宾群体划分为 Group 2。对于裸体异鳔鳅鮀，分子变异主要来源于组间（47.45%），群体间的总体 F_{st} 值均大于 0.25（$F_{st}=0.5291$，$P=0.00000$），表明裸体异鳔鳅鮀的金沙江群体与长江干流群体存在显著的地理遗传分化。

表 4-89　裸体异鳔鳅鮀各群体间分子变异分析

变异来源	变异组成	变异百分比（%）	固定指数 F_{st}	P 值	Tajima's D	Fu's F_s
组间	1.080 89	47.45	0.529 1**	< 0.000 1	−2.045*	−27.240**
组内群体间	0.124 37	5.46	0.103 9*	0.038 12	−1.308[J]	−2.235[J]
群体内	1.072 74	47.09	0.474 5	0.368 52	−2.127[Y**]	−31.066[Y***]
总变异	2.278 00					

为进一步分析裸体异鳔鳅鮀各地理群体之间的遗传分化，基于 Cyt *b* 序列计算了群体两两间的遗传分化值（F_{st}）。对于裸体异鳔鳅鮀，Cyt *b* 结果显示各群体间存在明显的地理群体分化，主要表现在金沙江的攀枝花和巧家群体与长江干流的江津和宜宾群体。除宜宾与巧家群体间 $F_{st} < 0.25$（$F_{st}=0.048$）外，金沙江与长江干流群体间的 $F_{st} > 0.25$（表 4-90）。

为研究裸体异鳔鳅鮀各群体间的遗传距离是否已地理距离有关，检测其是否符合地理隔离模型，采用 Mantel test 对遗传距离和地理距离进行了回归分析。裸体异鳔鳅鮀基于 Cyt b 检测到遗传距离与地理距离有相关性（$R = 0.839$，$P = 0.040$）（图 4-142）。

表 4-90　裸体异鳔鳅鮀各群体间的 F_{st} 值（对角线下方）及其对应的 P 值（对角线上方）

	江津	宜宾	巧家	攀枝花
江津	—	0.068	0.054	< 0.001
宜宾	0.110	—	0.530	< 0.001
巧家	0.357	0.048	—	0.991
攀枝花	0.550[**]	0.625[**]	−0.188	—

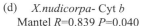

(d)　*X.nudicorpa*- Cyt b
Mantel $R = 0.839$ $P = 0.040$

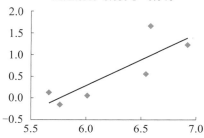

图 4-142　裸体异鳔鳅鮀两两群体比较的地理隔离分析。遗传距离 $F_{st} / (1-F_{st})$ 与地理距离（ln km）的回归线。基于 Cyt b 对裸体异鳔鳅鮀各群体的分析（d–f）

　　裸体异鳔鳅鮀各群体间出现显著的地理遗传分化，主要表现为金沙江群体与长江干流群体之间的分化。Mantel test 分析显示，Cyt b 数据和微卫星数据均显示地理距离与遗传距离存在显著相关性，表明裸体异鳔鳅鮀各群体的遗传分化符合地理隔离模型。地理隔离会导致地理群体分化，但在这里我们不能得出大坝阻隔导致了群体遗传分化的结论。溪洛渡和向家坝坐落于金沙江与长江干流之间，但大坝修建于 10 余年前，而群体遗传变异是一个长期的过程。我们的实验结果也能支持此结论：①对于异鳔鳅鮀，向家坝坝上的永善群体与坝下的其余群体未发生地理群体分化；②对于裸体异鳔鳅鮀，溪洛渡和向家坝大坝两侧群体的突变步骤未对应于大坝两侧。目前的遗传结构模式更可能是由于历史事件造成的。在上新世中期，金沙江与长江上游干流是隔离的（Clark et al., 2004），这与金沙江群体和长江干流群体的分化时间较为吻合（5.8 Ma ～ 2.4 Ma），因此推断其遗传分化与这一隔离事件有关。同时，金沙江群体与长江上游干流群体的环境异质性可能是这两个江段裸体异鳔鳅鮀各群体出现分化的原因（Zhou et al., 2016）。

　　3）种群历史

　　基于异鳔鳅鮀 Cyt b 单倍型构建的分子钟 BEAST 系统树显示，裸体异鳔鳅鮀的分化时间为 7.1Ma，Clade I 与 Clade II 的分化时间为 5.0Ma。基于裸体异鳔鳅鮀 Cyt b 单倍型构建的分子钟 BEAST 系统树显示（图 4-143），裸体异鳔鳅鮀的分化时间为 7.5Ma，与基于异鳔鳅鮀 Cyt b 单倍型的结果相似，Clade A 与 Clade B 的分化时间为 5.8Ma。

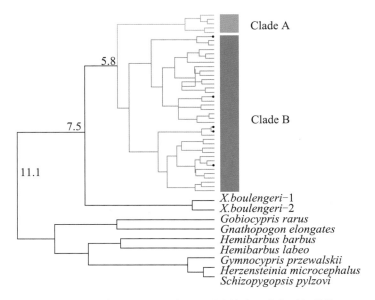

图 4-143　基于 Cyt *b* 裸体异鳔鳅鮀单倍型分化时间估算

注：枝上数字表示物种分化时间发生的时间（Ma：百万年前）。枝端的黑点表示该序列下载自 GenBank。

对于种群历史动态分析，采用的是中性检验（Tajima's *D* 和 Fu's F_s），错配分布和 BSP 分析。基于线粒体分子标记的结果显示裸体异鳔鳅鮀的中性检验值为负值，且均显著。暗示裸体异鳔鳅鮀发生过历史种群扩张事件，由于裸体异鳔鳅鮀金沙江群体与长江干流群体发生了地理群体分化，因此分别对其计算了中性值。结果显示金沙江群体和长江干流群体的中性检验值均为负值，但金沙江群体中性检验值不显著，长江干流群体中性检验值显著。因此，裸体异鳔鳅鮀的金沙江群体未发生种群历史扩张事件，长江干流群体发生了种群扩张事件。

基于 Cyt *b* 的裸体异鳔鳅鮀错配分布均呈现双峰（图 4-144），暗示未发生种群扩张事件，与中性检验显示的结果不一致，这可能是由于裸体异鳔鳅鮀金沙江与长江干流群体的错配分布不一致。裸体异鳔鳅鮀金沙江群体的错配分布碱基差异数最高仅为 2，因此无法判定其为单峰还是双峰，因而通过错配分布无法判断裸体异鳔鳅鮀金沙江群体是否发生种群扩张事件。裸体异鳔鳅鮀长江干流群体的错配分布呈不明显双峰，显示未发生种群扩张事件，与中性检验结果不一致。

(a) XN- Cyt *b*

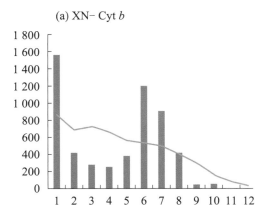

图 4-144　裸体异鳔鳅鮀错配分布图

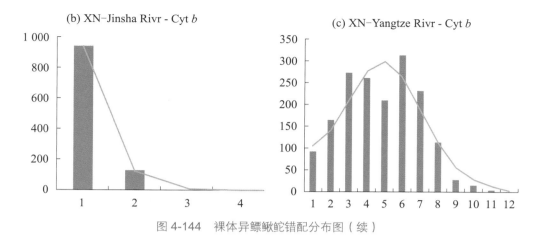

图 4-144　裸体异鳔鳅鮀错配分布图（续）

注：基于 Cyt b 分别对裸体异鳔鳅鮀的所有群体、金沙江群体和长江群体的错配分布（a ～ c）。XN 为裸体异鳔鳅鮀的缩写。

　　BSP 也被用来检测裸体异鳔鳅鮀各群体是否发生种群扩张，并计算扩张时间（图 4-145）。基于 Cyt b 的 BSP 分析显示，裸体异鳔鳅鮀的群体有效种群大小出现明显的上升，因此显示裸体异鳔鳅鮀发生了种群扩张事件，结果与中性检验一致，与错配分布不一致。裸体异鳔鳅鮀金沙江群体有效种群大小较为稳定，但长江干流群体出现明显的上升。结果与中性检验一致，与错配分布不一致。

　　基于 Cyt b 序列计算种群扩张时间显示裸体异鳔鳅鮀扩张的时间为 0.005 Ma ～ 0.135 Ma，裸体异鳔鳅鮀长江干流群体扩张的时间为 0.125 Ma ～ 0.175 Ma。

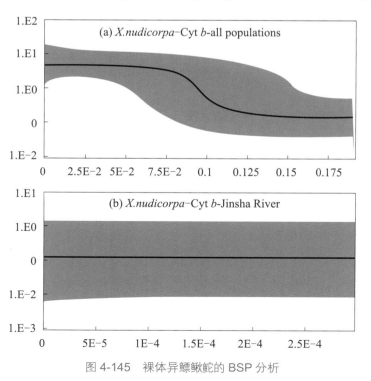

图 4-145　裸体异鳔鳅鮀的 BSP 分析

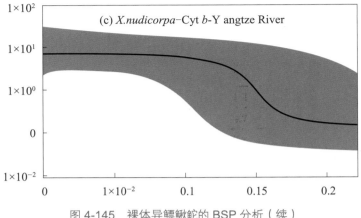

图 4-145　裸体异鳔鳅鮀的 BSP 分析（续）

2. 线粒体 DNA 控制区

1）序列变异和多样性

测序后共获得 126 条裸体异鳔鳅鮀 D-loop 序列（表 4-91），比对校正后得到有效基因的长度为 854bp，对其片段进行分析，序列中的转换数（T_s）高于颠换数（T_v），裸体异鳔鳅鮀的 T_s/T_v 值为 1.273。126 条裸体异鳔鳅鮀 D-loop 序列中发现 18 个变异位点，划分出 23 个单倍型。23 个单倍型中仅 5 个共享单倍型。裸体异鳔鳅鮀的平均单倍型多样性指数为 0.752，其中单倍型多样性最高的是宜宾群体为 0.800；平均核苷酸多样性指数为 0.003 04，其中最高的是江津群体为 0.003 02。裸体异鳔鳅鮀的 4 个群体间遗传多样性水平相差较大，具体表现为位于金沙江的攀枝花和巧家群体远低于位于长江干流的江津和宜宾群体。

表 4-91　基于线粒体 D-loop 序列的裸体异鳔鳅鮀遗传多样性

群体	样本量，N	单倍型数，H	单倍型多样性，h	核苷酸多样性，π
江津	63	23	0.768	0.003 02
宜宾	5	3	0.800	0.002 81
巧家	3	2	0.667	0.000 78
攀枝花	55	3	0.261	0.000 32
总计/平均	126	23	0.752	0.003 04

基于 D-loop 的裸体异鳔鳅鮀 NJ 和 BI 系统树（图 4-146，图 4-147）均显示明显的地理分枝，将其分为两个 Clade。基于 D-loop 的系统树分为 Clade C 和 Clade D，Clade C 主要为位于金沙江的攀枝花和巧家群体样本，有少数样本来自位于长江干流的江津和宜宾，Clade D 仅包含江津和宜宾样本。暗示裸体异鳔鳅鮀的金沙江群体和长江干流群体明显的地理遗传分化。

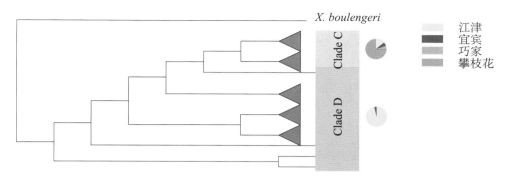

图 4-146　基于 D-loop 单倍型构建的裸体异鳔鳅鮀 NJ 系统发育树

(d) *X.nudicorpa*‑ D-loop

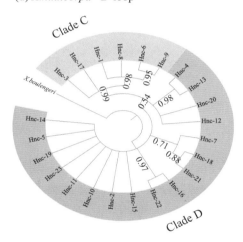

图 4-147　基于 D-loop 单倍型构建的裸体异鳔鳅鮀 BI 系统发育树

注：枝上数字代表节点支持率，仅显示支持率大于 0.5 的结果。

为进一步探究裸体异鳔鳅鮀 D-loop 单倍型的关系，构建了单倍型网络结构图进行更精确的分析，其结果与系统树显示的单倍型关系吻合。基于 D-loop 单倍型的 Clade C 与 Clade D 之间存在 3 个突变步骤，其群体样本分布与 Cyt *b* 单倍型网络结构图相似（图 4-148）。

2）种群遗传结构

为计算裸体异鳔鳅鮀各群体间的变异来源和总体 F_{st} 值，我们按照地理群体划分进行了 AMOVA 分析。由于系统树，单倍型网络结构图和两两群体间

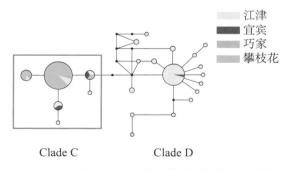

图 4-148　基于 D-loop 序列构建的裸体异鳔鳅鮀单倍型网络结构图

注：每个圆圈代表一个单倍型，圆圈面积表示单倍型的频率，不同颜色代表不同地理群体。

F_{st} 值均显示裸体异鳔鳅鮀的金沙江群体与长江干流群体出现了分化，于是在 AMOVA 分析中进行了组别划分，将金沙江的攀枝花和巧家群体划为 Group 1，长江干流的江津和宜宾群体划分为 Group 2。结果显示（表 4-92）：裸体异鳔鳅鮀分子变异主要来源于组间（44.03%），群体间的总体 F_{st} 值均大于 0.25（$F_{st}=0.579\,2$，$P=0.000\,00$），表明裸体异鳔鳅鮀的金沙江群体与长江干流群体存在显著的地理遗传分化。

表 4-92 裸体异鳔鳅鮀各群体间分子变异分析

变异来源	变异组成	变异百分比（%）	固定指数 F_{st}	P 值	Tajima's D	Fu's F_s
组间	0.794 61	44.03	0.579 2**	< 0.000 1	−0.939	−9.635**
组内群体间	0.250 55	13.88	0.248 1*	0.011 73	−0.591ᴶ	−0.659ᴶ
群体内	0.759 38	42.08	0.440 3	0.347 02	−1.191ʸ	−13.289ʸ**
总变异	1.804 54	—	—	—	—	—

注：* 表示 $P < 0.05$，** 表示 $P < 0.01$。

为进一步分析裸体异鳔鳅鮀各地理群体之间的遗传分化，基于 D-loop 序列计算了群体两两间的遗传分化值（F_{st}）。裸体异鳔鳅鮀 D-loop 结果显示各群体间存在明显的地理群体分化，主要表现在金沙江的攀枝花和巧家群体与长江干流的江津和宜宾群体。除宜宾与巧家群体间 $F_{st}<0.25$（$F_{st} = 0.067$）外，金沙江与长江干流群体间的 $F_{st} > 0.25$（表 4-93）。

为研究裸体异鳔鳅鮀各群体间的遗传距离是否已地理距离有关，检测其是否符合地理隔离模型，采用 Mantel test 对遗传距离和地理距离进行了回归分析。裸体异鳔鳅鮀基于 D-loop 未检测到相关性（$R = 0.906. P = 0.160$）（图 4-149）。

表 4-93 裸体异鳔鳅鮀各群体间的 F_{st} 值（对角线下方）及其对应的 P 值（对角线上方）

	江津	宜宾	巧家	攀枝花
江津	—	< 0.001	0.041	< 0.001
宜宾	0.244**	—	0.441	< 0.001
巧家	0.400*	0.067	—	0.441
攀枝花	0.598**	0.556**	0.006	—

注：* 表示 $P < 0.05$，** 表示 $P < 0.01$。

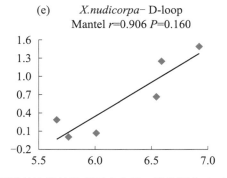

图 4-149 裸体异鳔鳅鮀两两群体比较的地理隔离分析。遗传距离 $F_{st} / (1-F_{st})$ 与地理距离（ln km）的回归线。基于 D-loop 对裸体异鳔鳅鮀各群体的分析（d–f）

3）种群历史

基于异鳔鳅鮀 D-loop 单倍型构建的分子钟系统树，显示裸体异鳔鳅鮀的分化时间为 5.2Ma，比基于 Cyt *b* 的结果更晚。基于裸体异鳔鳅鮀 D-loop 单倍型构建的分子钟 BEAST 系统树显示，裸体异鳔鳅鮀的分化时间为 6.5 Ma，比基于 Cyt *b* 的结果更晚（图 4-150），Clade C 与 Clade D 的分化时间为 2.4 Ma。

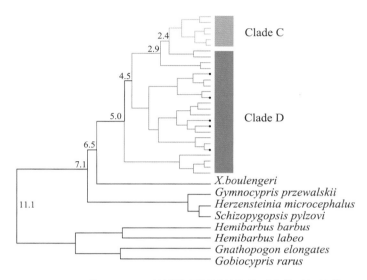

图 4-150　基于 D-loop 的裸体异鳔鳅鮀单倍型分化时间估算

注：枝上数字表示物种分化发生的时间（Ma: 百万年前）。枝端的黑点表示该序列下载自 GenBank。

对于种群历史动态分析采用的是中性检验（Tajima's D 和 Fu's F_s），错配分布和 BSP 分析。基于线粒体分子标记的结果显示裸体异鳔鳅鮀的中性检验值为负值，除基于 D-loop 数据的 Tajima's 值外，其余均显著。暗示裸体异鳔鳅鮀发生过历史种群扩张事件，由于裸体异鳔鳅鮀金沙江群体与长江干流群体发生了地理群体分化，因此分别对其计算了中性值。结果显示（图 4-151），金沙江群体和长江干流群体的中性检验值均为负值，但金沙江群体中性检验值不显著，长江干流群体中性检验值显著（除基于 D-loop 数据的 Tajima's 值外）。因此，裸体异鳔鳅鮀的金沙江群体未发生种群历史扩张事件，长江干流群体发生了种群扩张事件。

基于 D-loop 的裸体异鳔鳅鮀错配分布呈现双峰，暗示未发生种群扩张事件，与中性检验显示的结果不一致，这可能是由于裸体异鳔鳅鮀金沙江与长江干流群体的错配分布不一致。裸体异鳔鳅鮀金沙江群体的错配分布碱基差异数最高仅为 2，因此无法判定其为单峰还是双峰，因而通过错配分布无法判断裸体异鳔鳅鮀金沙江群体是否发生种群扩张事件。裸体异鳔鳅鮀长江干流群体的错配分布呈不明显双峰，显示未发生种群扩张事件，与中性检验结果不一致。

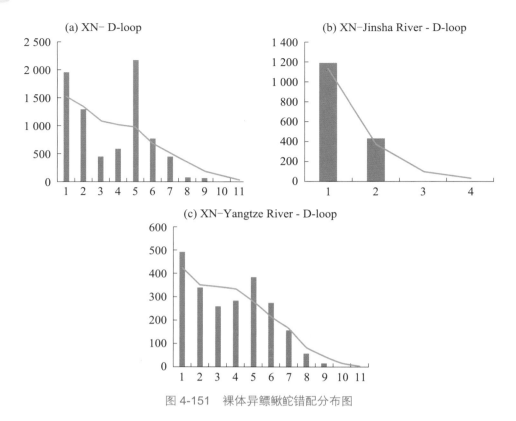

图 4-151　裸体异鳔鳅鮀错配分布图

注：基于 D-loop 分别对裸体异鳔鳅鮀的所有群体、金沙江群体和长江群体的错配分布（a—c）。XN 分别为异鳔鳅鮀和裸体异鳔鳅鮀的缩写。

BSP 也被用来检测裸体异鳔鳅鮀各群体是否发生种群扩张，并计算扩张时间（图4-152）。基于 D-loop 的 BSP 分析显示，裸体异鳔鳅鮀的群体有效种群大小出现明显的上升，因此显示裸体异鳔鳅鮀发生了种群扩张事件，结果与中性检验一致，与错配分布不一致。裸体异鳔鳅鮀金沙江群体有效种群大小较为稳定，但长江干流群体出现明显的上升。结果与中性检验一致，与错配分布不一致。

基于 Cyt b 序列计算种群扩张时间，显示裸体异鳔鳅鮀扩张的时间为 0.005 Ma ～ 0.135Ma，裸体异鳔鳅鮀长江干流群体扩张的时间为 0.125Ma ～ 0.175Ma。基于 D-loop 序列计算的种群扩张时间与 Cyt b 结果相差一个数量级，裸体异鳔鳅鮀扩张的时间为 0.001Ma ～ 0.010Ma，裸体异鳔鳅鮀长江干流群体扩张的时间为 0.002Ma ～ 0.015Ma。

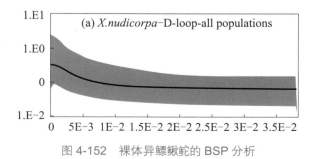

图 4-152　裸体异鳔鳅鮀的 BSP 分析

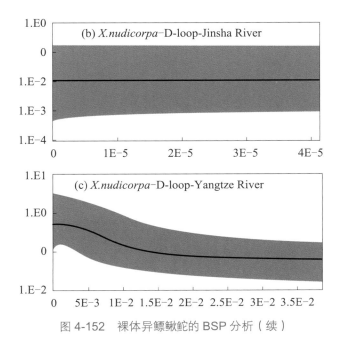

图 4-152　裸体异鳔鳅鮀的 BSP 分析（续）

　　BSP 分析显示裸体异鳔鳅鮀的金沙江群体未发生种群扩张事件，群体大小稳定。稳定的群体比扩张群体近期进化的突变数量低（Templeton，2006）。金沙江群体 Cyt *b* 和 D-loop 序列突变频率均较低，这也与其群体大小稳定，未发生种群扩张事件相吻合。不同的遗传结构模式能反映有差别的种群历史特征，裸体异鳔鳅鮀金沙江群体与长江干流群体的遗传多样性差异可能与其是否发生种群扩张事件有关。在气候波动的晚更新世时期，长江上游干流作为避难所，为异鳔鳅鮀和裸体异鳔鳅鮀提供了适宜的栖息地，这将使其更多的个体可以幸存和繁殖，增加了群体规模，维持了较高的遗传多样性水平（Hubert et al.，2007），因此，裸体异鳔鳅鮀长江干流群体的遗传多样性高于金沙江群体。

　　裸体异鳔鳅鮀金沙江群体与长江干流群体的分化时间也能为地理事件提供证据。在上新世中期，金沙江与长江上游干流是分隔的（Clark et al.，2004）。到上新世晚期（ ≤ 3.4 Ma），青藏高原东部隆起，导致了河流袭夺事件，并发生了河流重排，金沙江汇入长江，形成了现在的河流分布格局（Clark et al.，2004）。裸体异鳔鳅鮀的金沙江群体与长江上游干流地理群体的遗传分化可能与过去的地理格局有关。裸体异鳔鳅鮀金沙江群体与长江干流群体的分化时间是在上新世中期，地理事件与分子数据的一致性，暗示了上新世中期金沙江与长江干流的地理隔离可能是导致其地理群体分化的一个原因（Zhang et al.，2011）。与此类似，Li 等（2017）报道了河流地理隔离导致石爬鮡复合种地理群体出现遗传分化的情况。

3. 微卫星 DNA

1）序列变异和多样性

用 9 对微卫星引物分析裸体异鳔鳅鮀四个群体的遗传多样性（表 4-94），结果显示裸体异鳔鳅鮀的遗传多样性水平略低于异鳔鳅鮀。裸体异鳔鳅鮀的平均等位基因范围为 2.9 ~ 13.2，最低的是巧家群体，最高的是江津群体；基因丰度范围为 2.708 ~ 3.943，最低的是攀枝花群体，最高的是宜宾群体。观测杂合度范围为 0.482 ~ 0.613，最低的是巧家群体，最高的是江津群体；期望杂合度范围为 0.469 ~ 0.705，最低和最高的分别是攀枝花和宜宾群体。与线粒体分子标记显示的结果相同，位于金沙江的攀枝花和巧家群体的遗传多样性水平低于位于长江的江津和宜宾群体，但差距不及线粒体数据明显。

表 4-94　基于 SSR 的裸体异鳔鳅鮀遗传多样性

	样本量（N）	等位基因数（N_A）	有效等位基因数（N_e）	基因丰度（Ar）	观测杂合度（H_O）	期望杂合度（H_e）	近交系数（F_{is}）
江津	60	13.2	8.9	3.855	0.613	0.696	0.121
宜宾	11	6.2	5.2	3.943	0.593	0.705	0.174
巧家	6	2.9	2.6	2.889	0.482	0.474	−0.020
攀枝花	87	6.6	3.6	2.708	0.483	0.469	−0.030
总计	164	—	—	—	—	—	—

2）种群遗传结构

Structure 分析的最佳 K 值均为 2（图 4-153），裸体异鳔鳅鮀各群体的 Structure 分析结果表明，金沙江群体与长江上游干流群体存在明显的地理遗传差异（图 4-154）。结果与 AMOVA 分析一致。

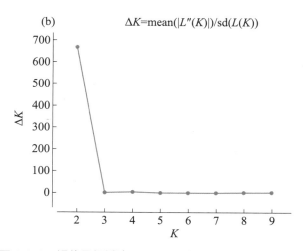

图 4-153　裸体异鳔鳅鮀 Structure 分析 △K 与 K 的折线图

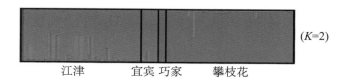

图 4-154　基于微卫星位点的裸体异鳔鳅鮀群体 Structure 分析

为检测裸体异鳔鳅鲅各群体的主成分关系，我们进行了 DAPC 主成分判别分析，其结果与 Structure 分析一致，均表明裸体异鳔鳅鲅的金沙江群体与长江干流群体具有明显的地理遗传差异（图 4-155）。

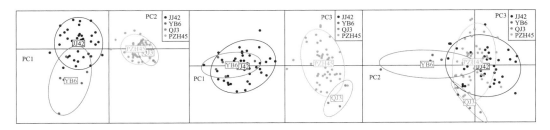

图 4-155　裸体异鳔鳅鲅群体主成分判别分析（DAPC）分析

为验证微卫星数据与线粒体数据分析的遗传变异结果是否一致，基于微卫星数据对裸体异鳔鳅鲅各群体进行了 AMOVA 分析和两两群体间遗传变异分析。基于微卫星数据的 AMOVA 分析结果显示与两种线粒体分子标记 Cyt b 和 D-loop 所得结果一致。裸体异鳔鳅鲅遗传变异主要来自组间，组间存在明显遗传分化（F_{st}=0.061 2，$P <$ 0.000 1）（表 4-95）。基于微卫星数据的两两群体间遗传变异结果显示：裸体异鳔鳅鲅部分群体间存在明显遗传分化，主要体现在金沙江的攀枝花和巧家群体与长江干流的江津和宜宾各群体间（表 4-96）。基于微卫星数据的 Mantel test 分析显示，裸体异鳔鳅鲅存在相关性（$R=$ 0.898，$P =$ 0.020）。

基于 9 个微卫星位点计算裸体异鳔鳅鲅 4 个地理群体的近交系数，也显示所有地理的 F_{is} 均为正值，暗示裸体异鳔鳅鲅与异鳔鳅鲅一样存在近交行为或无效等位基因。

表 4-95　裸体异鳔鳅鲅各群体间分子变异分析

变异来源	变异组成	变异百分比（%）	固定指数（F_{st}）	P 值	Tajima's D	Fu's F_s
组间	0.039 31	8.85	0.061 2[**]	< 0.000 1		
组内群体间	-0.012 13	-2.73	-0.030 0	0.905 18		
群体内	0.417 20	93.88	0.088 5	0.310 85		
总变异	0.444 38	—	—			

表 4-96　裸体异鳔鳅鲅各群体间的 F_{st} 值（对角线下方）及其对应的 P 值（对角线上方）

	江津	宜宾	巧家	攀枝花
江津	—	0.937	0.432	< 0.001
宜宾	-0.029	—	0.937	0.324
巧家	-0.001	-0.040	—	0.932
攀枝花	0.070[**]	0.040	-0.030	—

注：** 表示 $P < 0.01$。

4.7.5　资源保护

从生物学与鱼类早期资源来看，裸体异鳔鳅鮀金沙江和长江群体存在一定差异，金沙江群体个体相对更大，但群体数量（可捕量）相对较小，从多年鱼类早期资源监测结果来看，未监测到其自然繁殖现象，可能与其产卵习性或鉴定技术不足有关。从遗传多样性来看，裸体异鳔鳅鮀长江干流群体的遗传多样性高于金沙江群体，同时裸体异鳔鳅鮀各群体间出现显著的地理遗传分化，主要表现为金沙江群体与长江干流群体之间的分化。裸体异鳔鳅鮀各群体的近交系数均为正值，表明杂合子缺失，近交行为也可能是杂合子缺失的原因之一，环境破碎化和过渡捕捞已导致异鳔鳅鮀和裸体异鳔鳅鮀的群体规模减小，近交行为更易发生。近交行为对鱼类有不利影响，会减缓鱼类的生长，降低其存活率等。裸体异鳔鳅鮀的 4 个群体确定为两个管理单元，一个为金沙江群体，一个为长江群体。

从现有研究结果来看，裸体异鳔鳅鮀金沙江群体更易受到破坏，有必要加强管理，目前，三峡集团公司已设置裸体异鳔鳅鮀人工繁殖技术研究等相关课题，但由于亲本捕获困难，后续全人工繁殖技术突破存在现实困难，有必要组织相关科研院校集中攻关，以保留该物种自然种群。同时，裸体异鳔鳅鮀当前资源情况、栖息地分布等仍不明朗，有必要开展相关专项调查研究，补充相关资料。另外，裸体异鳔鳅鮀生态需求相关研究存在明显空白，有相关研究显示，无鳞鱼对环境变化响应更为积极，在金沙江梯级开发背景下有必要针对裸体异鳔鳅鮀生态需求等开展相关补充研究，相关部委应重视特有鱼类中的关键数据或少数物种，采取相关行动计划，以保持物种分布水域生物多样性水平。

4.8　中华金沙鳅

4.8.1　概况

1. 分类地位

中华金沙鳅（*Jinshaia sinensis* Günther），隶属鲤形目（Cypriniformes）平鳍鳅科（Homalopteridae）平鳍鳅亚科（Homalopterinae）金沙鳅属（*Jinshaia*），俗称"石爬子""叉尾子"等（图 4-156），属于重庆市重点保护鱼类。

图 4-156　中华金沙鳅（拍摄者：田辉伍；拍摄地点：朱杨溪；拍摄时间：2012 年）

标准体长为体高的 5.4 ～ 7.9 倍，为体宽的 3.9 ～ 6.0 倍，为头长的 4.9 ～ 5.7 倍，为尾柄长的 3.8 ～ 5.3 倍，为尾柄高的 14.5 ～ 19.5 倍。头长为体高的 1.0 ～ 1.5 倍，为头宽的 1.0 ～ 1.2 倍，为吻长的 1.6 ～ 1.7 倍，为眼径 8.3 ～ 10.6 倍，为眼间距的 2.3 ～ 2.7 倍。头宽为口裂宽的 2.1 ～ 2.6 倍。

体前部平扁，后部成圆筒状，背面隆起，腹面平扁，体高显著小于体宽。头扁平，吻扁圆。吻皮下包形成吻褶并于上唇间形成吻沟。吻褶分叶，中间具 2 对小吻须，口下位，口裂较宽，弧形，具口角须 2 对，唇具乳凸，上唇乳突发达，下唇乳突不明显，颏部有 1 ～ 2 对乳凸，眼侧上位，眼小，眼间距宽平，鼻孔一对，距眼前缘较距吻端为近。鳃裂扩展至头部腹面。

背鳍起点至吻端显著小于尾鳍基，偶鳍向左右平展。胸鳍起点在眼后缘垂直下方，末端稍超过腹鳍起点。腹鳍左右分开不连成吸盘状，末端接近或达到肛门。臀鳍较小，无硬刺，末端不及尾鳍基，尾鳍深叉形，下叶长于上叶，尾柄圆而长。肛门接近臀鳍起点。

体被细鳞，鳞片具发达棱脊。头、胸和腹部乃至肛门前均裸露无鳞。侧线完全，体背部呈灰色，具块状褐色斑纹。各鳍灰色。

2. 种群分布

中华金沙鳅是长江上游特有鱼类，被列入"长江上游珍稀特有鱼类国家级自然保护区"的保护对象。主要分布在长江上游干支流、金沙江及其支流、雅砻江、嘉陵江、岷江、沱江、乌江等。长江中游葛洲坝下游宜昌江段也有分布。

2010—2018 年在长江上游共计采集到中华金沙鳅样本 499 尾，主要出现在长江重庆江津以上江段，金沙江出现频率更高，攀枝花、巧家江段出现频率达到 50% 以上，同时在雅砻江、黑水河、牛栏江、岷江、赤水河也有一定量分布，尤其是岷江下游分布相对较多，与短身金沙鳅分布区域重叠度高。

3. 研究概况

苗志国（1999）利用 5 种材料鉴定中华金沙鳅年龄，结果显示鳞片和微耳石更具有可行性和准确性；渔获物的年龄以 4 ～ 6 龄为主，体长范围主要在 9.2 ～ 10.2cm 之间；研究发现中华金沙鳅主要以藻类、高等植物碎片、水生昆虫和软体动物等作为食物，是一种杂食性鱼类。2013 年，贾砾也对长江宜宾段中华金沙鳅的食性和生长进行了研究，认为星耳石更适合鉴定年龄；平均体长为 8.23cm，范围为 4.4 ～ 11.1cm；平均体重为 10.39g，范围为 1.3 ～ 23.62g；体长与体重间的关系为：$W=0.204L^{2.9159}$（$n=167$，$R^2=0.9259$）；77 尾渔获物年龄在 1 ～ 6 龄，其中 4 龄出现的频率最高；与苗志国研究结果一致，中华金沙鳅为杂食性鱼类，在夏季摄食强度最小，在秋季最多。

王芊芊 2008 年对赤水河中的中华金沙鳅的产卵场和产卵规模进行了研究，有两个较大的产卵场，在复兴镇江段和元厚镇至土城镇江段；2010 年，吴金明等在调查赤水河水段早期资源时同样采集到中华金沙鳅鱼卵，为漂流性卵，当流量小于 200m³/s，没有采集到平鳍鳅科和鳅科沙鳅亚科鱼类的卵苗，当流量大于 300m³/s 时，这些鱼类的产卵规模开始增大，说明平鳍鳅科和鳅科鱼类产卵受激流和大幅度涨水影响；刘淑伟 2012 年对金沙江中上游中华金沙鳅的产卵场进行了研究，发现两次卵讯，退算得出该江段有 3 处产卵场，分别位于云南省玉龙县龙蟠镇、黎明乡和巨甸镇；唐锡良在长江上游江津采集到 20 多种漂流性卵，表明干流宜宾至江津段分布一定规模产卵场，中华金沙鳅在此江段也存在产卵场；根据王导群（2019）和吕浩（2019）等调查，金沙江下游干流、长江上游干流、支流雅砻江和岷江也均分布有中华金沙鳅和短身金沙鳅产卵场，且所有产卵场的中华金沙鳅产卵规模均大于短身金沙鳅。

段友健等（2011）利用 FLASCO 法在短时间内完成中华金沙鳅基因组微卫星富集库的建立，对 17 个微卫星位点进行分析，其平均期望杂合度和平均等位基因分别为 0.88 和 13.9，表明雅砻江里庄江段的中华金沙鳅群体具有较高的遗传多样性，为中华金沙鳅的种质资源的保护和后续研究提供了本底资料。通过中华金沙鳅的 14 个多态性微卫星位点，分析研究了犁头鳅的遗传多样性，根据其微卫星等位基因（A）的数目和期望杂合度表明犁头鳅种群具有较高的遗传多样性。Tang 等利用线粒体基因和核基因序列研究犁头鳅属和金沙鳅属之间的发育关系。Shen 等研究表明采用 DNA 条形码（mtDNA COI 基因）不能很好地区分中华金沙鳅和短身金沙鳅。

4.8.2　生物学研究

1. 渔获物结构

1）体长结构

2010—2018 年在长江上游采集到中华金沙鳅 499 尾，主要在攀枝花至重庆江津江段采集到，体长范围 47 ～ 145mm，平均体长 86.48mm，主要分布在 40 ～ 120mm 之间（图 4-157）。

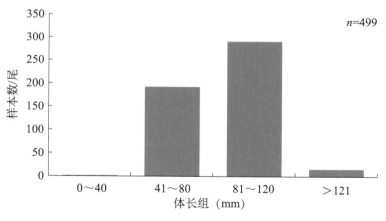

图 4-157　中华金沙鳅体长组成

2）体重结构

中华金沙鳅样本体重范围 1.5 ～ 48.5g，平均体重 9.5g，主要分布在 0 ～ 20g（图 4-158）。

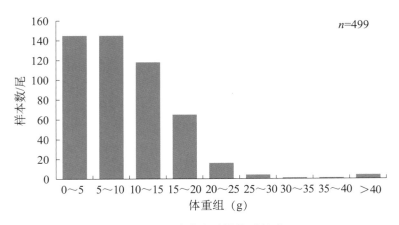

图 4-158　中华金沙鳅体重组成

2. 体长与体重关系

中华金沙鳅体长和体重关系符合以下幂函数公式：$W = 3 \times 10^{-5} L^{2.836\,1}$（$R^2 = 0.895\,6$，$n = 499$）（图 4-159），接近于匀速生长类型鱼类。

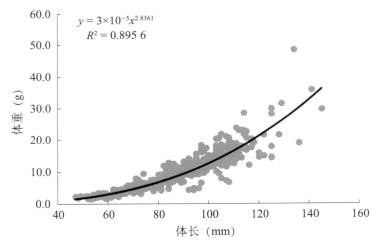

图 4-159　中华金沙鳅体长体重相关关系

4.8.3　渔业资源

中华金沙鳅为长江上游重要特有鱼类，产漂流性鱼卵，在金沙江、长江上游广泛分布，2006 年以来，在金沙江巧家、长江上游江津江段均采集到了其鱼卵，繁殖规模相对较大。从成鱼资源调查来看，截至 2018 年，金沙江调查到 195 尾，平均体长 100.51mm，平均体重 12.75g，长江上游干流调查到 379 尾，平均体长 86.48mm，平均体重 9.53g，相对而言，金沙江群体个体略大，可能与环境干扰小、食物丰富有关。

中华金沙鳅是长江上游产漂流性卵鱼类重要组成部分，在金沙江攀枝花、皎平渡、巧家、宜宾，岷江河口、赤水河和江津断面均有调查到，其中以金沙江巧家江段资源量相对较大，达 1.84 千万粒 / 年，赤水河江段约为 7.54 百万粒 / 年，岷江江段约为 7.11 百万粒 / 年，江津江段约 6.32 百万粒 / 年，攀枝花江段约为 1.90 百万粒 / 年，雅砻江河口约为 1.12 百万粒 / 年，综合来看，其产卵场主要分布在巧家至乌东德水电站坝址江段，同时在各支流及保护区干流也有少量分布，随着乌东德、白鹤滩相继蓄水，攀枝花江段和巧家江段将不再适于其繁殖，但嘉陵江相对调查研究结果显示，中华金沙鳅在 30km 自然流水河段也可少量繁殖，因此，攀枝花江段在银江电站修建完成后，银江电站坝下至乌东德尾水段，雅砻江桐梓林电站坝下河段仍会保留一定的适宜产卵区域，但重要产卵场将在保护区干流段和赤水河段。

4.8.4　遗传多样性

1. 线粒体 DNA Cyt b

1）序列变异与多样性

序列比对后共获得中华金沙鳅 136 条控制区序列，有效序列长度为 915bp，对其片段进行分析，A、T、C、G 的平均含量为 35.63%、30.19%、20.02% 和 14.15%，具有明显的反 G 含量倾向，Ts/Tv ＝ 23.63，转换数明显高于颠换数。在 915bp 的中华金沙鳅序列中，共发现 132 个变异位点，其中 39 个为单一突变位点，93 个为简约信息位点。136 条序列共定义了 131 个单倍型，其中频率在 2 以上的单倍型只有 5 个，其余单倍型的频率均为 1。总样本平均核苷酸多样性（P_i）和单倍型多样性指数（H_d）分别为 0.018 2 和 0.999，各群体之间的遗传多样性差别较小（表 4-97）。

表 4-97　中华金沙鳅采样点、样本量、遗传多样性及中性检验值

点位	N	h	H_d	P_i	Tajima's D	Fu's F_s
巴南	17	15	0.985	0.004 7	-2.29**	-10.38**
江津	27	19	0.949	0.004 8	-1.38	-9.74**
合江	6	6	1.000	0.005 1	-0.19	-2.30
宜宾	50	29	0.917	0.004 5	-1.85*	-20.57**
犍为	8	8	1.000	0.006 8	-1.01	-3.30*
巧家	4	4	1.000	0.003 3	-0.81	-1.24
宁南	3	3	1.000	0.002 1	—	—
攀枝花	13	10	0.949	0.004 5	-1.04	-3.74*
Clad I	91	46	0.906	0.000 7	-2.56**	-58.94**
Clad II	37	21	0.935	0.000 5	-2.09*	-17.89**
Clad III	—	—	—	—	—	—
总计	128	67	0.947	0.004 6	-2.29**	-80.54**

注：* 表示 $P < 0.05$，** 表示 $P < 0.01$。

2）种群遗传结构

基于 K2P 模型计算，中华金沙鳅 Cyt b 种内单倍型之间的遗传距离为 0.001 1 ～

0.013 4。为计算中华金沙鳅各群体间的变异来源和总体 F_{st} 值，按照地理群体划分进行了 AMOVA 分析。结果显示（表 4-98）：主要变异来源于群体内（Cyt b，100.87%），群体总的遗传分化指数均小于 0.05（F_{st} = −0.017 76），说明中华金沙鳅各群体间未出现显著地理遗传分化。

进一步分析中华金沙鳅各地理群体之间的遗传分化，分别计算两两群体间的遗传分化值（F_{st}）。根据 Cyt b 计算结果显示，各群体两两间的遗传分化值低，均小于 0.05，表明中华金沙鳅各群体间未发生明显分化。中华金沙鳅群体间基因流见表 4-99。群体间的 N_m 值（或绝对值）均大于 4（除江津与宁南之间外），表明群体间基因交流可能较为频繁。

表 4-98　中华金沙鳅群体间分子变异分析

变异来源	自由度	方差和	变异组成	变异百分比（%）
群体间	7	11.250	−0.037 14 Va	−1.78
群体内	120	255.383	2.128 19 Vb	100.78
总计	127	266.633	2.128 19	—

表 4-99　中华金沙鳅群体间的遗传分化（对角线下方）和基因流 N_m 值（对角线上方）

群体	巴南	江津	合江	宜宾	犍为	巧家	宁南	攀枝花
巴南	—	−40.98	−15.05	−34.19	−43.90	−15.70	−15.97	−17.28
江津	−0.012 4	—	−10.42	−43.27	−24.68	16.72	18.69	−15.61
合江	−0.034 4	−0.050 4	—	−12.29	−12.35	−388.10	−13.67	−12.85
宜宾	−0.014 8	−0.011 7	−0.042 4	—	−129.70	409.34	213.18	−20.46
犍为	−0.011 5	−0.020 7	−0.042 2	−0.003 9	—	−12.92	−27.81	−10.47
巧家	−0.032 9	0.029 0	−0.001 3	0.001 2	−0.040 3	—	−6.00	−36.92
宁南	−0.032 3	0.026 1	−0.038 0	0.002 3	−0.018 3	−0.090 9	—	35.52
攀枝花	−0.029 8	−0.033 1	−0.040 5	−0.025 1	−0.050 2	−0.013 7	0.013 9	—

中华金沙鳅线粒体单倍型网络结构图见图 4-160。基于 Cyt b 的单倍型结构图近乎呈星型，有 8 个缺失单倍型（mv1-8），其中单倍型 Hap_4、Hap_7、Hap_12、Hap_14、Hap_15 和 Hap_38 频率较高，分别是：3.91%、18.75%、5.47%、3.91%、3.91% 和 3.91%。Hap_7 和 Hap_38 位于图上中心位置，推断可能是比较原始的单倍型，其他单倍型均由上述两个单倍型通过一步或多步突变进化而来。可将单倍型分为 2 个谱系：Clad I 和 Clad II，谱系间至少缺失 2 个以上突变步骤，而谱系内相近单倍型之间仅有 1 个突变步长。

为进一步探究中华金沙鳅 Cyt b 单倍型关系，以犁头鳅为外类群，构建单倍型 NJ 树和 BI 树（图 4-161），两棵树显示出相似的拓扑结构，Cyt b 单倍型分为 2 个支系。支系中包含的单倍型分别与中华金沙鳅对应 Network 网络结构一致。

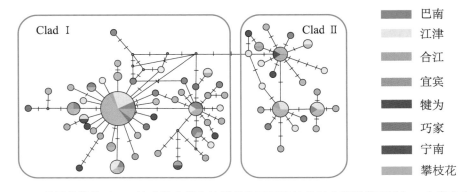

图 4-160　基于线粒体 Cyt *b* 构建的中华金沙鳅单倍型网络结构图（短线代表增加一个突变步骤）

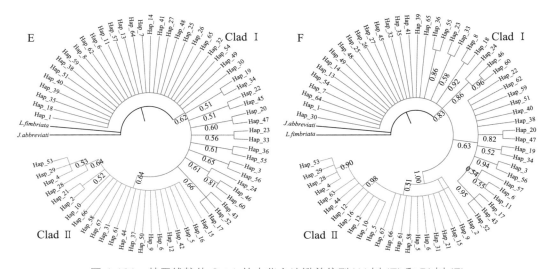

图 4-161　基于线粒体 Cyt *b* 的中华金沙鳅单倍型 NJ 树 (E) 和 BI 树 (F)

3）种群历史

采用中性检验（Tajima's *D* 和 Fu's *F*$_s$）、错配分布和 BSP 三种方法对中华金沙鳅的历史动态进行分析。通过中性检验 Tajima's *D*、Fu's *F*$_s$ 等方法分析种群历史，其中 Tajima's *D* 检验更多的是反映古老的突变情况，检测古老种群是否在历史上发生过扩张，而 Fu's *F*$_s$ 检验则更偏向近期种群是否发生过扩张事件。结果显示，中华金沙鳅的中性检验值均为显著负值（Tajima's *D*=-2.29，Fu's *F*$_s$=-80.54）。说明中华金沙鳅发生过种群历史扩张事件。基于 Cyt *b* 的错配分布显示总群体为双峰，而 Clad I 和 Clad II 均为单峰，暗示中华金沙鳅群体发生了种群扩张事件（图 4-162）。

用 BSP 进一步分析中华金沙鳅群体是否发生种群扩张，并计算扩张时间。结果显示：中华金沙鳅有效种群大小均出现明显的上升，表明发生了种群扩张事件（图 4-163）。BSP 结果与中性检验一致，与错配分布不一致。Cyt *b* 结果显示中华金沙鳅总群体扩张时间约在 0.15Ma～0.175Ma，Clad I 和 Clad II 显示分别在 0.15Ma 和 0.1Ma。

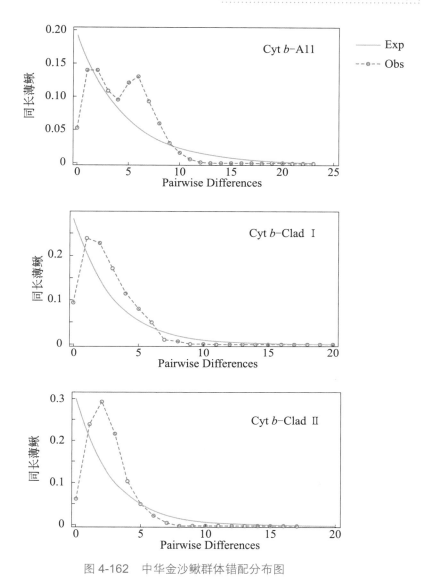

图 4-162 中华金沙鳅群体错配分布图

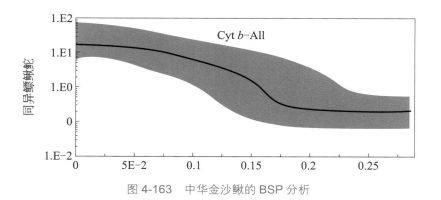

图 4-163 中华金沙鳅的 BSP 分析

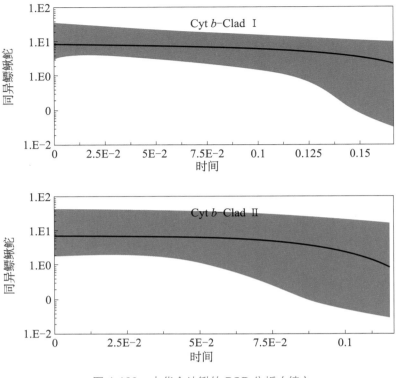

图 4-163 中华金沙鳅的 BSP 分析（续）

2. 线粒体 DNA 控制区

1）序列变异与多样性

共获得 136 条控制区序列，比对后得到有效序列长度为 915 bp，对其片段进行分析，A、T、C、G 的平均含量为 35.63%、30.19%、20.02% 和 14.15%，具有明显的反 G 含量倾向，T_s/T_v=23.63，转换数明显高于颠换数。

在 915 bp 的序列中，共发现 132 个变异位点，其中 39 个为单一突变位点，93 个为简约信息位点。136 条序列共定义了 131 个单倍型，其中频率在 2 以上的单倍型只有 5 个，其余单倍型的频率均为 1。总样本平均核苷酸多样性（P_i）和单倍型多样性指数（H_d）分别为 0.018 2 和 0.999，各群体之间的遗传多样性差别较小（表 4-100）。

表 4-100 中华金沙鳅采样点、样本量、遗传多样性及中性检验值

采样点	样本数，N	突变位点数	单倍型数，h	单倍型多样性指数，H_d	核苷酸多样性指数，P_i	Tajima's D	Fu's F_s
巴南	23	77	23	1.000	0.019 7	−0.552 54	−10.354**
江津	27	73	27	1.000	0.018 5	−0.470 61	−14.455**
合江	6	33	6	1.000	0.016 1	0.094 09	−0.402
宜宾	51	101	49	0.998	0.018 3	−0.993 51	−33.307**
犍为	9	47	9	1.000	0.018 2	−0.334 79	−1.716
巧家	5	37	5	1.000	0.018 0	−1.055 42	0.286

采样点	样本数，N	突变位点数	单倍型数，h	单倍型多样性指数，H_d	核苷酸多样性指数，P_i	Tajima's D	Fu's F_s
宁南	3	16	3	1.000	0.011 7	—	—
攀枝花	12	49	12	1.000	0.017 8	−0.012 44	−3.320*
Clad Ⅰ	27	67	26	0.997	0.012 8	−1.313 01	−15.343**
Clad Ⅱ	40	67	40	1.000	0.008 71	−1.795 68	−45.35**
Clad Ⅲ	69	77	65	0.998	0.010 67	−1.364 25	−76.038**
总计/平均	136	132	131	0.999	0.018 2	−1.055 42	−166.110**

注：*表示差异显著 $P < 0.05$，**表示差异极显著 $P < 0.01$。

遗传多样性的高低显示了物种对于环境改变的适应能力和进化潜力，单倍型多样性指数（H_d）、核苷酸多样性指数（P_i）值是两个重要的指标。本研究揭示了中华金沙鳅具有高水平的线粒体 DNA 遗传多样性，与 Duan 等采用微卫星标记的研究结果一致。已有研究显示，长江上游鳅科鱼类同样具有高水平的遗传多样性，如中华沙鳅（$H_d = 0.986$，$P_i = 0.003\ 65$）、小眼薄鳅（$H_d = 0.958$，$P_i = 0.004\ 20$）、红唇薄鳅（$H_d = 0.907$，$P_i = 0.003\ 15$）、长薄鳅（$H_d = 0.916$，$P_i = 0.004\ 50$）等，相比之下，一些鲤科鱼类，如铜鱼（$H_d = 0.925\ 7$，$P_i = 0.002\ 337$）、异鳔鳅鮀（$H_d = 0.817$，$P_i = 0.002$）、长鳍吻鮈（$H_d = 0.785$，$P_i = 0.001\ 40$）等的遗传多样性要低一些。有研究表明，遗传多样性与种群大小存在正相关，即种群越小，遗传多样性越低，特别是一些濒危鱼类，如中华鲟等，遗传多样性很低。近年来的渔业调查表明，长江上游的中华金沙鳅、小眼薄鳅等资源量较低，而铜鱼、异鳔鳅鮀等具有较高资源量，这与它们的遗传多样性水平状况正好相反。这说明，目前的渔业方式不能正确反映资源量状况，特别对于一些鳅科鱼类，因其体型小、喜钻于石缝内，通常捕捞工具较难将其捕获。此外，遗传多样性高可能是长江上游鳅科鱼类共有的特征，长江上游生态环境则可能有助于塑造这一特征。

2）种群遗传结构

群体间分子变异方差分析（表 4-101）结果显示，来自群体间遗传变异组成占 −0.75%，来自群体内的变异组成占 100.75%，群体总的遗传分化指数为 $F_{st} = −0.007\ 53$，说明中华金沙鳅群体遗传变异主要来自群体内，群体间未出现显著遗传分化。

表 4-101　中华金沙鳅种群间分子变异分析

变异来源	自由度	方差和	变异组成	变异百分比（%）
群体间	7	54.088	−0.065 04Va	−0.75
群体内	128	1 144.442	8.706 58Vb	100.75
总计	135	1 168.529	8.641 54	—

两两群体间的 F_{st} 值计算结果，宁南群体除了与宜宾和巧家外，与其他群体的遗传分化都大于 0.05。巧家与江津群体间的遗传分化值也大于 0.05，其余群体间的分化

指数均小于 0.05。计算 8 个群体间的基因流 N_m 值（表 4-102），发现各地除了江津与宁南之外，基因流绝对值均大于 4，表明群体间基因交流比较频繁。

利用 Median Joining 方法构建单倍型网络结构图（图 4-164），可见其单倍型关系复杂，无明显的中心单倍型。根据连接单倍型之间的突变步长，可将单倍型划分为 3 个谱系：Clad I、Clad II、Clad III，谱系间的步长为 10 和 11，谱系内相邻单倍型之间突变步长都低于 10，除了巴南的一个单倍型（位于 Clad II 内）。

表 4-102　中华金沙鳅种群间的遗传分化（对角线下方）和基因流 N_m 值（对角线上方）

群体	巴南	江津	合江	宜宾	犍为	巧家	宁南	攀枝花
巴南	—	−47.40	−36.16	−112.61	−18.55	248.26	6.05	−20.35
江津	−0.010 66	—	−13.89	90.91	−15.67	6.11	3.24	−29.76
合江	−0.014 02	−0.037 33	—	−18.64	−9.98	16.83	8.91	−19.75
宜宾	−0.004 46	0.005 47	−0.027 57	—	−12.58	−109.20	−11.22	−19.15
犍为	−0.027 70	−0.032 96	−0.052 77	−0.041 38	—	65.46	6.36	−9.40
巧家	0.002 01	0.075 70	0.028 85	−0.004 60	0.007 58	—	−4.77	−190.61
宁南	0.076 36	0.133 55	0.053 13	0.042 65	0.072 85	−0.117 11	—	15.31
攀枝花	−0.025 19	−0.017 09	−0.040 81	−0.026 81	−0.056 19	−0.002 63	0.031 62	—

以犁头鳅（Lepturichthys fimbriata，Genebank 登录号：DQ105283.1）为外类群，构建单倍型 NJ 树和 BI 树（图 4-165），两棵树显示相似的拓扑结构，单倍型均分为 3 个具有较高支持率的支系。这 3 个支系包含的单倍型与 Network 网络结构一致。

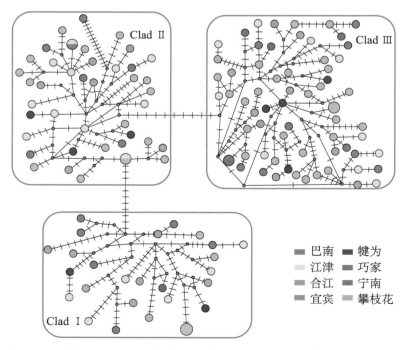

图 4-164　基于线粒体 DNA 控制区序列构建的中华金沙鳅单倍型网络结构图
（短线代表增加一个突变步骤）

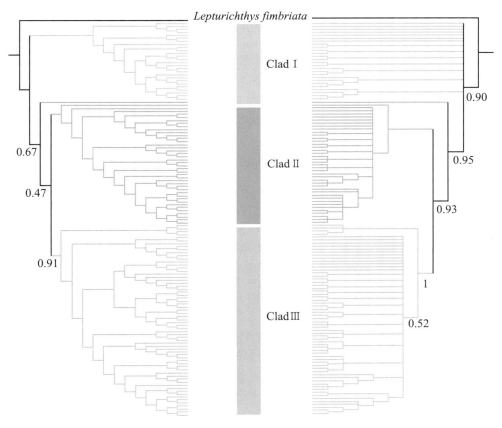

图 4-165　基于线粒体 DNA 控制区序列的中华金沙鳅单倍型 NJ 树（左）和 BI 树（右）
（以犁头鳅作外类群）

分子变异方差分析显示，中华金沙鳅各群体间没有显著遗传分化，宁南及巧家与部分群体间的 F_{st} 值大于 0.05，可能与其样本量较少有关，这两个点的样本量分别只有 3 个和 5 个，未来需增加样本进一步研究。基因流分析显示中华金沙鳅群体间基因交流比较频繁，可能与其产漂流性卵的特征有关，其产卵后受精卵随水漂流较长的距离而发育，促进了不同群体间的基因交流。水利工程的建设改变了河流连通性，影响了上下游鱼类群体的基因交流。目前，长江上游中华金沙鳅主要栖息地已经建成向家坝和溪洛渡等大型水电工程，分别于 2012 年和 2013 年开始蓄水，至今已有 7 年。分子变异方差分析显示，水电工程上下游中华金沙鳅群体间未出现显著遗传分化，表明水电工程尚未对中华金沙鳅遗传结构产生明显影响。除了这两座已建成水电工程，长江上游干支流正在建设或规划建设多座梯级水电站，这将进一步压缩鱼类的生境和阻碍基因交流。因此，今后应加强对中华金沙鳅等鱼类资源及遗传结构变化的监测和研究。

尽管未发现群体间遗传分化，但单倍型 Network 网络结构图及系统发育树显示，中华金沙鳅群体内部形成了 3 个谱系，表明中华金沙鳅发生了种内遗传分化。这种分化与地理群体无关，同一个群体内也存在分化，属于同域分化现象。研究表明，有以下几个原因导致一个物种出现同域分化：①群体中有隐存种，如新热带发现的飞吻蝴蝶（*Astraptes fulgerator*）（Hebert P D et al.，2004）；②食物生态位和 / 或生殖分离的长期隔离，如在北半球冰川后湖泊中栖息的鲑类鱼类，如亚东鲑（*Salmo trutta* L.）和小柱白鲑（*Prosopium coulterii*）（Ferguson A et al.，1981；Gowell C P et al.，2012）；③亚群体或亚种入侵，如在杜父鱼（*Cottus* sp.）中观察到混合遗传谱系与入侵事件之间的相关性（Nolte A W et al.，2005）；④来自不同的冰期避难所分化群体的再次接触（Grant W and Bowen B，1998）等。长江上游一些鱼类也发现有同域遗传分化现象，如小眼薄鳅（申绍祎等，2017）和异鳔鳅鮀（Dong W W et al.，2019）等。目前记录的金沙鳅属仅有两种，即中华金沙鳅和短身金沙鳅（*J. abbreviata*），均是长江上游特有鱼类，为同域分布。采用 DNA 条形码（mtDNA *COI* 基因）不能很好地区分这两种鱼类（Shen Y et al.，2019），因此现有的数据不能排除隐存种或亚种的发生。考虑到长江上游高海拔差异及众多支流，并受冰期明显影响（施雅风等，1995），中华金沙鳅群体也可能发生冰期避难所分化群体的再次接触。

3）种群历史

通过中性检验 Tajima's D、Fu's F_s 等方法分析种群历史，其中 Tajima's D 检验更倾向于检测古老的突变和揭示古老种群发生扩张的历史，而 Fu's F_s 检验则对近期种群扩张的检测更为敏感。结果显示，各个群体、总群体以及 3 个谱系群体的 Tajima's D 值均为不显著负值，而 Fu's F_s 检验中除了合江、犍为和巧家群体外均为极显著负值。BSP 进一步分析表明（图 4-166），中华金沙鳅总群体和 3 个谱系群体的扩张时间分别约在距今 0.12Ma ～ 0.17Ma、0.1Ma ～ 0.12Ma 和 0.12Ma ～ 0.17Ma。

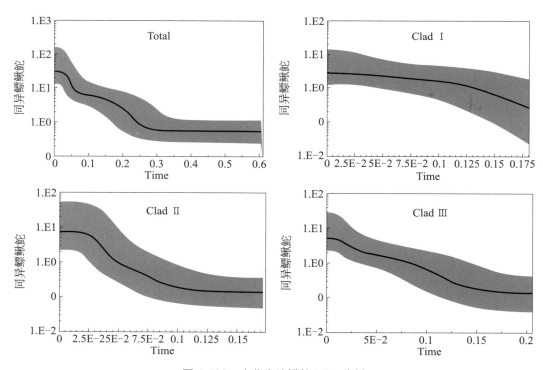

图 4-166　中华金沙鳅的 BSP 分析

中华金沙鳅在历史上发生过种群扩张事件，BSP 分析结果显示中华金沙鳅群体扩张时间大约在 10 万～ 17 万年前，这一时期刚好在第四纪冰期的庐山亚冰期（20万～ 23 万年前）与大理亚冰期（1 万～ 11 万年前）之间的间冰期，间冰期相对于冰期温暖（范启和何舜平，2014）。这一时期有利于物种生存，也有利于物种从冰期的"避难所"向外扩散，发生种群扩张。研究表明，长江上游的一些鱼类也受到冰期影响，像红唇薄鳅（申绍祎等，2017）、异鳔鳅鮀（董微微等，2018）等，其种群在历史上也发生过瓶颈和扩张现象。

3. 微卫星 DNA
1）序列变异与多样性

目前已有学者对中华金沙鳅的 SSR 引物进行开发，本研究将文献中开发的 19 对中华金沙鳅 SSR 引物送武汉天一辉远生物科技有限公司合成，在宜宾群体的 12 尾样本中进行筛选，挑选出具有多态性的引物。选用条带清晰稳定且具有多态性的引物，共筛选出 12 对 SSR 引物（JS3，JS8，JS12，JS15，JS22，JS24，JS27，JS28，JS29，JS34，JS44，JS55）。研究结果显示，平均等位基因和平均有效等位范围分别为 4.5 ～ 22 和 4.0 ～ 12.7，最低的为宁南群体，最高的为宜宾群体；平均期望杂合度范围为 0.709 ～ 0.861，最低的是攀枝花群体，最高的是宁南群体；平均观测杂合度范围为 0.867 ～ 0.909，最低的是宁南群体，最高的是犍为群体（表 4-103）。8 个群体对应的期望杂合度与观测杂合度相近。微卫星与线粒体标记结果一致，遗传多样性较高，且各群体间的遗传多样性水平相近。

表 4-103　基于 SSR 的中华金沙鳅遗传多样性

	N	N_A	N_e	I	H_O	H_e	F	F_{is}
巴南	20	15.7	10.0	2.4	0.789	0.873	0.070	0.098
江津	22	18.2	11.2	2.5	0.766	0.886	0.114	0.138
合江	5	6.3	5.5	1.7	0.717	0.893	0.101	0.216
宜宾	39	22	12.7	2.6	0.754	0.891	0.134	0.156
犍为	8	9.6	7.4	2.1	0.791	0.909	0.070	0.138
巧家	6	7.9	6.9	1.9	0.844	0.894	−0.058	0.061
宁南	3	4.5	4.0	1.4	0.861	0.867	−0.189	0.008
攀枝花	11	10.7	7.1	2.1	0.709	0.878	0.160	0.201
总计	114	11.9	8.1	2.1	0.779	0.886	0.050	0.127

2）种群遗传结构

基于微卫星数据对中华金沙鳅进行了 AMOVA 分析（表 4-104），结果表明，群体间遗传变异组成占 0.71%，来自群体内的变异组成占 99.29%，群体总的遗传分化指数为 $F_{st}=0.007\,05$，说明中华金沙鳅群体间未出现显著遗传分化。

表 4-104　基于 SSR 的中华金沙鳅种群间分子变异分析

变异来源	自由度	方差	变异组成	变异百分比（%）
群体间	7	21.319	0.018 07 Va	0.71
群体内	236	600.529	2.544 62 Vb	99.29
总计	243	621.848	2.562 69	—

基于微卫星的两两群体间的 F_{st} 值计算结果见表 4-105，结果显示：中华金沙鳅各群体间不存在遗传分化，除宁南群体与巴南、江津、巧家、攀枝花群体的遗传分化大于 0.05 外，其余群体间的分化指数均小于 0.05。分析结果显示与两种线粒体分子标记 Cyt b 和 D-loop 所得结果一致。

表 4-105　基于 SSR 的中华金沙鳅群体间的遗传分化

种群	巴南	江津	合江	宜宾	犍为	巧家	宁南	攀枝花
巴南	—	—	—	—	—	—	—	—
江津	-0.003 2	—	—	—	—	—	—	—
合江	-0.002 2	0.002 0	—	—	—	—	—	—
宜宾	-0.001 4	-0.003 5	-0.008 2	—	—	—	—	—
犍为	0.009 9	0.002 0	-0.008	-0.002 0	—	—	—	—
巧家	0.024 2	0.017 7	0.020 5	0.018 9	0.019 0	—	—	—
宁南	0.056 8	0.057 2	0.028 5	0.028 6	0.009 9	0.054 6	—	—
攀枝花	0.019 7	0.016 9	0.020 3	0.011 2	0.017 6	0.026 4	0.062 3	—

本研究运用 Structure 软件对中华金沙鳅进行遗传结构分析。研究选取的 K 值为 2～8，重复计算 10 次，结果显示在 $K=3$ 时，ΔK 值最大（图 4-167），说明这 8 个群体可分为 3 个类群。但是，当 $K=3$ 时，贝叶斯分类结果显示中华金沙鳅各群体间遗传结构相似，未出现地理遗传差异（图 4-168）。此结果与 AMOVA 分析结果一致。

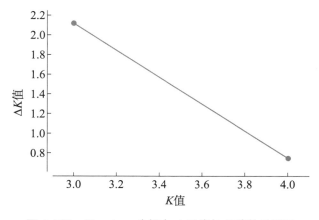

图 4-167　Structure 分析中 ΔK 值与 K 值的关系图

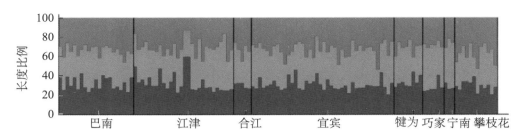

图 4-168　8 个中华金沙鳅群体在 $K=3$ 时的遗传结构图

　　为检测中华进沙鳅群体的主要成分关系，进行了二维主坐标分析 (PCoA)，其结果与 Structure 分析一致，均表明中华金沙鳅各群体间成分相近，没有地理遗传差异（图 4-169）。

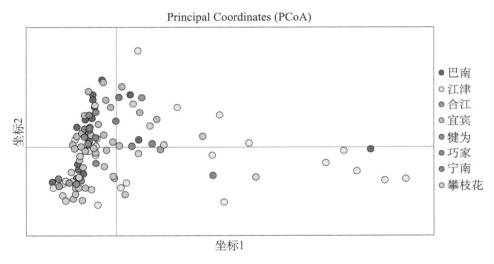

图 4-169　中华金沙鳅群体二维主坐标分析 (PCoA) 分析

4.8.5　资源保护

　　本研究发现中华金沙鳅的遗传多样性较高，群体间没有遗传分化，为单一的进化显著单元，建议就地保护。近年的调查发现，在雅砻江金河江段、金沙江干流攀枝花、巧家江段及其支流黑水河下游江段和长江上游宜宾至江津段有中华金沙鳅分布，其中，巧家江段及支流黑水河和攀枝花江段的资源量较为丰富，加强对其栖息地和产卵场保护。梯级电站的建设对中华金沙鳅栖息地存在的一定影响，可能导致中华金沙鳅群体遗传结构受到影响。因此，今后还需加强对中华金沙鳅的产卵场和遗传多样性的监测。

4.9 短身金沙鳅

4.9.1 概况

1. 分类地位

短身金沙鳅（*Jinshaia abbreviata* Günther），隶属鲤形目（Cypriniformes）平鳍鳅科（Homalopteridae）平鳍鳅亚科（Homalopterinae）金沙鳅属（*Jinshaia*），俗称"石爬子""叉尾子"等（图 4-170）。

图 4-170　短身金沙鳅（危起伟等，《长江上游珍稀特有鱼类国家级自然保护区鱼类图集》，2015）

体长为体高的 7.2 ～ 7.9 倍，为体宽的 4.9 ～ 5.9 倍，为头长的 5.1 ～ 5.9 倍，为尾柄长的 4.3 ～ 5.7 倍，为尾柄高的 18.0 ～ 22.0 倍。头长为吻长的 1.8 ～ 2.0 倍，为眼径的 6.8 ～ 7.5 倍，为眼间距的 2.5 ～ 2.9 倍，为头高的 2.0 ～ 2.2 倍，为头宽的 1.1 ～ 1.2 倍。头宽为口裂宽的 2.1 ～ 2.8 倍。尾柄长为尾柄高的 3.1 ～ 4.6 倍。

体前部扁平，腹鳍基部之后呈圆筒形，背部隆起，背缘浅弧形，腹面平坦，腹缘平直，体高显著小于体宽。头扁平，吻钝。鼻孔大，离眼近。眼侧上位，位于头的后半部。口下位，口裂浅弧形。口前具吻沟和吻褶。吻须 2 对，口角须 1 对。唇具乳突，上唇乳突 1 排，下唇乳突较小。鳃孔扩展到头的腹面。

背鳍起点位于腹鳍起点的后上方，距吻端较距尾鳍基为近。臀鳍起点约在腹鳍起点至尾鳍基的中点。胸鳍起点在眼后缘垂直下方，末端钝圆，接近腹鳍起点。左右腹鳍分离，末端远不达肛门，起点距胸鳍起点较距臀鳍起点为近。肛门靠近臀鳍基。尾鳍深分叉，下叶明显长于上叶。

鳞小，侧线平直，偶鳍基部及肛门前的腹部无鳞。浸制标本体呈褐色，沿背中线有八九个灰黑色斑块。腹部淡棕色，臀鳍淡棕色，其余各鳍灰黑，尤以尾鳍的下叶为基。

2. 种群分布

2014 年在金沙江攀枝花至巧家江段监测 28 天，短身金沙鳅出现频率为 10.71%；在永善至宜宾江段监测 26 天，其中在宜宾江段监测 15 天，短身金沙鳅出现频率为 13.33%。2015 年在金沙江永善至宜宾江段，监测到短身金沙鳅的出现频率为 12.50%。

短身金沙鳅游泳能力强，多生活于大江激流中，为底层鱼类，广泛分布于金沙江中下游、雅砻江中下游、安宁河中下游、长江上游干流、岷江下游、大渡河下游、青衣江下游、沱江下游、赤水河下游、嘉陵江、涪江和渠江水系。短身金沙鳅生活于金沙江干流及支流的急流中，常见于底质为岩石粗砂、水流较缓的浅滩或洄水区。夏秋两季一般生活在长江上游和金沙江干流以及上游大型支流中，冬季退入干流及支流深处岩沱中越冬。

2014 年在保护区共监测到 32 尾，其中在攀枝花至巧家江段采集到 16 尾，宜宾江段采集到 16 尾。2015 年在保护区共监测到 52 尾，其中在金沙江下游永善至宜宾江段采集到 49 尾，赤水河江段采集到 1 尾，江津江段采集到 2 尾。

3. 研究概况

黄燕（2014）基于线粒体 *COI* 基因序列开展 DNA 条形码研究，验证 *COI* 基因序列在长江上游特有鱼类物种鉴定中的有效性。结果表明，金沙鳅属的短身金沙鳅和中华金沙鳅 K2P 种间平均遗传距离仅为 1.21%，且最大种间遗传距离也仅为 1.50%，均小于 2%；金沙鳅属的短身金沙鳅和中华金沙鳅各自 K2P 种内的平均遗传距离也小于 2%；在 NJ 树上，两物种没有聚为种的单系支，短身金沙鳅与其余 3 尾短身金沙鳅分开，而与中华金沙鳅聚为一支。短身金沙鳅和中华金沙鳅两物种相互穿插，并未形成种的单系支，无法有效区分。其原因可能有以下两种：一是短身金沙鳅和中华金沙鳅两物种个体间可能存在渐渗杂交；二是两物种在 NJ 树上相互穿插，可能是不完全世系分选的结果。此外，由于金沙鳅属的两个种鱼类生态位重叠程度高，引发物种间的表型趋同进化，使得二者在形态上区分难度大。由此可见，基于基因无法有效地将短身金沙鳅与中华金沙鳅区分开来，不适合用作金沙鳅属的条形码研究的标准基因。因此，需要开发其他分子标记或者结合更多形态学特征对该类群的物种鉴定进行深入探讨。

4.9.2　生物学研究

1. 渔获物结构

1）体长结构

2010—2018 年调查到短身金沙鳅 219 尾样本，体长范围 36 ～ 129mm，平均体长 74.42mm，优势体长范围在 60 ～ 90mm。2014 年在保护区攀枝花至巧家江段采集到的短身金沙鳅平均体长 79.3mm，体长范围 61 ～ 105mm，体长分布主要在 51 ～ 100mm，宜宾江段采集到的短身金沙鳅平均体长 77.1mm，体长分布范围为 69 ～ 96mm，体长分布主要在区间 51 ～ 100mm。2015 年在保护区永善至宜宾江段采集到的短身金沙鳅平均体长 71.8mm，体长范围 59 ～ 129mm，体长分布主要在51 ～ 100mm。

2）体重结构

2010—2018 年调查到的短身金沙鳅体重范围为 0.5 ～ 35.1g，平均体重为 5.58g，优势体重范围在 1 ～ 10g。2014 年，在保护区金沙江下游攀枝花至巧家江段采集到的短身金沙鳅平均体重 7.6g，体重范围 2.7～15.9g，体重分布主要在 5.1～10.0g，在宜宾江段采集到的短身金沙鳅平均体重 7.7g，体重范围为 4.3～15.4g，体重分布主要在 5.1～10.0g。2015 年，在保护区永善至宜宾江段采集到的短身金沙鳅平均体重 6.4g，体重范围 3.1～35.1g，体重分布主要在 5.1～10.0g。

2. 体长与体重关系

短身金沙鳅体长和体重关系符合以下幂函数公式：$W = 4 \times 10^{-6} L^{3.2795}$（$R^2 = 0.868\,7$，$n = 219$）（图 4-171），接近于匀速生长类型鱼类。

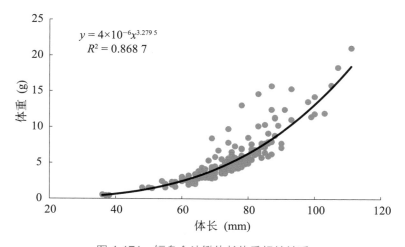

图 4-171　短身金沙鳅体长体重相关关系

4.9.3　渔业资源

根据 2010—2018 年调查结果，短身金沙鳅主要分布在金沙江、岷江，长江上游干流和赤水河少量分布，在金沙江下游和岷江下游资源量较大，岷江下游其出现频率达 60% 以上，金沙江下游其出现频率超过 20%，分布区域与中华金沙鳅重叠，但从调查结果来看，资源总量较中华金沙鳅少。从渔获物规格来看，支流中（黑水河、岷江、赤水河）其平均体长为 78.22mm，平均体重为 7.83g，干流中其平均体长为 73.41mm，平均体重为 5.01g，干流样本个体较支流略小。

从鱼类早期资源调查结果来看，攀枝花江段平均卵苗径流量为 1.44 百万粒 / 年，雅砻江河口江段平均为 0.81 百万粒 / 年，岷江下游平均为 4.6 百万粒 / 年，江津江段平均为 2.1 百万粒 / 年。从长期调查结果来看，短身金沙鳅产卵场主要分布在向家坝以下干支流江段，同时需要注意到乌东德库尾尾水至攀枝花银江江段和雅砻江河口仍具备其繁殖条件，因此，有必要在金沙江下游大型梯级电站蓄水后重点关注该区域，综合水库调度、栖息地修复等科学促进其自然繁殖与种群延续，但向家坝下保护区江段是其种群延续的重要保证，需重点关注并加强监测与评估。

4.9.4　遗传多样性

1. 线粒体 DNA Cyt *b*

1）序列变异和多样性

测序后对 87 尾短身金沙鳅线粒体 Cyt *b* 序列进行拼接，获得长度为 906 bp 的有效序列。对序列片段进行分析，短身金沙鳅的转换数均明显高于颠换数，$T_s/T_v = 3.651$，A、T、C、G 的平均碱基组成为 26.82%、25.93%、32.24% 和 15.02%。基于 D-loop 数据的短身金沙鳅遗传多样性水平高于 Cyt *b* 数据。在 906 bp 的短身金沙鳅序列中，共发现 12 个变异位点，其中 10 个为单一突变，2 个为简约信息位点。共定义了 13 个单倍型，P_i 和 H_d 分别为 0.000 4 和 0.278，遗传多样性最低的为合江群体（表 4-106）。

表 4-106　短身金沙鳅采样点、样本量、遗传多样性及中性检验值

点位	样本量	突变位点数	单倍型多样性指数，H_d	核苷酸多样性指数，P_i	Tajima's D	Fu's F_s
巴南	13	4	0.423	0.000 5	−1.652	−2.206
合江	24	3	0.163	0.000 2	−1.515	−2.078
犍为	50	9	0.297	0.000 4	−2.181**	−10.195**
总计	87	13	0.278	0.000 4	−2.344**	−18.996**

注：* 表示显著性检验 $P < 0.05$；** 表示显著性检验 $P < 0.01$。

2）种群遗传结构

基于 K2P 模型计算，短身金沙鳅 Cyt *b* 种内单倍型之间的遗传距离为 0.001 1～0.003 3。为计算短身金沙鳅各群体间的变异来源和总体 F_{st} 值，按照地理群体划分进行了 AMOVA 分析。结果显示（表 4-107）：短身金沙鳅群体间也不存在地理遗传分化（$F_{st} = 0.000\ 08$），变异主要来源于群体内（99.92%）。

表 4-107　短身金沙鳅群体间分子变异分析

变异来源	自由度	方差和	变异组成	变异百分比（%）
群体间	2	0.327	0.000 13 Va	0.08
群体内	84	13.466	0.160 31 Vb	99.92
总计	86	13.793	0.160 44	—

基于 Cyt *b* 序列计算两两群体间的遗传分化值（F_{st}），进一步分析短身金沙鳅各地理群体之间的遗传分化。Cyt *b* 计算的结果显示：两两群体之间的遗传分化值均小于 0.05。表明短身金沙鳅各群体两两间的遗传分化值低，未发生明显地理群体分化。

短身金沙鳅群体间的基因流 N_m 值见表 4-108，Cyt *b* 群体间的 N_m 值（或绝对值）大于 4，表明群体间基因交流比较频繁。

表 4-108 短身金沙鳅种群间的遗传分化（对角线下方）和基因流 N_m 值（对角线上方）

群体	巴南	合江	犍为
巴南	—	−125.81	−115.18
合江	−0.004 0	—	49.80
犍为	−0.004 4	0.009 9	—

基于线粒体 Cyt b 单倍型构建网络结构图（图 4-172）。可见其单倍型结构简单，其分布与地理位置没有明显相关性。基于 Cyt b 有其中心单倍型，为 H_1，所占频率较高，为 85.06%，推测可能为较原始的单倍型，其他单倍型均由其经一步突变形成，呈典型的星型结构。

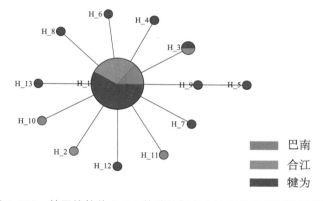

图 4-172 基于线粒体 Cyt b 构建的短身金沙鳅单倍型网络结构图

以犁头鳅（GenBank 登录号：DQ105283.1）和中华金沙鳅（GenBank 登录号：JN176990.1）作为外类群，基于 Cyt b 为短身金沙鳅构建单倍型 NJ 树和 BI 树（图 4-173）。两棵树显示出相似的拓扑结构，表明短身金沙鳅没有出现遗传分化。结果与 Network 网络结构一致。

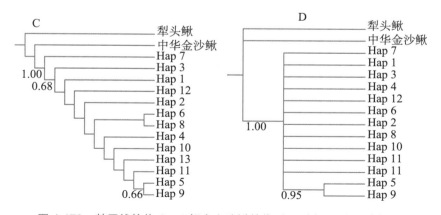

图 4-173 基于线粒体 Cyt b 短身金沙鳅单倍型 NJ 树 (C) 和 BI 树 (D)
以犁头鳅和中华金沙鳅作外类群

3）种群历史

采用中性检验（Tajima's D 和 Fu's F_s）、错配分布和 BSP 三种方法对短身金沙鳅的历史动态进行分析。结果显示，基于 Cyt b 的中性检验值分别为 Tajima's $D'='-2.344$ 和 Fu's $F_s=-18.996$，均为显著性负值（图 4-174）；短身金沙鳅的错配分布图显示为单峰。中性检验值和错配分布图显示短身金沙鳅发生了种群历史扩张事件。BSP 分析显示，其有效群体大小未出现明显上升，但有扩张趋势（图 4-175）。基于 Cyt b 序列的 τ 值计算种群扩张时间大约在 11 万年前。

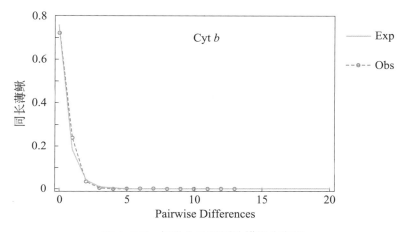

图 4-174　短身金沙鳅群体错配分布图

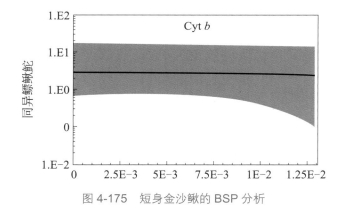

图 4-175　短身金沙鳅的 BSP 分析

2. 线粒体 DNA 控制区

1）序列变异和多样性

序列比对后共获得 66 尾短身金沙鳅线粒体控制区序列，比对后得到有效基因的长度为 908 bp，对其片段进行分析，A、T、C、G 的平均含量分别为 35.82%、31.39%、19.49% 和 13.30%，A+T 含量（67.21%）远大于 G+C 含量（32.79%），呈明显的碱基偏向，$T_s/T_v=12.868$。在短身金沙鳅序列中，共检测到 2 个变异位点，其中 1 个为单一突变，1 个为简约信息位点。66 条序列共定义了 3 个单倍型。短身金沙鳅种群平均核苷酸多样性（P_i）为 0.000 5，其中核苷酸多样性指数最低的为合江群体，平均单倍型多样性指数（H_d）为 0.411，其中最低的也是合江群体（表 4-109）。

表 4-109　短身金沙鳅采样点、样本数、遗传多样性及中性检验值

点位	样本数	突变位点数	单倍型多样性指数，H_d	核苷酸多样性指数，P_i	Tajima's D	Fu's F_s
巴南	9	2	0.556	0.000 6	1.401	1.015
合江	14	2	0.264	0.000 3	−0.341	0.186
犍为	43	3	0.424	0.000 5	−0.104	0.011
总计	66	3	0.411	0.000 5	−0.006	0.161

注：* 表示 $P < 0.05$，** 表示 $P < 0.01$。

2）种群遗传结构

基于 K2P 模型计算，短身金沙鳅 D-loop 种内单倍型之间的遗传距离为 0.001 1 ～ 0.002 2。为计算短身金沙鳅各群体间的变异来源和总体 F_{st} 值，按照地理群体划分进行了 AMOVA 分析。结果显示（表 4-110）：短身金沙鳅群体间也不存在地理遗传分化（$F_{st} = 0.012\ 78$），变异主要来源于群体内（98.72%）。

表 4-110　短身金沙鳅群体间分子变异分析

变异来源	自由度	方差和	变异组成	变异百分比（%）
群体间	2	0.507	0.002 69 Va	1.28
群体内	63	13.099	0.207 93 Vb	98.72
总计	65	13.606	0.210 62	—

基于 D-loop 序列计算两两群体间的遗传分化值（F_{st}），进一步分析短身金沙鳅各地理群体之间的遗传分化。D-loop 结果显示：除巴南与合江群体间的遗传分化值大于 0.05 外，其余群体间的分化指数均小于 0.05。

短身金沙鳅群体间的基因流 N_m 值见表 4-111，D-loop 群体间的 N_m 值（或绝对值）大于 4（除 D-loop 的合江与巴南外），表明群体间基因交流比较频繁。

表 4-111　短身金沙鳅种群间的遗传分化（对角线下方）和基因流 N_m 值（对角线上方）

群体	巴南	合江	犍为
巴南	—	3.30	−36.45
合江	0.131 5	—	41.20
犍为	−0.013 9	0.012 0	—

基于线粒体 D-loop 单倍型构建网络结构图（图 4-176）。可见其单倍型结构简单，其分布与地理位置没有明显相关性。基于 D-loop 各有其中心单倍型，为 H_2，所占频率较高，为 72.73%，推测可能为较原始的单倍型，其他单倍型均由其经一步突变形成，呈典型的星型结构。

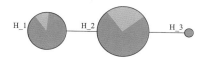

图 4-176   基于线粒体 D-loop 构建的短身金沙鳅单倍型网络结构图

3）种群历史

采用中性检验（Tajima's D 和 Fu's F_s）、错配分布（图 4-177）和 BSP（图 4-178）三种方法对短身金沙鳅的历史动态进行分析。结果显示，D-loop 序列变异位点和单倍型数量太少，不作种群历史分析。

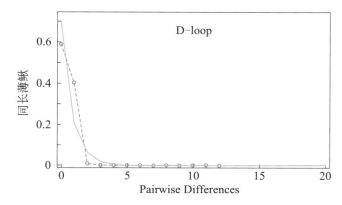

图 4-177   短身金沙鳅群体错配分布图

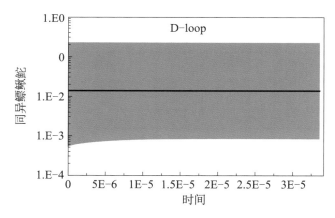

图 4-178   短身金沙鳅的 BSP 分析

3. 微卫星 DNA

1）序列变异和多样性

分析 12 对微卫星引物在 3 个短身金沙鳅群体的遗传多样性，结果显示，短身金沙鳅的遗传多样性水平略低于中华金沙鳅。短身金沙鳅群体的平均等位基因和平均有效等位范围分别为 12.1 ~ 17.5 和 8.2 ~ 10.5；平均期望杂合度范围为 0.637 ~ 0.692，最低的是巴南群体，最高的是合江群体；平均观测杂合度范围为 0.856 ~ 0.890，最低的是犍为群体，最高的是合江群体（表 4-112）。3 个群体的期望杂合度都超过观测杂合度（$H_e > H_o$）。

表 4-112　基于 SSR 的短身金沙鳅遗传多样性

	样本数	N_A	N_e	I	H_o	H_e	F	F_{is}
巴南	13	12.1	8.2	2.2	0.637	0.882	0.258	0.289
合江	22	15.8	10.5	2.4	0.692	0.890	0.204	0.227
犍为	40	17.5	9.5	2.3	0.659	0.856	0.207	0.235
总计	75	15.1	9.4	2.3	0.663	0.876	0.223	0.250

2）种群遗传结构

基于微卫星数据对短身金沙鳅进行了 AMOVA 分析（表 4-113），结果表明，变异主要来源于群体内（99.40%），群体间的总体 F_{st} 值均小于 0.05（F_{st}＝0.005 98），说明短身金沙鳅群体间也不存在地理遗传分化。

基于微卫星的两两群体间的 F_{st} 值计算结果见表 4-114，结果显示：短身金沙鳅各群体两两间的遗传分化值低（F_{st}＜0.05），暗示短身金沙鳅各群体间未发生明显分化。分析结果显示与两种线粒体分子标记 Cyt b 和 D-loop 所得结果一致。

表 4-113　基于 SSR 的短身金沙鳅种群间分子变异分析

变异来源	自由度	方差	变异组成	变异百分比（%）
群体间	2	7.370	0.016 93	0.60
群体内	169	475.443	2.813 28	99.40
总计	171	482.814	2.832 0	—

表 4-114　基于 SSR 的短身金沙鳅群体间的遗传分化

群体	巴南	合江	犍为
巴南	—	—	—
合江	0.003 3	—	—
犍为	0.001 7	0.009 4	—

运用 Structure 软件对 3 个短身金沙鳅群体进行遗传结构分析。本研究选取 K 值为 2～3，重复计算 10 次，当 K＝2 时，贝叶斯分类结果显示短身金沙鳅各群体间遗传结构相似，未出现地理遗传差异；当 K＝3 时，贝叶斯分类结果也表明短身金沙鳅未发生显著地理遗传分化（图 4-179）。此结果与 AMOVA 分析结果一致。

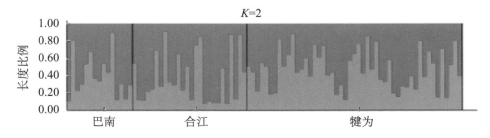

图 4-179　3 个短身金沙鳅群体在 K＝2 和 K＝3 时的遗传结构图

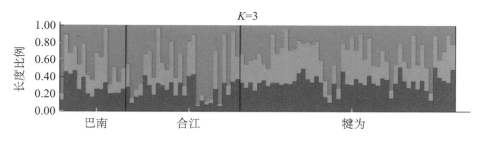

图 4-179　3 个短身金沙鳅群体在 K =2 和 K =3 时的遗传结构图（续）

为进一步检测短身金沙鳅各地理群体之间的关系，进行了二维主坐标分析（PCoA），其结果与 Structure 分析一致，显示短身金沙鳅各群体间成分相近，没有明显的地理遗传差异（图 4-180）。

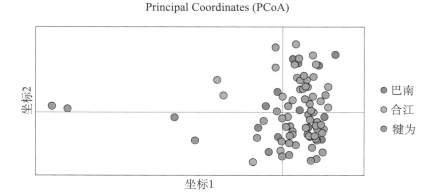

图 4-180　短身金沙鳅群体二维主坐标分析（PCoA）分析

4.9.5　资源保护

短身金沙鳅各群体间遗传结构相似，没有显著遗传分化，3 个群体间的基因交流较频繁。这可能与其群体间地理距离较近，没有长期的地理隔离，为基因交流提供了条件有关。其次，短身金沙鳅产漂流性卵，其漂流性卵随水漂流发育至产卵场下游，成鱼又回到适合产卵场，这一习性促进了短身金沙鳅不同群体间的基因交流。短身金沙鳅的遗传结构与长江上游同样产漂流性卵鱼类（长鳍吻鮈和异鳔鳅鮀）表现出同质性。本研究发现短身金沙鳅群体间没有遗传分化，为单一的进化显著单元，可视为一个整体一起保护。根据长江水产研究所多年调查结果，短身金沙鳅的资源量较少，短身金沙鳅的遗传多样性水平也低于中华金沙鳅，表明其在应对环境改变和自然灾害方面的能力较弱。鉴于长江上游梯级水电站的开发利用，建议加强鱼类资源和遗传多样性的监测和研究，特别是对短身金沙鳅的产卵场和遗传多样性的监测。

4.10 圆口铜鱼

4.10.1 概况

1. 分类地位

圆口铜鱼（*Coreius guichenoti* Sauvage & Dabry *de* Thiersant，1874），属鲤形目（Cypriniformes）鲤科（Cyprinidae）铜鱼属（*Coreius*）。长江上游特有鱼类，国家二级保护野生动物，重庆市、四川省重点保护鱼类，俗称"金鳅""水密子""圆口"等（图 4-181）。

图 4-181　圆口铜鱼（拍摄者：田辉伍；拍摄地点：朱杨溪；拍摄时间：2012 年）

标准体长为体高的 3.5 ～ 4.9 倍，为头长的 4.0 ～ 5.0 倍，为尾柄长的 4.0 ～ 4.8 倍，为尾柄高的 8.5 ～ 9.9 倍。头长为吻长的 2.4 ～ 3.2 倍，为眼径的 9.0 ～ 12.0 倍，为眼间距的 2.0 ～ 2.5 倍。

体长，头后背部显著隆起，前部圆筒状，后部稍侧扁，尾柄宽长。头小，较平扁。吻宽圆。口下位，口裂大，呈弧形。鼻孔大，鼻孔径大于眼径。

背鳍较短，无硬刺，外缘深凹形。胸鳍宽且大，特别延长。背、腹鳍起点相对或腹鳍稍后。腹鳍至胸鳍基部距离小于至臀鳍起点。肛门靠近臀鳍，位于腹、臀鳍间的后 1/7 ～ 1/6 处。臀鳍起点至腹鳍基较至尾鳍基部为近。尾鳍宽阔，分叉，上下叶末端尖。上叶较长。下咽骨宽。肠管粗，其长一般略大于体长。鳔 2 室，前室包于厚膜质囊内，长圆形，略平扁，后室粗长，但普遍退化，或前室极小。后室粗长，或前室大，后室极细长；部分个体前、后室均大。

腹膜银白色略带金黄。体黄铜色，体侧有时呈肉红色，腹部白色带黄。背鳍灰黑色亦略带黄色。胸鳍肉红色，基部黄色，腹鳍、臀鳍黄色。微带肉红，尾鳍金黄，边缘黑色。

2. 种群分布

圆口铜鱼分布于长江上游干支流和金沙江下游以及岷江、嘉陵江、乌江等支流中，根据 2010—2018 年调查结果，圆口铜鱼广泛分布于金沙江虎跳峡以下江段，支流中以雅砻江、岷江相对较多，现有调查结果显示，三峡库区已较少见圆口铜鱼成鱼分布，在三峡库尾江段 8—12 月能调查到较多量幼鱼分布。2017 年，四川省水产研

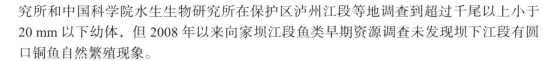

究所和中国科学院水生生物研究所在保护区泸州江段等地调查到超过千尾以上小于 20 mm 以下幼体，但 2008 年以来向家坝江段鱼类早期资源调查未发现坝下江段有圆口铜鱼自然繁殖现象。

3. 研究概况

圆口铜鱼是长江上游重要鱼类，局限分布于长江宜昌以上江段。目前，关于圆口铜鱼的研究已较多，关于其种群分布、生物学特征、资源动态、遗传多样性、人工繁殖、资源增殖等均开展了较多研究，摸清了其基础生物学特征，突破了亲本培育、病害防治、人工繁育和增殖等技术难关，保存了大量人工种群，国内多家单位相继攻克了其人工繁殖技术瓶颈，并于 2020 年首次实现了 10 万尾大规格苗种规模化人工放流。目前来看，虽然在大规模人工繁殖方面仍存在一定的技术难题，但从人工保种角度来看，圆口铜鱼是仅次于胭脂鱼、岩原鲤、厚颌鲂等珍稀特有鱼类的成功保种种群，相关研究已较为成熟，下一步相关部委将制定《圆口铜鱼拯救行动计划》，有规划地开展相关物种保护工作，促进圆口铜鱼自然种群稳定与增长。

4.10.2　生物学研究

1. 渔获物结构

2010—2018 年在长江上游干支流江段共采集到圆口铜鱼样本 923 尾，其中 306 尾采集自金沙江，617 尾采集自向家坝下长江上游江段干支流。采集到的样本体长范围为 42 ～ 397mm，平均体长为 210mm，优势体长范围为 100 ～ 300mm（图 4-182）；体重范围为 1.4 ～ 1 465.0g，平均体重为 195.7g，优势体重范围为 0 ～ 300g（图 4-183）。其中，向家坝下长江干支流江段调查到的样本体长范围为 66 ～ 397mm，平均体长为 203mm，优势体长范围为 150 ～ 250mm；体重范围为 6.5 ～ 1 056.0g，平均体重为 161.4g，优势体重范围为 0 ～ 300g；金沙江下游调查到的样本体长范围为 42 ～ 395mm，平均体长为 224mm，优势体长范围为 150 ～ 350mm；体重范围为 1.4 ～ 1 465.0g，平均体重为 267.8g，优势体重范围为 0 ～ 200g 和 500 ～ 600g。

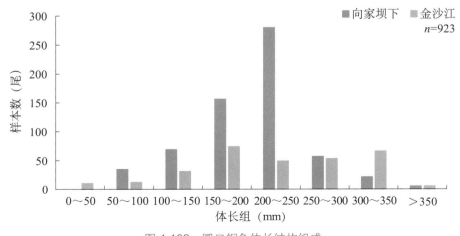

图 4-182　圆口铜鱼体长结构组成

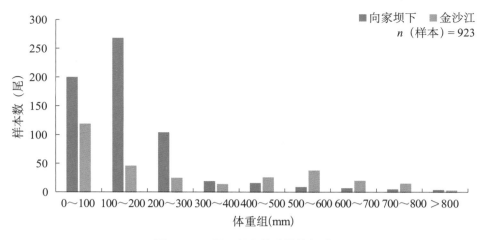

图 4-183　圆口铜鱼体重结构组成

2. 体长与体重关系

圆口铜鱼体长和体重关系符合以下幂函数公式：$W = 1 \times 10^{-5} L^{3.0204}$（$R^2 = 0.9668$，$n = 923$）（图 4-184），属于匀速生长类型鱼类。

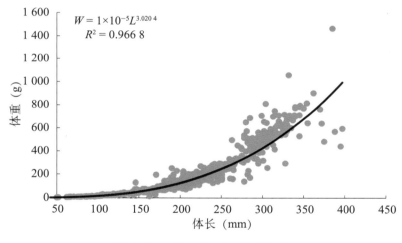

图 4-184　圆口铜鱼体长体重关系

4.10.3　渔业资源

2010—2018 年，圆口铜鱼在长江上游各江段广泛分布，资源量较为丰富，调查结果显示，在向家坝下的出现频率在 22.73% ～ 61.30% 之间，在渔获物中的重量比例约为 7.63%；金沙江出现频率在 0.26% ～ 77.80% 之间，在渔获物中的重量比例约为 23.04%。从出现频率及渔获重量比例来看，圆口铜鱼目前仍为长江上游重要经济鱼类，是长江十年禁捕前重要渔获种类，但长期监测结果显示，长江上游流域内圆口铜鱼捕捞规格呈现下降趋势，同时，圆口铜鱼在向家坝上下江段表现为不同分布特征，向家坝上金沙江段截至 2018 年仍能采集到大量大规格圆口铜鱼，尤其是乌东德坝下至巧家江段和攀枝花江段，2018 年在向家坝库区溪洛渡坝下采集到了 20 余尾圆口铜鱼幼鱼，是否在溪洛渡坝下形成了新的产卵场或来自溪洛渡坝上还需长期观测与鉴定；但是，向家坝下长江上游干流江段圆口铜鱼捕捞规格近年来越来越小，2014 年溪洛渡、向家坝同时蓄水后首年，在向家坝下宜宾江段有渔民捕到 2 000g 以上个体，据当地渔民描述，溪洛渡、向家坝蓄水后坝下江段大个体圆口铜鱼几乎每天均能捕捞到，可能为圆口铜鱼洄游通道受阻后性成熟个体大量滞留坝下江段所致，同时坝下部分江段出现了大量幼鱼，如泸州江段等，是否在向家坝下其他江段形成了新的产卵场，还需大量、长序列观测佐证。

4.10.4　鱼类早期资源

圆口铜鱼为典型产漂流性卵鱼类，属于河道洄游型鱼类，历史记录其主要产卵场在金沙江，2008 年前长江上游江津江段能调查到大量圆口铜鱼卵苗，但 2008 年后长江上游向家坝下至江津江段再未调查到圆口铜鱼卵苗，仅在金沙江下游河段调查到其自然繁殖。

2016—2018 年攀枝花调查结果显示，圆口铜鱼可在金沙江雅砻江河口以上江段繁殖，约占断面鱼卵总数的 0.63%，卵苗年均径流量约为 0.23 百万粒；巧家江段调查结果显示，圆口铜鱼主要在皎平渡至东川渡口间产卵场繁殖，约占断面鱼卵总数的 80%，卵苗年均径流量约为 9.27 百万粒；产卵场主要集中在会泽、会东、乌东德和皎平渡等江段，集中于乌东德坝上下和白鹤滩库尾江段。金沙江宜宾断面、岷江河口断面、赤水河断面和江津断面 2008 年后均未监测到圆口铜鱼自然繁殖现象。

4.10.5　遗传多样性

目前有一些对圆口铜鱼野生群体遗传结构的报道，如廖小林（2006）利用 9 个微卫星标记对 4 个圆口铜鱼群体进行了遗传结构分析；徐树英等（2007）检测了宜宾江段圆口铜鱼群体的遗传多样性；袁希平等（2008）利用 9 个微卫星标记分析了 4 个圆口铜鱼群体的遗传结构；Zhang 等（2012）利用 11 个微卫星标记对 7 个圆口铜鱼群体的遗传结构进行了分析，这些分析结果并不一致，有的报道显示不同地理群体间已出现遗传分化，而有些则未检测到明显的遗传分化。熊美华等（2018）采用多态性和稳定性更好的四碱基重复的圆口铜鱼微卫星标记，分析了长江中上游 6 个圆口铜鱼群体的遗传多样性和遗传结构。分子方差分析（AMOVA）结果表明，圆口铜鱼群体内的分子遗传变异是变异的主要来源，固定指数 F_{st}（0.007<0.05）也显示了群体间不存在遗传分化，这二者之间是一致的。这与廖小林对长江干流的 4 个圆口铜鱼群体的分析结果一致。袁希平等对宜宾、巴南、涪陵、忠县 4 个圆口铜鱼群体进行的 AMOVA 结果，也表明了群体内变异要大于群体间变异，但固定指数值为 0.121 58，在 0.05 ~ 0.15 之间，显示核内基因组存在中度遗传差异。关于圆口铜鱼遗传多样性研究相关结果已有本系列著作《金沙江下游鱼类生物学研究》有详细介绍，本书不再赘述。

4.10.6　资源保护

圆口铜鱼是长江上游特有鱼类，同时也在 2021 版的《国家野生动物保护名录》中，为国家二级保护动物，产漂流性卵，局限分布于宜昌以上江段。关于圆口铜鱼的相关研究相对较晚，但由于其种群特殊性，在金沙江梯级开发中受影响相对较大，为最为典型的制约物种，2000 年以来，农业农村部、三峡集团公司为突破圆口铜鱼人工保种相关技术瓶颈，开展了系列调查与研究工作，包括资源普查、产卵场调查、基础生物学研究、人工繁殖技术研究、水文生态需求等，截至目前，已基本摸清圆口铜鱼在长江上游的资源形势与受胁因素，找到了种群维持与增殖的关键卡脖子环节。根据相关资料与调查结果，圆口铜鱼仅能在金沙江完成繁殖过程，有效产卵场均位于金沙江宜宾以上江段。因此，在金沙江梯级开发背景下，人工保种是其种群维持与增殖的关键，2000 年以来，在长江水产研究所、中国科学院水生生物研究所、水利部水工程生态研究所、中华鲟研究所、三江渔业公司等联合攻关下，相继突破了圆口铜鱼人工繁殖技术，获得了一定规模的圆口铜鱼苗种，并于 2020 年首次实现了保护区内 10 万尾圆口铜鱼大规格苗种规模化人工增殖放流，为保护区圆口铜鱼群体提供了重要补充，同时相继建立了乌东德增殖放流站、向家坝增殖放流站和赤水河增殖放流站，为资源增殖提供了重要的技术与能力保障。但圆口铜鱼资源形势仍不容乐观，如何重建其产卵场、增殖自然种群是圆口铜鱼资源保护的关键，为此，农业农村部等多部委正在联合编制《圆口铜鱼拯救行动计划》，从圆口铜鱼资源保护近、远期保护方向做了规定，在多级政府部门和科研院校共同努力下，进一步突破相关技术瓶颈，以期为圆口铜鱼种群维持与增殖提供坚实基础。

4.11　拟缘䱀

4.11.1　概况

1. 分类地位

拟缘䱀（*Liobagrus marginatoides* Wu，1930），属鲇形目（Siluri-formes）钝头鮠科（Amblycipitidae）䱀属（*Liobagrus*），俗称"鱼蜂子""石爬子""水蜂子"等（图 4-185），为长江上游特有鱼类。

图 185　拟缘䱀（拍摄者：田辉伍；拍摄地点：江津；拍摄时间：2012 年）

标准体长为体高的 5.7～7.5 倍，为头长的 4.4～5.3 倍，为尾柄长的 5.3～6.1 倍，为尾柄高的 7.2 ～ 8.5 倍。头长为吻长的 3.2 ～ 4.2 倍，为眼径的 11.3 ～ 17.0 倍，为眼间距的 2.6 ～ 3.4 倍，为口宽的 1.8 ～ 2.3 倍。尾柄长为尾柄高的 1.3 ～ 1.4 倍。

身体较细长，体较低，前段腹部较平，头较短，前端扁平，头背面呈斜形，吻甚短，前端宽阔，稍呈弧形，口宽阔，平直，亚上位，上、下颌呈弧形，上唇较薄，下唇稍肥厚，须 4 对，基部均较宽扁，末端稍尖，鼻须后伸超过头长的 1/2，上颌须和外颌须稍短，后伸可达胸鳍基部，眼很小，其上被有皮膜，位于头的前端背侧，眼间距较宽，与鼻须距离相当，其间凹陷较深，鼻孔 2 对，前鼻孔呈短管状，几近吻端，两孔间距离甚近。后鼻孔在鼻须基部之后。开孔于鼻须基部。鳃膜与鳃峡分离，在头的腹面相互靠近，有的呈狭缝状，前端达外颌起点水平线，鳃耙长且粗，末端稍尖，排列稀疏，鳃丝稍细长，上颌齿带短，稍呈弧形，下颌齿带长，两端向后弯曲呈弧形。

背鳍短小，起点位于胸鳍中部上方，具有一根甚小而光滑的硬刺，外面被有皮膜，胸鳍后端圆形，起点位于鳃孔上角下方，也具有一根短小的硬刺，甚尖锐，其中部有 2 ～ 4 个齿隐于皮内。腹鳍甚短小，后端圆形，末端后伸超过肛门，但不及臀鳍起点，臀鳍较长，外缘圆形，基部较长，脂鳍长，起点在臀鳍起点前上方，后部稍高，不与尾鳍相连，其间有一明显的缺刻或分离。尾鳍后端截开，尾柄上、下有较低的鳍褶与之相连。尾柄侧扁，稍低。肛门位于腹鳍和臀鳍起点的中点。身体裸露无鳞，皮肤上具许多疣状小突起，体侧、背部和头顶部较多，腹部较少。

生活时体侧和背部呈灰黑色带棕色，腹部黄白色，胸、腹鳍灰白色，背鳍、脂鳍和尾鳍灰黑色，臀鳍近基部灰黑色，边缘灰白色。

2. 种群分布

拟缘𫚕历史记录分布于长江中上游和金沙江干支流，尤以长江上游干流为多。调查期间在金沙江下游、长江上游干流、岷江、赤水河及嘉陵江有出现，四川省及云南省作为主要渔获物进行捕捞，重庆市和贵州省均作为副渔获物进行捕捞，与长江流域沿程饮食习惯差异有关，出现频率较其他𫚕属鱼类少。拟缘𫚕捕捞形势在长江上游各江段不同，其中金沙江水富段、岷江段捕捞压力最大，在渔获物中的出现频率达近100%，宜宾以下江段并不作为渔获对象，基本不出现在商业捕捞渔获物中，综合来看，其在长江上游渔获物中的出现频率维持在 10% 左右，最高也仅为 15.71%，CPUE维持在 20 g/ 船 / 日左右，最高为 68.93 g/ 船 / 日，渔获物重量百分比在 0.4% 左右，最高为 0.58%（表 4-115）。蓄水前后，拟缘𫚕在渔获物中的重量百分比并无明显变化，CPUE 变化可能与渔民的选择捕捞有关。

表 4-115　拟缘𫚕资源变化（2010—2018 年）

参数	2010	2011	2012	2013	2014	2015	2016	2017	2018
出现频率（%）	6.54	7.77	15.71	10.74	12.28	8.77	6.94	11.75	9.26
CPUE[g/（船·d）]	26.87	41.35	68.93	15.47	2.62	10.96	7.19	11.74	6.95
重量百分比（%）	0.36	0.58	0.43	0.41	0.39	0.48	0.25	0.2	0.13

蓄水后，2014 年在长江上游采集到 111 尾样本，2015 年采集到 68 尾样本，2016年采集到 273 尾样本，2017 年采集到 168 尾样本，2018 年采集到 292 尾样本。2015年样本数量相对较少，其中在水富江段已采集不到该种鱼类样本，岷江段资源较为丰富，金沙江仅永善江段还有一定的资源数量，攀枝花江段未采集到该种鱼类，可初步判断拟缘䱻不喜在高海拔地区生存。

3. 研究概况

目前，关于拟缘䱻的研究主要集中在以下几方面：拟缘䱻的血清转铁蛋白研究（龙华等，2006a），䱻属鱼的染色体进化及亲缘关系分析和多种鲇形目鱼的血液检测与比较分析（龙华等，2006b），多种䱻属鱼类的 SRY、SOX 和 HOX 基因同源序列的PCR 扩增分析（付元帅等，2007），Wang 等（2011）通过细胞遗传学对采集于长江上游支流青衣江和岷江这两个不同地方的拟缘䱻进行分析，认为尽管它们在形态学的分类上应该归属于同一个种，但通过 5S rRNA 和 18S rRNA 探针杂交以及染色体核型分析发现，来自这两个不同地方的拟缘䱻样本存在很大的差异，不属于同一个种；并认为这两个地方的拟缘䱻样本在细胞遗传学上的差异可能主要是由于地理障碍引起的（Wang et al., 2011）。仅孙效文等（2006）筛选出白缘䱻的 10 对多态性微卫星引物对白缘䱻、黑尾䱻以及大、小拟缘䱻各 6 尾进行了多态性位点比对分析。贾向阳（2013）研究了拟缘䱻的遗传多样性及种群结构。拟缘䱻其他方面的研究较为缺乏。

4.11.2 生物学研究

1. 渔获物结构

2011—2018 年，在长江上游采集到的拟缘䱻样本的体长范围为 29 ～ 131mm，平均体长 69.44mm，优势体长组为 60 ～ 80mm（79.79%）；体重范围为 0.5 ～ 11.2g，平均体重 4.36g，优势体重组为 < 5g（72.42%）（图 4-186）；年龄范围为 1 ～ 5 龄，优势年龄组为 2 ～ 3 龄（85.81%）（图 4-187）。

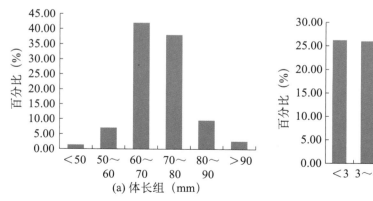
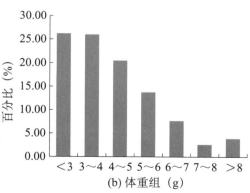

图 4-186 拟缘䱻体长和体重结构组成

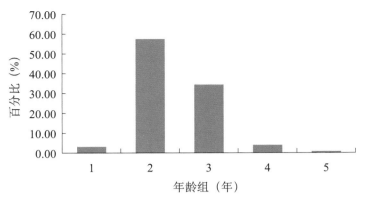

图 4-187　拟缘䱫年龄结构组成

2. 年龄与生长

1）年龄特征

选择耳石、脊椎骨和鳃盖骨作为年龄鉴定材料，耳石经过打磨后在显微镜下拍照观察、鉴定年龄和测量轮径，三种材料中耳石的效果最好（图 4-188），脊椎骨次之，鳃盖骨轮纹不清，最终选择耳石为年龄鉴定与生长退算用材料，脊椎骨及鳃盖骨为辅助年龄鉴定材料。

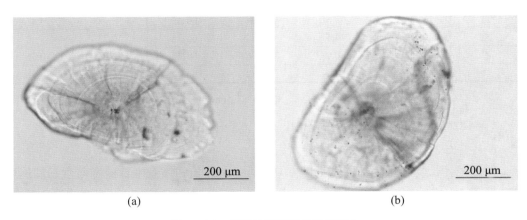

图 4-188　拟缘䱫耳石磨片显微照片

采用耳石作为年龄鉴定材料和退算体长依据，并用退算体长由最小二乘法估算了拟缘䱫的生长参数。

2）体长与体重的关系〔图 4-189(a)〕

$W = 0.000\,07L^{2.572\,6}$（$n = 407$，$R^2 = 0.707$，$F = 932.87$，$P < 0.01$）

幂指数 b 值接近 3（$P > 0.05$），拟缘䱫近似于匀速生长类型鱼类。

3）体长与耳石半径的关系〔图 4-189(b)〕

$L = 0.785R^{0.751}$（$n = 188$，$R^2 = 0.924$，$F = 1\,153.96$，$P < 0.01$）

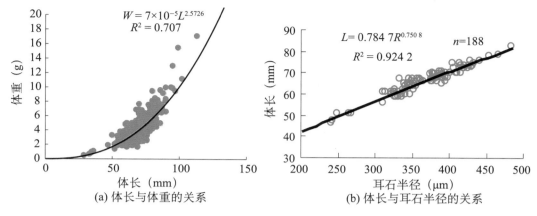

图 4-189　拟缘䱀体长与体重和耳石半径的关系

4）退算体长

按上式求得各年龄组的退算体长值（表 4-116）。

表 4-116　各年龄组的退算体长

年龄组	样本数（尾）	实测平均体长（mm）	退算体长（mm）			
			L_1	L_2	L_3	L_4
1	13	53.71	51.54	—	—	—
2	73	65.50	52.04	64.33	—	—
3	90	74.52	51.72	64.55	74.25	—
4	12	80.93	51.54	64.73	73.85	80.78
退算体长均值			51.82	64.47	74.20	80.78

5）生长参数

L_∞=182.6mm，W_∞=46.03g，k = 0.12/ 年，t_0 = −0.073 年。

6）生长方程

拟缘䱀体长与体重生长曲线如图 4-190 所示，体长和体重生长速度与生长加速度曲线如图 4-191 所示。

$$L_t = 182.6 \left[1-e^{-0.12\,(t+0.073)} \right], \quad W_t = 46.03 \left[1-e^{-0.12\,(t+0.073)} \right]^{2.5726}$$

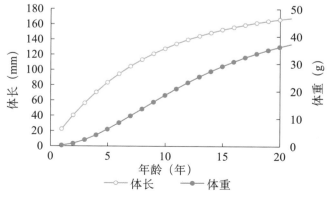

图 4-190　拟缘䱀体长和体重生长曲线

体长和体重的生长速度（dL/dt，dW/dt）及生长加速度（d²L/dt²，d²W/dt²）的方程为：

$$dL/dt = 31.21e^{-0.314(t+1.342)}$$

$$d^2L/dt^2 = -9.8e^{-0.314(t+1.342)}$$

$$dW/dt = 22.30e^{-0.314(t+1.342)}(1-e^{-0.314(t+1.342)})^{2.008}$$

$$d^2W/dt^2 = 7.01e^{-0.314(t+1.342)}(1-e^{0.314(t+1.342)})^{1.008}(3.008e^{-0.314(t+1.342)}-1)$$

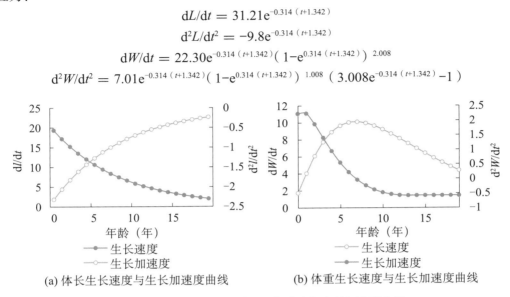

(a) 体长生长速度与生长加速度曲线　　(b) 体重生长速度与生长加速度曲线

图 4-191　拟缘鉠体长和体重生长速度与生长加速度曲线

7）生长拐点

拟缘鉠体重生长拐点年龄 t_i = 2.16 龄，拐点年龄体长 L_i = 66.28mm，体重 W_i = 3.01g。

3. 食性特征

拟缘鉠平均肠长系数为 0.39（0.26 ～ 0.51），肠含物共计 12 属（类），其中主要以偏肉食性（小虾、小鱼和甲壳类）为主，另外还包括摇蚊幼虫、螺类、有机碎屑、水生昆虫、硅藻、绿藻和枝角类等（表 4-117）。

表 4-117　拟缘鉠食物组成及其重要性

食物成分	个数百分比（%）	出现频率（%）	重量百分比（%）	相对重要性指数（IRI）
小虾	27.53	94.11	33.22	0.32
小鱼	18.22	58.55	38.17	0.26
甲壳类	16.53	63.93	19.82	0.21
摇蚊幼虫	6.78	18.18	1.72	0.11
水生昆虫	7.38	30.09	1.05	0.05
水蚯蚓	4.78	18.18	2.22	0.01
枝角类	1.04	12.43	0.09	0.02
螺类	1.11	7.17	0.61	0.02
硅藻	1.18	8.94	0.09	0.03
绿藻	1.64	12.89	0.06	0.01
其他藻类	1.96	14.28	—	—

4. 繁殖特征

1）繁殖群体组成

2011—2018 年在保护区采集到的拟缘𩾃样本中，雌性由 1 ～ 4 龄组成，体长 50 ～ 83mm，平均体长（65.19 ± 6.99）mm，体重 2.2 ～ 8.2g，平均体重（4.46 ± 1.47）g；雄性由 2 ～ 4 龄组成，体长 61 ～ 79mm，平均体长（65.57 ± 6.90）mm，体重 3.6 ～ 7.5g，平均体重（4.56 ± 1.44）g。性比为♀：♂ = 1.125：1。

2）初次性成熟年龄

拟缘𩾃群体 50% 个体达性成熟的平均体长为（67.33 ± 1.51）mm，初次性成熟的体重为 67.5g，对应初次性成熟年龄为 2.29 龄。

3）产卵类型

拟缘𩾃成熟期个体卵径范围为 0.42 ～ 1.22mm，Ⅲ 期卵巢的平均卵径为 0.811 ± 0.342mm，Ⅳ 期卵巢成熟卵平均卵径（0.916 ± 0.236）mm。同一卵巢（Ⅳ期）卵径分布有 2 个峰值，因此，拟缘𩾃可以初步判断为 2 次性产卵类型鱼类。

4）繁殖力

拟缘𩾃平均绝对怀卵量 4135 ± 1 352.71（2 140 ～ 13 847）粒 /g，平均相对怀卵量 351.67 ± 103.15（167.28 ～ 192.15）粒 /g。

5）繁殖时间

初步判定拟缘𩾃的繁殖期集中在 5 月、6 月及 10 月，但有待进一步研究。

6）生境特点及繁殖行为

拟缘𩾃产沉性卵，弱黏性，繁殖时间较为分散，分批成熟分批产卵。

4.11.3 渔业资源

1. 死亡系数

1）总死亡系数

总死亡系数（Z）根据体长变换渔获曲线法，通过 FiSAT II 软件包中的 length-converted catch curve 子程序估算，估算数据来自体长频数分析资料。选取其中 4 个点（黑点）作线性回归（图 4-192），回归数据点的选择以未达完全补充年龄段和体长接近 L_∞ 的年龄段不能用作回归为原则，估算得出全面补充年龄时体长为 67.17mm，总死亡系数 Z=1.09/ 年。

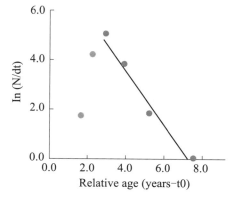

图 4-192　根据变换体长渔获曲线估算拟缘𩾃总死亡系数

2）自然死亡系数

自然死亡系数（M）采用 Pauly's 经验公式估算，参数如下：栖息地年平均水温 $T \approx 18.40℃$（2010—2013 年实地调查数据），$TL_\infty = 10.9cm$，$k = 0.314/$ 年，代入公式估算得自然死亡系数 $M = 0.40/$ 年。

3）捕捞死亡系数

捕捞死亡系数（F）为总死亡系数（Z）与自然死亡系数（M）之差，即：F=Z−M=0.59/ 年。

2. 捕捞群体量

1）开发率

通过上述变换体长渔获曲线估算出的总死亡系数（Z）及捕捞死亡系数（F），得拟缘鉠当前开发率为 $E_{cur}=F/Z=0.54$。

2）资源量

2011—2018 年长江上游拟缘鉠年平均渔获量为 0.59 t，通过 FiSAT II 软件包中的 length-structured VPA 子程序将样本数据按比例变换为渔获量数据，另输入参数如下： $k=0.31$/ 年，$L_\infty=99.29$ mm，$M=0.91$/ 年，$F=0.18$/ 年。种群分析见图 4-193。

资源量：经实际种群分析，估算得长江上游拟缘鉠 2014—2018 年年均平衡资源生物量分别为 0.74 t 和 0.69 t（2014—2016 年样本体长过于集中，生物量估算不准确，未列入），对应年均平衡资源尾数分别为 89 156 尾和 83 132 尾。

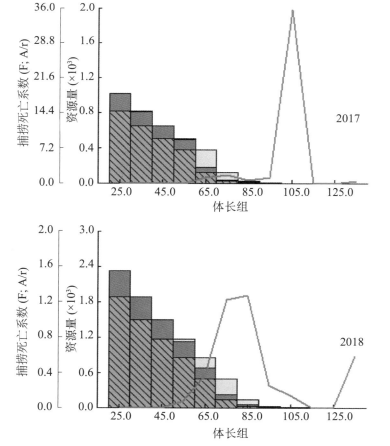

图 4-193　长江上游拟缘鉠实际种群分析图（2017、2018 年）

同时采用 Gulland 经验公式，估算得 2014—2018 年长江上游拟缘𩽾最大可持续产量（MSY）为 0.60 t。

3. 资源动态

经体长变换渔获量曲线分析得知，当前长江上游拟缘𩽾补充体长为 67.17mm，目前长江上游捕捞强度大，刚刚补充的幼鱼就有可能被捕获上来，开捕体长与补充体长趋于一致，因此认为长江上游拟缘𩽾当前实际开捕体长 $L_c=67.17$mm。采用 Beverton-Holt 动态综合模型分析，由相对单位补充渔获量（Y/R）与开发率（E）关系作图估算出理论开发率 $E_{max}=0.656$、$E_{0.1}=0.503$、$E_{0.5}=0.318$（图 4-194），而当前开发率 $E_{cur}=0.54$，接近于中值理论开发率，即接近于过度捕捞状态。

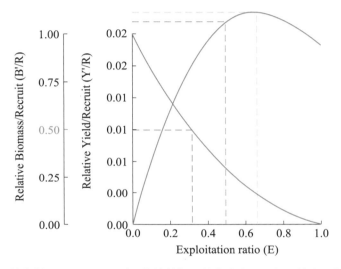

图 4-194　开捕体长 $L_c=67.17$mm 时，拟缘𩽾相对补充渔产量和相对补充生物量关系曲线
（$E_{max}=0.656$，$E_{0.1}=0.503$，$E_{0.5}=0.318$）

4.11.4　遗传多样性

1. 线粒体 DNA Cyt *b*

1）序列变异和多样性

145 尾拟缘𩽾线粒体 Cyt *b* 序列共 1 086bp 进行比对，并作数据统计：T、C、A、G 各个碱基的平均含量在 127 尾分析的拟缘𩽾群体中分别为 28.0%、30.0 %、27.2%、14.8%，其中 A+T 含量为 55.2%，明显高于 G+C 含量 44.8%，数据显示所分析序列的碱基比例具有较大的偏向性，G 的含量低，这与贾向阳等（2013）报道的长江 4 种拟缘𩽾线粒体基因组的碱基比例特点是相一致的。1 086bp 分析片段序列中共发现 21 个简约信息位点，定义了 16 个单倍型。变异位点数约占分析位点总数的 1.9%。单倍型 1（H_1）的频率最高，有 124 个个体，在每个群体中都有较高频率的分布。拟缘𩽾 6 个群体共检测出 13 个独享单倍型，其中 12 个独享单倍型只有 1 个个体。拟缘𩽾 21 个单倍型在 6 个群体中的分布见表 4-118。

表 4-118　基于 Cyt *b* 序列的拟缘䱀单倍型地理分布表

单倍型	蕨溪	高场	江津	水富	朱杨溪	南充	总计
H_1	13	29	4	28	24	26	124
H_2	—	1	—	—	—	—	1
H_3	—	1	—	—	2	—	3
H_4	—	1	—	—	—	—	1
H_5	—	—	1	1	2	—	4
H_6	—	—	—	—	—	2	2
H_7	—	—	—	—	—	1	1
H_8	—	—	—	—	—	1	1
H_9	—	—	—	—	—	1	1
H_10	—	—	—	1	—	—	1
H_11	—	—	—	1	—	—	1
H_12	—	—	—	1	—	—	1
H_13	—	—	—	1	—	—	1
H_14	—	—	—	—	1	—	1
H_15	—	—	—	—	1	—	1
H_16	—	—	—	—	1	—	1
总计	13	32	5	33	31	31	145

基于 Cyt *b* 序列的拟缘䱀 6 个群体的遗传多样性参数见表 4-119，拟缘䱀各个群体单倍型数在 1 ～ 6 之间，简约变异位点数在 0 ～ 12 之间；其群体平均单倍型多样性指数为 0.268 58，核苷酸多样性来指数 0.000 87。在拟缘䱀的 6 个种群中，朱杨溪群体的单倍型多样性指数最高，而蕨溪群体的这一指数最低。

表 4-119　拟缘䱀 Cyt *b* 序列各项遗传多样性参数

种群	样品数	简约变异位点数	单倍型数	核苷酸多样性指数	单倍型多样性指数
高场	32	8	4	0.000 46	0.181 45
江津	5	7	2	0.002 58	0.400 00
蕨溪	13	0	1	0.000 00	0.000 00
南充	31	4	5	0.000 29	0.298 92
水富	33	12	6	0.000 67	0.284 09
朱杨溪	31	10	6	0.002 00	0.402 15
总计	145	21	16	0.000 87	0.268 58

2）种群遗传结构

使用 MEGA 3.1 软件的 Kimura 2-parameter 模式，基于 NJ 法构建拟缘䱀 Cyt *b* 序列的单倍型系统进化树，该单倍型系统进化树结构并不包含单倍型地理分布的有关信息。从 Cyt *b* 单倍型系统进化树（图 4-195）看出，拟缘䱀 6 个群体的 16 个单倍型有比较近的进化关系。

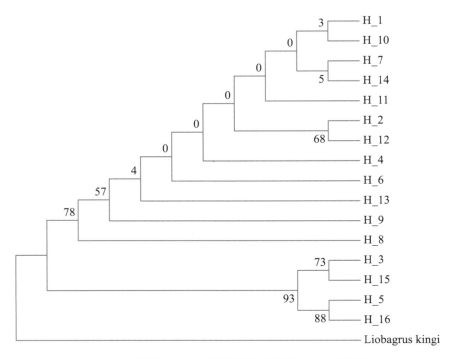

图 4-195　基于 Cyt *b* 序列的拟缘𫚖单倍型 NJ 分子系统树

　　使用 Network 4.6.1 软件的 Median-joining 方法构建拟缘𫚖 Cyt *b* 单倍型网络结构图（图 4-196），该单倍型网络结构图显示了单倍型的地理分布情况。H_1 共有 124 个个体在每个群体中都有分布，位于网络结构图辐射的中心位置，认为 H_1 为原始单倍型；13 个独享单倍型分布在除爵溪和江津的其他 4 个群体中。从拟缘𫚖 Cyt *b* 单倍型网络结构图看出：单倍型的系统进化与其地理种群分布有显著性相关。此外，单倍型分布还发现，朱杨溪群体与水富群体，水富与高场群体间存在有单倍型交叉；独享单倍型很丰富，推测可能是由于地理隔绝因素所造成的。

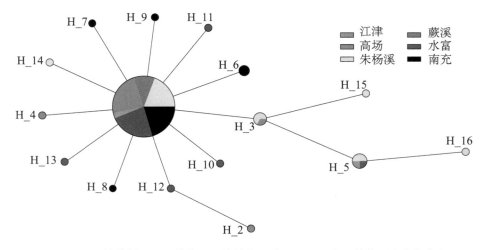

图 4-196　拟缘𫚖 Cyt *b* 单倍型网络结构图（圆圈面积表示单倍型分布频率）

用 DNASP 5.10 软件分析基因渗透对拟缘䱗各群体遗传分化的影响，基于单倍型分析数据显示：基因分化系数 $G_{st}=0.005\,03$，基因流 $N_m=49.46$；而基于 Cyt b 序列分析数据显示：$G_{st}=0.080\,44$，$N_m=2.86$。数据表明：拟缘䱗各群体间的基因交流能防止遗传漂变引起的群体遗传分化；同时，由于地理隔绝因素也可能是 N_m 小于 4 的原因之一。

拟缘䱗 5 个群体 Cyt b 序列 AMOVA 结果分析（表 4-120）表明，拟缘䱗总群体的平均种群分化系数 $F_{st}=0.055\,19$（$0.05<F_{st}<0.15$，$P<0.01$），表明拟缘䱗群体间的变异较小，变异主要来自于拟缘䱗群体内部。

表 4-120 基于 mtDNA Cyt b 的拟缘䱗群间和种群内的分子变异分析（AMOVA）

变异来源	自由度	方差	变异组成	变异百分比（%）
群体间	5	5.518	0.027 39 Va	5.52
群体内	139	65.186	0.468 96 Vb	94.48
总计	144	70.703	0.496 35	—

根据拟缘䱗 6 个群体间的固定指数（F_{st}）分析表明，江津和其他 5 个群体以及南充和朱杨溪出现了群体分化。根据各个群体的遗传距离分析（表 4-121）得出，江津和朱杨溪群体的遗传距离最大（0.002 03），蕨溪和南充群体遗传距离最小（0.000 15）。

表 4-121 基于 Cyt b 拟缘䱗 6 个群体间种群分化指数（对角线下方）和遗传距离（对角线上方）

群体	高场	江津	蕨溪	南充	水富	朱杨溪
高场	—	0.001 47	0.000 23	0.000 38	0.000 56	0.001 34
江津	0.152 35	—	0.001 30	0.001 45	0.001 55	0.002 03
蕨溪	−0.033 50	0.207 32	—	0.000 15	0.000 34	0.001 16
南充	0.004 99	0.261 80	−0.023 07	—	0.000 48	0.001 31
水富	−0.016 60	0.066 75	−0.033 89	0.002 50	—	0.001 44
朱杨溪	0.079 85	−0.117 49	0.074 49	0.124 24	0.064 73	—

3）种群历史

使用 DNASP 5.10 软件，绘制 Cyt b 序列的拟缘䱗单倍型错配分布曲线图，如图 4-197 所示：曲线呈明显的单峰形；中性检验 Tajima's $D=-1.328\,48$（$P=0.143\,50$）、Fu's $F_s=-0.452\,80$（$P=0.216\,80$），中性检验结果表明：拟缘䱗群体历史上经历

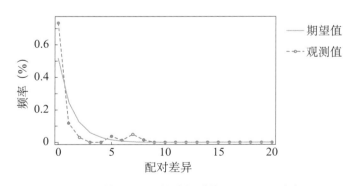

图 4-197 基于 Cyt b 拟缘䱗群体 Mismatch 分布图

种群扩张，但不显著。

2. 线粒体 DNA 控制区

1）序列变异与多样性

134 尾拟缘𫚕线粒体 D-loop 序列共 811bp 进行比对，并作数据统计：T、C、A、G 各个碱基的平均含量在 134 尾分析的拟缘𫚕群体中分别为 31.8%、21.2%、33.8%、13.2%，其中 A+T 含量为 65.6%，明显高于 G+C 含量 34.4%，数据显示所分析序列的碱基比列具有较大的偏向性，C 的含量低，这与贾向阳等（2013）报道的长江 4 种𫚕线粒体基因组的碱基比列特点是相一致的。811bp 分析片段序列中共发现 38 个简约变异位点，定义了 39 个单倍型。变异位点数约占分析位点总数的 4.7%。单倍型 1（H_1）的频率最高，有 75 个个体（75/134），在各个群体中都有分布。此外，6 个群体共检测出 34 个独享单倍型，除朱杨溪群体外，其他群体都有独享单倍型分布，其中水富群体独享单倍型数最多，有 13 个。拟缘𫚕 39 个单倍型在 6 个群体中的分布见表 4-122。

表 4-122　基于 D-loop 序列的拟缘𫚕单倍型地理分布表

单倍型	江津	蕨溪	高场	水富	朱杨溪	南充	总计
H_1	2	5	20	17	17	14	75
H_2	—	—	1	—	1	—	2
H_3	—	2	2	—	2	—	6
H_4	—	—	2	—	—	—	2
H_5	—	—	1	—	—	—	1
H_6	—	—	4	2	2	—	8
H_7	—	—	1	—	—	—	1
H_8	1	—	—	—	—	—	1
H_9	1	—	—	—	—	—	1
H_10	1	—	—	—	—	—	1
H_11	—	1	—	—	—	—	1
H_12	—	1	—	—	—	—	1
H_13	—	1	—	—	—	—	1
H_14	—	1	—	—	—	—	1
H_15	—	2	—	—	1	—	3
H_16	—	—	—	—	—	1	1
H_17	—	—	—	—	—	1	1
H_18	—	—	—	—	—	1	1
H_19	—	—	—	—	—	1	1
H_20	—	—	—	—	—	1	1
H_21	—	—	—	—	—	1	1
H_22	—	—	—	—	—	2	2
H_23	—	—	—	—	—	4	4
H_24	—	1	—	—	—	—	1

续表

单倍型	江津	蕨溪	高场	水富	朱杨溪	南充	总计
H_25	—	1	—	—	—	—	1
H_26	—	1	—	—	—	—	1
H_27	—	—	—	1	—	—	1
H_28	—	—	—	1	—	—	1
H_29	—	—	—	1	—	—	1
H_30	—	—	—	1	—	—	1
H_31	—	—	—	1	—	—	1
H_32	—	—	—	1	—	—	1
H_33	—	—	—	1	—	—	1
H_34	—	—	—	2	—	—	2
H_35	—	—	—	1	—	—	1
H_36	—	—	—	1	—	—	1
H_37	—	—	—	1	—	—	1
H_38	—	—	—	1	—	—	1
H_39	—	—	—	1	—	—	1
总计	5	16	31	33	23	26	134

基于 D-loop 序列的拟缘𫚔 6 个群体的遗传多样性参数见表 4-123，拟缘𫚔各个群体单倍型数在 4～12 之间，变异位点数在 6～23 之间；其群体平均单倍型多样性指数为 0.682 30，核苷酸多样性指数为 0.001 88。在拟缘𫚔的 6 个种群中，江津群体的单倍型多样性指数最高，而高场群体的这一指数最低，这一结果与拟缘𫚔群体的平均核苷酸多样性指数有一定的一致性。

表 4-123　拟缘𫚔 D-loop 序列各项遗传多样性参数

种群	样品数	简约变异位点数	单倍型数	核苷酸多样性指数	单倍型多样性指数
高场	31	6	7	0.000 90	0.574 19
江津	5	6	4	0.003 74	0.900 00
蕨溪	13	8	7	0.002 17	0.846 15
南充	29	23	12	0.002 99	0.758 62
水富	28	10	10	0.001 36	0.634 92
朱杨溪	30	11	10	0.001 37	0.634 92
总计	134	38	39	0.001 88	0.682 30

2）种群遗传结构

使用 MEGA 3.1 软件的 Kimura 2-parameter 模式，基于 NJ 法构建拟缘𫚔 D-loop 序列的单倍型系统进化树（图 4-198）。从 D-loop 单倍型系统进化树看出，拟缘𫚔 39 个单倍型的进化关系支持率大多数都小于 50%。

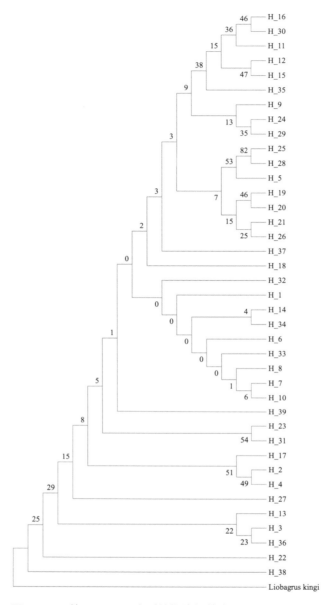

图 4-198　基于 D-loop 序列的拟缘𩾃单倍型 NJ 分子系统树

　　使用 Network 4.6.1 软件的 Median-joining 方法构建拟缘𩾃 D-loop 单倍型网络结构图（图 4-199），该单倍型网络结构图显示了单倍型的地理分布情况。H_1（75 个个体）位于网络结构图辐射的中心位置，为原始单倍型，在各个群体中都有分布。包括 5 个单倍型，如：H_8、H_21、H_22、H_25、H_26，是经过缺失单倍型的突变形成的。从拟缘𩾃 D-loop 单倍型网络结构图看出：单倍型的系统进化与地理种群分布有较显著性相关性。根据单倍型分布还发现，朱杨溪群体与水富和江津群体，水富与高场群体存着一定的单倍型交叉；存在较多的缺失单倍型推测可能的原因是检测样本不够多或者人为破坏因素导致的单倍型遗传资源丢失所导致。

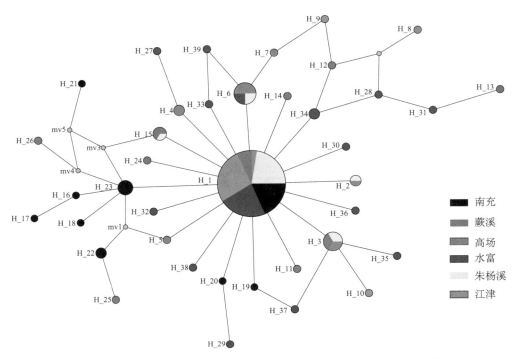

图 4-199　拟缘𫚔 D-loop 单倍型网络结构图 圆圈面积表示单倍型分布频率

用 DNASP 5.10 软件分析基因渗透对拟缘𫚔各群体遗传分化的影响，基于单倍型分析数据显示：基因分化系数 $G_{st} = 0.010\ 22$，基因流 $N_m = 24.21$；而基于 D-loop 序列分析数据显示：$G_{st} = 0.099\ 31$，$N_m = 2.27$。数据表明：拟缘𫚔各群体间的基因交流能有效地防止遗传漂变所引起的群体遗传分化；同时由于地理隔绝因素也可能是 N_m 小于 4 的原因之一。

拟缘𫚔 6 个群体 D-loop 序列 AMOVA 结果分析（表 4-124）表明，拟缘𫚔总群体的平均种群分化系数 $F_{st} = 0.069\ 72$（$0.15 < F_{st} < 0.25$，$P < 0.01$），表明拟缘𫚔群体间的变异较小，变异主要来自于拟缘𫚔群体内部。

表 4-124　基于 mtDNA D-loop 的拟缘𫚔间和种群内的分子变异分析（AMOVA）

变异来源	自由度	方差	变异组成	变异百分比（%）
群体间	5	11.924	0.068 48 Va	6.97
群体内	128	116.957	0.913 73 Vb	93.03
总计	133	128.881	0.982 21	—

根据拟缘𫚔 6 个群体间的固定指数（F_{st}）分析（表 4-125）表明，江津群体与拟缘𫚔其他 5 个群体出现了一定的分化，尤其是与朱杨溪、高场群体分化较明显；高场与蕨溪、南充群体也出现了遗传分化；蕨溪、南充、水富 3 个群体均出现了群体分化。根据群体遗传距离分析得出，南充和江津群体的遗传距离最大（0.003 19），高场和朱杨溪群体遗传距离最小（0.001 13）。

表 4-125　基于 D-loop 拟缘𫚒 6 个群体间种群分化指数（对角线下方）和遗传距离（对角线上方）

群体	高场	江津	蕨溪	南充	水富	朱杨溪
高场	—	0.002 59	0.001 58	0.002 20	0.001 15	0.001 13
江津	0.230 26	—	0.003 02	0.003 19	0.002 66	0.002 84
蕨溪	0.070 13	0.060 57	—	0.002 86	0.001 77	0.001 78
南充	0.102 59	0.131 65	0.094 68	—	0.002 43	0.002 43
水富	0.008 60	0.124 33	0.054 10	0.088 24	—	0.001 40
朱杨溪	-0.006 76	0.169 71	0.024 01	0.085 01	0.016 94	—

3）种群历史

使用 DNASP 5.10 软件，绘制 D-loop-Phe 序列的拟缘𫚒单倍型错配分布曲线图，如图 4-200 所示：曲线呈明显的单峰形；中性检验 Tajima's D（-1.433 96，$P = 0.130 83$）与 Fu's F_s（-2.980 31，$P = 0.081 00$）均为负值，中性检验结果表明：拟缘𫚒群体历史上经历过种群扩张，但效果并不显著。

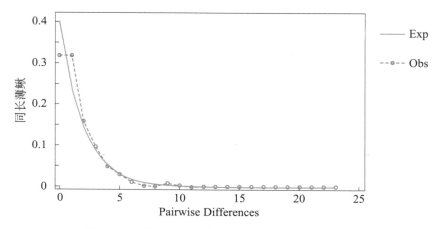

图 4-200　基于 D-loop 拟缘𫚒群体 Mismatch 分布图

3. 微卫星多样性

1）引物开发

利用（AC）$_n$ 探针构建拟缘𫚒微卫星富集文库，开发了 19 对具有多态性的微卫星引物。这些引物对采自朱杨溪的 35 尾样本的进行分析显示，每一对引物获得的等位基因数量分别为 3～20 个，平均为 7.3 个；观测杂合度和期望杂合度分别是 0.325 8～1.000 0 和 0.562 1～0.836 5。

2）微卫星多样性

从微卫星位点看，拟缘𫚒 14 个基因座分别检测出 9～41 个等位基因，共 275 个等位基因，平均基因座位上 22.919 个等位基因，PIC 在 0.465 35～0.967 48（表 4-126）。根据 Hardy–Weinberg 平衡检验，拟缘𫚒 6 个群体都存在一些基因座偏离平衡检验，其中 LM-17 座位在除江津、南充的其他 4 个群体中均偏离了平衡，这可能与该座位的等位基因最多有关，而样本量不够丰富有关，因此需要增大样本检测数量进行在检验。

表 4-126　拟缘鮉 14 对微卫星位点的多态性信息

位点	A	PIC
LM-1	14	0.819 94
LM-4	11	0.626 70
LM-5	23	0.856 16
LM-6	19	0.880 97
LM-7	10	0.729 70
LM-10	10	0.793 28
LM-11	9	0.465 35
LM-12	18	0.827 56
LM-13	31	0.942 38
LM-15	24	0.725 83
LM-16	34	0.919 44
LM-17	41	0.967 48
平均数	22.919	0.607 07

基于拟缘鮉 6 个群体的样本数量，其每个群体的平均等位基因数比较丰富，其中高场 12.58 个、江津 5.00 个、蕨溪 7.83 个、南充 9.42 个、水富 11.25 个、朱杨溪 13.33 个；群体观测杂合度在 0.645 9（朱杨溪）-0.785 4（高场）之间，其平均期望杂合度在 0.722 3（南充）-0.803 1（朱杨溪）之间，表明拟缘鮉群体平均杂合度比较高；平均 PIC 值在 0.494 84（高场）-0.509 50（蕨溪）之间（表 4-127）。

表 4-127　拟缘鮉 6 个群体的 11 个多态性位点的多样性指数情况

群体	位点	A	N_e	H_O	H_E	PIC	P
高场	LM-1	7	4.301 1	0.750 0	0.753 67	0.803 41	0.593 03
	LM-4	6	3.433 5	0.600 0	0.717 7	0.631 06	0.050 22
	LM-5	15	4.161 2	0.675 0	0.769 3	0.794 22	0.206 35
	LM-6	16	10.223 6	0.875 0	0.913 87	0.810 96	0.334 75
	LM-7	6	2.272 7	0.525 0	0.567 1	0.760 90	0.211 42
	LM-10	8	3.926 4	0.850 0	0.754 7	0.802 28	0.252 65
	LM-11	4	2.154 9	0.975 0	0.542 7	0.325 11	0.007 22
	LM-12	11	5.169 6	0.675 0	0.858 14	0.698 82	0.326 54
	LM-13	22	14.222 2	0.875 0	0.947 83	0.804 13	0.086 29
	LM-15	10	3.524 2	0.975 0	0.718 61	0.591 38	0.100 62
	LM-16	20	12.549 0	0.900 0	0.931 53	0.794 03	0.069 32
	LM-17	26	16.931 2	0.750 0	0.952 8	0.900 78	0.001 30
平均	—	12.5833	6.905 8	0.785 4	0.784 2	0.494 84	0.144 98

群体	位点	A	N_e	H_O	H_E	PIC	P
江津	LM-1	5	4.166 7	0.600 0	0.844 44	0.779 60	1.000 00
	LM-4	3	1.851 9	1.000 00	0.511 1	0.547 01	1.000 00
	LM-5	7	5.555 6	0.800 0	0.964 29	0.769 86	0.484 33
	LM-6	5	4.166 7	0.600 0	0.844 4	0.807 72	0.350 67
	LM-7	4	2.381 0	0.400 0	0.644 4	0.730 24	0.237 56
	LM-10	3	2.381 0	0.600 0	0.644 4	0.804 31	1.000 00
	LM-11	2	2.000 0	1.000 0	0.555 6	0.540 91	0.081 17
	LM-12	6	4.166 7	0.800 0	0.844 4	0.857 12	0.795 78
	LM-13	9	8.333 3	1.000 00	0.977 78	0.946 10	1.000 00
	LM-15	5	3.846 2	1.000 00	0.822 22	0.690 33	0.898 83
	LM-16	4	1.923 1	0.600 0	0.533 3	0.919 57	0.017 30
	LM-17	7	5.555 6	0.600 0	0.911 1	0.961 20	0.050 18
平均	—	5.000 0	3.860 6	0.750 0	0.753 7	0.500 00	0.654 88
蕨溪	LM-1	7	5.121 2	0.769 2	0.805 26	0.823 39	0.378 67
	LM-4	4	3.595 7	0.615 4	0.750 00	0.681 20	0.474 36
	LM-5	6	3.250 0	0.538 5	0.720 0	0.750 06	0.207 18
	LM-6	9	6.627 5	0.846 2	0.883 1	0.890 11	0.694 25
	LM-7	3	1.888 3	0.461 5	0.489 2	0.722 16	0.160 77
	LM-10	6	3.840 9	0.538 5	0.747 25	0.800 17	0.000 92
	LM-11	4	2.600 0	1.000 0	0.640 0	0.470 15	0.113 70
	LM-12	8	4.970 6	0.769 2	0.873 68	0.770 13	0.354 01
	LM-13	13	9.657 1	0.769 2	0.932 3	0.931 28	0.163 32
	LM-15	6	3.045 0	1.000 00	0.698 46	0.731 13	0.093 84
	LM-16	14	9.657 1	0.923 1	0.920 29	0.900 54	0.452 35
	LM-17	14	9.657 1	0.7692	0.932 3	0.954 37	0.031 62
平均	—	7.8333	5.325 9	0.750 0	0.784 6	0.509 50	0.260 41
南充	LM-1	7	3.840 4	0.631 6	0.749 5	0.794 62	0.076 51
	LM-4	9	2.555 8	0.578 9	0.616 8	0.648 82	0.174 76
	LM-5	11	5.318 6	0.710 5	0.822 8	0.879 94	0.062 21
	LM-6	8	5.005 2	0.763 2	0.810 9	0.779 83	0.370 83
	LM-7	4	2.823 1	0.500 0	0.654 4	0.700 23	0.097 73
	LM-10	3	2.433 0	0.421 1	0.596 8	0.781 12	0.245 12
	LM-11	4	2.160 1	1.000 0	0.544 2	0.434 51	0.016 07
	LM-12	5	2.850 9	0.657 9	0.657 9	0.812 69	0.493 10
	LM-13	22	10.388 5	0.815 8	0.915 8	0.954 39	0.255 62
	LM-15	11	4.505 5	0.868 4	0.788 4	0.721 18	0.106 97
	LM-16	13	4.484 5	0.815 8	0.787 4	0.920 49	0.361 34

群体	位点	A	N_e	H_O	H_E	PIC	P
	LM-17	16	4.837 5	0.736 8	0.803 9	0.967 54	0.319 08
平均	—	9.416 7	4.266 9	0.708 3	0.722 3	0.500 20	0.196 42
水富	LM-1	8.000 0	6.016 6	0.818 2	0.846 6	0.812 87	0.505 85
	LM-4	6.000 0	3.165 7	0.454 5	0.694 6	0.689 06	0.454 27
	LM-5	9.000 0	3.882 4	0.727 3	0.753 8	0.856 98	0.302 56
	LM-6	15.0	8.782 3	0.787 9	0.899 8	0.800 17	0.088 27
	LM-7	4.00	1.918 9	0.515 2	0.486 2	0.720 90	0.806 81
	LM-10	6.0	4.137 4	0.750 0	0.770 3	0.803 28	0.101 82
	LM-11	4.0	2.122 8	1.000 0	0.537 1	0.423 50	0.050 07
	LM-12	10.00	4.040 8	0.666 7	0.764 1	0.796 52	0.550 45
	LM-13	18.00	12.887 6	0.697 0	0.936 6	0.943 33	0.302 07
	LM-15	11.0	3.241 1	1.000 00	0.702 1	0.727 85	0.003 85
	LM-16	18.0	10.729 1	0.909 1	0.920 7	0.904 23	0.156 71
	LM-17	26	17.285 7	0.818 2	0.956 6	0.968 13	0.009 28
平均	—	11.250	6.517 5	0.769 6	0.772 4	0.507 41	0.251 80
朱杨溪	LM-1	11	4.466 6	0.864 9	0.786 7	0.794 75	0.071 17
	LM-4	7	2.154 2	0.432 4	0.543 1	0.587 92	0.108 20
	LM-5	14	6.057 5	0.621 6	0.846 4	0.817 90	0.196 11
	LM-6	12	6.382 3	0.783 8	0.854 9	0.839 27	0.053 23
	LM-7	9	4.014 7	0.324 3	0.761 2	0.776 03	0.060 71
	LM-10	9	5.863 0	0.594 6	0.840 8	0.772 54	0.534 69
	LM-11	8	4.008 8	0.675 7	0.760 8	0.435 67	0.317 08
	LM-12	15	4.325 4	0.810 8	0.779 3	0.795 61	0.183 53
	LM-13	16	10.410 6	0.513 5	0.916 3	0.909 23	0.029 01
	LM-15	14	4.000 0	0.861 1	0.760 6	0.689 95	0.191 64
	LM-16	23	10.490 4	0.621 6	0.917 1	0.924 43	0.313 70
	LM-17	22	7.038 6	0.648 6	0.869 7	0.977 61	0.001 07
平均	—	13.333 3	5.767 7	0.645 9	0.803 1	0.575 30	0.240 17

　　拟缘鲹 6 个群体 AMOVA 分析结果显示，群体间总遗传分化系数 F_{st}= 0.052 80（$P<0.01$），表明群体间无显著分化，但也有初步的遗传分化趋势。总遗传变异中，群体间变异占 5.28%，各群体内变异占 94.72%，变异主要来自于群体内（表 4-128）。6个群体两两之间固定指数（F_{st}）分析表明，群体间出现初步遗传分化；从 6 个群体 Nei 氏遗传距离计算数据来看，江津和南充群体遗传距离最大（0.436 0）；水富和高场群体遗传距离最小（0.045 8）（表 4-129）。

表 4-128　拟缘鉠群间和种群内的分子变异分析（AMOVA）

变异来源	自由度	方差	变异组成	变异百分比	固定指数
种群间	5	92.434	0.258 15 Va	5.28	F_{is}：0.055 62
个体间种群内	160	782.180	0.257 57 Vb	5.27	F_{st}：0.052 80
个体内	166	726.000	4.373 49 Vc	89.45	F_{it}：0.105 48
总计	331	1695.533	4.889 21	—	—

表 4-129　拟缘鉠 6 个群体间的种群分化指数（对角线下方）与
Nei 氏遗传距离（Nei，1972）（对角线上方）

种群	高场	蕨溪	江津	南充	水富	朱杨溪
高场	—	0.062 8	0.218 7	0.281 8	0.045 8	0.250 8
蕨溪	0.004 62	—	0.297 9	0.237 1	0.055 3	0.291 7
江津	0.034 38	0.048 01	—	0.436 0	0.230 6	0.231 8
南充	0.070 24	0.056 94	0.096 46	—	0.295 2	0.386 3
水富	0.006 18	0.002 46	0.039 85	0.074 72	—	0.318 6
朱杨溪	0.050 17	0.052 96	0.034 90	0.087 45	0.064 27	—

4.11.5　其他研究

1. 组织特征

关于拟缘鉠组织学的研究，目前有鳃（龙华等，2008）和表皮（龙华等，2006a）的显微结构。从拟缘鉠鳃小叶、鳃丝以及鳃弓表面结构的扫描电镜图（图 4-201）可以看到：①从鳃丝的形态和结构来看，为单条柱型；②鳃丝表面具有规则或不规则分布的环形微嵴、沟、坑、孔等结构，推测为分化的血管；③从鳃弓的形态和结构来看，拟缘鉠具有起伏的沟纹。

图 4-201　拟缘鉠的鳃丝、鳃小叶（左图）及鳃弓（右图）表面显微结构（×150）
（龙华等，2008）

从拟缘𫚔鳃表皮结构的扫描电镜图（图4-202）可以看到：其表皮结构比较特殊，出现有五边形或六边形结构为主的立体结构，这对于在高原急流底层生活的无肌间刺、无鳞的鱼来说，可能具有更加有效的稳固和抗压功能。

2. 血液特征

龙华等（2006）从长江上游水系采集到拟缘𫚔，测定了血细胞和血清铁测定。拟缘𫚔的红细胞（RBC）、白细胞（WBC）、血小板（PLT）、红细胞比积（HCT）、红细胞平均体积（MCV）、红细胞平均血红蛋白浓度（MCH）、每升红细胞平均血红蛋白浓度

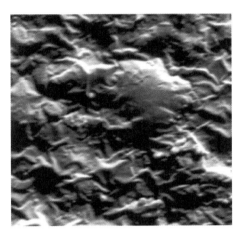

图 4-202　拟缘𫚔表皮（250×）
（龙华等，2006）

（MCHC）和血红蛋白（HGB）分别为 1.08×10^{12}/L、60.8×10^9/L、43.3×10^9/L、0.164、151.1fL、83.3Pg、689.3g/L 和 110.2g/L。血清铁（SI）、血清总铁结合力（TIBC）、血清未饱和铁结合力（UIBC）以及铁饱和度（SD）分别表示血清中转铁蛋白（Tf）的活性、血清中 Tf 结合铁量、血清中 Tf 未结合铁量以及血清中铁的利用率。拟缘𫚔的 SI 为 13.1μml/L，TIBC 为 53.52μml/L，UIBC 为 40.42μml/L，SD 为 24.48%。

4.11.6　资源保护

1. 现状评估与保护建议

1）资源现状

拟缘𫚔分布范围较广，是长江上游水系一种特有的底栖生活的小型鱼类，其种群资源量逐年下降。根据实际采样情况，仅高场、朱杨溪位点有相对较大的资源量外，岷江上游以及长江上游的下段很难捕到，尤其大渡河、青衣江、沱江、赤水河等支流几乎捕不到拟缘𫚔。因此，根据野外资源实际调查情况，建议拟缘𫚔应该被列入濒危物种。结合实际采样中发现的情况，例如，𫚔个体大小从长江上游水系上游往下游，𫚔属鱼类的个体是由大逐渐变小的，并且综合线粒体分子标记和微卫星分子标记研究的结果，推测人为破坏（水利工程、水体污染、过度捕捞等）因素是拟缘𫚔的遗传资源丢失的关键因素之一。

2）遗传多样性保护

根据贾向阳（2013）研究结果显示，拟缘𫚔种群变异主要来自于群体内；群体间虽未见显著性遗传分化，但已经出现了初步的种群间遗传分化。因此，应该将分化较近的拟缘𫚔群体作为一个管理单位进行遗传资源保护；遗传距离与地理距离有一定的初步对应关系。这与上面线粒体分子标记分析的结构基本一致。拟缘𫚔 6 个群体间的某些位点上的频率存在着差异。例如，LM-17 在江津群体的等位基因就相对较少，而在其他 5 个群体却较多，这可能是由于江津群体的分析样本只有 5 尾所导致的。另外，

在对各群体进行等位基因频率统计发现，某些群体存在稀有等位基因或特有等位基因，如高场群体的稀有等位基因最多，其在 LM-5、LM-10、LM-17 位点上都存在有稀有基因，其中在 LM-13 位点上还有一个特有等位基因；此外，南充群体中有一个稀有等位基因只存在于 LM-11 基因座上；LM-16 座位在朱杨溪群体中也有一个稀有等位基因。因此，针对拟缘鉠遗传资源保护，既要考虑各地理群体间的分化程度，还要考虑拟缘鉠种群的稀有等位基因或特有等位基因的群体分布情况以及野生资源量等因素。

线粒体、微卫星遗传标记研究数据都显示拟缘鉠各群体间出现了初步的遗传分化，显见于长江上游干流群体（朱杨溪、江津）和长江上游支流群体（水富、高场、蕨溪）这两个大的群体之间。结合实际采样中发现的情况，例如，鉠的个体大小自上游往下游是逐渐变小，并且综合线粒体分子标记和微卫星分子标记研究的结果，推测人为破坏因素是拟缘鉠的遗传资源丢失的关键因素之一。在拟缘鉠的遗传资源保护中，既要考虑各地理群体间的分化程度，还要考虑稀有等位基因或特有等位基因的群体分布情况以及野生资源量等因素。但考虑到建设的梯级水电工程以及拟缘鉠地理分布相对较为集中，可以将拟缘鉠划作为一个大的管理单元进行保护。如果要根据因地制宜的原则，也建议将拟缘鉠种群划分两个大的管理单元，即：长江上游干流和长江上游支流两个大单元；高场群体其遗传资源最为丰富，可划作一个独立的管理单元；另外，江津群体的野生资源量最少，也应作为一个管理单元。因地施宜，这样才能更好地保护拟缘鉠的遗传多样性。

4.12　宽体沙鳅

4.12.1　概况

1. 分类地位

宽体沙鳅（*Botia reevesae* Chang，1994），隶属鲤形目（Cypriniformes）鳅科（Cobitidae）沙鳅亚科（Botiinae）沙鳅属（*Botia*），俗称"龙鳅""玄鱼""漩鱼子"等（图 4-203）。

图 4-203　宽体沙鳅（危起伟等，《长江上游珍稀特有鱼类国家级自然保护区鱼类图集》，2015）

体长为体高的 3.7 ～ 4.4 倍，为头长的 3.4 ～ 3.7 倍，为尾柄长的 6.6 ～ 7.9 倍，为尾柄高的 5.8 ～ 6.7 倍。头长为吻长的 2.2 ～ 2.6 倍，为眼径的 6.2 ～ 8.1 倍，为眼间距的 3.6 ～ 4.0 倍。

体长而侧扁。头稍尖，侧扁。吻稍长，口亚下位。上下唇皮折发达，与上下颌分离。颌下有 1 对钮状突起。须 3 对，吻端 2 对，口角 1 对。鼻孔到眼前缘的距离约为吻长的 1/3，前后鼻孔间有一皮折。眼小，侧上位。眼下缘具 1 硬刺，基部分双叉，末端刚刚超过眼后缘。眼间隔凸出。鳃膜在胸鳍基部前缘与峡部侧面相连。背鳍短小，无硬刺，起点至尾鳍基部较距吻端为近。胸鳍大，呈圆扇形。腹鳍起点在背鳍第 1 ～ 2 分枝鳍条的垂直下方。臀鳍短小，无硬刺。尾鳍叉形，上、下叶末端略钝圆。鳞很小。侧线完全。肛门靠近臀鳍起点。头部背面有 4 条褐色纵斑。从鳃盖后缘至尾鳍基部有 7 ～ 8 条褐色横斑。背鳍中部及其基部各有 1 列深褐色的条纹。尾鳍上、下叶各有 2 ～ 3 列褐色斑纹。胸鳍、腹鳍、臀鳍淡黄色，并有深褐色的宽条斑纹。

2. 种群分布

根据相关资料记载，宽体沙鳅一般分布在长江干流，岷江、金沙江、雅砻江、沱江等水系的下游，在部分一级支流中也有少量分布。

3. 研究概况

目前，关于宽体沙鳅的研究主要集中于以下几个方面：王永明等（2013）研究了宽体沙鳅的繁殖生物学；黄燕等（2011）根据 2010 年 5—9 月长江上游支流沱江采集的 76 尾已发育至Ⅳ期的雌性样本，研究了其个体生殖力及其与多项生物学指标的关系；王芳等（2011）运用形态解剖和组织学方法，研究了宽体沙鳅的消化系统；岳兴建（2011）通过人工授精获得受精卵，利用数码显微镜进行连续观察和拍照记录，对宽体沙鳅胚胎发育特征进行了详细观察和描述，并确定了到达各发育时期所需的时间；王永明等（2014）以中华沙鳅为母本、宽体沙鳅为父本，根据人工杂交获得的受精卵，观察了杂交种胚胎发育的全过程，并详细描述了其各发育时期的特征；王永明等（2016）和周露等（2015）选取健康性成熟的雄性宽体沙鳅，观察了其精子的超微结构，分析了不同浓度 Na^+、K^+、Ca^{2+} 以及不同水体和 pH 对其精子活力的影响；颉江等（2013）为探求野生宽体沙鳅亲鱼性腺发育对脂肪酸的需求，采用毛细管气相色谱等方法分析了其肌肉、肝脏、卵组织中脂肪酸的组成，同时，为确定宽体沙鳅最适饲料脂肪水平的需求，分析了不同饲料脂肪水平对其生长、肌肉脂肪酸及肠道脂肪酶的影响；覃川杰等（2013）先后研究了宽体沙鳅 β- 肌动蛋白基因与热休克蛋白 70 基因序列；张婷等（2015）采用 SDS- 聚丙烯酰胺凝胶电泳法，分析确定了宽体沙鳅血清与体表黏液的蛋白组分与含量的差异。

4.12.2 生物学研究

1. 繁殖特征

1）繁殖群体组成

2010年4—11月，在长江上游支流沱江资中段采集到的宽体沙鳅573尾，性成熟个体483尾，雌雄性比为♀:♂=1:1.15。生殖期个体337尾，雌雄性比为♀:♂=1:1.16，非生殖期个体146尾，雌雄性比为♀:♂=1:1.15。

2）初次性成熟年龄

128尾小个体中性腺Ⅲ-Ⅴ期38尾，雌性16尾（Ⅲ期2尾，Ⅳ期14尾），雄性22尾（Ⅲ期3尾，Ⅳ期1尾，Ⅴ期18尾）。雌性最小性成熟体长76mm，体重7.80g，2龄；雄性最小性成熟体长71mm，体重5.43g，2龄。

424尾耳石年龄鉴定中，雌性181尾，雄性243尾，性成熟个体307尾，2龄性未成熟雌性64尾、雄性53尾。生殖群体307尾中2、3、4和5龄鱼分别占10.10%、45.93%、33.88%和10.10%（表4-130）。雌性2龄个体中性成熟个体占17.95%，雄性2龄个体中性成熟个体占24.29%。

表4-130　宽体沙鳅生殖群体的年龄组成

年龄	雌性		雄性	
	尾数	占繁殖群体百分数（%）	尾数	占繁殖群体百分数（%）
2	14	11.97	17	8.95
3	49	41.88	92	48.42
4	38	32.48	66	34.74
5	16	13.68	15	7.89

318尾处于Ⅲ-Ⅴ期个体中，雌性个体较雄性个体大，体长90～110mm雌性成熟系数明显高于体长小于90mm或者大于110mm的个体，体重大于23g雌性个体的成熟系数明显高于体重低于23g的个体，而体重15.0～25.0g雄性个体成熟系数最大。生殖群体中体长小于90mm的雌、雄个体分别占雌、雄个体总数的44.2%、66.7%（表4-131）。

表4-131　宽体沙鳅生殖群体的体长、体重组成

	性别	均值	范围	分组	样本数	百分比（%）	成熟系数（GSI）
体长（mm）	雌性	92.78±9.54	76～120	76～80	16	10.06	7.81±4.58
				81～90	54	33.96	11.72±9.20
				91～100	47	29.56	17.88±13.86
				101～110	31	19.50	17.00±15.51
				111～120	11	6.92	13.57±9.40

	性别	均值	范围	分组	样本数	百分比（%）	成熟系数（GSI）
体长 （mm）	雄性	84.90 ± 8.25	71 ～ 132	71 ～ 80	40	25.16	4.77 ± 2.33
				81 ～ 90	66	41.51	5.26 ± 3.10
				91 ～ 100	42	26.42	7.01 ± 3.82
				101 ～ 110	3	5.03	10.45 ± 4.59
				111 ～ 120	2	1.26	2.00 ± 0.04
				120 ～	1	0.63	5.52
体重 （g）	雌性	15.68 ± 5.87	7.80 ～ 41.60	7.80 ～ 13.00	59	37.11	9.54 ± 6.96
				13.01 ～ 18.00	44	27.67	13.71 ± 10.32
				18.01 ～ 23.00	30	18.87	16.06 ± 13.33
				23.01 ～ 28.00	15	9.43	25.06 ± 17.62
				28.00 ～	11	6.92	23.05 ± 17.87
	雄性	12.13 ± 4.07	5.42 ～ 26.50	5.43 ～ 10.00	56	35.22	4.65 ± 3.46
				10.01 ～ 15.00	70	44.03	5.50 ± 3.90
				15.01 ～ 20.00	27	16.98	8.53 ± 4.33
				20.01 ～ 25.00	4	2.52	7.75 ± 4.30
				25.00 ～	2	1.26	5.49 ± 0.06

3）产卵类型

宽体沙鳅成熟卵黄灰色或金黄色，无黏性，吸水膨胀后卵周隙小，卵沉性。宽体沙鳅Ⅳ期卵巢中卵子大小基本一致，卵径变幅为 0.81 ～ 1.27mm，均值为 0.96mm。卵径频率分布见图 4-204，Ⅳ期卵巢中卵径大小仅出现一个峰值，卵径 0.81 ～ 1.05mm 的卵子占 88.70%，宽体沙鳅属于一次产卵类型鱼。

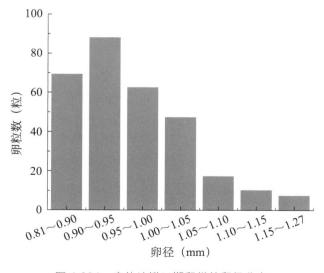

图 4-204　宽体沙鳅Ⅳ期卵巢的卵径分布

4）繁殖力

2010 年 5—9 月，在长江上游支流沱江资中段采集到的宽体沙鳅 326 尾，其中 76 尾已发育至 IV 期的雌性个体用于个体生殖力研究。绝对生殖力（F）为 414 ～ 9 625 粒，平均 3 230 粒，雌性生殖群体中绝对生殖力 1 000 ～ 3 000 粒的个体占 51.32%；体长相对生殖力（F_L）为 50 ～ 837 粒 /cm，平均 324 粒 /cm；体重相对生殖力（F_W）为 21 ～ 789 粒 /g，平均 227 粒 /g。个体生殖力分布频率（图 4-205）中，F 为 1 000 ～ 3 000 粒的个体 39 尾，占总数的 51.32%，体长为 100 ～ 400 粒体长的个体 47 尾，占总数的 61.84%，体重为 100 ～ 200 粒体重的个体 34 尾，占总数的 44.74%。

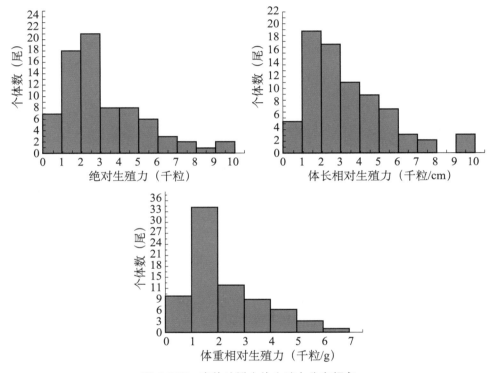

图 4-205　宽体沙鳅个体生殖力分布频率

F 均值随体长、体重和成熟系数的增大而增加（表 4-132），净体重低于 22.59g 时，F 均值随净体重的增大而增加，随后降低。F_L 均值随体重和成熟系数的增加而增加，体长 10.40 ～ 11.00cm、净体重 17.59 ～ 22.59g 时 F_L 均值最大，随后降低。F_W 均值随成熟系数的增加而增加；在一定范围内随体长和净体重的增加而增加，体长 8.80 ～ 10.30cm、净体重 12.58 ～ 17.58g 时 F_W 均值最大，随后降低；F_W 随体重增加变化趋势不明显。

表 4-132　宽体沙鳅不同体长、体重、净体重和成熟系数组的个体生殖力

	分组	样本数	绝对生殖力（F）		体长相对生殖力（F_L）		体重相对生殖力（F_W）	
			范围	均值 ±SD	范围	均值 ±SD	范围	均值 ±SD
体长（cm）	8.20 ～ 8.60	15	414 ～ 4 720	1 637 ± 1 228	49 ～ 555	194 ± 144	38 ～ 425	152 ± 108

分组		样本数	绝对生殖力（F）		体长相对生殖力（F_L）		体重相对生殖力（F_W）	
			范围	均值 ±SD	范围	均值 ±SD	范围	均值 ±SD
体长（cm）	8.80～10.30	47	428～9 625	3 452±2 169	49～976	363±222	32～665	247±146
	10.40～11.00	10	1 864～7 849	4 078±2 339	177～748	381±223	90～497	226±138
	11.10～11.50	4	3 837～5 437	4 250±792	337～477	375±68	116～245	184±48
体重（g）	7.8～12.8	6	414～1 732	866±516	49～193	101±57	38～180	92±54
	12.9～17.9	37	428～5 272	2 407±1 284	49～555	265±137	32～442	198±110
	18.0～23.0	21	1 864～8 887	4 141±1 901	177～935	424±202	118～665	274±150
	23.1～28.1	6	1 904～7 849	4 179±2 586	181～747	389±246	92～497	222±159
	≥28.2	6	3 848～9 625	6 380±2 599	337～976	606±287	136～549	317±178
净体重（g）	7.57～12.57	27	414～5 986	2 278±1 566	49～658	257±172	38～497	204±134
	12.58～17.58	36	428～9 472	3 539±2 222	49～976	365±225	32～665	240±147
	17.59～22.59	11	1 904～9 625	4 362±4 230	181～944	413±233	90～516	221±125
	≥22.60	2	3 848～3 878	3 863±21	337～340	339±2	36～155	146±14
成熟系数 GSI（%）	≤10.0	16	414～3 878	1 353±941	49～337	138±79	32～136	88±34
	10.1～15.0	24	1 030～3 848	2 169±667	126～342	228±60	112～217	152±26
	15.1～20.0	12	1 061～5 437	31 64±1 151	192～477	320±92	174～246	208±25
	≥20.0	24	2 434～9 625	5 538±2 012	297～976	574±192	223～665	390±115

　　回归分析结果（表 4-133）显示：个体生殖力 F、F_L 和 F_W 与成熟系数呈幂函数显著相关，与肥满度相关性均不显著。F 和 F_L 与体重呈幂函数显著相关，与体长、净体重相关性不显著。F_W 与体长、净体重相关性不显著。

表 4-133　个体生殖力与生物学参数的关系

参数	绝对生殖力（F）	体长相对生殖力（F_L）	体重相对生殖力（F_W）
体长（cm）	$F=0.151\,4L^{4.335\,4}$ $R^2=0.285\,4$, $n=76$, $P<0.01$	$F_L=0.151\,4L^{3.335\,4}$ $R^2=0.191\,2$, $n=76$, $P<0.01$	$F_W=2.702\,1L^{1.879}$ $R^2=0.067\,9$, $n=76$, $P>0.05$

参数	绝对生殖力（F）	体长相对生殖力（F_L）	体重相对生殖力（F_W）
体重（g）	$F=9.487\,6M^{1.942\,5}$ $R^2=0.515\,5$, $n=76$, $P<0.01$	$F_L=2.268\,4M^{1.659\,7}$ $R^2=0.425\,9$, $n=76$, $P<0.01$	$F_W=7.780\,7M^{1.097\,4}$ $R^2=0.208\,3$, $n=76$, $P>0.05$
净体重（g）	$F=64.724W^{1.396\,4}$ $R^2=0.228\,9$, $n=76$, $P=0.01$	$F_L=15.809W^{1.078\,9}$ $R^2=0.154\,7$, $n=76$, $P=0.01$	$F_W=64.724W^{0.396\,4}$ $R^2=0.023\,4$, $n=76$, $P>0.05$
成熟系数 GSI	$F=177.99GSI^{0.987\,2}$ $R^2=0.817\,2$, $n=76$, $P<0.01$	$F_L=20.315GSI^{0.959\,2}$ $R^2=0.873\,2$, $n=76$, $P<0.01$	$F_W=13.957GSI^{0.954\,2}$ $R^2=0.967\,1$, $n=76$, $P<0.01$
肥满度	$F=-1\,599K+5\,880$ $R^2=0.024\,4$, $n=76$, $P>0.05$	$F_L=-118.17K+529.69$ $R^2=0.013\,5$, $n=76$, $P>0.05$	$F_W=-140.06K+455.18$ $R^2=0.044\,8$, $n=76$, $P>0.05$
年龄	$F=812.09t+545.13$ $R^2=0.080\,5$, $n=38$, $P>0.05$	$F_L=88.75t+50.462$ $R^2=0.094\,6$, $n=38$, $P>0.05$	$F_W=60.293t+40.717$ $R^2=0.102\,3$, $n=38$, $P>0.05$

个体生殖力 F、F_L 和 F_W 的平均值随年龄的增大呈增长的趋势，但回归分析显示，F、F_L 和与 F_W 年龄的相关性均不显著（表 4-134）。

表 4-134　不同年龄组宽体沙鳅的个体生殖力

年龄	样本数	绝对生殖力（F）		体长相对生殖力（F_L）		体重相对生殖力（F_W）	
		范围	均值 ±SD	范围	均值 ±SD	范围	均值 ±SD
2⁺	7	954～3 848	1 947±1 007	34～112	200±84	83～194	134±40
3	20	417～9 472	3 137±2 292	50～976	336±226	40～549	240±144
4	11	1535～9 625	1 535±9 625	148～638	388±171	112～435	265±119

5）繁殖时间

雌性亲鱼产后性腺即退化至Ⅱ期，并主要以Ⅱ期性腺过冬，翌年 4 月性腺开始发育，5 月发育成熟，繁殖期 5—8 月，繁殖胜期 6—7 月；从 9 月至翌年 4 月雄性亲鱼性腺处于Ⅱ期，5 月迅速发育到Ⅴ期，且Ⅴ期持续时间较长（表 4-135）。

表 4-135　宽体沙鳅成鱼性腺及成熟系数月变化

	月	样本数（ind）					所占百分比（%）					成熟系数（GSI）
		Ⅱ	Ⅲ	Ⅳ	Ⅴ	Ⅵ	Ⅱ	Ⅲ	Ⅳ	Ⅴ	Ⅵ	
雌性	4	8	12	—	—	—	40.00	60.00	—	—	—	2.94±0.60
	5	5	8	26	—	—	12.82	20.51	66.67	—	—	9.09±8.82
	6	4	6	28	12	2	7.70	11.54	53.85	23.08	3.85	12.62±13.86
	7	6	5	29	8	1	12.24	10.25	59.18	16.33	2.04	11.69±6.85
	8	11	4	10		2	40.74	14.81	37.04		7.41	9.97±4.83
	9	11	—	4			73.33	—	26.67			7.32±5.87
	10	10	—	2			83.33	—	16.67			6.21±4.20
	11	9	2				81.82	189.18	—			2.33±0.55

月	样本数（ind）					所占百分比（%）					成熟系数（GSI）
	Ⅱ	Ⅲ	Ⅳ	Ⅴ	Ⅵ	Ⅱ	Ⅲ	Ⅳ	Ⅴ	Ⅵ	
4	21	—	—	—	—	100	—	—	—	—	0.53 ± 0.15
5	4	7		33		9.09	15.91	—	75.00	—	5.95 ± 3.97
6	—	—	8	60		—	—	11.76	88.24	—	5.92 ± 2.63
7	4	7		54		6.15	10.77	—	83.08	—	5.75 ± 3.52
8	8	1		11		40.00	5.00	—	55.00	—	4.23 ± 2.02
9	12			3		80.00	—	—	20.00	—	1.34 ± 1.63
10	12			1		92.30	—	—	7.70	—	0.62 ± 0.78
11	11			1		91.67	—	—	8.33	—	0.53 ± 0.64

（雄性）

2. 胚胎发育

胚胎发育在（23 ± 0.5）℃下历时 27h，积温 621℃·h。初孵仔鱼全长 3.8mm 左右。根据其胚胎发育特点可分为受精卵、卵裂、囊胚、原肠胚、神经胚、器官系统发育、出膜等 7 个阶段 28 个时期。

1）受精卵阶段

刚受精的卵无黏性。受精卵直径 0.9 ～ 1.1mm，呈灰黄或金黄色。受精后约 15min，卵膜吸水膨胀出现明显卵周隙。受精后 20min，卵膜膨胀直径约 1.6 ～ 1.9mm。受精后 0.5h，卵内的原生质向动物极移动、集中，在卵黄表面形成隆起的胚盘。胚盘颜色明显较其余部分深。

2）卵裂阶段

受精后 40min，出现横贯胚盘的卵裂沟，胚盘中央凹陷，此时胚盘第 1 次分为 2 个部分，形成 2 个大小相当的卵裂球，为 2 细胞期。受精 50min 后，完成第 2 次卵裂，与第 1 次卵裂面垂直纵裂为 4 个前后排列、大小相等的卵裂球，为 4 细胞期。受精后 55min，8 细胞期，形成两排呈前后排列的 8 个卵裂球。受精后 60min，16 细胞期，16 个分裂球呈排排列，每排 4 个，为 16 细胞期。受精后 65min，32 细胞期。受精后 70min，64 细胞期，64 个分裂球呈排排列，每排 8 个。受精后 120min，经过细胞的快速分裂，分裂球越来越多，重叠排列，形成一个隆起的细胞团，细胞之间界限清楚，即多细胞期或称桑葚期。

3）囊胚阶段

受精后 140min，囊胚早期，此时由于细胞进一步分裂，胚胎表面因细胞体积减小形成平滑曲面，细胞之间界限模糊，囊胚层隆起较高，在胚盘处形成较高的囊胚。受精后 200min，囊胚中期，细胞继续分裂，胚层高度开始下降，囊胚层较囊胚早期低，无明显细胞界限。受精后 230min，囊胚晚期，囊胚细胞开始下包，胚层变得较薄，沿着卵表层向植物极扩展，胚环局部区域细胞集中增多。

4）原肠胚阶段

受精后 300min（5h），原肠早期，胚层下包卵径 1/2，胚环边缘细胞集中加厚而形成三角形胚盾。胚胎表面的分裂球不断进行细胞分裂，同时由于胚层的下包和内卷作用形成胚环。受精后 360min（6h），原肠中期，胚层下包至 2/3 ～ 3/4，胚轴形成。受精后 460min（7h 40min），原肠晚期，胚层下包至 4/5。

5）神经胚阶段

受精后 10h，胚层下包至卵径 5/6。神经胚期的原肠作用仍然进行，但胚环明显缩小，外露卵黄减少形成大卵黄栓，整个胚胎在纵向方向被拉长。受精后 10h 30min，卵黄栓期，胚层进一步下包，外露的卵黄进一步减少形成小卵黄栓。整个胚胎在纵向方向长度稍减小。受精后 11h 30min，卵黄栓消失，在卵黄栓末端形成圆形的胚孔，胚孔逐步缩小、封闭。此时胚体头端膨大略伸出。整个胚胎在纵向方向长度进一步减小，卵黄囊为规则圆球形。

6）器官系统发生阶段

肌节出现期：受精后 12h 40min，胚体中部形成 3 对肌节胚体头部膨大。卵黄囊为规则圆球形。

眼囊出现期：受精后约 14h 20min，胚体头部前端抬起较高，头部两侧的中央出现椭圆形眼囊，肌节 8 对，胚体约围绕卵黄的 4/5。

尾芽形成期：受精后 16h 40min，胚体头尾环抱卵黄的 7/8，尾部开始膨大，与卵黄囊分离形成尾芽，此时肌节 15 对。

尾泡出现期：受精后 17h 10min，尾泡形成，此时肌节 18 对。卵黄囊变为不规则半月形。

尾芽游离，耳囊出现：受精后 18h，尾芽逐渐游离，耳囊出现。脑部出现两个明显凹曲，将脑部分为 3 部分。尾泡仍然明显，此时肌节 20 对。

肌肉效应期：受精后 19h 50min，肌肉效应期，每分钟收缩 25 ～ 30 次。尾泡消失。肌节 22 对。此时胚体延长使得头尾部与卵膜接触。卵黄囊尾部突出为 "，" 形。

心脏原基出现：受精后 20h 50min，在胚胎头部和卵黄囊之间可见心脏原基。此时肌节 24 对。脑部的端脑和间脑、间脑和中脑、中脑和延脑的分界明显，有较深的凹陷分隔，脑腔透明。

嗅囊、耳石出现：受精后 21h 20min，肌肉收缩加强，视杯前方出现嗅囊，耳囊内出现耳石。心脏形成。肌节 26 对。卵黄囊拉长。

心脏搏动期：受精后 23h 45min，头部腹下方的心脏开始跳动，平均每分钟 12 次。此时肌节 27 对。尾部剧烈摆动使胚胎在卵膜内转动。卵黄囊拉长为洗耳球状。

7）出膜阶段

受精后 26h 10min 开始出膜，受精后 27h 约一半出膜，受精后 29h 全部孵化出膜。出膜时尾部先出膜，其后胶膜层塌陷，其余部分才脱膜。初孵仔鱼身体透明，无色素。全长 3.5 ～ 3.8mm，卵黄囊淡黄色，呈一棒球棒状，前面胸腹部处呈球形，占 1/3，后面细长，占 2/3。胸鳍未出现，眼球无色素。口道未形成，肛门原基出现，消化道尚未贯通。肌节 35 对（24+11），心跳 90 次 /min。奇鳍褶形成。侧卧，垂直运动。心脏在卵黄囊背面，耳囊下方（表 4-136，图 4-206）。

表 4-136　宽体沙鳅胚胎发育

阶段	图序	时期	时间	持续时间
受精卵	1	受精	0	0
	2	胚盘形成	30 min	30 min
卵裂	3	2 细胞	40 min	10 min
	4	4 细胞	50 min	10 min
	5	8 细胞	55 min	5 min
	6	16 细胞	1 h	5 min
	7	32 细胞	1 h 5 min	5 min
	8	64 细胞	1 h 10 min	5 min
	9	多细胞	2 h	50 min
囊胚	10	囊胚早期	2 h 20 min	20 min
	11	囊胚中期	3 h 20 min	60 min
	12	囊胚晚期	3 h 50 min	30 min
原肠胚	13	原肠早期	5 h	70 min
	14	原肠中期	6 h	60 min
	15	原肠晚期	7 h 40 min	100 min
神经胚	16	神经胚	10 h	140 min
	17	小卵黄栓期	10 h 30 min	30 min
	18	胚孔封闭	11 h 30 min	60 min
器官系统发生	19	肌节出现	12 h 40 min	70 min
	20	眼囊出现	14 h 40 min	120 min
	21	尾芽形成	16 h 40 min	120 min
	22	尾泡出现	17 h 10 min	30 min
	23	尾芽游离	18 h	50 min
	24	耳泡出现，肌肉效应	19 h 50 min	110 min
	25	心脏原基出现	20 h 50 min	60 min
	26	嗅囊、耳石出现	21 h 20 min	60 min
	27	心脏搏动	23 h 45 min	145 min
	28	出膜期	27 h	195 min

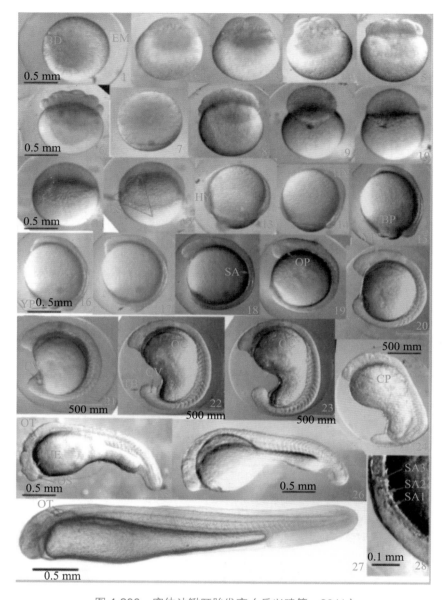

图 4-206　宽体沙鳅胚胎发育（岳兴建等，2011）

注：BP—胚孔；BD—胚盘；CP—心脏原基；CV—尾泡；EM—卵膜；ES—胚盾；HE—心脏；HY—胚轴；OC—耳囊；OP—眼囊；OS—嗅囊；OT—耳石；SA—肌节；SA1-3—肌节出现期的第 1-3 肌节；TB—尾芽；YP—卵黄栓（1-26 使用同一标尺）。

4.12.3　遗传多样性

1. β-肌动蛋白（actin）基因

1）核心片段

以肝脏 cDNA 为模板，用引物 kβ-A 和 kβ-S 进行 PCR 扩增，得到 500bp 大小的

PCR 产物。将产物电泳纯化，回收后克隆至 pMD18-T 载体后测序，得到一个 500bp 的 cDNA 片段。根据克隆的 β-actin cDNA 核心片段设计 1 对特异引物 kβ5 和 kβ3，并利用 5′-RACE 和 3′-RACE 技术分别获得 2 个约为 650bp 和 1 100bp 的 PCR 产物。对这两个片段进行克隆、测序，得到大小分别为 688bp、1 190bp 的 cDNA 片段。

2）全长序列特征

通过序列拼接，确定宽体沙鳅 β-actin cDNA 全长为 1 795bp（GenBank 登录号：NBK53701），其中 5′ 非翻译区（5′UTR）为 197bp，3′ 非翻译区（3′UTR）为 669bp，开放阅读框（ORF）为 1 125bp，编码 375 个氨基酸。PSI-BLAST 比对表明，宽体沙鳅 β-actin 氨基酸与鲢（*Hypophthalmichthys molitrix*，AAG17452.1）真鲷（*Pagrosomus major*，BAD88412.1）、罗非鱼（*Oreochromis niloticus*，XP-003455997.1）、虹鳟（*Oncorhynchus mykiss*，NP-001117707.1）等鱼类同源性达 99%，与黑腹果蝇（*Drosophila melanogaster*，AAA28321.1）、海胆（*Heliocidaris tuberculata*，AAB66245.1）等同源性达 95%（图 4-207）。

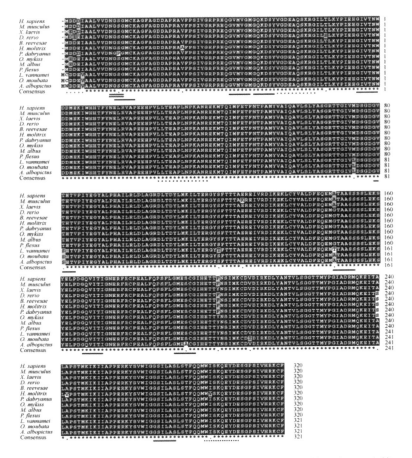

图 4-207　宽体沙鳅与其他动物的 β-actin 氨基酸的多序列比对结果（覃川杰等，2013）

注：虚线表示肌动蛋白（actin）信号区域，下划线表示 N- 豆蔻酰化位点，双下划线 N- 糖基化位点。

3）氨基酸序列特征

cDNA 开放阅读框含碱基 1 125bp，GC 含量为 47.97%，编码 375 个氨基酸，预测得到的多肽链分子量大约为 41.75kDa，理论等电点 pI 为 5.30，原子总数 5 829，分子式为 C1850H2903N491O562S23。其中，甘氨酸（Gly）、异亮氨酸（Ile）、谷氨酸（Glu）及亮氨酸（Leu）含量最高，分别为 7.7%、7.5%、7.2%、7.2%，色氨酸（Trp）含量最少，为 1.1%，带负电荷氨基酸残基（Asp+Glu）49 个，带正电荷氨基酸残基（Arg+Lys）37 个，脂肪族氨基酸指数为 80.98。宽体沙鳅 β-actin 氨基酸含有 5 个半胱氨酸（Cys），形成 2 个二硫键，分别连接第 2 位和第 19 位，第 219 位和第 287 位的半胱氨酸（Cys）。经 TMpredserver 跨膜结构分析，发现有 3 个跨膜结构，分别为第 130 ～ 146 位、第 295 ～ 310 位和第 337 ～ 355 位。Motif Scan 程序分析表明，宽体沙鳅 β-actin 氨基酸序列包含 1 个糖基化位点（NGSG），N- 豆蔻酰化位点 9 个，分别为 GSGMCK、GVMVGM、GQKDSY、GIVTNW、GVTHTV、GTAASS、GQVITI、GMESCG、GSILAS、YVGDEAQSKRG、WISKQEYDE、LLTEAP LPKANR actin 信号位点结构区域。宽体沙鳅 β-actin 氨基酸组成见图 4-208。

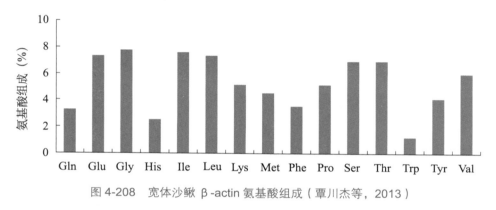

图 4-208　宽体沙鳅 β-actin 氨基酸组成（覃川杰等，2013）

4）系统发育

基于 β-actin 氨基酸序列采用 MEGA 5.0 软件，以 NJ 法构建了 25 种动物的系统进化树（图 4-209），宽体沙鳅先后与鲢、鳡等鱼类聚在一起，再与两栖类、哺乳类及无脊椎动物聚在一起。宽体沙鳅基于 β-actin 基因的分子进化地位与其生物学分类地位基本一致。

5）组织表达

荧光定量 PCR 分析（图 4-210）表明，β-actin 在宽体沙鳅的脑、鳃、鳍、心脏、肝、精巢、卵巢、肠、皮肤、肌肉、胃均有表达，且 mRNA 表达水平一致，无显著差异（$P<0.05$），稳定性良好。

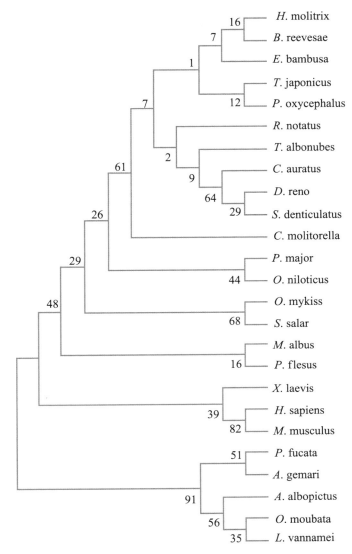

图 4-209　根据 β-actin 氨基酸序列构建的 NJ 系统进化树（覃川杰等，2013）

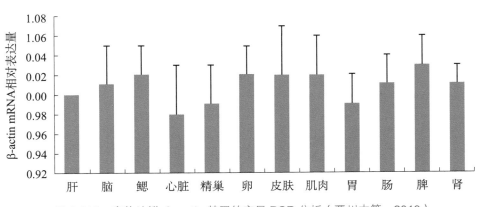

图 4-210　宽体沙鳅 β-actin 基因的定量 PCR 分析（覃川杰等，2013）

2. 热休克蛋白（HSP）70 基因

1）全长序列特征

以肝脏 cDNA 为模板，采用简并引物 HSP7-F 和 HSP7-R PCR 扩增，得到 546bp 的 PCR 产物。根据克隆的 HSP70 cDNA 片段设计 1 对特异引物 H7-GSPA 和 H7-GSPS，并利用 3′-RACE 和 5′-RACE 分别克隆得到 1 776bp 和 554bp，序列拼接得到 HSP70 全长 cDNA。HSP70 序列全长 2 371bp，包括 102bp 5′-UTR，1 947bp 开放阅读框（ORF）和 322bp 的 3′-UTR，polyA 加尾信号为 AATAAAA 等。ORF 编码 649 氨基酸，其中包括 29 个氨基酸组成的信号肽，分子量为 71.217kDa。

多重序列比对分析表明，宽体沙鳅 HSP70 基因与团头鲂、鲢、翘嘴鲌、草鱼、猪的同源性分别为 98%、98%、96%、96%、83%。Motif Scan 分析得出，BR-HSP70 cDNA 包括 3 个 HSP70 家族特征序列（family signatures），分别为 IVLVGGSTRIPKIQK（197-210）、IDLGTTYS（9-16）、IFDLGGGTFDVSIL（334-348）。BR-HSP70 cDNA 包括 6 个 N 糖基化位点（N-linked glycosylation sites）分为位于 35、151、360、417、487 和 584；8 个 N- 豆蔻酰化位点（N-myristoylation sites）分为位于 8、81、162、190、402、615、624 和 633。BR-HSP70 cDNA 还包括双向核定位序列（bipartite nuclear targeting sequences）KRKHKKDISDNKRAVRRL、ATP/GTP- 结合位点 A（P-loop）AEAYLGKT 及细胞质特异性调控基序 EEVD 等。由此可推断，克隆到的 cDNA 为宽体沙鳅 HSP70 基因，命名为 BR-HSP70，将该 cDNA 序列提交 GenBank，登录号为 KC788196（图 4-211）。

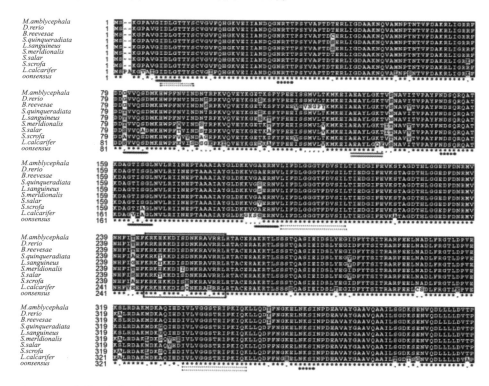

图 4-211　宽体沙鳅与其他动物的 HSP70 氨基酸的多重序列比对结果（覃川杰等，2013）

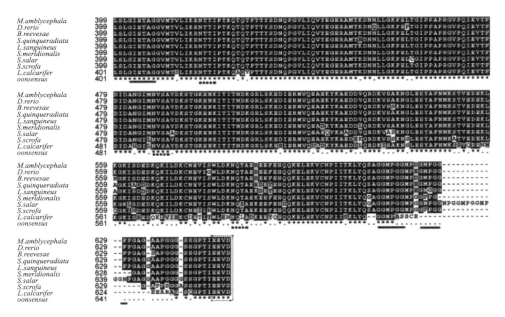

图 4-211　宽体沙鳅与其他动物的 HSP70 氨基酸的多重序列比对结果（覃川杰等，2013）（续）

注：双下划线表示 ATP/GTP- 结合位点区域，N- 糖基化位点和 N- 豆蔻酰胺基化位点分别用下划虚线和下划标注，双下划虚线表示 HSP70 家族特征区域，EEVD 位点和双向核定位序列分别用虚线框和方框表示，虚线框表示 EEVD 区域。

2）氨氮和嗜水气单胞菌对宽体沙鳅 HSP70 mRNA 表达的影响

氨氮胁迫和嗜水气单胞菌侵染后，鳃、肝脏和肾脏组 HSP70 mRNA 表达水平分别在 6 ～ 48 h、6 ～ 96 h 和 6 ～ 96 h 显著增加（$P < 0.05$），均呈现先上升后下降趋势。病菌侵染能显著诱导脾脏中 HSP70 mRNA 表达（$P < 0.05$），且在 6 ～ 24 h 内呈现先上升后下降趋势。此外，肝脏、脾脏和肾脏组 HSP70 mRNA 表达均在 12 h 达到最高水平，显著高于其他处理时间点（$P < 0.05$），而鳃组织 HSP70 mRNA 表达均在 24 h 达到最高水平，显著高于其他时间点（$P < 0.05$）（图 4-212）。

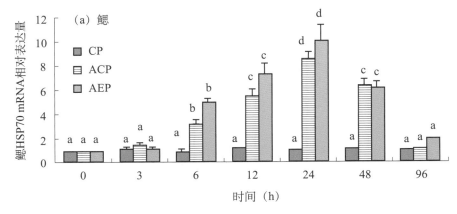

图 4-212　氨氮胁迫和嗜水气单胞菌侵染对 HSP70 mRNA 表达的影响（覃川杰等，2013）

（平均值 ± 标准误，$n = 9$）

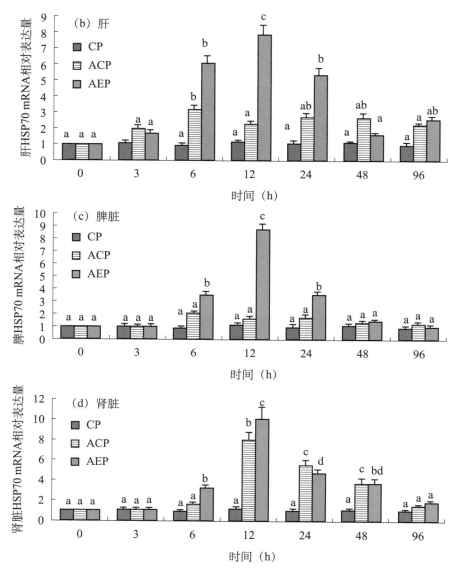

图 4-212 氨氮胁迫和嗜水气单胞菌侵染对 HSP70 mRNA 表达的影响（覃川杰等，2013）
（平均值 ± 标准误，n=9）（续）

4.12.4 其他研究

1. 组织学特征

1）消化道

消化道包括口咽腔、食道、胃、肠和肛门。口咽腔较大，咽部黏膜层味蕾发达；食道粗短，未见纵肌层，与胃贲门部间以鳔管为界。胃呈 U 形，分贲门部、盲囊部和幽门部，鳔管后为贲门部，之后膨大的部分为盲囊部，胃末端为幽门部，贲门部具胃腺，盲囊部环肌层发达，幽门部肌肉层 3 层，呈纵—环—纵排列且括约肌发达，三者在外形上分界不明显。幽门部与肠间有一明显缢缩。肠绕成 N 形，在幽门部至第一回折拐弯处为肠前段，第一回折拐弯处至第二回折拐弯处为肠中段，第二回折拐弯处以后为肠后段，肠各段组织结构无明显差异。消化道较短，为体长的 1.02 ± 0.05 倍。消化腺为肝胰脏，红褐色，不规则形，共 2 叶。左叶前部细条状，位于食道左侧与食道伴行，后部发达，从左侧伸向右侧。右叶较小，半椭圆形，位于胃前方空位处。左叶和右叶在前部相连，胆囊位于二者相连处的背方。胰腺弥散分布于肝、脾、胃、肠等的系膜上或随血管的分枝进入肝脏组织内。宽体沙鳅消化道结构见图 4-213。

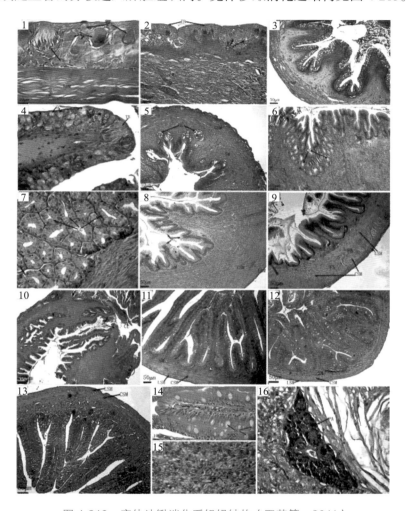

图 4-213　宽体沙鳅消化系组织结构（王芳等，2011）

注：1—口咽腔顶壁纵切；2—咽部顶壁纵切；3—食道横切；4—食道前部黏膜，示味蕾；5—贲门部前段横切；6—贲门部与盲囊部交界处纵切；7—贲门部纵切，示胃腺；8—盲囊部横切；9—盲囊部与幽门部交界处纵切；10—幽门部与肠交界处纵切；11—肠前段横切；12—肠中段横切；13—肠后段横切；14—肠前段黏膜皱襞；15—肝脏；16—胰腺。

MSC—黏液细胞；CSC—棒状细胞；TB—味蕾；M—黏膜层；SM—黏膜下层；CSM—环肌层；LSM—纵肌；GC—杯状细胞；GG—胃腺；CS—贲门部；FS—盲囊部；PS—幽门部；SP—幽门括约肌；CL—肠前段；CV—中央静脉；HC—肝细胞；PA—胰腺；BV—血管。

2）精子

宽体沙鳅的精子由头部、中片和尾部三部分组成。头部蓝紫色，近似圆球形，短径（2.181±0.148）μm，长径（2.525±0.197）μm；中片浅红色，漏斗形，较短不易观察到，长（0.420±0.033）μm；尾部线形，长（31.905±2.869）μm。精子密度为（1.443±0.292）×1 010ind/mL，pH6.7～7.0。宽体沙鳅精子发育过程见图4-214。

图4-214　宽体沙鳅精子发育（王永明等，2016）

注：1. 精子(sp)充满整个小叶腔；2. 成熟精子，示头部(H)，中片(M)和鞭毛(F)；3. 精子头部纵切，示核膜(NM)，核空泡(NV)，精子细胞质膜(PM)，袖套腔(S)，囊泡(V)和鞭毛(F)；4. 精子头部纵切，示基体(BB)，线粒体(Mt)，近端中心粒(PC)和细胞核(N)；5. 鞭毛纵切，示轴丝(A)；6. 鞭毛横切，示中央微管(CM)，动力蛋白臂(DA)和外周二联管(PD)。

（1）头部：透射电镜观察发现，宽体沙鳅精子头部无顶体，外被质膜，质膜表面凹凸不平，呈现微小波浪状，细胞质甚少。整个精子头部几乎被细胞核占据，核内染色质致密，偶见零星分布的核空泡，核空泡大小0.37μm，其内可见有电子致密状颗粒分布，核膜紧贴质膜。核后有一凹陷的植入窝且植入窝偏向一侧，植入窝凹陷深度约为细胞核长径的1/6。

（2）中片：宽体沙鳅精子中片较短，由中心粒复合体、袖套及少量线粒体组成。中心粒复合体由近端中心粒和基体组成。近端中心粒与基体呈L形排列，基体起始端横断面可见"9+2"型双联微管结构且基体两侧底部分别有少量线粒体分布。袖套紧接细胞核的后端，不对称分布于鞭毛两侧，中央空隙为袖套腔。袖套一侧狭长，内含线粒体1～2个；另一侧肥厚，内含数个线粒体和多个囊泡。线粒体椭圆形，其内嵴清晰可见。

（3）尾部：宽体沙鳅精子的尾部起始于袖套腔并由基体长出的轴丝外延形成，其主要结构为轴丝。轴丝为典型的"9+2"型双联微管结构，微管膜结构及动力蛋白臂清晰可见。尾部外表面质膜向外突出形成侧鳍，侧鳍呈两侧对称或等比例分为3支，尾部后段侧鳍较前段发达。

（4）水体的影响：宽体沙鳅精子在曝气井水中有效运动时间和寿命最长，分别为（15.13±1.18）s 和（35.71±2.90）s。在江水、曝气蒸馏水和曝气自来水中有效运动时间和寿命分别为（14.59±1.11）s、（13.38±0.83）s、（14.67±1.01）s 和（32.17±2.92）s、（34.78±2.90）s、（34.20±1.81）s。单因素方差分析和 Duncan 多重检验显示：宽体沙鳅精子在曝气井水中的有效运动时间和寿命与在其他 3 种水中存在极显著差异（$P<0.01$），其余各组间均存在显著差异（$P<0.05$）（图 4-215）。

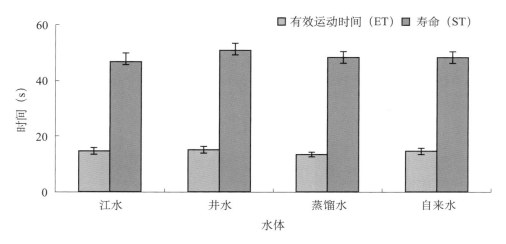

图 4-215　不同水体对宽体沙鳅精子活力的影响（周露等，2015）

（5）pH 的影响：在 pH 5.5 ～ 9.0 的范围内，精子均可以存活，在 pH 7.5 时活力最高，此时的有效运动时间和寿命分别为（14.87±1.94）s 和（38.34±1.67）s。单因素方差分析和 Duncan 多重检验显示：在 pH 7.5 下宽体沙鳅精子的有效运动时间与其他 pH 溶液之间存在极显著差异（$P<0.01$）；寿命在 pH 7 ～ 7.5 之间存在显著差异（$P<0.05$），在 pH 7.5 与其他 pH 溶液之间存在极显著差异（$P<0.01$）。不同 pH 对宽体沙鳅精子活力的影响见图 4-216。

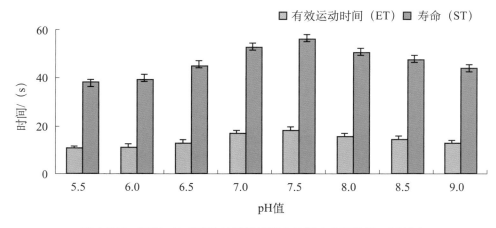

图 4-216　不同 pH 对宽体沙鳅精子活力的影响（周露等，2015）

（6）NaCl 的影响：在 Na + 浓度 0 ～ 100 mmol/L 范围内，精子均可存活，精子活力在 75mmol/L 时达到最高，此时精子的有效运动时间和寿命分别为（37.45 ± 4.43）s 和（98.93 ± 8.78）s。对照组中精子活力最低。单因素方差分析，Duncan 多重检验显示：精子有效运动时间在 75mmol/L 与 50mmol/L 之间差异有统计学意义（$P<0.05$），在 75mmol/L 与其余各组之间差异有高度统计学意义（$P<0.01$）；精子寿命在 75mmol/L 与其他 5 种不同浓度的 NaCl 溶液之间差异有高度统计学意义（$P<0.01$）。不同浓度 NaCl 对宽体沙鳅精子活力的影响见图 4-217。

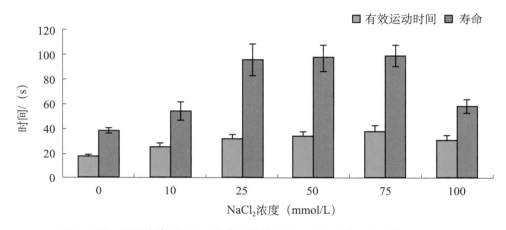

图 4-217　不同浓度 NaCl 对宽体沙鳅精子活力的影响（王永明等，2016）

（7）KCl 的影响：精子在 K+ 浓度 0 ～ 1.0mmol/L 范围内均具活力，在 0.5mmol/L 时达到最高，此时精子的有效运动时间和寿命分别为（26.05 ± 1.86）s 和（52.78 ± 2.96）s。有效运动时间和寿命分别在对照组和 K+ 浓度 1.0mmol/L 时最短。单因素方差分析，Duncan 多重检验显示：精子有效运动时间和寿命在 0.5mmol/L 与在其他 6 种不同浓度的 KCl 溶液之间差异有高度统计学意义（$P<0.01$）。不同浓度 KCl 对宽体沙鳅精子活力的影响见图 4-218。

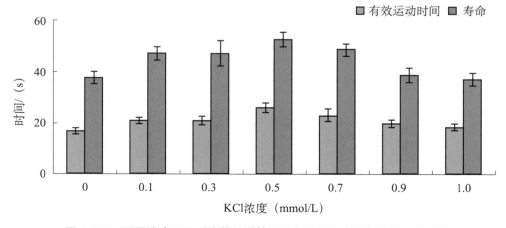

图 4-218　不同浓度 KCl 对宽体沙鳅精子活力的影响（王永明等，2016）

（8）CaCl₂ 的影响：精子在 Ca²⁺ 浓度为 0 ～ 20mmol/L 范围内均具活力，在 5mmol/L 时有效运动时间达到最高，为（19.61±0.99）s；在 10mmol/L 时寿命最高，为（61.30±7.14）s。精子活力的最低有效时间和最低寿命分别在 20mmol/L 和 0mmol/L 时。单因素方差分析，Duncan 多重检验显示：精子有效运动时间和寿命在 5.0mmol/L 与其他 6 组不同浓度的 CaCl₂ 溶液之间差异有高度统计学意义（$P<0.01$）。不同浓度 CaCl₂ 对宽体沙鳅精子活力的影响见图 4-219。

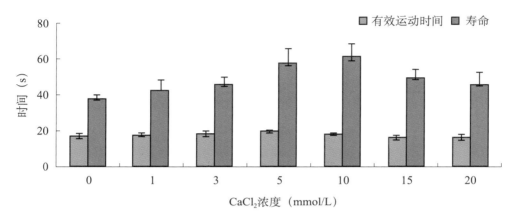

图 4-219　不同浓度 CaCl₂ 对宽体沙鳅精子活力的影响（王永明等，2016）

2. 血液学

1）总蛋白含量

2013 年 4—11 月采集于长江上游支流沱江内江段的宽体沙鳅，血清总蛋白浓度为 0.107mg/mL，平均吸光值为 0.196；体表黏液总蛋白浓度为 0.031mg/mL，平均吸光值为 0.138，单位质量蛋白浓度为 3.163 3mg/（mL·kg）。血清与体表黏液蛋白含量测定见表 4-137。

表 4-137　血清与体表黏液蛋白含量测定（张婷等，2015）

生物学参数	平均体质量（g）	9.80
	平均体长（mm）	95.00
血清蛋白	平均吸光值	0.196
	蛋白浓度（mg/mL）	0.107
体表黏液蛋白	平均吸光值	0.138
	蛋白浓度（mg/mL）	0.031
	分泌量 [mg/(mL·kg)]	3.1633

2）蛋白成分比较

宽体沙鳅血清 27 条，体表黏液 39 条，血清蛋白成分小于体表黏液蛋白成分，两者共有的蛋白成分有 5 种，其分子量分别为：100.00kD、68.00kD、56.00kD、

32.80kD、31.50kD（图 4-220）。

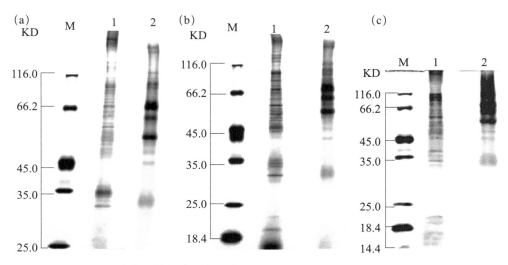

图 4-220　宽体沙鳅血清和体表黏液蛋白 SDS-PAGE 图谱（张婷等，2015）

(a) 为 8% 分离胶，(b) 为 10% 分离胶，(c) 为 12% 分离胶；1 为黏液，2 为血清

3）种间血清及体表黏液蛋白成分比较

宽体沙鳅与中华沙鳅、长薄鳅及南方鲇的种间血清及体表黏液蛋白成分的聚类分析结果（图 4-221）显示，宽体沙鳅与中华沙鳅的血清蛋白组分相似度最大（0.67），与长薄鳅的相似度略低（0.56），与南方鲇的相似度最低（0.40）。而体表黏液蛋白组分比较结果显示，中华沙鳅与南方鲇的相似度最大（0.53），与宽体沙鳅的略低（0.52），与长薄鳅的最小（0.47）。

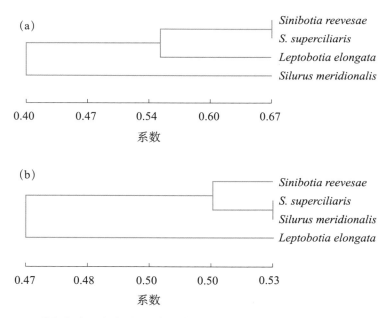

图 4-221　4 种鱼血清蛋白（a）及体表黏液蛋白（b）成分聚类分析（张婷等，2015）

3. 营养生态生理

在宽体沙鳅肌肉、鱼卵、肝脏中分别检测到 23、19、23 种脂肪酸，分别含饱和脂肪酸（Saturated fatty acid，SFA）9、5、9 种，单不饱和脂肪酸（Monounsaturated fatty acid，MUFA）5、4、4 种，多不饱和脂肪酸（Polyunsaturated fatty acid，PUFA）9、10、10 种（表 4-138）。

表 4-138　宽体沙鳅不同组织的脂肪酸组成（颉江等，2013）

脂肪酸	肌肉（%）	卵（%）	肝（%）
C12:0	0.13 ± 0.57	0	0.19 ± 0.48
C14:0	0	1.88 ± 0.04	2.57 ± 0.24
C15:0	0.38 ± 0.32	1.16 ± 0.67	0.80 ± 0.55
C16:0	21.66 ± 0.74a	30.07 ± 0.92b	25.10 ± 0.33ab
C16:1	13.86 ± 0.19	7.80 ± 0.68	9.43 ± 0.78
C17:0	1.53 ± 0.48	1.78 ± 0.07	1.39 ± 0.97
C17:1	0.25 ± 0.74	0.53 ± 0.35	0.48 ± 0.92
C18:0	5.44 ± 0.96a	8.37 ± 0.02b	10.84 ± 0.19c
C18:1, n-9	27.27 ± 0.63a	16.88 ± 0.66b	26.45 ± 0.70a
C18:2, n-6	5.63 ± 0.01a	2.59 ± 0.40b	4.95 ± 0.96a
C20:0	0.28 ± 0.67	0	0.42 ± 0.93
C18:3, n-6	0.17 ± 0.23	0	0
C20:1, n-9	4.20 ± 0.67	1.36 ± 0.92	2.59 ± 0.03
C18:3, n-3	2.24 ± 0.28a	0.89 ± 0.66b	1.15 ± 0.96b
C21:0	0.11 ± 0.26	0	0.12 ± 0.33
C20:2	0.56 ± 0.87	0.13 ± 0.56	0.79 ± 0.81
C22:0	0.12 ± 0.99	0	0.28 ± 0.59
C20:3, n-6	0.30 ± 0.45	0.54 ± 0.93	0.50 ± 0.54
C20:3, n-3	1.42 ± 0.84	0.46 ± 0.36	0.16 ± 0.99
C20:4, n-6	2.88 ± 0.23a	5.56 ± 0.75b	3.01 ± 0.44a
C22:2	0.21 ± 0.37	0.17 ± 0.17	0.45 ± 0.34
C20:5, n-3	2.39 ± 0.69b	3.06 ± 0.97a	1.48 ± 0.94c
C22:5, n-3	5.87 ± 0.96a	4.45 ± 0.24a	2.96 ± 0.83b
C22:6, n-3	2.97 ± 0.76a	12.22 ± 0.53b	3.75 ± 0.02a
SFA	29.70 ± 0.02a	41.39 ± 0.69b	39.18 ± 0.42b
MUFA	45.60 ± 0.24a	26.59 ± 0.64c	38.97 ± 0.44b
PUFA	24.69 ± 0.73b	30.12 ± 0.62a	19.26 ± 0.88c
∑ n-3	14.92 ± 0.55b	21.10 ± 0.78a	9.53 ± 0.77c
∑ n-6	8.98 ± 0.93	8.71 ± 0.08	8.47 ± 0.94
∑ n-3/ ∑ n-6	1.66 ± 0.03a	2.42 ± 0.31b	1.12 ± 0.47a

注：同行数值后小写字母不相同，表示组间差异显著（$P < 0.05$）。

宽体沙鳅亲鱼鱼卵中 SFA 和 PUFA 比例最高，分别是 41.39% 和 30.12%，显著高于肌肉（$P < 0.05$）。此外，亲鱼鱼卵中 C20:4n-6、C20:5n-3、C22:6n-3 和 $\sum$ n-3 比例也显著高于肌肉和肝脏（$P < 0.05$），而鱼卵、肌肉和肝脏中 $\sum$ n-6 比例无显著差异（$P > 0.05$）。鱼卵中比例最高的 SFA、MUFA 和 PUFA 分别为 C16:0、C18:1，n-9 和 C22:6，n-3，组成比例分别为 30.07%、16.88% 和 12.22%。而肌肉中比例最高的 PUFA 为 C22:5，n-3，其比例为 5.87%。

4.12.5　资源保护

宽体沙鳅产沉性卵的特性，使其繁殖对水流条件的要求更为苛刻。水温 $23 \pm 0.5℃$ 条件下，受精卵历时 27h 孵出，按照库区洪水期水体流速 $0.1 \sim 0.3m/s$ 计算，其胚胎发育所需自然河段长度应为 84.78km（岳兴建，2011），低于该长度，胚胎将沉于水底缺氧死亡。我们对沱江鱼类资源调查发现：在沱江五里店电站—石盘滩电站间江段，宽体沙鳅与中华沙鳅、花斑副沙鳅、长薄鳅和紫薄鳅同域分布，但石盘滩电站以下江段宽体沙鳅数量则十分稀少，这与天宫堂电站建成前五里店电站—石盘滩电站间自然河段较长有关。为保护其种质资源，建议延长禁渔期，或选择适合其繁殖条件的河段建立自然保护区，同时加强其人工繁殖研究。此外，鱼类增殖放流种类的选择一定要充分考虑鱼类繁殖所需的生态条件。宽体沙鳅在长江上游干流有一定资源量，其与中华沙鳅分布区域高度重叠，当前资源量仍较为丰富，尤其是全面禁捕后受"钢鳅、青龙丁"食用热潮消退的影响，其资源应能稳定在一个较高的水平，但受金沙江下游梯级开发影响，其产卵环境日益改变，有必要持续关注其生态需求与当前环境状况间的一致性，开展相关研究，指导生态调度、栖息地修复、种群增殖等。

4.13　秀丽高原鳅

4.13.1　概况

1. 分类地位

秀丽高原鳅（*Triplophysa venusta* Zhu *et* Cao，1988），隶属鲤形目（Cypriniformes）鳅科（Cobitidae）高原鳅属（*Triplophysa*），俗称"黄头鱼""油鱼""NiPaMai""TuoLuoHua"等（图 4-222）。为我国特有鱼类。

体短而侧扁。背缘自吻端至背鳍起点逐渐隆起，往后渐次下降。腹缘轮廓线略呈弧形，腹部圆。头

图 4-222　秀丽高原鳅（源自 www.ynagri.gov.cn）

大，侧扁。吻钝，吻长略小于或等于眼后头长。鼻孔接近眼前缘而远离吻端；前、后鼻孔靠近，前鼻孔位于鼻瓣中，鼻瓣后缘略延长，末端接近后鼻孔后缘。眼中等大，

位于头背侧，腹视可见一部分。眼间隔较狭，稍隆起。口下位，口裂呈弧形。上、下唇厚，有浅皱褶。上唇中央无缺刻，下唇中央有一缺刻。缺刻之后有中央颏沟。上颌弧形，无齿状突起。下颌匙状，边缘不锐利。须 3 对，中等长。内侧吻须后伸达前鼻孔，外侧吻须后伸达鼻孔后缘，口角须伸达眼后缘。鳃孔伸达胸鳍基腹侧。尾柄细且略长，侧扁，尾柄起点处的宽小于该处的高；尾柄后段背、腹侧均有明显的棱状突起。

背鳍起点通常位于体长中点或略后，少数位于中点之前，鳍条末端接近肛门的垂直线。臀鳍起点距腹鳍起点通常略大于距尾鳍基，鳍条末端不达尾鳍基。胸鳍外缘略圆。腹鳍不伸过肛门。全体裸露无鳞。侧线完全。沿体侧中轴伸达尾鳍基。雄性吻部两侧有一长条形隆起，其上布满密集的小刺突。胸鳍外侧数根鳍条背面有垫状突起，其上也布满小刺突。

体基色浅黄，体背、体侧及头背具众多不规则云状斑。背鳍、尾鳍各具 3 ～ 4 条斑纹，胸鳍具条状短纹，其余各鳍无斑纹。鳔的后室膨大，呈卵圆形，末端达到相当于背鳍的下方。

2. 种群分布

秀丽高原鳅主要分布于云南省鹤庆县的金沙江水系漾弓江流域，栖息于多水草的缓流或静水水域。

3. 研究概况

陈小勇等（2003）于 2001 年在丽江拉市海保护区首次采集到了已濒临灭绝的土著种秀丽高原鳅。目前关于秀丽高原鳅的研究不多，主要集中在个体生物学（武祥伟，2015；李光华等，2016）、种群生存学（武祥伟等，2015；梁祥等，2016）、营养学（崔丽莉等，2016；李光华等，2016）等方面。

4.13.2　生物学研究

1. 渔获物结构

根据相关报道（李光华等，2016），2013 年 3 月—2014 年 2 月在云南省鹤庆县漾弓江流域清水河采集到秀丽高原鳅 568 尾。体长范围为 32 ～ 110 mm，平均体长 70.5 mm，优势体长组为 60 ～ 80 mm，占总数的 52.5%。体重范围为 0.52 ～ 15.41 g，平均体重 4.23 g，优势体重组为 1.00 ～ 6.00 g，占总数的 65.5%。年龄范围为 1 ～ 8 龄，优势年龄为 2 ～ 5 龄，占总数的 78.1%。雌雄个体平均体长分别为 67.8 mm 和 72.7 mm，平均体重分别为 4.13 g 和 4.30 g（表 4-139）。

表 4-139　秀丽高原鳅各年龄组体长与体重分布（李光华等，2016）

年龄 / 性别	样本数	体长（mm）		体重（g）	
		范围	均值 ± 标准差	范围	均值 ± 标准差
1	16	32 ～ 57	47.8 ± 5.2	0.57 ～ 1.25	1.22 ± 0.41

年龄/性别	样本数	体长（mm）		体重（g）	
		范围	均值±标准差	范围	均值±标准差
2	21	36～65	51.6±7.4	0.66～2.31	1.55±0.46
3	30	59～86	72.9±7.2	2.15～8.12	3.52±1.16
4	42	46～93	78.8±7.9	7.40～2.03	3.82±1.45
5	32	64～92	86.9±10.88	2.31～9.71	5.19±1.62
6	12	72～102	90±8.9	5.95～11	8.49±1.64
7	5	91～106	98.8±5.89	10.22～15.19	12.8±2.1
8	2	106～110	108.0±2.83	11.85～15.41	13.63±2.52
雌性	70	32～110	67.8±18.9	0.52～15.41	4.13±3.73
雄性	90	45～98	72.7±11.5	0.95～12.00	4.30±2.25

2. 年龄与生长

1）生长指数

1～8龄个体中，体长与体重的相对生长率、瞬时生长率与生长比率的变化趋势均为先升高，2龄时达最大值，之后逐渐降低，但在4龄与5龄时又达到较高水平（表4-140）。总体上，1～8龄个体的生长常数与生长指标逐渐增大。由于7龄与8龄个体样本较少，导致生长常数与生长指标在此阶段处于较低水平。

表4-140　秀丽高原鳅体长与体重生长指数（李光华等，2016）

	年龄	平均体长	平均体重	相对生长率（%/a）	瞬时生长率（%/d）	生长比速	生长常数	生长指标
体长（mm）	1	47.8	—	7.95	0.021	0.08	0.11	3.66
	2	51.6	—	41.28	0.095	0.35	0.86	17.83
	3	72.9	—	8.09	0.021	0.08	0.27	5.67
	4	78.8	—	10.28	0.027	0.10	0.44	7.71
	5	86.9	—	3.57	0.010	0.04	0.19	3.05
	6	90	—	9.78	0.026	0.09	0.61	8.40
	7	98.8	—	9.31	0.024	0.09	0.67	8.80
	8	108	—	—	—	—	—	—
体重（g）	1	—	1.22	27.05	0.066	0.24	0.36	0.29
	2	—	1.55	127.10	0.225	0.82	2.05	1.27
	3	—	3.52	8.52	0.022	0.08	0.29	0.29
	4	—	3.82	35.86	0.084	0.31	1.38	1.17
	5	—	5.19	63.58	0.135	0.49	2.71	2.55
	6	—	8.49	50.77	0.112	0.41	2.67	3.49
	7	—	12.8	6.48	0.017	0.06	0.47	0.80
	8	—	13.63	—	—	—	—	—

2）体长与体重关系

160 尾样本中，全部个体、雌性个体、雄性个体的体长与体重的幂函数拟合回归方程式分别为（图 4-223）：$W_{♀+♂}=0.014\ 9L^{2.811}$（$n=160$，$R^2=0.891\ 3$，$R=0.864\ 7$）；（$n=70$，$R^2=0.911\ 1$，$R=0.871\ 8$）；（$n=90$，$R^2=0.839\ 8$，$R=0.871\ 8$）。Pauly t 检验结果表明全部个体、雌性个体、雄性个体的 t 值分别为 1.59、1.19 与 0.76，均分别小于 $t_{0.05}（159）=1.96$、$t_{0.05}（69）=1.99$、$t_{0.05}（89）=1.98$，表明上述体长与体重回归方程的幂指数 b 与 3 之间无显著性差异，秀丽高原鳅体重与体长立方成正比，属于均匀型生长类型。

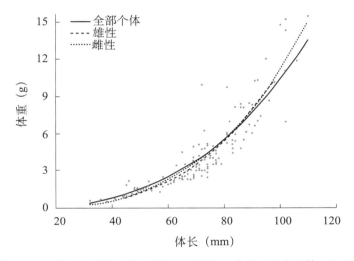

图 4-223　秀丽高原鳅体长与体重关系的拟合曲线（李光华等，2016）

3）肥满度

雄鱼（雌鱼）的 Fulton 与 Clark 肥满度范围分别为 1.03～1.42（1.03～1.28）与 0.76～0.93（0.81～1.21），平均值分别为 1.15（1.13）与 0.84（1.02），最大与最小 Fulton 肥满度个体的体长范围分别为 3～4cm（3～4cm）与 5～6cm（7～8cm），最大与最小 Clark 肥满度个体的体长分别为 5～6cm（3～4cm）与 3～4cm（9～11cm）（表 4-141）。总体上，雄鱼 Fulton 肥满度平均值大于雌鱼，而雄鱼 Clark 肥满度小于雌鱼，但双尾 t 检验表明雌雄鱼的肥满度差异均未达到显著水平（$P>0.05$）。

表 4-141　秀丽高原鳅肥满度变化（李光华等，2016）

体长组 （cm）	3～4		5～6		7～8		9～11		平均	
	♂	♀	♂	♀	♂	♀	♂	♀	♂	♀
尾数	3	16	32	24	48	19	7	11	90	70
Fulton	1.42	1.28	1.03	1.05	1.05	1.03	1.10	1.14	1.15	1.13
Clark	0.76	1.21	0.93	1.10	0.84	0.94	0.85	0.81	0.84	1.02

3. 繁殖生物学

1）繁殖群体组成

160 尾标本中雌雄个体分别为 70 尾与 90 尾，雌雄比例为 1：1.29。雄鱼具两叶精巢，白色细长，最小性成熟个体的体长与体重分别为 64mm 和 2.78g，性成熟系数为 0.76%。雌鱼腹腔后侧两侧各具一个卵巢，卵巢前部相连，其正腹面具一凹槽，中后部分开，最小性成熟个体的体长与体重分别为 62mm 和 2.15g，绝对怀卵量为 769 粒，性成熟系数为 2.56%。

2）繁殖力

性腺发育至Ⅳ期的 30 尾个体的绝对繁殖力位于 825～4 500 粒 / 尾之间，平均 1 815 粒 / 尾，并且体长越大绝对繁殖力越大；相对繁殖力位于 317～466 粒 /g 之间，平均 316 粒 /g，并且随体长规律性的增加，繁殖贡献以 101～110mm 体长的个体最高，平均值达 355 粒 /g（表 4-142）。Ⅳ期卵巢呈棕黄色，卵为淡黄色。秀丽高原鳅在金沙江漾弓江流域的产卵期为 6—8 月。

表 4-142　秀丽高原鳅繁殖力（李光华等，2016）

体长（mm）	样本数	绝对繁殖力（粒 / 尾）		相对繁殖力（粒 /g）	
		范围	平均	范围	平均
60～70	6	825～1 412	967	317～446	332
71～80	6	980～2 566	1 372	299～363	338
81～90	7	850～2 890	1 542	200～435	293
91～100	4	1 149～3 048	1 743	219～382	264
101～110	7	1 990～4 500	3 455	332～446	355
总计	30	825～4 500	1 815	317～446	316

4.13.3　渔业资源

1. 种群生存力

1）自然种群模拟结果

根据相关报道（梁祥等，2016），当前秀丽高原鳅种群内禀增长率 $r = -0.011$，周限增长率 $\lambda = 0.989$，净生殖率 $R_0 = 0.957$，雌雄世代长度均为 4.02 年，即平均每 4.02 年种群基因更替一次。1 000 次模拟结果显示，当前条件下种群数量达到环境容纳量之前的增长率为 $r = -0.057$（标准差 SD＝0.659）。后续的 100 年中种群的灭绝概率为 54.8%，平均灭绝时间为 61.4 年，表明 100 年内秀丽高原鳅种群至少灭绝一次（表 4-143）。

表 4-143　秀丽高原鳅 100 年内种群生存力模拟结果（梁祥等，2016）

内禀增长率	瞬时增长率	标准差	灭绝概率（%）	现存种群数量（Next）	标准差（Next）	平均种群数量（Nall）	标准差（Nall）	中位灭绝时间（年）	平均灭绝时间（年）
-0.011	-0.057	0.659	0.548	3 085.96	6 575.38	1 394.89	4 675.31	94	61.4

后续的 100 年中，种群数量呈先短暂增加后快速下降的趋势，灭绝概率逐渐增大（图 4-224）。第 1—14 年内种群数量大于初始种群数量的 5 000 尾，最高为 5 499 尾；但第 15—100 年内种群数量逐渐下降。其中，第 30 年种群数量为 3 824 尾，灭绝概率已达 5%。

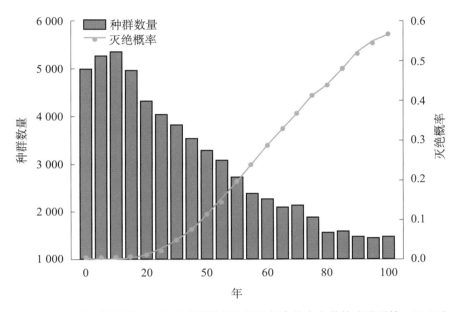

图 4-224　秀丽高原鳅 100 年内种群数量和灭绝概率的变化趋势（梁祥等，2016）

2）环境方差的敏感性

当 0 ~ 1 龄、1 ~ 2 龄、2 ~ 3 龄与 +3 龄个体的死亡率降低 20% 时，种群存活概率由 45.2% 分别迅速增至 100%、59.6%、60.8% 和 48.6%（图 4-225A1-D1），平均种群数量由 1 395 尾分别增至 25 726 尾、2 885 尾、2 934 尾和减小至 1 313 尾（图 4-225A2-D2）。由此表明，低龄个体的死亡率对种群生存影响更大。当繁殖率增加 20% 时，种群存活概率由 45.2% 迅速升至 80.8%，平均种群数量由 1395 尾快速增至 6701 尾（图 4-225E1、E2）。因此，种群生存力对繁殖率也比较敏感。

3）灾害的敏感性

结果表明，灾害对秀丽高原鳅种群的长期存活具有重要影响。当发生频率和严重程度均分别降低 20% 时，种群存活概率由 45.2% 分别快速增至 97.8% 和 100%（图 4-225F1、G1），平均种群数量由 1 395 尾分别增至 27 319 尾和 17 250 尾（图 4-225F2、G2），种群几乎脱离了灭绝的危险。

4）环境容纳量的敏感性

当环境容纳量增加 50% 时，种群存活概率保持当前水平（45.2%）未变化，平均种群数量由 1 395 尾微增至 1 552 尾（图 4-225H1、H2）。环境容纳量的增加并没有显著增加种群的存活概率和种群数量。

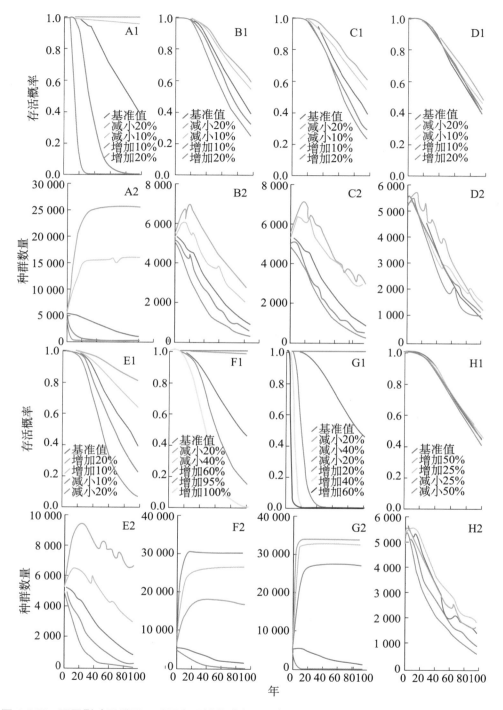

图 4-225　不同影响因子下，秀丽高原鳅种群存活概率和种群数量的变化趋势（梁祥等，2016）

注：A1—H1：0～1龄个体死亡率，1～2龄个体死亡率，2～3龄个体死亡率，3+龄个体死亡率，繁殖比例，灾害发生频率，灾害影响程度，环境容纳量对种群存活概率的影响；A2—H2：0～1龄个体死亡率，1～2龄个体死亡率，2～3龄个体死亡率，3+龄个体死亡率，繁殖比例，灾害发生频率，灾害影响程度，环境容纳量对种群数量的影响。

4.13.4　其他研究

1. 营养生态生理

1）一般营养成分

根据相关报道（崔丽莉等，2016），秀丽高原鳅肌肉水分含量70.65%～71.13%，平均（70.92±0.01）%；粗蛋白含量23.80%～24.31%，平均（24.10±0.26）%；粗脂肪含量3.55%～3.84%，平均（3.73±0.16）%；粗灰分含量1.20%～1.33%，平均（1.25±0.07）%。

2）氨基酸

从肌肉中检测到18种氨基酸（表4-144），比例为（13.64±0.8）%，其中包括8种必需氨基酸（EAA）和10种非必需氨基酸（NEAA），含量分别为5.98%与7.66%。谷氨酸含量最高（1.67%），其次为亮氨酸（1.43%）、天冬氨酸（1.15%）与赖氨酸（1.09%）。EAA与总氨基酸（TAA）和NEAA的比值分别为0.44与0.78。鲜味氨基酸（DAA）含量为4.22%，DAA/TAA值为0.31。支链氨基酸（BCAA）和芳香族氨基酸（AAA）所占比例分别为3.09%、1.37%，BCAA/AAA值为2.26。秀丽高原鳅肌肉中的必需氨基酸组成相对比较平衡，且含量丰富。

表 4-144　秀丽高原鳅肌肉中氨基酸组成及含量（崔丽莉等，2016）

氨基酸	含量（%）	氨基酸	含量（%）
苏氨酸（Thr*）	0.60±0.05	酪氨酸（Tyr）	0.63±0.06
缬氨酸（Val*）	0.85±0.02	脯氨酸（Pro）	0.74±0.06
蛋氨酸（Met*）	0.46±0.02	胱氨酸（Cys）	0.08±0.01
亮氨酸（Leu*）	1.43±0.14	—	—
异亮氨酸（Ile*）	0.81±0.02	总氨基酸 TAA	13.64±0.8
苯丙氨酸（Phe*）	0.69±0.06	必需氨基酸 EAA	5.98
赖氨酸（Lys*）	1.09±0.1	非必需氨基酸 NEAA	7.66
色氨酸（Trp*）	0.05±0.01	鲜味氨基酸 DAA	4.22
组氨酸（His）	0.39±0.02	支链氨基酸 BCAA	3.09
精氨酸（Arg）	0.92±0.03	芳香族氨基酸 AAA	1.37
丝氨酸（Ser）	0.68±0.02	—	—
天冬氨酸（Asp#）	1.15±0.03	DAA/TAA	31
谷氨酸（Glu#）	1.67±0.06	BCAA/AAA	226
甘氨酸（Gly#）	0.52±0.02	EAA/TAA	44
丙氨酸（Ala#）	0.88±0.07	EAA/NEAA	78

注：* 为必需氨基酸，# 为鲜味氨基酸。

3）营养价值评价

氨基酸评分方法（AAS）中（表4-145），除色氨酸外，其他必需氨基酸的 AAS

值均大于 0.6，赖氨酸、异亮氨酸、亮氨酸、苯丙氨酸＋酪氨酸的 AAS 值均大于或等于 0.9。化学评分方法（CS）中，除色氨酸与蛋氨酸＋胱氨酸外，其他必需氨基酸 CS 值均大于 0.5，赖氨酸的氨基酸评分最高。

根据氨基酸评分结果，秀丽高原鳅肌肉蛋白中色氨酸的 AAS 值最小（0.21），其次为苏氨酸（0.67），据此表明秀丽高原鳅的第一、二限制性氨基酸分别为色氨酸与苏氨酸；CS 值色氨酸仍最小，与 AAS 值相似，为第一限制性氨基酸，但第二限制性氨基酸为蛋氨酸＋胱氨酸（CS=0.44）。

表 4-145　秀丽高原鳅肌肉中必需氨基酸组成与评分（崔丽莉等，2016）

必需氨基酸（EAA）	含量（%）	氨基酸评分（AAS）	化学评分（CS）
苏氨酸（Thr）	2.70	0.67	0.54
缬氨酸（Val）	3.84	0.77	0.52
异亮氨酸（Ile）	3.67	0.92	0.56
亮氨酸（Leu）	6.48	0.93	0.74
苯丙氨酸＋酪氨酸（Phe+Tyr）	5.95	0.99	0.59
蛋氨酸＋胱氨酸（Met+Cys）	2.43	0.69	0.44
赖氨酸（Lys）	4.93	0.90	0.77
色氨酸（Trp）	0.21	0.21	0.12
合计	30.21	6.08	4.28
必需氨基酸指数（EAAI）	48.11	—	—

4）脂肪酸组成

秀丽高原鳅肌肉中共检测到 16 种脂肪酸（表 4-146）。其中包括 6 种饱和脂肪酸（SFA），占比为（35.79±0.13）%；3 种单不饱和脂肪酸（MUFA），占比为（29.87±0.06）%；7 种多不饱和脂肪酸（PUFA），占比为（32.11±0.14）%。DHA 与 EPA 的总含量为（11.68±0.08）%。

表 4-146　秀丽高原鳅肌肉中主要脂肪酸的相对含量（崔丽莉等，2016）

脂肪酸	含量（%）	脂肪酸	含量（%）
饱和脂肪酸（SFA）		多不饱和脂肪酸（PUFA）	
肉豆蔻酸（C14:0）	2.01±0.01	亚油酸（C18:2n-6）*	5.97±0.02
棕榈酸（C16:0）	23.99±0.09	α-亚麻酸（C18:3n-3）*	1.34±0.02
硬脂酸（C18:0）	8.02±0.02	二十碳三烯酸（C20:3n-3）	0.61±0.01
花生酸（C20:0）	0.64±0.01	二十碳三烯酸（C20:3n-6）	0.32±0.02
二十一碳酸（C21:0）	0.92±0.01	花生四烯酸（C20:4n-6）	11.19±0.11

续表

脂肪酸	含量（%）	脂肪酸	含量（%）
山萮酸（C22:0）	0.21 ± 0.01	二十碳五烯酸 EPA（C20:5n-3）	6.26 ± 0.05
小计	35.79 ± 0.13	二十二碳六烯酸 DHA（C22:6n-3）	5.42 ± 0.02
单不饱和脂肪酸（MUFA）	—	小计	32.11 ± 0.14
棕榈油酸（C16:1n-7）	6.56 ± 0.03	—	—
油酸（C18:1n-9）	22.39 ± 0.06	EPA+DHA	11.68 ± 0.08
二十碳一烯酸甲酯（C20:1）	0.92 ± 0.01	总必需脂肪酸（∑EFA）	7.31 ± 0.04
小计	29.87 ± 0.06	总非必需脂肪酸（∑NEFA）	92.69 ± 0.15

注：* 表示 $P<0.05$。

5）常量与微量元素

秀丽高原鳅肌肉中矿物质元素较丰富（表4-147），这些常量与微量元素均是人体正常生长发育与新陈代谢所需的重要物质。常量元素中，P 的含量最高，（786.60 ± 40.2）× 10^{-2}mg/g；其次为 Ca，（461.82 ± 25.7）× 10^{-2}mg/g；Ca:P 为 0.59。微量元素中，Fe 的含量最高，（7.25 ± 0.9）× 10^{-2}mg/g。Mg、Fe 均是体内多种酶活性中心的重要构成部分，影响蛋白质、核酸等的物质代谢及酶促反应。

表 4-147　秀丽高原鳅肌肉中常量与微量元素含量（崔丽莉等，2016）

	常量元素（10^{-2}mg/g）					微量元素（10^{-2}mg/g）			
	Ca	P	K	Na	Mg	Fe	Zn	Cu	Mn
含量	461.82 ± 25.7	786.60 ± 40.2	263.12 ± 14.7	56.55 ± 5.6	14.75 ± 2.1	7.25 ± 0.9	0.62 ± 0.05	0.03 ± 0.01	0.36 ± 0.01

4.14　其他特有鱼类

4.14.1　四川白甲鱼

1. 分类地位

四川白甲鱼（*Onychostoma angustistomatus* Fang，1940），隶属鲤形目（Cypriniformes）鲤科（Cyprinidae）白甲鱼属（*Onychostoma*），俗名"小口白甲""尖嘴白甲""腊棕"等。

标准体长为体高的 3.7～4.0 倍，为头长的 4.5～4.9 倍，为尾柄长的 5.5～6.3 倍，为尾柄高的 9.0～.5 倍。头长为吻长的 2.6～2.8 倍，为眼径的 3.7～4.8 倍，为眼间距的 2.4～2.8 倍。口长为口宽的 2.6～2.9 倍。

体长，侧扁，腹部圆。头短。较宽，略呈锥形。吻钝，吻皮下垂盖住上唇基部和眶前骨分界处有明显的斜沟。口宽，较平直，呈横裂状。上颌后端可达鼻孔后缘的下方。下颌前缘具锐利的角质边缘。唇后沟短，其间距宽。须2对，吻须短，颌须稍长。眼小，位于头侧上方。鼻孔稍靠近眼前缘。鳃膜在前鳃盖后缘下方连于鳃颊。鳃耙较小，排列紧密。下咽齿主行各齿末端略呈钩状。肠管长约为体长的 4.0 ～ 5.0 倍。

背鳍略短，外缘稍向内凹，最后一根不分枝鳍条为一较弱的硬刺，后缘具锯齿，起点至吻端的距离较至尾鳍基部为近。胸鳍末端后伸不达腹鳍起点，相隔约 7 ～ 8 个腹鳍。腹鳍起点位于背鳍起点之后，末端向后伸不达肛门。臀鳍较长，外缘平截，其起点仅靠近肛门，末端后伸不达尾鳍基部。尾鳍深分叉，末端较尖。鳞片中等大，腹部鳞片比侧线鳞稍小，背鳍和臀鳍基部有鳞鞘，腹鳍基部具狭长的腋鳞测线完全，平直。

生活时背部青灰色，腹部为黄白色，背鳍上部鳍膜有黑色条纹，尾鳍下叶红色或浅红色。背鳍灰黑色，胸鳍、腹鳍很热臀鳍均有不同程度的红色，生殖季节，雄鱼吻部、胸鳍、臀鳍上具有白色珠星，雌鱼不明显。

2. 种群分布

四川白甲鱼历史记录分布于长江上游干流、金沙江下游、岷江、赤水河、嘉陵江和乌江等支流中。在自然水域为底栖性鱼类，喜生活于清澈而具有砾石的流水中。早春成群溯河而上，秋冬下退，至深水多乱石的江底越冬。调查期间仅在赤水河出现。2011—2013 年在赤水河采集到了 1 尾样本（全长 252mm，体长 205mm，体重 173.1g，采集时间 2013 年）。

3. 研究概况

目前国内除零星调查环状报道外，暂无其他研究报道。

4. 资源现状

刘军根据 1997—2002 年野外渔获物调查数据并结合相关文献资料，运用濒危系数、遗传损失系数和物种价值系数对长江上游 16 种特有鱼类的优先保护顺序进行了定量分析，结果表明四川白甲鱼达到二级急切保护（刘军，2004）。在长江上游长期监测过程中，最近监测到四川白甲鱼是在 2013 年，且仅采集到 1 尾样本，此外，2008 年采集到了 1 尾样本。

4.14.2 四川爬岩鳅

1. 分类地位

四川爬岩鳅（*Beaufortia szechuanensis* Fang，1930），隶属鲤形目（Cypriniformes）平鳍鳅科（Homalopteridae）爬岩鳅属（*Beaufortia*）。为我国特有鱼类（图 4-226）。

图 4-226　四川爬岩鳅（康祖杰等，2008）

标准体长为体高的 5.0 ～ 5.8 倍，为体宽的 3.9 ～ 4.6 倍，为头长的 5.4 ～ 5.5 倍，为尾柄长的 8.6 ～ 10.6 倍，为尾柄高的 10.6 ～ 11.0 倍。头长为体高的 0.9 ～ 1.0 倍，为头宽的 0.8 ～ 0.9 倍，为吻长的 2.0 ～ 2.1 倍，为眼径的 5.1 ～ 6.3 倍，为眼间距的 1.8 ～ 1.9 倍。头宽为口裂宽的 3.2 ～ 4.2 倍。

体稍长，前部扁平，后部侧扁，体宽显著大于体高。腹面平坦，头宽扁。吻圆钝。吻皮下包形成吻褶。吻褶分 3 叶，叶间具 2 对小吻须，外侧对稍大。口下位，口裂甚小。口与吻褶间有吻沟，具口角须 1 对，约与外侧吻须等大。唇角质，无乳突。眼侧上位。鳃裂甚小，仅限于头背侧。

背鳍无硬刺，起点约在吻端至尾鳍基之间的中点，背鳍基长约等于头长；偶鳍左右平展；胸鳍起点在眼前缘垂直线下方，末端超过腹鳍起点，胸鳍基长约等于头长；腹鳍后缘相连成吸盘状，起点至臀鳍起点较至吻端为远，左右腹鳍条在中部斜向完全愈合，末端显著不达肛门；臀鳍无硬刺，末端不达尾鳍基，臀鳍基长不足吻长的一半；尾鳍平截形。肛门至腹鳍末端与至臀鳍起点等长。

体背细鳞，头、胸和腹部裸露无鳞，侧线完全。头和尾鳍基背面有褐色斑块，体背中央具横斑，各鳍均有不规则褐色斑块。浸泡标本体背侧棕褐色，腹面浅黄色，各鳍颜色近似所在身体部位的颜色。

2. 种群分布

四川爬岩鳅生活于江河上游水浅多石的山溪、河流之中，营底栖生活。四川爬岩鳅分布于金沙江中下游、长江干流、岷江中下游、大渡河中下游、青衣江、乌江、大宁河、雅砻江下游及香溪上游水系，属西南区川西亚区，而湖南发现的四川爬岩鳅踪迹，表明了该鱼种分布东扩至华东区的湖南西北部，成为目前该鱼种最东的分布点。

3. 研究概况

目前，对四川爬岩鳅的研究非常少，仅见于康祖杰（2008）的简单的形态学描述研究，而基础性生物学、渔业资源、鱼类早期资源、遗传多样性等方面暂无相关研究。

4. 生物学

根据相关资料记载（康祖杰等，2008），采集到的 5 尾四川爬岩鳅采自湖南壶瓶山自然保护区内的青台油榨河、纸棚河、蚂蝗坪药铺河。全长 56.2 ～ 74.3mm，体长 45.0 ～ 62.1mm，体高 7.0 ～ 7.8mm，体宽 9.2 ～ 13.0mm，头长 9.0 ～ 11.8mm，吻长 4.9 ～ 6.3mm，头宽 9.0 ～ 13.4mm，头高 4.2 ～ 6.3mm，尾柄长 5.9 ～ 7.6mm，尾柄高 3.8 ～ 4.5mm，口宽 2.4 ～ 3.1mm，背鳍前距 25.0 ～ 33.0mm，腹鳍前距 13.8 ～ 22.1mm，胸鳍基长 8.9 ～ 11.4mm，臀鳍基长 2.41 ～ 3.13mm。

4.14.3　戴氏山鳅

1. 分类地位

戴氏山鳅（*Oreias dabryi* Sauvage，1874），鲤形目（Cypriniformes）鳅科

（Cobitidae）条鳅亚科（Nemacheilinae）山鳅属（*Oreias*），又名"山鳅"（图 4-227）。山鳅属的模式种为山鳅（*Oreias dabryi* Sauvage）。

图 4-227　戴氏山鳅（危起伟等，《长江上游珍稀特有鱼类国家级自然保护区鱼类图集》，2015）

体长为体高的 5.6 ~ 7.3 倍，为头长的 3.9 ~ 4.8 倍，为尾柄长的 5.0 ~ 6.0 倍，为尾柄高的 9.1 ~ 11.7 倍，为前背长的 1.9 ~ 2.0 倍。头长为吻长的 2.2 ~ 2.6 倍，为眼径的 5.7 ~ 8.0 倍，为眼间距的 3.1 ~ 4.0 倍，为头高的 1.8 ~ 2.0 倍，为头宽的 1.5 ~ 1.7 倍，为口裂宽的 3.0 ~ 3.9 倍，为鳃峡宽的 2.2 ~ 2.6 倍。尾柄长为尾柄高的 1.5 ~ 2.3 倍。尾鳍最长鳍条为最短鳍条的 1.2 ~ 1.4 倍。

体长形，前段稍呈圆筒形，后躯侧扁。背、腹缘均略呈弧形，腹部圆。头大，略平扁。吻锥形，吻长等于或稍大于眼后头长。鼻孔接近眼前缘而远离吻端；前、后鼻孔靠近，前鼻孔位于鼻瓣中，鼻瓣后缘呈三角形，末端仅伸达后鼻孔后缘。眼小，位于头背侧，腹视不可见。眼间隔宽平。口下位，口裂大，呈弧形。上、下唇均厚，唇面有浅皱褶或光滑。上唇中央无缺刻或略凹入，下唇前缘游离，中央有一缺刻。上颌中央具一强的齿状凸，下颌匙状。具须 3 对，均较短，内侧吻须后伸远不达前鼻孔的垂直线，外侧吻须后伸接近或达到后鼻孔的垂直线，口角须伸至眼后缘的垂直线或略过。鳃孔伸达胸鳍腹侧。

背鳍小，起点位于身体中部偏后方，距吻端略大于或等于距尾鳍基，鳍条末端将达肛门的垂直线。臀鳍起点距腹鳍起点约等于距尾鳍基，鳍条末端远不达尾鳍基。胸鳍长约占胸、腹鳍起点间距的 62% ~ 69%。腹鳍起点位于背鳍起点之略前或相对，距胸鳍起点约等于距臀鳍第 1 ~ 3 根分枝鳍条，末端不伸达肛门。肛门起点距臀鳍起点约占臀鳍起点至腹鳍基后端间距的 24% ~ 26%。尾鳍凹入，末端钝圆。

全身裸露无鳞。侧线完全，平直，沿体侧中轴伸达尾鳍基。腹膜淡黄色。肠短，在胃后略向左侧弯曲。鳔前室包于骨质鳔囊中，鳔后室退化。尾柄上下无皮质棱。浸制标本基色浅黄，体侧许多不规则的黑褐色云状斑纹。背部有一列鞍状斑，共 7 ~ 9 个，背鳍前 3 ~ 4 个，背鳍下 2 个，背鳍后 4 ~ 5 个。头部无斑纹，尾鳍具 2 条暗纹，尾鳍基另具一黑色横斑，其余各鳍无斑纹。

2. 种群分布

戴氏山鳅雌雄鱼外表无次性征，分布于四川及其毗连的云南北部、贵州和湖北西部的长江干流及其附属水体青衣江、大渡河、嘉陵江、涪江和上游岷江、金沙江等水系，常见于激流砾石底质河段。

3. 研究概况

相关报道采集标本 80 尾，测量标本 48 尾，采自硗碛、宝兴、洪雅、峨眉山、汶川、草坡、宝轮、木里、渡口、康定。体长 58 ～ 123mm。Sauvage（1874）是依据其中 1 尾标本（体长 122mm）发表的新属新种，描述较为简单，无图。由于模式标本流散国外，产地不详，后人一直将本种列入 *Nemachilus* 属中。后根据 Fox（1949）在 "Abbe David's diary" 中所述，A. David 于 1868—1870 年间在中国西部的成都和宝兴一带考察的路线。因此原文中述及的模式标本产地 Yao-Tchy（西藏东部长江上游）应当是指离宝兴县城 50km 的硗碛乡。

4.14.4　长体鲂

1. 分类地位

长体鲂（*Megalobrama elongata* Huang *et* Zhang，1986），隶属鲤形目（Cypriniformes）鳅科（Cobitidae）鲌亚科（Cultrinae）鲂属（*Megalobrama*）（图 4-228）。我国特有鱼类，为《中国物种红色名录》收录种类，评定等级为"极危"，是重庆市重点保护动物。

图 4-228　长体鲂（危起伟等，《长江上游珍稀特有鱼类国家级自然保护区鱼类图集》，2015）

体长为体高的 2.8 ～ 3.0 倍，为头长的 3.8 ～ 4.2 倍，为尾柄长的 9.3 ～ 10.9 倍，为尾柄高的 7.8 ～ 8.7 倍。头长为吻长的 3.7 ～ 4.6 倍，为眼径的 4.3 ～ 4.6 倍，为眼间距的 2.7 ～ 3.0 倍，为尾柄长的 2.4 ～ 2.6 倍，为尾柄高的 1.8 ～ 2.3 倍。尾柄长为尾柄高的 0.8 ～ 0.9 倍。

体较低，侧扁，背缘略呈菱形，腹部较平直，腹棱存在于腹鳍基与肛门之间，尾柄高约与尾柄长相等，头小，侧赢，头长小于体高。吻短，钝圆，吻长大于眼径。口小，端位，口裂稍斜，上下颌约等长，上颌骨不伸达眼的前缘；唇正常，无显著的角质。眼中大，位于头侧，眼后缘至吻端的距离稍短于眼后头长。眼间宽突，眼间距远大于眼径。上眶骨略呈新月形。鳃孔向前至前鳃盖骨后缘稍前的下方；鳃盖膜与峡部相连。鳞中大，背、腹部鳞较体侧为小。侧线较平直，约位于体侧中央，向后伸达尾鳍基。

背鳍位于腹鳍基之后，外缘上角略圆，末根部分枝鳍条为硬刺，刺长短于头长；背鳍起点距吻端较至尾鳍基稍远。臀鳍外缘微凹，起点至腹鳍起点的距离大于臀鳍基部长的1/2。胸鳍末端尖形，伸达腹鳍起点。腹鳍位于背鳍起点之前，其长短于胸鳍，末端不达臀鳍起点。尾鳍深叉，末端尖形。

鳃耙短，排列较密。咽骨中长，稍宽，前后臂约等长。咽齿近侧扁，末端尖而弯。鳔3室，中室最大，其长为前室长的1.8倍左右，后室小，末端尖形，其长大于眼径。肠长，盘曲多次，肠长为体长的1.3倍左右。腹膜灰黑色。固定标本体呈灰褐色，鳞片边缘灰黑色，中间浅色，鳍呈灰黑色。

2. 种群分布

罗云林等（1990）的研究认为，该鱼种主要分布于长江上游四川境内。

3. 研究概况

根据黄宏金和张卫（1986）的研究，本种为新种，在《中国鱼类系统检索》（1987）里未见记录，在《中国动物志》中长体鲂描述为：体较低，体长为体高的2.5倍以上（四川）。本种的体高比其他鲂鱼为低，近似于广东鲂，但其背鳍最后一根硬刺的长度和最长分枝鳍条均明显短于头长。徐薇和熊邦喜（2008）综述了国内鲂属鱼类的研究进展，主要分为团头鲂、鲂、广东鲂和厚颌鲂4种，因本种仅1986年在四川宜宾采集到3尾标本，以后再无采集到标本的记录，认为该种是否有效存在较大的争议，且罗云林（1990）对鲂属鱼类分类整理时未将其列入。

4.14.5 川西鳈

1. 分类地位

川西鳈（*Sarcocheilichthys davidi* Sauvage，1878），隶属鲤形目（Cypriniformes）鲤科（Cyprinidae）鮈亚科（Gobioninae）鳈属（*Sarcocheilichthys*）。我国特有鱼类，为《中国物种红色名录》收录种类，评定等级为"极危"，是重庆市重点保护动物。

体长为体高的3.4～3.9倍，为头长的4.0～4.8倍，为尾柄长的5.1～6.1倍，为尾柄高的7.5～8.4倍。头长为吻长的2.8～3.8倍，为眼径的3.7～4.5倍，为眼间距的2.5～3.0倍，为尾柄长的1.2～1.5倍，为尾柄高的1.6～1.9倍。尾柄长为尾柄高的1.3～1.6倍。

体长，稍高，略侧扁，腹部圆。头短小，头长小于体高。吻较短，略圆钝，鼻孔前方微凹陷。口小，亚下位，呈弧形。唇简单，下唇侧叶较宽厚，前伸不达下颌前缘。唇后沟中断，间隔略窄。下颌狭窄，具角质边缘。须退化，甚至消失。眼小，位于头的侧上方，略前，眼后头长远超过吻长，眼间较宽，隆起。体被圆鳞，中等大小。侧线完全，较平直，侧线鳞38～39。

背鳍短，无硬刺，位置稍后，其起点距吻端与至尾鳍基的距离相等，外缘平截。胸鳍短小，末端稍圆钝，其长小于头长。腹鳍稍长，末端宽圆，后伸略超过肛门，起点为背鳍起点的稍后方，约与背鳍第一分枝鳍条相对。肛门位于腹、臀鳍间略靠近臀鳍起点，约在腹鳍基部与臀鳍起点间的后 2/5 处。臀鳍短，起点距腹鳍基与至尾鳍基的距离相等。尾鳍短小，分叉略浅，上下叶等长，末端稍圆钝。

下咽齿主行的第一、二枚齿略侧扁，顶端尖，钩曲，其余各枚粗壮，外侧一行细小。鳃耙不发达，极微小。肠管较短，不及体长，约为体长的 0.8 ～ 0.9 倍。鳔 2 室，前室较大，呈椭圆形，后室细长，末端略尖细，其长为前室长的 1.4 ～ 1.5 倍。腹膜白色略透明，上具多数小黑点。

体青灰色，腹部白色。体侧有若干分散、不规则的黑斑，体中轴沿侧线具黑纵纹，鳃盖后缘的体前方有一深黑色垂直条纹。鳍均微呈黑色。生殖期间雄鱼体色鲜艳，全体呈红色，背部较深，腹部为浅红色，颌部及鳃盖处橘黄色。雌鱼产卵管稍延长。

2. 种群分布

川西鳈主要分布于长江上游支流及岷江中游等。

3. 研究概况

《中国动物志》中川西鳈描述为：口小；下唇侧叶短且宽厚；背鳍起点距吻端等于至尾鳍基部的距离（长江上游支流）。但本种并未见于《中国鱼类系统检索》（1987）。目前，针对川西鳈的研究局限于部分分类地位和形态特征方面，而基础生物学、渔业资源等其他方面尚未进行过任何研究。

4.14.6 短身鳅鮀

1. 分类地位

短身鳅鮀（*Gobiobotia Progobiobotia abbreviata* Fang *et* Wang，1931），隶属鲤形目（Cypriniformes）鲤科（Cyprinidae）鳅鮀亚科（Gobiobotinae）鳅鮀属（*Gobiobotia*），俗称"沙胡髭"。为我国特有鱼类。

体长为体高的 4.2 ～ 4.7 倍，为头长的 3.7 ～ 4.2 倍，为尾柄长的 5.3 ～ 6.8 倍，为尾柄高的 11.3 ～ 13.7 倍。头长为吻长的 2.0 ～ 2.3 倍，为眼径的 3.6 ～ 5.0 倍，为眼间距的 3.6 ～ 4.5 倍。尾柄长为尾柄高的 1.8 ～ 2.3 倍。

体较短，尾柄细而侧扁。头前端圆钝，头背面在鼻孔以后稍隆起，腹面平坦，头宽大于头高。吻圆钝，凸出，吻长稍大于眼后头长或相等。眼较大，侧上位，瞳孔圆形。眼径与眼间距相等，眼间平坦。鼻孔位于眼前缘，与眼在同一水平上。口下位，较宽呈弧形，口宽约等于眼后头长。上唇边缘具皱褶，下唇光滑。须 4 对，1 对口角须，3 对颏须，均较短。口角须末端仅达眼中部下方；第一对颏须起点与口角须起点位于同一水平，较短，末端仅接近第二对颏须起点；第二对颏须到达眼后缘下方；第三对颏须稍长，末端达鳃盖骨中部。各颏须基部之间的颏部具有许多明显的小乳凸。鳞片圆形，侧线平直，一直延伸到尾鳍基部，侧线鳞 38 ～ 40，侧线上鳞 6 片。背鳍前方的背部鳞片具有微弱的皮质棱脊，胸腹部裸露区达腹鳍基部，基部具有腋鳞。

背鳍外缘稍内凹，起点在腹鳍起点之前。胸鳍末端圆钝，到达胸鳍基部与腹鳍基部间的后 1/3 处，或者延至腹鳍基部。腹鳍起点位置在胸鳍起点至臀鳍起点的中点，至吻端较至尾鳍基部的距离稍远或相等。臀鳍外缘平截，起点位置在腹鳍起点至尾鳍基部的中点。尾鳍叉形，下叶稍长。肛门距腹鳍基部稍近于臀鳍。

下咽齿匙状，末端尖，稍呈钩状。鳃耙细小。鳔较小，前室横宽并包于膜质囊中，鳔囊中部稍下陷，二侧泡分化不明显，鳔囊柔软，鳔后室极小，其长度仅达鳔前室侧室的 1/4，无鳔管。腹膜灰白色。

固定标本，体灰黑色，腹部白色。体侧中轴上方有一条横贯全身的暗灰色纵纹，其上分布有 7～8 个黑色斑块，横跨体背中线有 6 个较大的黑色斑块。各鳍均具零星的黑色斑点。

2. 种群分布

本种为小型鱼类，数量不多，营底栖生活，栖息于底质为沙石的江河流水环境，主要以底栖动物（无脊椎动物）为食。本种分布于金沙江中下游、长江上游干流、岷江、青衣江、沱江和赤水河。

3. 研究概况

《中国鱼类系统检索》中短身鳅鮀描述为：鳔前室横椭圆形，包在韧质膜囊内；腹鳍起点离吻端的距离大于或等于到尾鳍基部的距离（分布：长江上游）。《中国动物志》中描述为：体长为体高的 4.2～4.7 倍，头长为眼径的 3.6～5.0 倍（长江上游）。目前关于短身鳅鮀的研究局限于形态特征和分布等方面，其他方面尚未进行过任何研究。

4.14.7 大渡白甲鱼

1. 分类地位

大渡白甲鱼（*Onychostoma daduensis* Ding，1994），隶属鲤形目（Cypriniformes）鲤科（Cyprinidae）鲃亚科（Barbinae）白甲鱼属（*Onychostoma*）（图 4-229）。

图 4-229　大渡白甲鱼（源自 http://baike.baidu.com）

标准体长为体高的 3.0～3.5 倍，为头长的 4.3～5.1 倍，为尾柄长的 5.9～7.4 倍，为尾柄高的 8.7 ～ 9.7 倍。头长为吻长的 2.8 ～ 3.0 倍，为眼径的 3.7 ～ 4.0 倍，为眼间距的 2.2 ～ 2.8 倍，为口宽的 3.0 ～ 3.6 倍，为头宽的 1.6 ～ 1.7 倍。尾柄长为尾柄高的 1.4 ～ 1.5 倍。

体长，侧扁，腹部圆。头短而高，略呈三角形。吻向前突出，末端钝，吻长略小于眼后头长，吻皮下垂盖住上唇基部。口横裂，下位，较窄。头长为口宽的 2.8 ～ 3.6 倍。上颌后端延伸至鼻孔后缘下方。下颌具锐利的角质边缘。上唇在口角处露出较多，前缘被吻皮遮盖仅呈线状；下唇仅限口角处。唇后沟中断，很短，仅在口角处存在，其间距离较宽，略大于眼径。具须 2 对，吻须甚短，颌须长，其长度为吻须长的 2.5 ～ 3.0 倍，约为眼径的 2/3。眼大，位于头侧中轴稍上方，眼球正中至吻端较至鳃盖后缘略近。鼻孔位于眼前缘上方，离眼前缘很近。鳃膜在前鳃盖后缘下方与鳃峡相连。鳃丝长，鳃耙短小，排列较密，最长鳃耙约为最长鳃丝的 1/7。下咽骨长为宽的 2.0 ～ 2.5 倍，内行第一齿细小，棒状，末端尖；其余齿圆柱形，咀嚼面斜截，末端呈钩状。

背鳍外缘内凹，其起点位于腹鳍起点前方，距吻端较至尾鳍基为近，末根不分枝鳍条为粗壮硬刺，末端柔软，后缘具锯齿 15 ～ 20 个，第一分枝鳍条短于头长。胸鳍较长，第一根分枝鳍条最长，约与背鳍第一根分枝鳍条相当，末端后伸不达腹鳍起点，可达胸、腹鳍基间距离的 2/3 处。腹鳍起点约与背鳍第二根分枝鳍条基部相对，后伸不达肛门。臀鳍比腹鳍稍短，外缘平截，后伸不达尾鳍基部。尾鳍叉形，上、下叶等长，最长鳍条为中央最短鳍条的 2.0 ～ 3.0 倍。尾柄较高。肛门紧靠臀鳍起点之前。

鳞片较大，胸、腹部鳞片变小。背鳍和臀鳍基部具有鳞鞘，前者显著。腹鳍基部有狭长的腋鳞，其长度稍小于腹鳍长度的 1/2。侧线完全，较平直，胸鳍上方稍向下弯曲。生活时身体背部灰黑色，腹部银白色。体侧上半部沿侧线上方有 4 ～ 10 个黑色大斑纹，背鳍间膜近外缘具黑色条纹。

2. 种群分布

大渡白甲鱼主要分布于大渡河下游和长江干流等水域。

3. 研究概况

广义白甲鱼属在世界范围内现有 18 个有效种，依据口型宽窄和唇后沟可以将其分为三个类群。丁瑞华于 1994 年从四川龚嘴、峨边采集的标本描述为 *Onychostoma daduensis*（大渡白甲鱼），该种属于中等口型类群（口型Ⅱ），口裂中等宽，口宽约等于相应的头宽，唇后沟为下颌长度的一半。信强（2008）的研究结果表明，广义白甲鱼属现在物种总数为 18 个种，其中分布中国各水系的白甲鱼属有效物种 16 个，主要分布在长江流域及其以南的珠江、闽江、澜沧江和元江诸水系；同时，将大渡白甲鱼在 "中国白甲鱼属鱼类物种检索表" 中描述为：体侧上半部沿侧线上方有 6 ～ 10 个黑色的大斑点（长江上游大渡河）。

4.14.8　短身白甲鱼

1. 分类地位

短身白甲鱼（*Varicorhinus Onychostoma brevis* Wu *et* Chen，1977），隶属鲤形目（Cypriniformes）鲤科（Cyprinidae）鲃亚科（Barbinae）白甲鱼属（*Onychostoma*）（图4-230）。为我国特有鱼类。

图 4-230　短身白甲鱼（危起伟等，《长江上游珍稀特有鱼类国家级自然保护区鱼类图集》，2015）

标准体长为体高的 3.3 ～ 3.7 倍，为头长的 4.2 ～ 4.7 倍，为尾柄高的 8.2 ～ 9.1 倍，为尾柄长的 5.8 ～ 6.5 倍。头长为吻长的 2.5 ～ 2.6 倍，为眼径的 3.8 ～ 4.6 倍，为眼间距的 3.3 ～ 2.5 倍，为尾柄长的 1.3 ～ 1.5 倍，为尾柄高的 1.8 ～ 2.2 倍，为背鳍第一分枝鳍条的 1.0 ～ 1.1 倍，为腹鳍第一分枝鳍条的 1.0 ～ 1.2 倍。

体呈纺锤形。侧扁，腹部圆，背鳍起点在身体的最高点，头后背部稍隆起。头短，吻圆钝，向前突出，吻皮下垂盖住上唇基部，在前眶骨分界处有明显的斜沟。口宽，下位，稍呈弧形。上颌末端位于眼前缘的垂直线，下颌裸露，具有锐利的角质边缘，下唇仅限于口角处。唇后沟短，其间距较宽，大于眼径，小于眼间距。须 2 对，吻须略细，颌须较长，约为眼径的 2/3。眼在头侧中上方，眼上缘与鳃孔上角在同一水平线上。鼻孔距眼前缘较距吻端为近。鳃膜在前鳃盖后缘下方连于鳃颊，其间距小于眼径。鳃耙短小，呈三角形。下咽齿具有斜凹面，顶端稍弯。

背鳍末根部分枝鳍条为硬刺，不甚强壮，末端柔软，后缘具锯齿，其起点距吻端较距尾鳍基为近，外缘内凹，第一根分枝鳍条最长，等于头长或稍短。胸鳍和背鳍等长，末端不达腹鳍起点。腹鳍起点位于背鳍起点垂直线之后，约相距 3 个鳞片，其长度短于胸鳍，约等于臀鳍长，末端向后伸不达肛门，相隔 2 ～ 3 个鳞片。臀鳍起点紧接于肛门之后，末端接近尾鳍基部。尾鳍叉形，最长鳍条约为中央最短鳍条的 20 倍。尾柄较高，尾柄长为尾柄高的 1.3 ～ 1.6 倍。

鳞片中等大，胸腹部鳞片较小。背鳍和臀鳍基部均有鳞鞘，腹鳍基部有较长的腋鳞。侧线完全，自鳃孔上部逐渐向下弯曲，至胸鳍后半部的上方，平直，伸入尾柄中轴。体棕黄色，背部颜色较深，体侧鳞片基部有暗色新月形斑点，各鳍为黄色。

2. 种群分布

短身白甲鱼主要分布于长江上游，产地在四川的南川、五洞河和江津等地。

3. 研究概况

广义白甲鱼属在世界范围内现有 18 个有效种，依据口型宽窄和唇后沟可以将其分为三个类群。伍献文于 1997 年从重庆采集的标本描述为 *Varicorhinus (Onychostoma) daduensis*（短身白甲鱼），该种属于中等口型类群（口型Ⅱ），口裂中等宽，口宽约等于相应的头宽，唇后沟为下颌长度的一半。信强（2008）的研究结果表明，广义白甲鱼属现在物种总数为 18 个种，其中分布中国各水系的白甲鱼属有效物种 16 个，主要分布在长江流域及其以南的珠江、闽江、澜沧江和元江诸水系；同时，将短身白甲鱼在"中国白甲鱼属鱼类物种检索表"中描述为：体长为体高的 3.3 ～ 3.6 倍（长江上游）。《中国鱼类系统检索》（1987）描述本种为：体长为体高的 3.3 ～ 3.7 倍，鳃耙 20 ～ 23（分布：长江上游）。

4.14.9　金氏䰾

1. 分类地位

金氏䰾（*Liobagrus kingi* Tchang，1935），隶属鲇形目（Siluriformes）钝头鮠科（Amblycipitidae）䰾属（*Liobagrus*），英文名"King's bullheadd"，俗称"央丝""水蜂子"等（图 4-231）。为长江上游特有鱼类。

图 4-231　金氏䰾（源自 Fishbase）

标准体长为体高的 5.5 ～ 6.1 倍，为头长的 3.6 ～ 4.2 倍，为尾柄长的 5.8 ～ 7.2 倍，为尾柄高的 8.0 ～ 8.6 倍。头长为吻长的 3.5 ～ 4.0 倍，为眼径的 10.5 ～ 12.0 倍，为眼间距的 2.3 ～ 2.4 倍，为尾柄长的 1.4 ～ 2.0 倍，为尾柄高的 1.9 ～ 2.4 倍，为口宽的 11.6 倍。尾柄长为尾柄高的 1.2 ～ 1.4 倍。

体长形，前躯较圆，腹鳍以后逐渐侧扁；背缘拱形，自吻端向后上斜，背鳍以后微向下斜，腹面在腹鳍以前较平直。尾柄侧扁。头部向吻端逐渐纵扁，背面纵沟不明显，两侧鼓起的程度不如白缘䰾。吻钝圆，平扁，吻端几乎平直。前后鼻孔近邻；前鼻孔短管状，鼻孔朝前，距吻端近于距眼前缘；后鼻孔紧位鼻须后基，开孔小于前鼻孔，间距略大于前鼻孔间距。眼小，背位，眼缘模糊，约位头的前 1/3 处，紧位后鼻孔的后外侧，距吻端近。口大，端位，横裂。上、下颌约基长。外侧颏须最长，后伸可达胸鳍起点。颏须等于或略短于外侧颏须，后伸不达胸鳍起点。内侧颏须与鼻须约等长。上、下颌及犁骨有绒毛状细齿组成的齿带，前颌齿带为整块状，约为1/2口宽；下颌齿带为弯月形，中央分离为紧靠的左右两块，约与口宽相等。腭骨无齿带。唇在口前端薄，口角处变厚。与颌分离，其上有许多小刺突。须4对，发达，自然状态时作横向伸展；鼻须、颏须各1对，颏须2对；鼻须远不及鳃孔上角，约与眼间距相等；颌须后伸不及胸鳍起点；外侧颏须达胸鳍起点，短于头长；内侧颏须远不及胸鳍起点的垂直下方。鳃孔大，鳃膜游离，鳃盖膜不与鳃颊相连。体无鳞及侧线。头、鳍覆有原厚皮。

背鳍硬刺包覆于皮膜之中，其长度略短于最长分枝鳍条；背鳍外缘微凸，起点至吻端略大于至脂鳍起点。脂鳍起点不甚明显，后端与尾鳍相连，中间有一缺刻，约位于臀鳍末端垂直上方或略前。胸鳍硬刺短，顶端尖，包覆于皮膜之中，其长度不及最长鳍条之半，前缘光滑，后缘靠近基部有锯齿3～4枚，基部有毒腺；胸鳍后缘圆凸，起点略前于鳃孔上角的垂直下方。臀鳍外缘圆凸，平放不达到尾鳍基，起点距尾鳍基明显小于距胸鳍基后端。腹鳍起点距尾鳍基显著小于距吻端。肛门约位于臀鳍起点至腹鳍基后端的中点。尾鳍圆形。

全身棕灰色，散有不规则的褐色小点，腹面颜色较淡。鳍黄色，背、尾鳍中央黑色。胃大，葫芦状，肠管粗短，在胃侧面中上部与胃相通，向前向后弯曲。腹腔膜黄白色。

2. 种群分布
金氏鲱为我国特有鱼类，分布于云南省滇池，喜生活于底质多石的急流水环境，为底层生活的小型肉食性鱼类。个体小，无经济价值。在20世纪60年代以前尚较习见，但数量不多。近数十年来，由于人口急骤增多，生活及工业污水向湖内排放过多，湖水污染严重；其次，自50年代末至70年代初的大规模围湖造田，破坏了鱼类的生活及产卵环境等因素，使本种的数量明显减少，现已多年未再发现。

3. 研究概况
《中国鱼类系统检索》（1987）中金氏鲱描述为：外颏须短于头长；肛门距臀鳍起点较距腹鳍基为近（分布：长江上游）。《云南鱼类志》描述为：外侧颏须短于头长；肛门距腹鳍基后端约等于距臀鳍起点（滇池）。目前，针对金氏鲱的研究较少，局限于形态学特征描述和分布等研究，其他方面的研究（如基础生物学、渔业资源等）几乎一片空白。

4.14.10 四川吻鰕虎鱼

1. 分类地位
四川吻鰕虎鱼（*Ctenogobius szechuanensis* Liu，1940），隶属鲈形目（Perciformes）鰕虎鱼科（Gobiidae）吻鰕虎鱼属（*Ctenogobius*），英文名"Szechuan goby"（图4-232）。

为我国特有鱼类。

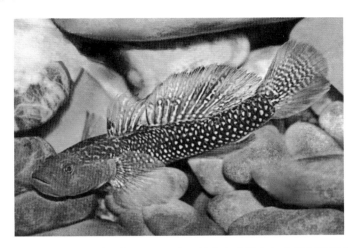

图 4-232　四川吻鰕虎鱼（危起伟等,《长江上游珍稀特有鱼类国家级自然保护区鱼类图集》, 2015）

标准体长为体高的 5.4 ～ 5.6 倍, 为头长的 3.1 ～ 3.5 倍, 为头高的 5.2 ～ 6.3 倍, 为头宽的 4.0 ～ 5.4 倍, 为尾柄长的 5.0 ～ 5.2 倍, 为尾柄高的 8.0 ～ 10.0 倍, 为第一背鳍最长棘的 5.7 ～ 6.2 倍。头长为头宽的 1.2 ～ 1.5 倍, 为头高的 1.6 ～ 1.7 倍, 为眼径的 4.8 ～ 5.5 倍, 为眼间距的 3.4 ～ 3.6 倍, 为吻长的 2.9 ～ 3.0 倍。尾柄长为尾柄高的 1.5 ～ 1.8 倍。

体长形, 侧扁, 无侧线, 前部浑圆, 后部侧扁; 头平扁, 其宽度大于高度; 眼侧上位, 在头前半部的后部, 其上缘高出头顶背缘, 眼间平坦或凹陷。吻长, 口端位, 口裂大, 稍倾斜, 口角伸达眼前缘垂直线的稍前方。两颌具细齿数行, 外行齿较大, 齿尖向内倾斜。舌端游离, 圆形。吻较长而钝。唇肥厚, 上唇更厚。

每侧鼻孔 2 个, 前鼻孔成管状, 位于上唇沟之后侧, 鼻管后缘有扇状鼻翼, 前折可盖鼻孔, 后鼻孔位于眼前缘的前上方, 呈肾形裂缝。前鳃盖骨上的肌肉发达, 向两侧鼓出。第一背鳍末端达第二背鳍的第 1 ～ 2 根鳍条。胸鳍大, 圆扇形, 其末端接近第二背鳍的起点。腹鳍胸位, 左右愈合成吸盘, 吸盘长度大于或等于其宽度, 其后缘内凹, 后伸达胸鳍长度的 1/2 之后。尾鳍圆形, 其长度稍长于头长。

肛门位于三角形或椭圆形突起的后端, 接近臀鳍起点。头、颊、胸、项和腹部中央裸露无鳞; 腹部两侧和背鳍前被圆鳞; 余部体被栉鳞。背鳍前距为标准长的 38.0%。身体呈浅色。背部, 体侧色深, 腹面色浅。体侧有 8 个显著或不显著的褐色斑块。背部亦有 7 ～ 8 个黑褐色横斑。头背和侧面浅褐色, 腹面灰白色。胸腹鳍灰黑或灰白色; 背鳍、尾鳍、臀鳍等灰黑色或浅灰黑色, 边缘为灰白色或白色。第一背鳍的第 1-4 根鳍膜上有 1 大的黑色。

2. 种群分布

四川吻鰕虎鱼常见个体为约 30 ～ 50mm 的小型鱼类。主要分布于重庆市、四川省等地。

3. 研究概况

目前，关于四川吻鰕虎鱼的研究甚少，仅有少量的形态学特征与种群分布范围的描述。

4.14.11 成都吻鰕虎鱼

1. 分类地位

成都吻鰕虎鱼（*Ctenogobius chengtuensis* Chang，1944），隶属鲈形目（Perciformes）鰕虎鱼科（Gobiidae）吻鰕虎鱼属（*Ctenogobius*）（图 4-233）。为我国特有鱼类。

图 4-233 成都吻鰕虎鱼（来源于科学数据库 - 中国动物主体数据库）

体细长，略呈圆筒状。头略平扁。头部和背鳍前的背部裸露。第 2 背鳍前的鳞片不规则。背鳍 2 个，彼此分离。腹鳍胸位，左右愈合成吸盘。体鳞边缘呈黑色。

2. 种群分布

成都吻鰕虎鱼栖息于山涧溪流的底层。常见个体多为 30 ～ 50mm 长的小型鱼类，经济价值较低。多分布于长江上游各支流。

3. 研究概况

目前，关于成都吻鰕虎鱼的研究仅见于少量的分类地位、形态特征和种群分布特征描述。

4.14.12 昆明高原鳅

1. 分类地位

昆明高原鳅（*Triplophysa graham* Regan，1906），隶属鲤形目（Cypriniformes）鳅科（Cobitidae）高原鳅属（*Triplophysa*），俗称"葛氏条鳅""格氏巴鳅"（图 4-234）。为我国特有鱼类。

图 4-234 昆明高原鳅（危起伟等，《长江上游珍稀特有鱼类国家级自然保护区鱼类图集》，2015）

前躯近圆筒形，后躯侧扁。尾柄短，尾柄长为尾柄高的 1.5 ～ 2.5 倍。头短，稍平扁。前后鼻孔紧邻，前鼻孔瓣状。唇面光滑，下颌匙状。无鳞，皮肤光滑。侧线完全。背鳍分枝鳍条 9 ～ 10，臀鳍分枝鳍条 6。胸鳍长，几可伸达腹鳍基部起点。鳔后室退化。骨质鳔囊，次性征相近于岷县高原鳅。

2. 种群分布

栖息缓流河段的石砾缝隙或水草丛等隐蔽物中，以底栖的昆虫幼虫为食；分布于长江和元江水系及金沙江的支流及弥渡的礼社江上游、云南的螳螂川等；数量少，无渔业价值。

3. 研究概况

目前，昆明高原鳅的基础生物学、渔业资源、鱼类早期资源、遗传多样性等方面暂无相关研究，仅见少量分类地位、形态特征描述和种群分布范围的研究。

4.14.13 窑滩间吸鳅

1. 分类地位

窑滩间吸鳅（*Hemimyzon yaotanensis* Fang，1931），隶属鲤形目（Cypriniformes）平鳍鳅科（Homalopteridae）间吸鳅属（*Hemimyzon*）（图 4-235）。为我国特有鱼类，重庆市重点保护动物。

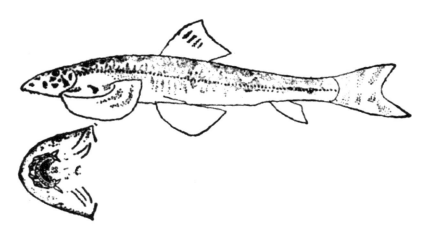

图 4-235 窑滩间吸鳅（源自《中国鱼类系统检索》）

体长为体高的 9.3～9.6 倍，为头长的 5.2～6.1 倍，为体宽的 5.1～5.2 倍，为尾柄长的 6.4～6.7 倍。头长为吻长的 1.6～1.7 倍，为眼间距的 2.6～2.7 倍。尾鳍下叶长为头长的 1.2～1.4 倍。

体延长，背鳍前扁平，尾柄稍侧扁，肛门前腹部平坦。自腹鳍基部至肛门前具 2 条细棱。头扁平。吻铲状，吻皮与上唇间形成吻沟；吻褶间具吻须 2 对。口下位，呈新月形，具口角须 2 对。唇与颌分离，上唇有 13～14 个乳凸状突起，排列成一行；下唇乳凸较小。眼小，侧上位。鳃孔位于胸鳍起点的后上方；鳃裂扩展至头部腹面。

背鳍位置与腹鳍相对，背鳍起点距吻端较距尾鳍基部为近。偶鳍分别向两侧平展。胸鳍最长鳍条接近腹鳍。腹鳍左右分离，末端不及肛门。尾鳍分叉深，下叶比上叶长。肛门位于腹鳍末端至臀鳍起点之中点。

体被细鳞，侧线完全。体背侧呈灰黑色，背部具 8～9 个圆形黑斑块。头部深灰色，具小斑。背鳍与尾鳍浅灰色；胸、腹鳍部分浅黄色，部分白色。

2. 种群分布

窑滩间吸鳅于四川省分布于长江干流和岷江、沱江水系等。

3. 研究概况

《中国鱼类系统检索》（1987）中窑滩间吸鳅描述为：胸鳍条 8～10，11～13；腹鳍条 4，8；腹部裸露区不达肛门（分布：长江上游）。目前，关于窑滩间吸鳅的研究仅见于分类地位探讨和分布范围的简单描述，缺乏系统的生物学资料。

第 5 章
其他重要鱼类分类描述及其资源

5.1 四大家鱼

5.1.1 概况

1. 草鱼

草鱼（*Ctenopharyngodon idella* Cuvier *et* Valenciennes，1844），隶属于鲤形目（Cypriniformes）鲤科（Cyprinidae）草鱼属（*Ctenopharyngodon*），俗称"鲩鱼""草鲩"等（图 5-1），与鲢、鳙、青鱼合称"四大家鱼"。

图 5-1 草鱼（拍摄者：田辉伍；拍摄地点：朱杨溪；拍摄时间：2012 年）

体长为体高的 3.4 ~ 4.0 倍，为头长的 3.6 ~ 4.3 倍，为尾柄长的 7.3 ~ 9.5 倍，为尾柄高的 6.8 ~ 8.8 倍。头长为吻长的 3.0 ~ 4.1 倍，为眼径的 5.3 ~ 7.9 倍，为眼间距的 1.7 ~ 1.9 倍，为尾柄长的 1.8 ~ 2.5 倍，为尾柄高的 1.7 ~ 2.4 倍。尾柄长为尾柄高的 0.8 ~ 1.1 倍。

体长形，前部近圆筒形，尾部侧扁，腹部圆，无腹棱。头宽，中等大，前部略平扁。吻短钝，吻长稍大于眼径。口端位，口裂宽，口宽大于口长；上颌略长于下颌；上颌骨末端伸至鼻孔的下方。唇后沟中断，间距宽。眼中大，位于头侧的前半部；眼间宽，稍凸，眼间距约为眼径的 3 倍余。鳃孔宽，向前伸至前鳃盖骨后缘的下方；鳃盖膜与峡部相连；峡部较宽。鳞中大，呈圆形。侧线前部呈弧形，后部平直，伸达尾鳍基。

背鳍无硬刺，外缘平直，位于腹鳍的上方，起点至尾鳍基的距离较至吻端为近。臀鳍位于背鳍的后下方，起点至尾鳍基的距离近于至腹鳍起点的距离，鳍条末端不伸达尾鳍基。胸鳍短，末端钝，鳍条末端至腹鳍起点的距离大于胸鳍长的1/2。尾鳍浅分叉，上下叶约等长。

鳃耙短小，数少。下咽骨中等宽，略呈钩状，后臂稍大。下咽齿侧扁，呈"梳"状，侧面具沟纹，齿冠面斜直，中间具1狭沟。鳔2室，前室粗短，后室长于前室，末端尖形。肠长，多次盘曲，其长为体长的2倍以上。腹膜黑色。体呈茶黄色，腹部灰白色，体侧鳞片边缘灰黑色，胸鳍、腹鳍灰黄色，其他鳍浅色。

2. 鲢

鲢（*Hypophthalmichthys molitrix* Valenciennes，1844），隶属于鲤形目（Cypriniformes）鲤科（Cyprinidae）鲢属（*Hypophthalmichthys*），俗称"鲢子""鲢鱼""白鲢"等（图5-2），与草鱼、鳙、青鱼合称"四大家鱼"。

图5-2　鲢（拍摄者：邓华堂；拍摄地点：巴南；拍摄时间：2008年）

体长为体高的2.7～3.6倍，为头长的2.8～4.9倍，为尾柄长的5.3～9.0倍，为尾柄高的7.7～11.7倍。头长为吻长的3.0～4.7倍，为眼径的3.0～7.4倍，为眼间距的1.8～3.4倍，为头宽的1.7～1.9倍。尾柄长为尾柄高的1.0～1.8倍。

体侧扁，稍高，腹部扁薄，从胸鳍基部前下方至肛门间有发达的腹棱。头较鳙小。吻短而钝圆。口宽大，端位，口裂稍向上倾斜，后端伸达眼前缘的下方。无须。鼻孔的位置很高，在眼前缘的上方。眼较小，位于头侧中轴的下方，眼间宽，稍隆起。下咽齿阔而平扁，呈钩状。鳃耙彼此连合呈多孔的膜质片。左右鳃盖膜彼此连接而不与峡部相连。具发达的螺旋形鳃上器。鳞小。侧线完全，前段弯向腹侧，后延至尾柄中轴。

背鳍基部短，起点位于腹鳍起点的后上方，第3根不分枝鳍条为软条。胸鳍较长，但不达或伸达腹鳍基部。腹鳍较短，伸达至臀鳍起点间距离的3/5处，起点距胸鳍起点较距臀鳍起点为近。臀鳍起点在背鳍基部后下方，距腹鳍较距尾鳍基为近。尾鳍深分叉，两叶末端尖。鳔大，分两室，前室长而膨大，后室锥形，末端小。肠长约为体长的 6 倍。腹腔大，腹腔膜黑色。成熟雄鱼在胸鳍第 1 鳍条有明显的骨质细栉齿，雌性则较光滑。

3. 鳙

鳙（*Hypophthalmichthys nobilis* Richardson，1845），隶属于鲤形目（Cypriniformes）鲤科（Cyprinidae）鲢属（*Hypophthalmichthys*），俗称"胖头鱼""胖头""花鲢"等（图 5-3），与鲢、草鱼、青鱼合称"四大家鱼"。

图 5-3　鳙（摘自"百度百科"）

体长为体高的 2.7 ～ 3.7 倍，为头长的 2.5 ～ 3.9 倍，为尾柄长的 5.2 ～ 7.6 倍，为尾柄高的 7.7 ～ 11.6 倍。头长为吻长的 3.0 ～ 4.2 倍，为眼径的 3.6 ～ 7.7 倍，为眼间距的 1.8 ～ 3.0 倍，为头宽的 1.4 ～ 1.9 倍。尾柄长为尾柄高的 1.3 ～ 1.9 倍。

体侧扁，较高，腹部在腹鳍基部之前较圆，其后部至肛门前有狭窄的腹棱。头极大，前部宽阔，头长大于体高。吻短而圆钝。口大，端位，口裂向上倾斜，下颌稍突出，口角可达眼前缘垂直线之下，上唇中间部分很厚。无须。眼小，位于头前侧中轴的下方；眼间宽阔而隆起。鼻孔近眼缘的上方。下咽齿平扁，表面光滑。鳃耙数目很多，呈页状，排列极为紧密，但不连合。具发达的螺旋形鳃上器。鳞小。侧线完全，在胸鳍末端上方弯向腹侧，向后延伸至尾柄正中。

背鳍基部短，起点在体后半部，位于腹鳍起点之后，其第 1 ～ 3 根分枝鳍条较长。胸鳍长，末端远超过腹鳍基部。腹鳍末端可达或稍超过肛门，但不达臀鳍。肛门位于臀鳍前方。臀鳍起点距腹鳍基较距尾鳍基为近。尾鳍深分叉，两叶约等大，末端尖。

鳔大，分两室，后室大，为前室的 1.8 倍左右。肠长约为体长的 5 倍左右。腹膜黑色。雄性成体的胸鳍前面几根鳍条上缘各具有 1 排角质"栉齿"，雌性无此性状或只在鳍条的基部有少量"栉齿"。背部及体侧上半部微黑，有许多不规则的黑色斑点；腹部灰白色。各鳍呈灰色，上有许多黑色小斑点。

4. 青鱼

青鱼（*Mylopharyngodon piceus* Richardson，1846），隶属于鲤形目（Cypriniformes）鲤科（Cyprinidae）青鱼属（*Mylopharyngodon*），俗称"青鲩""溜子""乌青""乌混""黑混""螺蛳混"等（图 5-4），与鲢、鳙、草鱼合称"四大家鱼"。

图 5-4　青鱼（危起伟等，《长江上游珍稀特有鱼类国家级自然保护区鱼类图集》，2015）

体长为体高的 3.3 ～ 4.1 倍，为头长的 3.5 ～ 4.4 倍，为尾柄长的 6.8 ～ 8.6 倍，为尾柄高的 6.3 ～ 7.9 倍。头长为吻长的 3.4 ～ 4.6 倍，为眼径的 5.1 ～ 8.8 倍，为眼间距的 2.0 ～ 2.6 倍，为尾柄长的 1.7 ～ 2.2 倍，为尾柄高的 1.7 ～ 2.1 倍。尾柄长为尾柄高的 0.8 ～ 1.1 倍。

体粗壮，近圆筒形，腹部圆，无腹棱。头中大，背面宽，头长一般小于体高。吻短，稍尖，吻长大于眼径。口中大，端位，呈弧形，上颌略长于下颌；上颌骨伸达鼻孔后缘的下方。唇发达，唇后沟中断，间距宽。眼中大，位于头侧的前半部；眼间宽而微凸，眼间距为眼径的 2 倍余。鳃孔宽，向前伸至前鳃盖骨后缘的下方；鳃盖膜与峡部相连；峡部较宽。鳞中大；侧线约位于体侧中轴，浅弧形，向后伸达尾柄正中。

背鳍位于腹鳍的上方，无硬刺，外缘平直，起点至吻端的距离与至尾鳍基约相等，或近后者。臀鳍中长，外缘平直，起点在腹鳍起点与尾鳍基的中点，或近尾鳍基，鳍条末端距尾鳍基颇远。腹鳍起点与背鳍第一或第二分枝鳍条相对，鳍条末端距肛门较远。肛门紧位于臀鳍起点之前。尾鳍浅分叉，上下叶约等长，末端钝。

鳃耙短小，下肢鳃耙呈颗粒状。下咽骨宽短，前臂宽短，其长短于后臂。咽齿呈臼状，齿冠面光滑无沟纹。鳔 2 室，前室粗壮，短于后室，后室末端尖形。肠长，盘曲多次，肠长为体长 2 倍左右。腹膜黑色。体呈青灰色，背部较深，腹部灰白色，鳍均呈黑色。

5.1.2　渔获物结构

1. 草鱼

2010—2018 年，在长江上游干支、流江段共采集到草鱼样本 375 尾。采集到的样本体长范围为 13 ～ 587mm，平均体长为 135.99mm，优势体长范围为 0 ～ 300mm（图 5-5）；体重范围为 1.0 ～ 3 900g，平均体重为 120.86g，优势体重范围为 0 ～ 500g（图 5-6）。

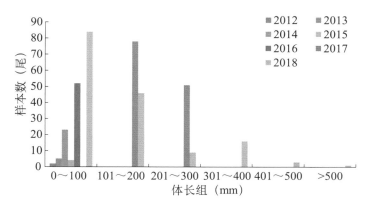

图 5-5　草鱼体长组成

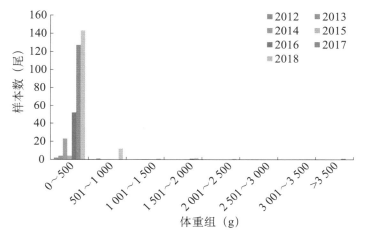

图 5-6　草鱼体重组成

草鱼体长和体重关系符合以下多项式公式：$W = 0.015L^2 - 3.293\,3L + 185.61$（$R^2 = 0.963\,3$，$n = 378$）（图 5-7），接近于匀速生长类型鱼类。

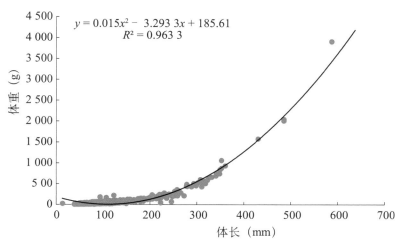

图 5-7　草鱼体长和体重关系

2. 鲢

2010—2018 年，在长江上游干、支流江段共采集到鲢样本 618 尾。采集到的样本体长范围为 25 ～ 730 mm，平均体长为 105.78 mm，优势体长范围为 0 ～ 200 mm（图 5-8）；体重范围为 0.4 ～ 3 250 g，平均体重为 78.00 g，优势体重范围为 0 ～ 150 g（图 5-9）。

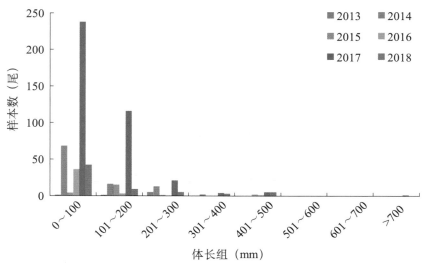

图 5-8　草鱼体长组成

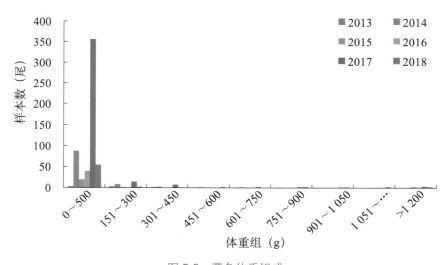

图 5-9　草鱼体重组成

鲢体长和体重关系符合以下多项式公式：$W=0.007\,7L^2-0.943\,3L+32.933$（$R^2=0.951\,1$，$n=618$）（图 5-10），接近于匀速生长类型鱼类。

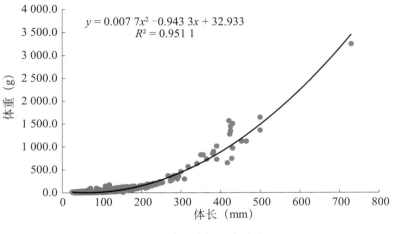

图 5-10　草鱼体长和体重关系

3. 鳙

2010—2018 年，在长江上游干、支流江段共采集到鳙样本 87 尾。采集到的样本体长范围为 30 ～ 418 mm，平均体长为 106.87 mm，优势体长范围为 0 ～ 200 mm（图 5-11）；体重范围为 0.5 ～ 129 3.3 g，平均体重为 85.49 g，优势体重范围为 0 ～ 200 g（图 5-12）。

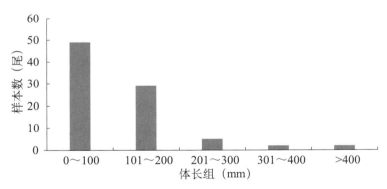

图 5-11　鳙体长组成

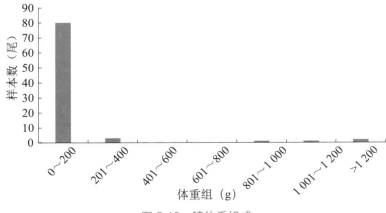

图 5-12　鳙体重组成

鳙体长和体重关系符合以下幂函数公式：$W = 2 \times 10^{-5} L^{3.037\,4}$（$R^2$=0.982 8，$n$=87）（图 5-13），属于匀速生长类型鱼类。

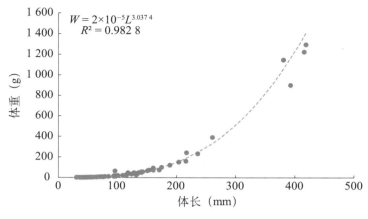

图 5-13　鳙体长体重关系

4. 青鱼

长江上游青鱼渔获数量较少，样本数量不足以分析渔获物结构组成。

5.1.3　渔业资源

1. 草鱼

草鱼在长江上游广泛分布，最上游分布范围可达攀枝花，尤其是金沙江梯级开发后，草鱼在金沙江各梯级库区渔获物中比重越来越高，在向家坝库区甚至能监测到草鱼性成熟达 V 期个体，但由于缺乏其自然繁殖所必需的漂程，目前的调查结果显示，其只能在长江上游干流、岷江下游和赤水河自然繁殖，其中，岷江下游和赤水河仅零星繁殖，主要产卵场集中在长江上游干流。根据 2010 年以来渔业资源调查结果，其在长江上游干流呈现为向家坝下至三峡坝头江段逐渐增加趋势，包括鱼体规格，在长江上游江段以上江段多见为其自然漂流鱼卵、幼体（不足 1 龄个体），巴南以下三峡库区江段多见其仔鱼、成体，呈现明显的区域差异分布特征，在长江上游干流—三峡库区形成了产卵场—洄游通道—索饵场的江—库复合生境，满足了草鱼等四大家鱼完整生活史需求。从渔获物组成来看，其在渔获物中的比例存在一定差异，其中宜宾江段重量比约为 1.09%，江津江段重量比约为 5.77%，涪陵江段重量比约为 9.64%，比例呈现上游至下游逐渐增加趋势；从数量比来看，宜宾江段约为 0.35%，江津江段约为 1.11%，涪陵江段约为 1.97%，呈现同样趋势，但在江津朱杨溪江段草鱼渔获数量比可过 2.86%，重量比约为 4.16%，渔获物多为 1 龄个体，同时在丰都等区域支流也发现有大量幼鱼集群现象，说明长江上游草鱼幼鱼索饵场多在支流河口水域，长江上游干流主要作为性成熟亲本活动区域和产卵场，三峡库区主要作为成鱼索饵场和越冬场存在，从生境完整性来看，草鱼在长江上游向家坝下至三峡坝头水域能长期存在，若无其他干扰，渔业资源也将处于持续稳定状态。

2. 鲢

鲢在长江上游分布范围与草鱼类似，但越往上游其个体比例要超过草鱼，如攀枝花雅砻江河口、普渡河口等水域，鲢的个体可达 3 000 g 以上，有部分可明确为养殖逃逸个体，但有部分个体可能已经形成自然种群。鲢在长江上游渔获物中的比例较草鱼略大，以向家坝下至三峡坝头江段为例，宜宾—江津江段其重量比约为 2.35%，江津以下三峡库区江段其重量比约为 17.59%，但从渔获物数量比来看，宜宾—江津江段其数量比约为 2.33%，江津以下三峡库区江段其数量比约为 0.31%，因此，从鱼体规格来看，长江上游干流自然流水河段鲢远小于三峡库区种群，与草鱼类似，适应了江—库复合生境，生活史过程完整，若无其他干扰，渔业资源也将处于持续稳定状态。

5.1.4　鱼类早期资源

1. 种类组成

2010 年以来，在长江上游金沙江宜宾、岷江河口、长江江津断面采集到了四大家鱼卵苗，以长江江津断面卵苗径流量最大，其中宜宾断面仅采集到草鱼 1 种，岷江河口断面采集到了草鱼、鲢 2 种，江津断面采集到了青鱼、草鱼、鲢、鳙 4 种，从组成比例来看，以草鱼、鲢出现比例较高，青鱼、鳙出现比例较低。

2. 产卵规模

从产卵规模来看，历史记录四大家鱼主要在长江重庆以下江段自然繁殖，其中宜昌以上长江上游江段四大家鱼产卵场约占长江全江产卵总规模的 29.6%（1986 年），根据巫山断面监测结果显示，巫山以上江段四大家鱼产卵总量约为 10.6 亿粒，宜都以上江段四大家鱼产卵总量约为 34.5 亿粒，长江上游是四大家鱼种群补充重要水域。

根据 2007 年以来的调查结果，三峡最大回水位所在江津断面，四大家鱼产卵量波动变化在 0.72 亿～ 8.25 亿粒之间（图 5-14），调查现状数据显示，三峡蓄水后，四大家鱼在三峡尾水以上江段形成了新的产卵场，产卵规模与三峡蓄水前相比略有下降，但与蓄水后最高峰年份相比，下降并不明显。2013 年为金沙江溪洛渡、向家坝水电站蓄水后首年，长江上游四大家鱼产卵量急剧下降，最低下降至仅不足 1 亿粒（0.72 亿粒），蓄水稳定后四大家鱼产卵量逐年恢复，后稳定在 3 亿粒 / 年左右，资源恢复较为明显，但要恢复至蓄水前水平，需结合禁捕、增殖、调度等多手段以恢复自然种群和产卵场生态功能。

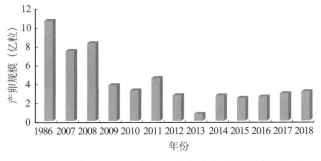

图 5-14　长江上游江段四大家鱼产卵规模长序列变化

3. 产卵场

根据历史资料记载，四大家鱼产卵场主要分布在重庆以下江段，重庆以上江段仅为零星产卵场，最上在金沙江新市江段记录有四大家鱼产卵场分布。1986 年调查结果显示，长江上游存在重庆、木洞等四大家鱼产卵场 11 处，产卵总量约占长江全江产卵总量的 29.6%，为四大家鱼重要产卵场分布江段，三峡蓄水运行后，重庆以下至宜昌江段四大家鱼产卵场基本丧失其生态功能，产卵场上溯至重庆以上江段。2007 年以来调查结果显示，四大家鱼产卵场主要分布在宜宾、南溪、合江、涪陵、珍溪江段（图 5-15），产卵总规模约为 10 亿粒（2013 年前）～ 4 亿粒（2013 年后）。

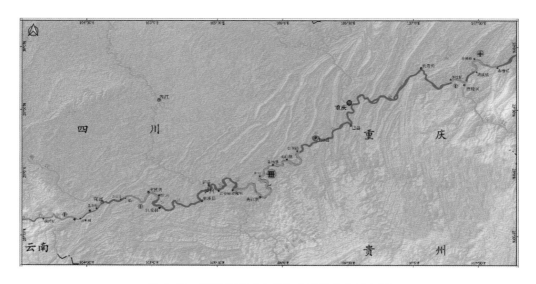

图 5-15 长江上游四大家鱼产卵场分布示意图

5.2 铜鱼

5.2.1 概况

铜鱼（*Coreius heterodon* Bleeker，1865），隶属于鲤形目（Cypriniformes）鲤科（Cyprinidae）铜鱼属（*Coreius*），俗称"水密子""尖嘴""尖嘴水密子"等（图 5-16）。

图 5-16 铜鱼（拍摄者：田辉伍；拍摄地点：朱杨溪；拍摄时间：2012 年）

体长为体高的 4.3 ～ 5.1 倍，为头长的 4.6 ～ 5.4 倍，为尾柄长的 4.4 ～ 5.5 倍，为尾柄高的 7.8 ～ 9.3 倍。头长为吻长的 2.2 ～ 3.0 倍，为眼径的 7.4 ～ 11.0 倍，为眼间距的 2.2 ～ 3.0 倍，为尾柄长的 0.8 ～ 1.1 倍，为尾柄高的 1.6 ～ 1.9 倍，为口宽的 7.3 ～ 9.0 倍，为须长的 1.9 ～ 2.7 倍。尾柄长为尾柄高的 1.6 ～ 2.2 倍。

体长，粗壮，前段圆筒状，后段稍侧扁，尾柄部高。头腹面及胸部较平。头小，近锥形。吻尖，吻长略小于眼间距或等长。口小，下位，狭窄，呈马蹄形。唇厚，光滑，下唇两侧向前伸，唇后沟中断，间距较狭。口角具须 1 对，粗长，向后伸几达前鳃盖骨的后缘。眼甚小，鼻孔大，眼径小于鼻孔径。体被圆鳞，较小，其游离部分略尖长；胸鳍基部区集积多数小而排列不规则的鳞片，腹鳍基部也同样具若干小鳞；背、臀鳍基部两侧具有鳞鞘，腹部鳞片细小，尾鳍基部处覆盖有许多细小鳞片。侧线完全，极为平直，横贯体中轴成一直线。

背鳍短小，无硬刺，起点位置稍前于腹鳍起点，至吻端的距离远小于至尾鳍基部，约与至臀鳍基部后端的距离相等。胸鳍宽，等于或稍短于头长，末端接近腹鳍起点。腹鳍略圆，起点至胸鳍基与至臀鳍起点等距，或稍近胸鳍基部。肛门近臀鳍，位腹、臀鳍间距离的后 1/4 处。臀鳍位置较前，尾柄甚高且长。尾鳍宽阔，分叉不深，上下叶末端尖，上叶稍长。

下咽齿第一、二枚齿稍侧扁，末端略钩曲，其余齿较粗壮，末端光滑。鳃耙短小。肠管长几与体长相等，约为体长的 0.9 ～ 1.1 倍。鳔大，2 室，前室椭圆形，包于厚膜质囊内，后室粗长，为前室的 1.4 ～ 2.8 倍。腹膜浅黄色。体黄色，背部稍深，近古铜色，腹部白色略带黄。体上侧常具多数浅灰黑的小斑点。各鳍浅灰，边缘浅黄色。

5.2.2　生物学研究

1. 渔获物结构

2010—2018 年，在长江上游干、支流江段共采集到铜鱼样本 1 478 尾。采集到的样本体长范围为 111 ～ 420mm，平均体长为 251.30mm，优势体长范围为 200 ～ 300mm（图 5-17）；体重范围为 13.3 ～ 985.2g，平均体重为 242.47g，优势体重范围为 100 ～ 400g（图 5-18）。

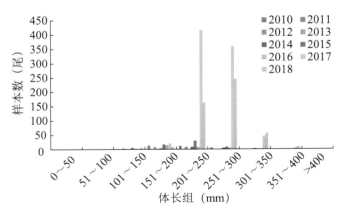

图 5-17　铜鱼体长组成

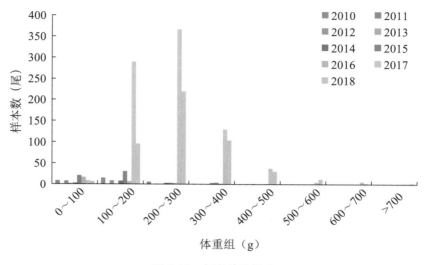

图 5-18　铜鱼体重组成

2. 体长与体重关系

铜鱼体长和体重关系符合以下幂函数公式：$W = 3 \times 10^{-5}L^{2.8941}$（$R^2$=0.812 1，
n=1 478）（图 5-19），接近于匀速生长类型鱼类。

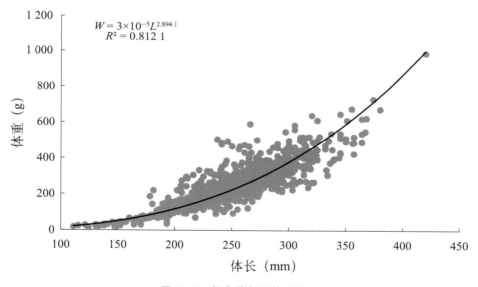

图 5-19　铜鱼体长和体重关系

5.2.3　渔业资源

铜鱼是长江流域重要经济鱼类，为典型的河道洄游类型鱼类，广泛分布在长江
上、中、下游干支流，其渔业资源量较为丰富，尤其是长江上游。其经济价值较大，
在长江十年禁捕前，其售价最高达 200 元 /kg，在同一分布水域中，其鱼体规格要大
于同域分布的圆口铜鱼，如长江上游宜宾至江津江段，铜鱼调查群体平均体长约为

251.30mm，平均体重约为 242.47g，而圆口铜鱼调查群体平均体长约为 209.80mm，平均体重约为 195.69g，但从渔获物结构来看，圆口铜鱼生长潜力更大，调查到的样本中铜鱼最大个体为 985.2g（$n=1\,472$），圆口铜鱼最大个体为 1\,465g（$n=919$）。有研究结果显示，随着金沙江一期工程的蓄水，向家坝下保护区江段铜鱼产卵场呈现分散趋势，但产卵总规模未出现急剧衰减，在生态调度、禁捕等综合措施的辅助下，长江上游铜鱼资源基本稳定，在渔获物和鱼类早期资源中的比例未出现急剧下降，根据长江水产研究所相关调查与研究结果，长江上游向家坝下至重庆巴南江段铜鱼成鱼资源数量约为 26 万尾，资源重量约为 66t，资源量较为丰富。

5.2.4　鱼类早期资源

1. 产卵规模

铜鱼是长江重要经济鱼类，产漂流性卵，在长江流域广泛分布，关于长江上游铜鱼产卵规模的调查历史较晚，20 世纪开展的相关调查主要集中在重庆以下江段，未有长江重庆以上江段铜鱼产卵规模相关报道，21 世纪以来，随着金沙江梯级规划的开展，在农业农村部、三峡集团公司联合协作下，开展了持续的调查工作，其中包括重要经济鱼类铜鱼，调查现状数据显示，长江上游干流分布着铜鱼产卵场，产卵规模波动变化约为 0.51 亿粒～ 3.87 亿粒 / 年之间（图 5-20），2013 年为金沙江溪洛渡、向家坝水电站蓄水后首年，长江上游铜鱼产卵量急剧下降，最低下降至仅 0.50 亿粒，蓄水稳定后，铜鱼产卵量逐年恢复，后稳定在 1 亿粒 / 年左右，资源恢复较为明显，但要恢复至蓄水前水平，需结合禁捕、增殖、调度等多手段，以恢复自然种群和产卵场生态功能。

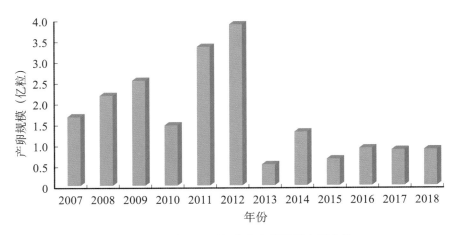

图 5-20　长江上游铜鱼产卵规模长序列变化

2. 时空分布

2011—2014 年共在江津江段调查到铜鱼卵 1\,183 粒，占 14.76%，是该江段采集到的 42 种鱼卵苗中数量最多的一种。4 年采样中有 92d 采集到了铜鱼鱼卵。2011—2014 年，铜鱼鱼卵日均密度各年平均值分别为（8.41 ± 1.91）、（10.57 ± 2.90）、（1.32 ± 0.43）和

（3.18±0.80）个 /1 000m³，2013 年和 2014 年铜鱼鱼卵日均密度显著低于 2011 年和 2012 年（P<0.05）。2011—2014 年各年度铜鱼鱼卵日均密度最高值分别为 76.22、145.83、23.84 和 33.04 个 /1 000m³（表 5-1）。

表 5-1　2011—2014 年江津江段铜鱼卵的出现天数、出现率、数量及比例

年份	出现天数（天）	出现率（%）	鱼卵数量（个）	占鱼卵总数比例（%）
2011	26	38.81	439	14.44
2012	22	32.84	445	17.29
2013	20	29.85	97	10.28
2014	24	35.82	202	13.87

3. 产卵场

根据 2011—2014 年江津江段调查到的铜鱼鱼卵发育时期和流速退算，铜鱼产卵区域主要分布在 6 个江段（表 5-2）。不同年份，产卵场的位置有所差异，但主要分布在羊石至江津白沙及兆雅至榕山 2 个江段区间（图 5-21）。该江段 4 年产卵量占产卵总量的 56.96%。

表 5-2　2011—2014 年长江上游铜鱼主要产卵场位置及产卵规模

产卵场位置	2011		2012		2013		2014	
	漂流距离（km）	产卵量（粒·尾10⁴）	漂流距离（km）	产卵量（粒·尾10⁴）	漂流距离（km）	产卵量（粒·尾10⁴）	漂流距离（km）	产卵量（粒·尾10⁴）

表 5-2　2011—2014 年长江上游铜鱼主要产卵场位置及产卵规模

产卵场位置	2011 漂流距离（km）	2011 产卵量（粒·尾 10^4）	2012 漂流距离（km）	2012 产卵量（粒·尾 10^4）	2013 漂流距离（km）	2013 产卵量（粒·尾 10^4）	2014 漂流距离（km）	2014 产卵量（粒·尾 10^4）
油溪—龙华	15～13	1 467	17.5～13	357	—	—	21～17	267
石门—白沙	—	—	48～38	2 464	51～42	871	—	—
羊石—朱杨	82～60.5	927	77～56.5	2 533	83～63	706	82.5～58	4 587
合江—榕山	107～101	2 072	108～103	20 561	—	—	105.5～95	2 612
兆雅—弥陀	141～136	6 395	139～131	7 421	—	—	—	—
泸州—黄舣	163～152	776	—	—	177～164	327	171～169	504

根据 2011—2014 年监测到的铜鱼产卵时间，2011 年 6 个产卵区域中合江至榕山产卵场最早发生铜鱼产卵行为，时间为 5 月 11 日；2012 年 5 月 5 日羊石至朱杨、合江至榕山这 2 个产卵场同时发生产卵行为；2013 年 5 月 12 日江津白沙江段最早发生产卵行为；2014 年仍然是江津白沙江段最早发生产卵行为，时间为 5 月 6 日。

根据 2007 年以来相关调查研究结果，铜鱼产卵场主要分布在长江中上游水域，

另在岷江、嘉陵江、汉江等支流也有少量分布，据相关长期监测结果，铜鱼目前为长江中上游重要经济鱼类，产卵场分布较广，资源总量相对较大。

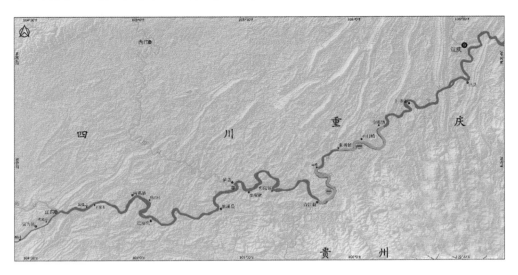

图 5-21　长江上游铜鱼产卵场分布示意图

5.3　中华纹胸鮡

5.3.1　概况

中华纹胸鮡（*Glyptothorax sinensis* Regan，1908），隶属于鲇形目（Siluri-formes）鮡科（Sisoridae）纹胸鮡属（*Glyptothorax*），俗称"石爬子""石黄姑"等（图 5-22），为我国特有物种。

图 5-22　中华纹胸鮡（拍摄者：田辉伍；拍摄地点：朱杨溪；拍摄时间：2012 年）

体长为体高的 4.4 ～ 5.1 倍，为体宽的 5.5 ～ 6.3 倍，为头长的 3.5 ～ 4.1 倍，为尾柄长的 5.1 ～ 5.7 倍。头长为吻长的 2.0 ～ 2.2 倍，为眼间距的 3.7 ～ 4.3 倍。眼间距为眼径的 2.7 ～ 3.7 倍。尾柄长为尾柄高的 1.8 ～ 2.1 倍。

体形长，头部宽而扁平，后部稍侧扁。口宽阔，下位，横裂。上唇具小乳头状突，下唇薄而光滑，与下颌不相愈合。上下颌均具呈带状排列的圆形小齿。眼小，居头中部的上方，眼有皮膜覆盖。前后鼻孔接近，且靠近吻端。须4对，鼻须1对较短，末端不达于眼；上颌须1对最长，基部扁而薄，末端类细，向后可伸达胸鳍基部；下颌须2对，外侧须不达胸鳍基部，内侧须短，约为外侧须的一半。鳃孔较大，鳃膜与峡部相连。颊部和胸部有很多皱褶，具吸附作用。背鳍具光滑硬刺，起点距吻端与距脂鳍约相等。脂鳍长，起点与臀鳍相对。胸鳍具硬刺，硬刺后缘有发达的锯齿，胸鳍末端不达腹鳍（在幼鱼中可达腹鳍）。腹鳍不达臀鳍，无硬刺。尾鳍叉形。肛门接近臀鳍起点。体无鳞。体背呈灰褐色，腹部白色。背鳍和脂鳍下方各有一黑色斑块。各鳍均有黑白相间的条纹。脂鳍末端为白色。

5.3.2　生物学研究

1. 渔获物结构

2010—2018年，在长江上游干、支流江段共采集到中华纹胸鮡样本1 774尾。采集到的样本体长范围为28 ~ 125mm，平均体长为69.70mm，优势体长范围为40 ~ 100mm（图5-23）；体重范围为0.6 ~ 27.4g，平均体重为5.90g，优势体重范围为0 ~ 10g（图5-24）。

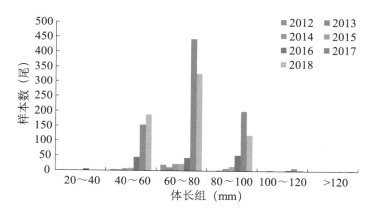

图 5-23　中华纹胸鮡体长组成

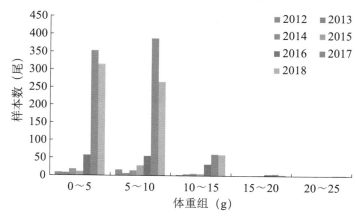

图 5-24　中华纹胸鮡体重组成

2. 体长与体重关系

中华纹胸鮡体长和体重关系符合以下幂函数公式：$W = 2 \times 10^{-4} L^{2.400\,5}$（$R^2=0.822\,2$，$n=1\,774$）（图 5-25），属于异速生长类型鱼类。

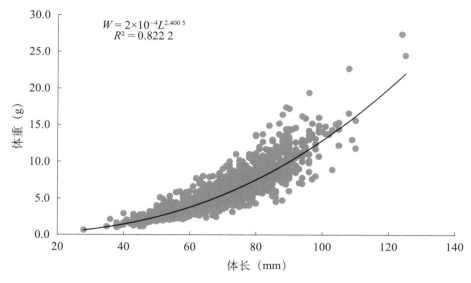

$$W = 2 \times 10^{-4} L^{2.400\,5}$$
$$R^2 = 0.822\,2$$

图 5-25　中华纹胸鮡体长和体重关系

5.3.3　渔业资源

中华纹胸鮡是长江上游重要鱼类资源，虽然经济价值不高，但渔获数量大，在渔获物中的数量比高，出现频率在雅砻江河口、巧家江段等可达 65% 以上。从渔获规格来看，平均体长为 69.70mm，平均体重为 5.90g，其中长江上游干流群体（$n=897$）平均体长为 70.34mm，平均体重为 5.92g，金沙江群体（$n=218$）平均体长为 75.26mm，平均体重为 8.36g，岷江等支流群体（$n=168$）平均体长为 60.14mm，平均体重为 4.99g，综合来看，金沙江群体个体相对更大，支流群体相对更小。

5.3.4　鱼类早期资源

中华纹胸鮡为产黏沉性卵鱼类，卵核呈灰绿色，椭圆形，少数能在产出后被浑浊水体脱黏后随水漂流，2010 年以来，在长江上游攀枝花江段、雅砻江河口江段、巧家江段、宜宾江段、岷江下游江段、赤水河赤水市江段和长江上游泸州至合江江段均采集到了其鱼卵，在采集到的鱼卵总数量中的比例均不足 1%，但不能说明其资源量不丰富，其在渔获物中的数量比相对较高，但其产卵场分布较为分散，对产卵环境要求不高，只需砾石或砂石底，有一定流速的河段均能繁殖。

5.3.5　遗传多样性

1. 序列变异及多样性

序列对比后得到 341 条长度为 1 057bp 的 Cyt *b* 序列和 109 条长度为 607bp 的

COI 序列。序列中的转换数明显高于颠换数，Cyt *b* 序列和 *COI* 序列 Ts/Tv 比分别为 6.328 和 14.331。Cyt *b* 序列和 *COI* 序列 A+T 含量分别为 58.02% 和 54.3%，高于 C+G 含量（41.95% 和 45.7%），与硬骨鱼类一致。

Cyt *b* 序列共检测到 80 个变异位点，其中简约信息位点 52 个，单一变异位点 28 个。341 条序列定义了 65 个单倍型，其中单倍型 HB_2 频率最高，为 35.78%，其次是 HB_19 为 12.32%，HB_9 为 8.21%。其中单倍型 HB_2 和 HB_9 为长江干流和岷江 6 个群体共享（表 5-3）。HB_19 为巧家和宁南 2 个群体共享。总样本单倍型多样性指数（H_d）和核苷酸多样性指数（P_i）分别为 0.845 和 0.007（表 5-4）。各群体中，巴南群体 H_d 最高为 0.867，攀枝花群体 P_i 最高为 0.005，宁南群体最低，分别为 0.251 和 0.002。

COI 序列共检测到 31 个变异位点，其中 13 个简约信息位点，18 个单一变异位点。109 条序列共定义了 23 个单倍型，其中单倍型 HC_1 和 HC_4 频率最高，分别为 38.53% 和 25.69%，为泸州、南溪和犍为群体共享。单倍型 HC_7 频率为 9.17%，仅出现在宁南群体（表 5-3）。总样本 H_d 和 P_i 分别为 0.774 和 0.005（表 5-4）。两种标记得到的遗传多样性指数相近，金沙江的 3 个群体遗传多样性低于长江上游群体。

表 5-3　基于 Cyt *b* 基因中华纹胸鲱的单倍型

单倍型	巴南	江津	合江	泸州	南溪	犍为	巧家	宁南	攀枝花	总计
HB_1	—	1	1	—	—	—	—	—	—	2
HB_2	13	21	13	22	27	26	—	—	—	122
HB_3	—	—	—	1	—	—	—	—	—	1
HB_4	—	—	—	1	—	—	—	—	—	1
HB_5	1	2	3	4	1	1	4	—	3	19
HB_6	1	—	—	1	1	2	—	—	—	5
HB_7	—	1	1	1	—	2	—	—	—	5
HB_8	—	—	—	1	—	—	—	—	—	1
HB_9	4	5	4	6	5	4	—	—	—	28
HB_10	—	—	—	—	—	—	—	—	—	1
HB_11	—	—	—	1	—	—	—	—	—	1
HB_12	—	1	3	3	1	3	—	—	—	11
HB_13	1	1	—	2	—	—	—	—	—	4
HB_14	—	1	—	—	—	—	—	—	—	1
HB_15	—	—	—	—	1	—	—	—	—	1
HB_16	—	—	—	—	1	—	—	—	—	1
HB_17	1	—	1	—	2	—	—	—	—	4
HB_18	1	—	—	—	3	—	—	—	—	4
HB_19	1	—	—	—	—	—	9	32	—	42
HB_20	—	—	—	—	—	—	—	1	—	1
HB_21	—	—	—	—	—	—	2	3	7	12

续表

单倍型	巴南	江津	合江	泸州	南溪	犍为	巧家	宁南	攀枝花	总计
HB_22	1	2	—	—	2	—	—	—	—	5
HB_23	—	1	—	—	—	—	—	—	—	1
HB_24	—	1	—	1	—	2	—	—	—	4
HB_25	—	1	—	—	1	—	—	—	—	2
HB_26	—	—	—	—	—	1	—	—	—	1
HB_27	—	—	—	—	—	1	—	—	—	1
HB_28	1	—	—	—	—	1	—	—	—	2
HB_29	1	—	—	—	1	1	—	—	—	3
HB_30	—	—	—	—	1	1	—	—	—	2
HB_31	—	1	1	—	—	—	—	—	—	2
HB_32	—	—	—	—	—	1	—	—	—	1
HB_33	—	—	—	—	—	1	—	—	—	1
HB_34	—	1	—	—	1	1	—	—	—	3
HB_35	1	1	1	—	1	1	—	—	—	5
HB_36	—	—	1	—	1	1	—	—	—	3
HB_37	—	—	—	—	—	1	—	—	—	1
HB_38	1	1	—	—	—	1	—	—	—	3
HB_39	—	1	—	1	—	—	—	—	—	2
HB_40	—	—	—	—	1	—	—	—	—	1
HB_41	1	1	—	—	2	—	—	—	—	4
HB_42	—	—	—	1	1	—	—	—	—	2
HB_43	—	—	—	—	1	—	—	—	—	1
HB_44	—	1	—	—	1	—	—	—	—	2
HB_45	—	—	—	—	1	—	—	—	—	1
HB_46	—	—	—	—	1	—	—	—	—	1
HB_47	—	—	—	—	1	—	—	—	—	1
HB_48	—	—	—	—	1	—	—	—	—	1
HB_49	—	—	1	—	—	—	—	—	—	1
HB_50	—	—	1	—	—	—	—	—	—	1
HB_51	—	—	1	—	—	—	—	—	—	1
HB_52	—	—	1	—	—	—	—	—	—	1
HB_53	1	—	1	—	—	—	—	—	—	2
HB_54	—	—	1	—	—	—	—	—	—	1
HB_55	—	1	—	—	—	—	—	—	—	1
HB_56	1	—	—	—	—	—	—	—	—	1
HB_57	1	—	—	—	—	—	—	—	—	1
HB_58	1	—	—	—	—	—	—	—	—	1
HB_59	1	—	—	—	—	—	—	—	—	1

续表

单倍型	巴南	江津	合江	泸州	南溪	犍为	巧家	宁南	攀枝花	总计
HB_60	1	—	—	—	—	—	—	—	—	1
HB_61	1	—	—	—	—	—	—	—	—	1
HB_62	—	1	—	—	—	—	—	—	—	1
HB_63	—	1	—	—	—	—	—	—	—	1
HB_64	—	—	—	—	—	—	1	—	—	1
HB_65	—	—	—	1	—	—	—	—	—	1
HC_1	—	—	—	9	16	17	—	—	—	42
HC_2	—	—	—	1	—	—	—	—	—	1
HC_3	—	—	—	1	—	—	—	—	—	1
HC_4	—	—	—	5	15	8	—	—	—	28
HC_5	—	—	—	2	2	6	—	—	—	10
HC_6	—	—	—	—	1	—	—	—	—	1
HC_7	—	—	—	—	—	—	10	—	—	10
HC_8	—	—	—	—	—	1	—	—	—	1
HC_9	—	—	—	—	—	1	—	—	—	1
HC_10	—	—	—	—	—	1	—	—	—	1
HC_11	—	—	—	—	—	1	—	—	—	1
HC_12	—	—	—	—	—	1	—	—	—	1
HC_13	—	—	—	—	—	1	—	—	—	1
HC_14	—	—	—	—	—	1	—	—	—	1
HC_15	—	—	—	—	—	1	—	—	—	1
HC_16	—	—	—	—	1	—	—	—	—	1
HC_17	—	—	—	—	1	—	—	—	—	1
HC_18	—	—	—	—	1	—	—	—	—	1
HC_19	—	—	—	—	1	—	—	—	—	1
HC_20	—	—	—	—	1	—	—	—	—	1
HC_21	—	—	—	—	1	—	—	—	—	1
HC_22	—	—	—	—	1	—	—	—	—	1
HC_23	—	—	—	—	1	—	—	—	—	1

表 5-4　中华纹胸䱫线粒体 DNA 群体遗传多样性和中性检验

群体	mt DNA(Cyt b)							mt DNA(COI)				
	N	S	H	H_d	P_i	Fu's F_s	Tajima's D	N	S	H	H_d	P_i
巴南	36	38	21	0.867	0.004	−9.84	−1.77	—	—	—	—	—
江津	48	41	22	0.803	0.003	−11.27	−2.21**	—	—	—	—	—
合江	35	31	16	0.849	0.004	−4.42	−1.59	—	—	—	—	—

续表

群体	mt DNA(Cyt b)							mt DNA(COI)				
	N	S	H	H_d	P_i	Fu's F_s	Tajima's D	N	S	H	H_d	P_i
泸州	48	33	16	0.773	0.004	−3.67	−1.66	—	18	14	5	0.639	0.004
南溪	60	46	25	0.793	0.003	−17.65	−2.43**	—	42	19	12	0.738	0.003
犍为	51	18	18	0.736	0.002	−13.43	−1.83*	—	39	12	11	0.758	0.002
巧家	16	14	4	0.642	0.003	3.31	−0.58	—	—	—	—	—	—
宁南	37	14	4	0.251	0.002	2.76	−1.30	—	10	0	1	0.000	0.000
攀枝花	10	12	2	0.467	0.005	8.16	1.45	—	—	—	—	—	—
Clade I	278	72	62	0.793	0.003	−59.18	−2.18**	—	—	—	—	—	—
Clade II	53	15	5	0.390	0.002	3.1	−0.76	—	—	—	—	—	—
总计	341	80	65	0.845	0.007	−26.86	−1.35	—	109	31	23	0.774	0.005

注：N 为样本量，S 为突变位点数，H 为单倍型数，H_d 为单倍型多样性指数，P_i 为核苷酸多样性指数，* 表示显著性检验 $P < 0.05$，** 表示显著性检验 $P < 0.01$。

目前已开展群体遗传学研究的纹胸鮡属鱼类有两种，即怒江的扎那纹胸鮡（H_d = 0.851，P_i =0.014）（刘绍平等，2010）和澜沧江的老挝纹胸鮡（H_d =0.299，P_i =0.000 32）（郭宪光等，1004），与这两种鱼比较，中华纹胸鮡总体遗传多样性与扎那纹胸鮡相似，高于老挝纹胸鮡。但从不同群体看，各群体遗传多样性差异较大，其中，金沙江的 3 个群体（攀枝花、宁南、巧家县）遗传多样性明显低于长江上游及岷江的 6 个群体。金沙江中华纹胸鮡群体低水平的遗传多样性可能是由于奠基者效应造成。受第四纪冰期影响，冰期期间中华纹胸鮡可能仅存于长江中下游，随着冰期结束，金沙江各江段气候随海拔从低到高逐渐回暖，中华纹胸鮡从长江中下游逐渐往上迁移而形成目前的格局。长江和金沙江的泉水鱼（*Semilabeo prochilus*）（史方，2010；司从利等，2012）和裸体异鳔鳅鮀（Dong et al.，2019）也有类似的情况。

2. 遗传结构

分子变异方差分析（AMOVA）显示，无论是 Cyt b 序列还是 COI 序列，遗传变异主要来自群体间（Cyt b，59.62%；COI，55.24%），群体间出现显著遗传分化（Cyt b，F_{st} = 0.60，$P < 0.01$；COI，F_{st} = 0.55，$P < 0.01$）（表 5-5）。

表 5-5 中华纹胸鮡群体间分子变异分析方差（AMOVA）

	变异来源	自由度	方差	变异组成	变异百分比
Cyt b	群体间	8	718.621	2.377 Va	59.62
	群体内	332	534.517	1.610 Vb	40.38
	总计	340	1 253.138	3.987	—

	变异来源	自由度	方差	变异组成	变异百分比
COI	群体间	3	77.863	1.006 Va	55.24
	群体内	105	85.587	0.815 Vb	44.76
	总计	108	163.450	1.821	—

注：Va 为组间方差组分，Vb 为组内群体间方差组分。

基于 Cyt b 序列的两两群体间 F_{st} 分析结果见表 5-6，长江干流 5 个群体和岷江的犍为群体间 F_{st} 均小于 0.05，这 6 个群体与巧家、宁南和攀枝花群体之间的 F_{st} 都大于 0.7。巧家和宁南群体间 F_{st} 也小于 0.05，它们与攀枝花群体间的 F_{st} 为 0.459 和 0.644。基因流分析显示长江干流和岷江群体间 N_m 值（或绝对值）均大于 8，它们与巧家、宁南和攀枝花群体间 N_m 均小于 1。巧家和宁南群体间 N_m 为 91.13，攀枝花与这两个群体的 N_m 为 0.32 和 0.2。

表 5-6　基于 Cyt b 的中华纹胸鳅群体间两两 F_{st}（对角线下方）和基因流 N_m（对角线上方）

群体	巴南	江津	合江	泸州	南溪	犍为	巧家	宁南	攀枝花
巴南	—	-16.16	-13.77	-23.20	-137.07	8.36	0.09	0.07	0.09
江津	-0.015	—	-17.71	-18.88	-26.03	16.60	0.07	0.05	0.08
合江	-0.019	-0.014	—	-15.32	-472.25	9.60	0.08	0.06	0.09
泸州	-0.010	-0.013	-0.016	—	499.12	9.20	0.08	0.06	0.08
南溪	0.001	-0.009	0.002	0.001	—	66.02	0.06	0.04	0.07
犍为	0.035	0.015	0.032	0.027	0.003	—	0.05	0.03	0.05
巧家	0.736	0.781	0.746	0.765	0.824	0.873	—	91.13	0.32
宁南	0.792	0.821	0.801	0.808	0.851	0.892	0.015	—	0.20
攀枝花	0.753	0.797	0.762	0.783	0.838	0.882	0.459	0.644	—

对群体间 F_{st}（表 5-6）与地理距离（表 5-7）进行 Pearson 相关性分析表明，这两个变量间呈线性正相关关系（$R = 0.696$，$P < 0.001$）。

表 5-7　中华纹胸鳅群体间的地理距离

群体	巴南	江津	合江	泸州	南溪	犍为	巧家	宁南	攀枝花
巴南	—	—	—	—	—	—	—	—	—
江津	29	—	—	—	—	—	—	—	—
合江	78	49	—	—	—	—	—	—	—
泸州	129	100	51	—	—	—	—	—	—
南溪	172	142	94	42	—	—	—	—	—
犍为	286	257	209	158	115	—	—	—	—
巧家	405	376	327	276	234	128	—	—	—
宁南	424	395	346	294	252	144	19	—	—
攀枝花	540	510	461	410	368	256	135	115	—

利用 Median Joining 方法构建 Cyt *b* 单倍型网络结构图（图 5-26）显示，中华纹胸鮡群体形成三个明显分枝：Clade I、Clade II 和 Clade III，分枝间突变步骤为 12-22 个，分枝内相邻单倍型间突变步骤最多为 5 个 [图 5-26(a)]。Clade I 个体主要来自于巴南、江津、合江、泸州、南溪、犍为等群体；Clade II 主要来自宁南和巧家等群体；Clade III 主要来自攀枝花等群体 [图 5-26(a)]。*COI* 单倍型网络结构图形成两个分枝：Clade A、Clade B，Clade A 主要来自泸州、南溪、犍为等群体，与 Cyt *b* 的 Clade I 对应；Clade B 主要来自宁南等群体，与 Cyt *b* 的 Clade II 对应 [图 5-26(b)]。

以老挝纹胸鮡（*G. laosensis*）和扎那纹胸鮡（*G. zanaensis*）（登录号：HM636516.1，HM636515.1，HQ898002.1，HQ593565.1，DQ514349.1，KM610755.1）为外类群，构建 NJ 系统发育树见图 5-26。系统发育树拓扑结构一致，其中 Cyt *b* 系统发育树呈现三个具有高支持率的分枝，*COI* 树有两个高支持率分枝，分别与单倍型网络结构图的分枝对应。

基于遗传距离的 ABGD 分析结果表明，$P = 0.01$ 时，样本被划分为一组。

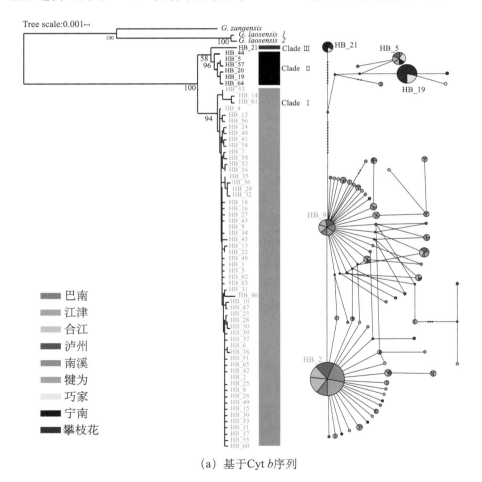

（a）基于Cyt *b*序列

图 5-26　基于 Cyt *b* 序列 (a) 和 *COI* 序列 (b) 构建的中华纹胸鮡单倍型网络结构图（右）和系统发育树（左）

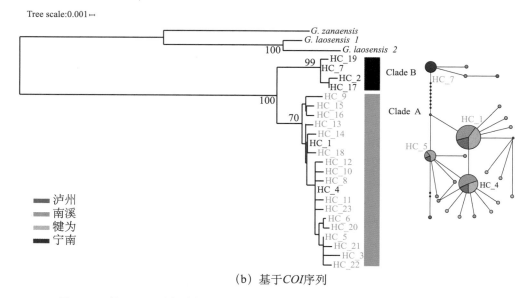

（b）基于COI序列

图 5-26　基于 Cyt b 序列和 COI 序列构建的中华纹胸鮡单倍型网络结构图（右）
和系统发育树（左）（续）

注：单倍型网络结构图中一个圆圈代表一个单倍型，圆圈大小代表样本频率。

AMOVA 分析、分化系数、network 网络结构、系统发育树以及 STRUCTURE 聚类分析的结果都表明，长江上游及金沙江中华纹胸鮡群体存在显著遗传分化，至少形成 3 个遗传谱系，分别为金沙江中游（攀枝花）、金沙江下游（巧家、宁南）、长江上游（巴南、江津、合江、泸州、南溪、犍为）群体。Pearson 相关性分析显示中华纹胸鮡群体间 F_{st} 与地理距离呈正相关关系（$R > 0.6$），说明中华纹胸鮡群体的遗传结构是距离隔离造成，符合 IBD 模式。中华纹胸鮡为底栖鱼类，产黏性卵，活动范围窄，限制了群体间基因交流。生境的差异也是产生群体生态和距离隔离的可能原因，9 个采样点的生态环境之间存在明显差异：攀枝花到重庆巴南江段海拔落差达 920 m 左右，金沙江段内高山和峡谷多并且相间并列，地形非常复杂多样，流域内气候的时空变化波动较大，垂直差异特别明显，阻碍了中华纹胸鮡迁移。基因流分析结果也表明了三个谱系间几乎没有基因交流。

历史研究表明中华纹胸鮡存在多个生态类群（莫天培，1986），本研究结果显示中华纹胸鮡存在多个遗传谱系，为了揭示中华纹胸鮡是否存在隐存种或亚种，本研究用两种方法进行检验，即遗传距离和 ABGD 法。首先，根据李博（2016）基于 Cyt b 序列计算三种纹胸鮡属鱼类 [中华纹胸鮡、扎那纹胸鮡、穴形纹胸鮡（G. cavia）] 之间遗传距离，种间遗传距离在 0.067 ~ 0.098 之间；王利华等（2019）基于 Cyt b 序列计算的鲃属 6 种鱼类的种间遗传距离在 0.1 ~ 7.5 之间。本研究中中华纹胸鮡 9 个群体间的遗传距离在 0.003 ~ 0.020 之间，单倍型之间遗传距离最大为 0.027（HB_21-HB_61），远小于鲃属和纹胸鮡属种间的遗传距离。其次，通常用 DNA 条形码 ABGD 作种类鉴定时，一般以 P=0.01 显示组数作为种类数量的依据（Puillandre et al.，2012；

Mari et al.，2014）。本研究 *COI* 基因的 ABGD 分析结果表明，所分析的样本在 *P*=0.01 下只有一个组即为同一个种。综合以上两种方法结果表明，长江上游及金沙江中华纹胸鮡群体中并无隐存种或亚种存在。

　　本研究的采样江段中已建有两座大型电站，即向家坝水电站和溪洛渡水电站，位于宜宾和巧家之间，AMOVA 分析显示水电站上（巴南、江津、合江、泸州、南溪、犍为）、下（巧家、宁南、攀枝花）游群体有明显的遗传结构差异，但这种差异是种群历史造成，而不是大坝阻隔的影响。STURCTURE 分析显示 Clade I（主要是大坝下游群体）包含有大坝上游的少量个体，而 Clade II 和 III 完全没有大坝下游个体，目前大坝运行距采样时间仅 5 年，难以对群体差异产生如此大的影响。并且，攀枝花江段与巧家江段之间目前未受大坝阻隔，但两群体间也发生了显著遗传分化，因此，大坝建设是否会对群体基因交流造成影响，有待今后长期监测。

3. 种群历史

　　对 Cyt *b* 序列的 9 个群体以及 Clade I、II（图 5-27）分别进行 Tajima's *D* 和 Fu's *F*_s 中性检验，结果显示 Clade I（−59.18，−2.18）均为显著负值，长江上游群体也均为负值。碱基错配分析显示，Clade I、Clade II 呈多峰结构（图 5-28）。BSP 分析结果表明，Clade I 群体在距今 0.1Ma ～ 0.04Ma（百万年）经历了扩张事件。

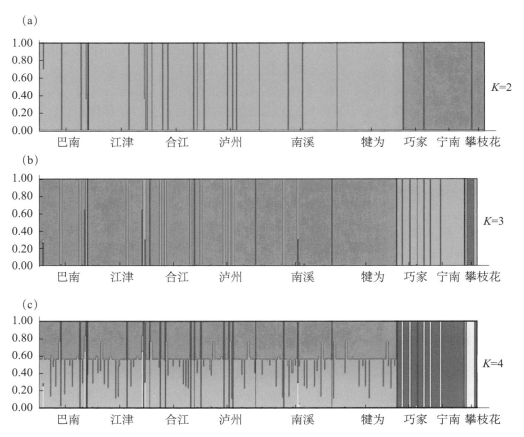

图 5-27　基于 Cyt *b* 序列的中华纹胸鮡群体 STRUCTURE 聚类分析

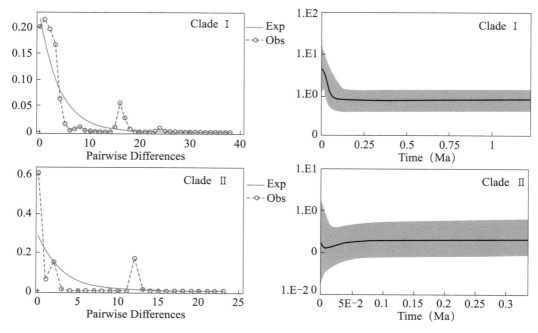

图 5-28　基于 Cyt *b* 序列的中华纹胸鳅错配分布分析和 BSP 分析

　　根据 Cyt *b* 树中华纹胸鳅群体分为 3 支，第一支的主要单倍型是 HB_9 和 HB_2，分布在长江上游及岷江 6 个群体。第二支是 HB_19，主要分布在巧家及宁南。第三支是 HB_21，分布在巧家、宁南及攀枝花，主要在攀枝花。与之对应的 COI 树，第一支的主要单倍型是 HC_1、HC_5 和 HC_4，分布在泸州、南溪、犍为。第二支是 HC_7，仅分布在宁南。基于两种标记的系统发育树都显示金沙江群体和长江上游及岷江群体的共享单倍型少，意味着它们之间已形成较大分化。根据 BSP 分析可知，中华纹胸鳅长江上游群体（Clade Ⅰ）在晚更新世（0.13 Ma ～ 0.01 Ma）发生了种群扩张事件，此时为末次冰期后期，长江上游气候回暖，有利于中华纹胸鳅群体增长。长江上游一些特有鱼类，如红唇薄鳅、长薄鳅（申绍祎等，2017）、裸体异鳔鳅鮀、异鳔鳅鮀（Dong et al.，2019）等也在这一时期检测到种群扩张事件。金沙江下游群体（Clade Ⅱ）在 0 ～ 0.0125 Ma 也检测到扩张现象，扩张时间比 Clade Ⅰ 的要晚，说明金沙江出现适宜于中华纹胸鳅气候的时间更晚，与其较高海拔相符。

5.4　犁头鳅

5.4.1　概况

　　犁头鳅（*Lepturichthys fimbriata* Günther，1888），隶属于鲤形目（Cypriniformes）平鳍鳅科（Balitoridae）犁头鳅属（*Lepturichthys*），俗称石"扒子""牛尾巴""长尾鳅""燕子鱼"等（图 5-29）。

图 5-29　犁头鳅（拍摄者：田辉伍；拍摄地点：朱杨溪；拍摄时间：2012 年）

标准体长为体高的 6.6 ～ 10.2 倍，为体宽的 5.8 ～ 7.7 倍，为头长的 5.1 ～ 7.0 倍，为尾柄长的 3.0 ～ 3.9 倍，为尾柄高的 53.9 ～ 65.0 倍。头长为体高的 1.1 ～ 1.7 倍，为头宽的 1.2 ～ 1.4 倍，为吻长的 1.6 ～ 1.8 倍，为眼径的 9.0 ～ 10.5 倍，为眼间距的 2.5 ～ 3.2 倍。头宽为裂宽的 2.9 ～ 3.6 倍。

体前部扁平，体高小于体宽，背面隆起，腹面平坦，体中部圆，后部细长呈圆形。头扁平，吻较长，扁平，呈凿状。吻皮下包形成吻褶，与上唇间形成吻沟。吻褶分叶，中叶较宽，后缘具 2 个须状突起，叶间 2 对吻须较长。口下位，弧形，具口角须 2 对。唇具发选须状突起，上唇 2 ～ 3 排，下唇 1 排。额部有 1 ～ 2 对小须。眼侧上位，眼间隔较宽平。鼻孔 1 对，近眼前缘。鳃裂下角稍延伸至头部腹面。背鳍无硬刺，其最长鳍条长于或短于头长，起点约与腹鳍起点相对，距吻端较距尾鳍基显著为近。胸鳍圆扇形，平展，其起点在眼后缘垂直线之后，末端远不及腹鳍起点。腹鳍后缘左右分开。截形，末端远不及肛门。臀鳍无硬刺。后缘截形。尾鳍叉形。尾柄杆状，细长，其高小于眼径。肛门距腹鳍基部后端较距臀鳍起点为远。

体被细鳞，鳞片具疣刺或光滑，头、胸和腹部或臀鳍前均裸露无鳞。侧线完全，平直。体背褐色分节。各鳍均有褐色斑纹。

5.4.2　生物学研究

1. 渔获物结构

2010—2018 年，在长江上游干、支流江段共采集到犁头鳅样本 785 尾。采集到的样本体长范围为 43 ～ 167mm，平均体长为 84.30mm，优势体长范围为 60 ～ 120mm（图 5-30）；体重范围为 0.8 ～ 28.1g，平均体重为 3.84g，优势体重范围为 0 ～ 6g（图 5-31）。

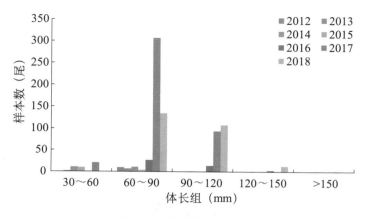

图 5-30　犁头鳅体长组成

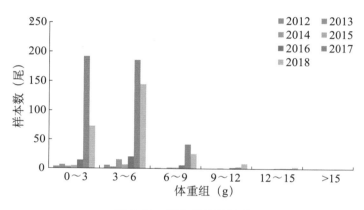

图 5-31　犁头鳅体重组成

2. 体长与体重关系

犁头鳅体长和体重关系符合以下多项式公式：$W = 0.001\,8L^2 - 0.207\,2L + 8.194$（$R^2 = 0.777\,4$，$n = 785$）（图 5-32），接近于匀速生长类型鱼类。

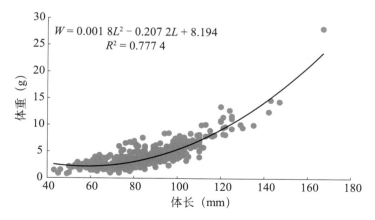

图 5-32　犁头鳅体长体重关系

5.4.3　渔业资源

犁头鳅广泛分布于长江流域，属非重要经济鱼类，但渔获数量较大，渔获物中数量多，比例高，该鱼无较高经济价值，渔民多捕捞用来喂食家禽，不常用来食用。从渔获规格来看，其为小型鱼类，在长江上游分布区常与中华金沙鳅、中华纹胸鲱伴生，以"石爬子"名义集中销售。从遗传结构来看，犁头鳅长江上游群体未发生明显分化，但在鱼体规格方面存在一定差异，长江上游干流群体平均体长为 83.54mm，平均体重为 3.74g，金沙江群体平均体长为 95.63mm，平均体重为 5.36g，从群体规格来看，金沙江群体个体略大。

5.4.4　鱼类早期资源

根据 2010 年以来相关调查结果显示，犁头鳅产卵场广泛分布在长江中上游干支流，主要在金沙江攀枝花密地大桥以上江段（产卵规模约为 9.26 百万粒 / 年），雅砻江盐边县江段（产卵规模约为 2.79 百万粒 / 年），金沙江皎平渡江段（产卵规模约为 16.02 百万粒 / 年），岷江泥溪至高场江段（产卵规模约为 2.57 百万粒 / 年），赤水河太平、丙安江段（产卵规模约为 47.07 百万粒 / 年），长江上游榕山至白沙江段（产卵规模约为 1.59 亿粒 / 年），呈现从上至下产卵规模逐渐增加趋势。

5.4.5　遗传多样性

1. 序列变异及多样性

1）Cyt b 序列

通用引物 L14724 成功扩增出了长江上游 7 个种群 234 个个体的 Cyt b 基因序列，剪切后获得 1003 bp 的序列，没有发现碱基的缺失或插入，检测到 84 个变异位点，其中 36 个为单一突变位点，48 个为简约信息位点。A、T、C、G 平均含量分别为 27.61%、26.94%、15.06%、30.39%，表现出明显的反 G 偏倚，A+T 含量（54.55%）高于 G+C 含量（45.45%），该区呈现 A+T 偏倚，转换与颠换比 T_s/T_v=51.07，转换数明显高于颠换数。Cyt b 基因共定义 90 个单倍型，编号为 Hap_1 ～ Hap_90，其中，Hap_5 和 Hap_17 频率最高，都是 13.24%，其次是 Hap_14 和 Hap_1 分别为 10.05% 和 6.85%，共有 20 个单倍型为种群间共享。各单倍型详细分布见表 5-8。7 个种群的单倍型多样性范围为 0.94 ～ 1.00，其中犍为种群单倍型多样性最高，为 1.00，最低为合江种群，0.94。核苷酸多样性范围为 0.003 4 ～ 0.004 6，巴南种群核苷酸多样性最高，0.004 6，最低为攀枝花种群，0.003 6，平均碱基差异数为 3.93。

2）D-loop 序列

通用引物 H15915 成功扩增出了长江上游 7 个种群 220 个个体的 D-loop 序列，剪切后获得长度为 885 bp 的序列，检测到 90 个变异位点，其中 35 个为单一突变位点，55 个为简约信息位点，有 5 处长度共 12bp 的插入或缺失位点。A、T、C、G 的平均含量为 35.68%、29.90%、20.54%、13.88%，A+T 含量（65.58%）高于 G+C 含量（34.42%），T_s/T_v=12.43。D-loop 序列共定义 124 个单倍型，编号为 H_1 ～ H_124，其中 H_11 和 H_5 频率较高，分别为 7.66% 和 6.76%。共有 33 个单倍型为种群间共享。7 个种群的单倍型多样性范围在 0.97 ～ 0.99 之间，攀枝花、巧家、朱杨溪和巴南单倍型多样性最高，0.99，最低为犍为种群，0.97。核苷酸多样性处于 0.007 1 ～ 0.008 5 之间，巴南核苷酸多样性最高，为 0.008 5，最低为合江种群，为 0.007 1。平均碱基差异数为 6.84。

表 5-8　犁头鳅采样点、样本量、遗传多样性及中性检验

种群	采样点	N	S	H_N	H_d	P_i	Tajima's D	Fu's F_s
Cyt b	攀枝花	27	21	18	0.95	0.0034	−1.37	−11.59**
	巧家	48	41	29	0.95	0.0038	−2.01**	−22.53**
	南溪	37	28	21	0.95	0.0041	−1.33	−10.71*
	合江	46	34	26	0.94	0.0037	−1.78*	17.95**
	朱杨溪	32	33	23	0.96	0.0038	−1.49*	−17.53**
	巴南	37	36	21	0.95	0.0046	−1.66*	−9.61**
	犍为	7	10	7	1	0.0038	−0.36	−3.71**
	总计	234	84	90	0.95	0.0039	−1.07	−24.60**
D-loop	攀枝花	27	37	37	0.99	0.0082	−0.92	−12.98**
	巧家	47	50	50	0.99	0.0083	−1.25	−25.01**
	南溪	38	43	43	0.98	0.0079	−1.17	−17.40**
	合江	35	40	40	0.98	0.0071	−1.31	−14.60**
	朱杨溪	33	41	41	0.99	0.0072	−1.36	−23.03**
	巴南	31	39	39	0.99	0.0085	−0.87	−18.03**
	犍为	9	22	22	0.97	0.0075	−0.94	−1.92
	总计	220	90	124	0.98	0.0078	−1.67*	−2.18**

注：N：样本量；S：变异位点数；H_N：单倍型数；H_d：单倍型多样性；P_i：核苷酸多样性。

研究表明，线粒体 DNA 的快速进化主要由转换造成（Brown et al., 1982）。Cyt b 基因和 D-loop 序列转换与颠换比分别为 51.07 和 12.43，符合线粒体 DNA 的进化特征，并且比率大于 2，表明 Cyt b 基因和 D-loop 序列未达到突变饱和，可用于遗传多样性研究。遗传多样性能反应物种应对自然选择的能力，是生物适应环境的基础。单倍型多样性指数（H_d）和核苷酸多样性指数（P_i）能有效地衡量种群遗传多样性水平。研究表明，单倍型多样性指数大于 0.5，和核苷酸多样性指数大于 0.005，则表明该物种具有较高的遗传多样性（Grant et al., 1998；李燕平，2017）。本研究中犁头鳅的遗传多样性结果为（Cyt b：H_d=0.95，P_i=0.003 9；D-loop：H_d=0.98，P_i=0.007 8），与长江上游产漂流性卵鱼类如小眼薄鳅（申绍祎等，2017）、铜鱼（袁娟等，2010）、圆口铜鱼（熊美华等，2018）等相比，本研究中长江上游犁头鳅种群具有高水平的遗传多样性，与程飞等（2013）基于线粒体 COI（P_i=0.007）和 Zhang 等（2012）基于微卫星标记（H_e=0.97）的研究结果一致。

犁头鳅具有高水平的遗传多样性，可能与其繁殖特性及种群数量庞大相关，犁头

鳅栖息于急流中，产漂流性卵，有利于种群间的基因交流，因此，其遗传多样性较高。此外，234 条 Cyt b 基因中检测到 84 个单倍型，220 条 D-loop 序列中检测到 124 个单倍型，单倍型数量丰富，已有研究显示，庞大的种群数量及多样性的生活习性是维持自然群体单倍型多样性高的基础，因此，我们推测犁头鳅具有较高的遗传多样性，可能与犁头鳅产漂流性卵及种群数量庞大有关。

长江上游平鳍鳅科中的中华金沙鳅（Cyt b：H_d=0.99，P_i=0.006 6；COI：H_d=1.00，P_i=0.006 0）和短身金沙鳅（Cyt b：H_d=0.89，P_i=0.009 0；COI：H_d=0.95，P_i=0.009 8）同样也具有较高的遗传多样性（Tang $et\ al.$，2012），高于长江上游鲤科鱼类，如铜鱼（D-loop：H_d=0.85，P_i=0.003 0）（袁希平等，2008）和鲢（Cyt b：H_d=0.69，P_i=0.007 5）（陈会娟等，2018）等的遗传多样性，说明平鳍鳅科鱼类线粒体 DNA 具有较高的进化速率。比较 Cyt b 和 D-loop 进化速率发现，尽管两者单倍型多样性差异不大，但 D-loop 序列的核苷酸多样性大约是 Cyt b 基因的 2 倍，跟鳅超科鱼类相似（唐琼英，2005），推测是因为 D-loop 序列为非编码基因，受到的选择压力较小，进化速率快。

2. 遗传结构

1）NJ 系统发育树及单倍型网络结构图

以中华金沙鳅（线粒体 Cyt b 基因，GenBank 登录号：JN176989.1；D-loop 序列，GenBank 登录号：DQ105282.1）作为外类群，构建的 NJ 系统发育树见图 5-33，Cyt b 基因和 D-loop 序列的 NJ 系统发育树均显示犁头鳅单倍型没有发生地理聚集，并且单倍型各分枝间的支持率大部分小于 50%，暗示没有产生明显的地理分化和谱系分化。

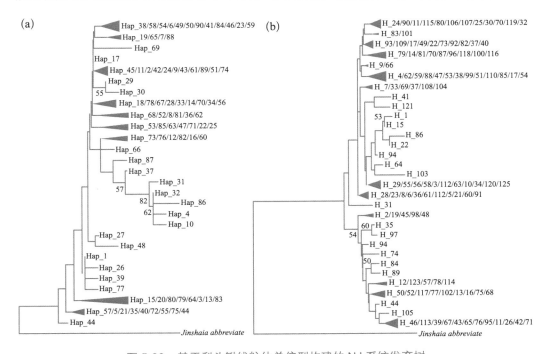

图 5-33　基于犁头鳅线粒体单倍型构建的 NJ 系统发育树

注：(a) Cyt b，(b) D-loop。支持率较低的缩放在一起；只显示大于 50% 自展值。

为进一步探究犁头鳅 Cyt *b* 基因和 D-loop 序列的单倍型演化关系，构建了犁头鳅单倍型网络结构图，其结果与 NJ 系统发育树显示的单倍型关系吻合。Cyt *b* 基因单倍型网络结构见［图 5-34(a)］，Cyt *b* 单倍型网络结构关系较简单，Hap_5 和 Hap_17 在 7 个种群中均有分布，为最高频单倍型，且以 Hap_17 为中心呈星状放射性分布，其余的单倍型以一步或多步的形式突变分散在外部节点，因此推测 Hap_17 可能为原始单倍型。控制区单倍型网络进化关系较为复杂，单倍型之间形成环形连接，无中心单倍型，其中 H_5、H_11、H_24 为高频率单倍型，出现了 35 个缺失单倍型（mv1 ~ mv35）［图 5-34(b)］。Cyt *b* 基因和 D-loop 序列提示犁头鳅 7 个种群间没有产生明显的地理分化和谱系分化（图 5-34）。

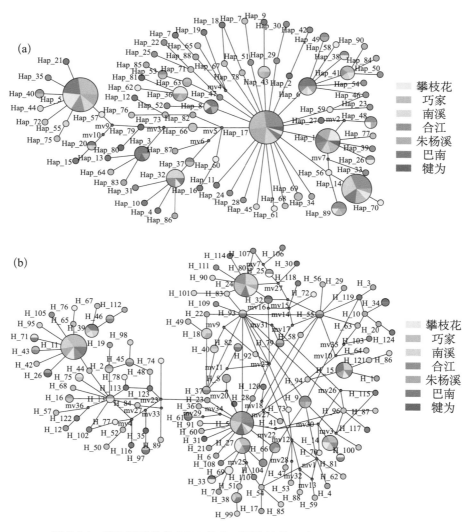

图 5-34　犁头鳅线粒体 DNA 单倍型网络结构图（a: Cyt *b*; b: D-loop）

注：(a) Cyt *b*；(b) D-loop。圆圈面积大小表示单倍型的频率；mv 表示缺失的单倍型。

2）分子方差分析

AMOVA 分析结果见表 5-9，无论是 Cyt b 基因还是 D-loop 序列，99% 以上的变异均来自种群内，种群间的变异不足 1%，表明遗传变异主要来源于种群内。

表 5-9　犁头鳅种群间分子变异分析

序列	变异来源	自由度	方差	变异组成	变异百分比（%）	固定系数 (F_{st})
Cyt b	种群间	6	13.78	0.010 5 Va	0.53	
	种群内	227	443.73	1.954 8 Vb	99.47	0.005 3
	总计	233	457.51	1.965 2	——	
D-loop	种群间	6	18.73	−0.012 6 Va	−0.36	
	种群内	213	747.43	3.509 1 Vb	100.36	−0.003 6
	总计	219	766.16	1.965 2	——	

3）遗传分化指数及基因流

Cyt b 基因和 D-loop 序列总的遗传分化指数（F_{st}）分别为 0.005 3 和 −0.003 6，两两种群间遗传分化指数均小于 0.05，表明种群间不存在遗传分化。Cyt b 基因和 D-loop 序列的总基因流分别为 39.68 和 −32.59，两两种群间基因流见表 5-10、表 5-11，两两种群间基因流绝对值均大于 4，说明各种群间基因交流比较频繁。

表 5-10　基于 Cyt b 基因的犁头鳅种群间的 F_{st} 值（对角线下方）和基因流 N_m（对角线上方）

种群	攀枝花	巧家	南溪	合江	朱杨溪	巴南	犍为
攀枝花	——	−73.97	43.23	17.80	63.00	28.16	24.73
巧家	−0.004 4	——	130.37	33.98	−43.23	69.22	22.67
南溪	0.004 6	0.002 2	——	−37.45	−31.09	19.49	6.88
合江	0.013 0	0.007 3	−0.006 5	——	125.6	7.60	6.90
朱杨溪	0.003 5	−0.005 8	−0.008 2	0.002 2	——	121.2	−38.94
巴南	0.007 1	0.004 2	0.012 7	0.032 8	0.001 7	——	−8.45
犍为	0.017 4	0.010 8	0.029 8	0.041 8	−0.007	−0.039 3	——

表 5-11　基于 D-loop 区的犁头鳅种群间的 F_{st} 值（对角线下方）和基因流 N_m（对角线上方）

种群	攀枝花	巧家	南溪	合江	朱杨溪	巴南	犍为
攀枝花	——	−39.07	−96.04	27.56	29.16	−156.5	−19.41
巧家	−0.006 4	——	−31.23	21.43	41.91	−20.27	−13.61
南溪	−0.002 6	−0.008 1	——	−64.19	−42.77	−29.29	−9.56
合江	0.008 9	0.011 5	−0.003 9	——	−44.03	31.97	−7.56
朱杨溪	0.008 5	0.005 9	−0.005 9	−0.005 7	——	−110.38	−6.92
巴南	−0.001 6	−0.012 5	−0.008 6	0.007 8	−0.002 3	——	−8.43
犍为	−0.013 1	−0.018 7	−0.026 9	−0.034 2	−0.037 5	−0.030 6	——

基因流（N_m）是影响种群遗传变异、种群遗传同质性的重要因素，基因流越大，种群间遗传相似性越高（曲若竹和侯林，2004）。本研究中基于 Cyt b 基因和 D-loop 序列的基因流绝对值分别为 39.68 和 32.59，表明各种群间基因交流频繁，种群间遗传相似性高；从基于 Cyt b 基因和 D-loop 序列的 AMOVA 分析可知，遗传变异主要来源于种群内，$F_{st}<0.05$，表明种群间不存在遗传分化；同时基于 Cyt b 基因和 D-loop 序列的 NJ 系统发育树和单倍型网络结构图均显示犁头鳅种群没有出现地理聚集，综上我们得出一致结论：长江上游犁头鳅种群未发生遗传分化，这与基于微卫星标记的遗传结构分析一致，也与 Zhang 等（2012）的研究结果一致。

3. 种群历史

利用中性检验（Tajima's D 和 Fu's F_s）、核苷酸错配分布和 BSP 等方法分析种群历史。中性检验中的 Tajima's D 检验能反映较长时间尺度的种群事件，更加倾向于种群的古老突变；Fu's F_s 检验反映的是较短时间尺度的种群事件，对近期事件敏感。一般来说，中性检验的数值为负且 P 值显著则表示种群在历史上经历过扩张。犁头鳅的总样本的 Tajima's D 和 Fu's F_s 均为负值，Cyt b 基因的 Tajima's D 值 P 值不显著，不具备生物统计学意义，但 Cyt b 和 D-loop 序列的 Fu's F_s 为极显著负值，而 Fu's F_s 对近期种群扩张的敏感性更强，故可以推断犁头鳅在近期经历过种群扩张。基于 Cyt b 基因的错配分布呈现一个单峰曲线 [图 5-35(a)]，D-loop 序列错配分析呈现双峰曲线 [图 5-35(b)]，扩张信号结果不统一。参照的鲤科鱼类每百万年 1%（Cyt b）和 3.6%（D-loop）的进化速率，BSP 分析进一步表明，基于 Cyt b 基因和 D-loop 序列显示长江上游犁头鳅种群发生扩张的时间大约在 6.5 万年和 6.6 万年前（图 5-35）。

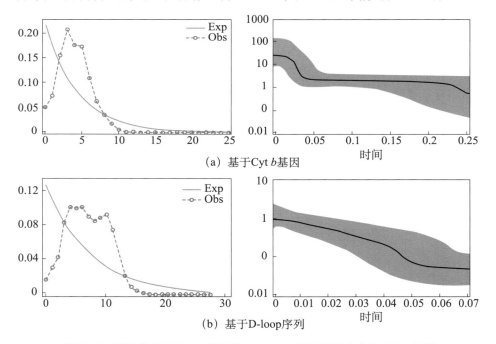

(a) 基于Cyt b基因

(b) 基于D-loop序列

图 5-35　犁头鳅基于 Cyt b 基因和 D-loop 序列的错配分布和 BSP 分析

注：Exp 代表期望值，Obs 代表观察值。

Grant 和 Bowen 等（1998）指出，种群具有高单倍型多样性和低核苷酸多样性特征暗示经历了种群扩张事件。从线粒体 Cyt b 基因的遗传多样性指数特征来看，呈现高单倍型多样性和低核苷酸多样性模式，表明该物种经历过种群扩张事件；此外，基于 Cyt b 基因的单倍型网络结构图显示，单倍型网络结构图表现为典型的星型结构，这也是经历过种群扩张的典型特征（Slatkin et al.，1991）；基于 Cyt b 基因和 D-loop 序列的 Fu's F_s 偏离了中性选择，暗示犁头鳅在近期也发生过种群历史扩张事件。BSP 分析进一步表明种群扩张时间大约在 6.5 万年前，处于第四纪的大理冰期（距今约 7 万～1 万年）。大理冰期普遍寒冷，但李四光（1996）提出，长江流域，高度超过 1 200m 的山地，可发生 4 次冰期；低于 1 200m 的山地，至多只能发生 3 次冰期。长江上游干流及岷江海拔高度小于 1 200m，可能未发生大理冰期，这一时期气候回暖，营养物质丰富，促进了种群扩张。这一时期长江上游鱼类如异鳔鳅鮀（董微微等，2018）、红唇薄鳅（申绍祎等，2017b）和蛇鮈（李小兵等，2018）等也发生了种群扩张事件，表明这一时间段可能适合于长江上游鱼类的生存、繁殖和扩张。

5.5 中华沙鳅

5.5.1 概况

中华沙鳅（*Sinibotia superciliaris* Günther，1892），隶属于鲤形目（Cypriniformes）鳅科（Cobitidae）沙鳅属（*Sinibotia*）。俗称"钢鳅""玄鱼子""青玄鱼子""龙针"等（图 5-36），除长江外，分布于澜沧江等水系。

图 5-36 中华沙鳅（拍摄者：吕浩 / 张浩；拍摄地点：朱杨溪；拍摄时间：2018 年）

体长为体高的 4.0～5.1 倍，为头长的 3.5～3.7 倍，为尾柄长的 5.6～6.2 倍，为尾柄高的 6.7～7.4 倍。头长为吻长的 1.9～2.0 倍，为眼径的 9.2～11.8 倍，为眼间距的 3.6～4.2 倍。

体长而侧扁。头尖而侧扁。吻长，口亚下位。上、下唇皮折发达，并与上、下颌分离。颐下有 1 对钮状突起。须 3 对，吻端 2 对，口角 1 对。前、后鼻孔间有一皮折。眼小，侧上位。眼下缘具有 1 个基部分双叉的硬刺，其末端远超过眼后缘。眼间隔凸出。鳃膜在胸鳍基部前缘与峡部侧面相连。背鳍短小，无硬刺，起点至尾基较距吻端为近。胸鳍大，呈圆扇形。腹鳍起点在背鳍第1～2分枝鳍条的垂直下方。臀鳍短小，没有硬刺。尾鳍较大，分叉深，上、下叶末端很尖。鳞很小。侧线完全。肛门靠近臀鳍起点。

头部背面为黑褐色，吻端至眼前缘有褐色斑纹。背部为灰褐色。体侧浅黄褐色，腹部较谈。从鳃盖后缘至尾鳍基部有8～9条黑褐色的横斑。背鳍中部和基部各有1列深褐色的条纹，尾鳍上、下叶各有3列褐色斑纹。胸鳍、腹鳍、臀鳍为淡黄褐色，并有少量褐色斑点。

5.5.2 生物学研究

1. 渔获物结构

2010—2018年，在长江上游干支流江段共采集到中华沙鳅样本1 195尾。采集到的样本体长范围为57～157mm，平均体长为88.53mm，优势体长范围为60～120mm（图5-37）；体重范围为1.5～30.2 g，平均体重为9.88g，优势体重范围为5～15g（图5-38）。

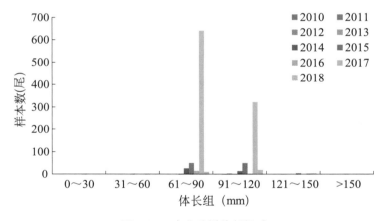

图 5-37　中华沙鳅体长组成

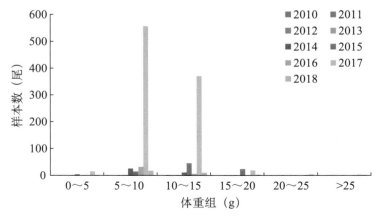

图 5-38　中华沙鳅体重组成

2. 体长与体重关系

中华沙鳅体长和体重关系符合以下幂函数公式：$W=0.001L^{1.926}$（R^2=0.487，n=1 198）（图 5-39），但相关关系不显著，属于异速生长类型鱼类。

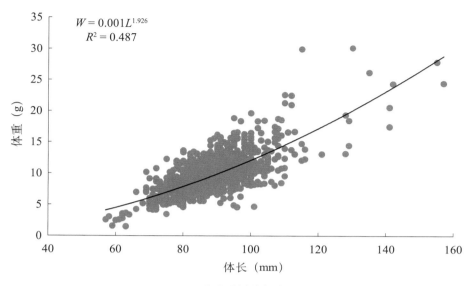

图 5-39　中华沙鳅体长体重关系

5.5.3　渔业资源

中华沙鳅是长江上游重要经济鱼类，俗称"青龙丁""玄鱼子""钢鳅""老鼠鱼"等，2018 年前，长江上游干支流遍布餐饮船舶，多销售野生鱼类，而中华沙鳅是其中重要对象，最高售价可达 1 000 元 /kg，其常与红唇薄鳅、小眼薄鳅一起销售，为此，长江上游四川、重庆均出现了专用捕捞网具（笼丁网或百袋网），捕捞效率极高，最高单天单船努力捕捞量可达 3kg，资源量较大，其中，沱江中有相关企业已实现规模化人工繁殖，初步实现了人工养殖，养殖前景较大。

5.5.4　鱼类早期资源

中华沙鳅广泛分布在长江流域，产漂流性卵，另还可分布在长江以外其他流域。从长江上游来看，中化沙鳅产卵场分布较为广泛，几乎所有流水河段均可自然繁殖，产卵场主要分布在金沙江攀枝花（产卵规模约为 9.19 百万粒 / 年），雅砻江盐边县江段（产卵规模约为 0.09 百万粒 / 年），岷江蕨溪至高场江段（产卵规模约为 17.81 百万粒 / 年），赤水河太平、土城、丙安、复兴江段（产卵规模约为 4.14 百万粒 / 年），长江上游弥陀、合江、羊石江段（产卵规模约为 3.07 亿粒 / 年），长江上游干支流中华沙鳅产卵总量接近 10 亿粒 / 年，产卵总量较大。

第6章
鱼类保护与管理

6.1 资源保护

6.1.1 种群动态评估

种群历史动态一般采用有效种群大小随时间发生的变化作为衡量标准，同时结合地质历史事件和气候变化情况确定有效种群大小波动的原因，有助于阐明过去的地质气候变化以及人类活动等历史事件对当前物种分布的影响机制（Fontaine et al., 2012）。而种群现状是历史环境对种群动态作用后结果的验证，通过现状的分析，结合历史事件对种群动态的影响，反复验证，推理其发生过程，这对于制定濒危物种保护策略具有十分重要的借鉴意义（Frankham et al., 2010）。

种群动态评估多为宏观面研究，模型评估应用较多等，需要一定的目标样本量才能进行评估，且量越多越好。但随着特有鱼类资源量的下降，仅少部分珍稀特有鱼类样本量能满足种群动态评估的理想要求，大部分鱼类如彭县似鳡、邛海鲌、格咱中甸叶须鱼、川西鳈和长臀华鲮等仅有少量资料记载，现阶段获取活体样本较为困难，不能满足宏观面的分析，因此种群动态的评估不仅要从宏观面分析，微观面也要结合。随着分子生物学技术的不断发展，分子标记正被越来越多地应用于种群历史动态研究中，未来分子生物学将是种群动态评估不可或缺的一部分。

6.1.2 种群保护建议

长江上游珍稀特有鱼类是一种可再生资源，处于不断更新和有规律的替换过程。当前，受到全球气候变化和多重人类活动干扰，鱼类资源持续衰退。要有效地保护长江上游珍稀特有鱼类资源，最根本的条件是保存和恢复它们所适应的栖息环境，减少不利的人类活动，同时建立有效的科学管理机制，加强对珍稀特有鱼类的科学研究。建议在现有研究与保护工作基础上。

1. 实施生态修复

长江十年禁渔制度的实施停止传统渔业生产对长江上游珍稀特有鱼类的破坏，促进了长江上游生态系统的自我调节，但大自然的自我调节周期较长，因此需要辅以其他人工措施，引进和创新生态修复技术和相关装备，有针对性地开展生态通道、廊道联通，推动典型栖息地再自然化改造或再造，实施规模化生态修复工程，提高生态系统的自我调节能力，使遭到破坏的生态系统逐步恢复且向良性循环方向发展。

2. 恢复江河连通

河流是具有纵向、横向、垂向和时间等四维水文连通的生态系统。建议严格控制水电开发强度，合理开展生态调度，保证足够的下泄生态流量；同时科学评估水电工程尤其是梯级工程对鱼类资源的影响机理，对于一些效率低下、生态危害较大的小水电应予以拆除，恢复河流自然生境，选择代表性支流实施系统生态修复，重新恢复江河联系。例如，在金沙江支流黑水河、雅砻江支流安宁河、岷江支流青衣江、赤水河支流桐梓河和习水河实施生态修复工程，全面拆除小水电、引水管、壅水堰等设施，恢复河流的自然流态和水文节律，为一些喜流水性的长江上游珍稀特有鱼类提供理想的栖息环境。

3. 加强多元化科学研究

长江特有鱼类资源丰富，然而，绝大部分种类的基础生物学和生态学信息仍不完整，导致无法准确评估其种群状态，也不利于人工繁殖等相关保护工作的开展。因此，建议对长江上游特有鱼类的物种数量、地理分布、种群状况、受威胁程度和潜在威胁因素开展全面性调查，系统开展鱼类基础生物学和生态学研究，重点研究珍稀特有鱼类的人工繁殖和规模化培育技术，建立珍稀特有鱼类人工养殖群体，实现全人工繁殖是保存珍稀特有鱼类自然资源增殖不可或缺的途径；同时加强水域生态环境健康监测，建立覆盖全流域和全环境要素的监测网络体系，重点关注梯级开发导致水温和径流过程等环境要素的变化对鱼类等水生生物造成的影响，建立多方参与的适应性管理机制。

4. 明确保护区建设管理

长江上游珍稀特有鱼类国家级自然保护区主要保护对象为 70 种珍稀、特有鱼类，以及水獭、大鲵及其生存的重要生境。自保护区建设以来，保护区内珍稀特有鱼类资源量下降趋势有所减缓，但受多重人类活动持续干扰影响未能有效遏制下降趋势，这可能与保护区管理有关，国家机构改革主体责任仍需进一步明确，相关责任方保护力度仍需深入。因此建议进一步明确保护区管理责任，迫切需要建立多部门联合管理机构，生态补偿方面实行谁开发谁保护的主体责任，全面落实好长江"共抓大保护，不搞大开发"的国家要求。此外，有必要整合涉水工程建设生态补偿资金，设立长江生态保护专项基金，以长期、稳定支撑珍稀特有鱼类动态监测、科学研究、生态修复和保护区管理。

6.2　研究展望

6.2.1　研究现状

长江上游主要水域记录有保护对象 70 种（其中长江上游干流记录有 37 种），2006 年至今共计调查到其中 50 种（其中长江上游干流 32 种），仍有 20 种未调查到。

本书相关研究工作开展前，长江上游珍稀特有鱼类仅长江鲟、胭脂鱼、黑尾近红鲌、异鳔鳅鮀、厚颌鲂、岩原鲤、圆筒吻鮈、长鳍吻鮈、齐口裂腹鱼、宽体沙鳅、长薄鳅和中华金沙鳅等少数几种有部分基础研究资料，其余种类基本为研究空白。2010 年至今，本书著者联合中国科学院水生生物研究所、水利部中国科学院水工程生态研究所开展了长江上游 24 种特有鱼类生物学、种群动态及遗传结构研究，通过本专题研究填补了 22 种长江上游特有鱼类基础资料空白。与此同时，三峡集团公司委托本书著者所在长江水产研究所和中科院水生生物研究所、水利部中科院水工程生态研究所、四川大学、四川省农业科学院水产研究所、中华鲟研究所、宜昌三江渔业公司等行业内实力单位开展了长江鲟、圆口铜鱼、长鳍吻鮈、长薄鳅、鲈鲤、细鳞裂腹鱼等特有鱼类人工保种技术专题，截至目前，长江上游珍稀特有鱼类国家级自然保护区 3 种珍稀鱼类和 67 种特有鱼类中已实现全人工繁殖技术突破种类已达 14 种，其中 9 种已能规模化培育子一长或子二代苗种。2008 年以来，长江上游各级人民政府及水电企业累计增殖放流长江上游特有鱼类超过 700 万尾，其他土著 2 400 余万尾，经济鱼类 3 亿余尾，极大增殖了长江上游鱼类资源。

长江上游鱼类资源现有研究已积累了补充了大量研究空白，但相对于该区域鱼类资源总种类数仍存在差距，部分种类甚至无法通过现有资料获知其分布，关键栖息地信息更是一片空白，缺乏诊治"长江病"的科学依据。2006 年以来，长江上游珍稀特有鱼类国家级自然保护区建立了水生生态环境监测网络，在中国水产科学研究院长江水产研究所技术负责下完成了连续 15 年监测工作，调查结果显示，67 种保护对象中有 19 种未采集到样本。2017 年以来，中国水产科学研究院长江水产研究所又牵头开展了长江渔业资源与环境专项调查，长江流域 400 余种鱼类中有 130 余种未采集到样本。现有调查资料对于鱼类分布与资源变化已有充足的支撑数据，但如何评判未采集到样本的其他物种？是否有必要针对特定物种开展专题调查或研究有必要拟定相关规划。在弄清楚鱼类分布与资源演变的基础上，有必要基于原有水生生态环境监测网络，开展持续监测，最后形成类似英国洛桑实验站的百年数据源，为科学评估资源长期演变与环境影响，指导物种保护和生态修复提供一手长序列数据资料。物种保护方面现有研究资料仅足以保护 70 种重点保护对象中的 14 种，进一步突破的空间极大，通过现有技术积累，推广应用至同属、同亚科、同科或同目其他物种，形成综合技术体系，有效指导物种保护工作的开展。当前针对梯级开发、水环境污染等已实施了生态调度、过鱼设施、水环境治理等相关研究与工程措施，取得了较好的生态效果，但长江上游生态环境正在持续演变中，相关涉水工程处于不同建设与运行期，因此，有必要针对具体物种或具体工程开展针对性保护措施研究。此外，根据国家"十四五"规划，拟建设国家种质资源收集保存和研究体系，长江上游是我国生物多样性最为丰富的地区之一，水产种质资源也是其中重要组成部分之一，因此，有必要围绕国家种质战略需求，建设对应种质资源库和相关研究体系，维护国家种质安全。

6.2.2 研究目标

完善现有长江上游关键栖息地水生生物及其水域环境监测网络平台,实现重点区域内水生生物与环境监测评估的长期化、自动化、信息化、网络化。集中长江相关科研院校力量,开展补充基础研究,填补基础资料空白。通过联合攻关突破一系列保护对象人工保种技术,构建大多数物种人工种群,促进自然种群恢复。建设完备的长江上游重要鱼类活体、标本、遗传资源库等保种工程,实现重要保护对象应保尽保。开展自然种群维持与增殖、栖息地环境改善与重建相关技术研究与示范,逐步改善长江上游现有关键栖息地的生境适合度,维持关键特有物种在长江上游能完成其生活史。通过基础资料积累、关键技术突破与推广实施,实现长江上游生态环境明显改善,水生生物栖息生境得到全面保护,水生生物资源显著增长,水域生态功能有效恢复。

6.2.3 研究内容

1. 补足基础资料

基础资料是开展进一步保护与研究工作的前提,长江上游主要保护对象仍有近40种缺乏基础数据,建议开展补充基础生物学研究,力争实现70种主要保护对象全覆盖,掌握这些物种的基础生物学特征、分布状况及资源演变趋势,明确其生态需求关键参数,定义当前环境形势下无法满足的主要生活史环节,从种群生存力、环境条件需求和环境胁迫因素等方面开展重点研究,为阐明区域发展格局变迁、岸带非自然化进程、水电梯级开发序列与鱼类功能群结构、功能多样性变迁之间的量化关系提供生物数据支撑。

2. 开展长期观测

基于"长江上游珍稀特有鱼类国家级自然保护区水生生态环境监测"网络,进一步梳理监测站位、指标、频次等,结合"水声学、环境DNA、肠道微生物、遥感、微纳米、宏基因组"等新技术、新方法,以关键物种、典型栖息地、重要指标为核心,开展连续、规律观测,获取长序列一手数据资料,通过直接证据阐明长江上游重要物种、典型栖息地不同历史时期现状及演变趋势,分析典型鱼类群落的结构特征和演替规律,预警生态环境风险,指导保护与修复措施实施。

3. 突破关键技术瓶颈

长江上游物种保护滞后于当前保护严峻形势,受限于人工种群不足、繁育技术落后等,无法跟上当前流域经济发展前提下的物种保护需求,重要保护物种技术积累不足,非重点关注物种基本牌技术空白阶段。研究圆口铜鱼等重要保护物种现有技术薄弱环节,集中力量突破,实现规模化苗种繁育与增殖;攻克裸体异鳔鳅鮀等非重点关注物种人工繁育技术主要"卡脖子"环节,逐步实现非重点关注物种全人工繁殖技术顺序突破,达到种群增殖条件。开展野外种群重建技术研究,以圆口铜鱼、长鳍吻鮈等为研究对象,选择向家坝下保护区河段和赤水河为主要研究区域,研究种群生存力提升技术、种群保护与栖息地修复技术,实现多种保护对象自然种群重建。

4. 实施生态修复工程

考虑长江上游多重人类活动干扰频繁、河道非自然化比例高的特点，选择一定研究区域，实施河道纵向连通性、断面横向连通性恢复工程，重建完整生态过程，恢复生态功能，增殖自然资源。以国内当前讨论较多的替代生境为重要研究区域，选择具有代表性的河段，实施鱼类重要栖息地恢复与重建工程，满足拟替代生境多数保护对象完成生活史过程需要。考虑长江上游多数保护对象在金沙江梯级工程实施后无法自然完成生活史过程的事实，开展增殖放流苗种生产工程建设，利用已有物种全人工繁殖技术开展相应工程建设，建设工程同时满足其他物种人工保种技术研究需要，形成良性循环。针对国家"十四五"规划战略需求，利用长江上游生物多样性高的特点，建立长江上游重要水产种质资源库（冷冻库、配子库、活体库、样本库和信息平台等），形成合理的收集保存与研究体系。

5. 研发新技术新装备

相对于国外技术与装备实力，我国在同类方向因发展时间短等原因所限，仍处于较为落后的现状，基于此，构建生态功能受损河流生态系统功能评估指标体系与模型，科学评估。研究河道再自然化生态再造技术，以长江上游众多支流为研究对象，恢复自然生态流，打通长江"毛细血管"。针对习总书记提出的当前长江生物完整性已到了最差的"无鱼"等级的新形势，根据不同水域特性，建立适应性的水生生态系统健康评价技术指标体系，科学评价当前生物完整性状况，同时结合"长江十年禁捕"和"长江大保护"新形势，评估系列保护计划实施效果。考虑当前长江上游存在众多人造湖库，研发通过渔业调节水生生物功能群结构进而改善水生生态系统健康的生态渔业监测和调控系统，在改善生态环境的同时实现"绿色发展"。

6.3 资源管理

6.3.1 资源保护

20 世纪以来，长江上游珍稀特有鱼类资源呈现持续下降趋势，进入 21 世纪，虽然国家相关部门采取了系列保护措施，但受多重人类活动干扰影响，资源持续衰退趋势仍未得到有效缓解。鱼类生物学研究结果显示，长鳍吻鮈、圆口铜鱼等近年来资源已几近枯竭，虽然相关企业已开展了大量人工繁殖技术储备研究，但部分环节仍存在未完全突破技术瓶颈。多年来，长江上游持续开展了增殖放流活动，珍稀特有鱼类放流总量超过 1 亿尾，但多数种类仍未呈现资源回升趋势，部分种类如胭脂鱼等野外误捕个体多为人工增殖放流个体。针对长江上游珍稀特有鱼类繁殖需求，金沙江下游梯级连续开展了多年生态调度，取得了较为明显的生态效果，生态调度期间产卵量增长最高达 0.5 亿粒，对四大家鱼、铜鱼、长薄鳅等鱼类有较为明显的促进作用，但从目前结果来看，生态调度方案仍有待进一步优化。2020 年 1 月 1 日起，长江上游保护区全境实现了全面禁渔，渔业管控进入全面严管阶段，从赤水河全面禁渔后近 3 年监测结果来看，禁渔生态效果较好，鱼类资源得到了较有明显的恢复。

长江上游珍稀特有鱼类资源是长江水生生态系统重要组成部分，是长江生物多样性的重要组成部分，当前资源虽然保持较为稳定状态，但总体仍呈持续衰退趋势，有必要采取系统化资源养护措施。在保护规划方面，建议结合流域生态保护与修复规划制定有针对性的长江上游珍稀特有鱼类资源保护规划，明确规划目的、实施主体与拟解决关键问题。从保护研究上，补充开展长江上游珍稀特有鱼类基础生物学研究，为资源保护积累基础数据资料。在保护工程方面，有必要持续实施梯级工程生态调度和规模化增殖放流工程，开展梯级工程生态调度方案优化研究与实施效果评价，进一步筛选适宜性生态因子，为叠梁门运行和水文调度提供理论指导，开展主要保护物种增殖放流与效果评估技术研究，解决放流过程中苗种健康养殖、放流技术、增殖贡献率评估等关键问题。在系统保护方面，针对保护对象、典型水域利用业内科研与管理力量制定保护行动计划和管理模式，形成近、中、远保护方案，解决不同阶段资源保护关键问题。

6.3.2　资源利用

长江上游珍稀特有鱼类是长江重要的种质资源，经济价值较高，多数局限分布于长江上游，长江十年禁捕前，受食河鲜热潮影响，捕捞压力较高，有五十余种特有鱼类已调查不到生物个体。现能调查到生物个体的长江上游特有鱼类仅七十余种，据不完全统计，目前已完成人工保种者不足 20 种，仍有五十余种存在技术瓶颈，已完成人工保种的二十余种珍稀特有鱼类中完成规模化养殖的不足 10 种，实现商业化利用者不足 3 种，种质资源利用率较低。通过近 15 年研究，长江上游分布有特化程度高、适应能力弱，多数应激反应强烈，不利用规模化利用，但这些鱼类同时具有颜值高、肉质好等特点，因此，种质资源利用潜力巨大。

种质资源开发利用也是资源保护方法之一，通过种质资源利用创造人工养殖种群，摆脱对自然资源的需求压力，间接保护自然资源。建议开展长江上游珍稀特有鱼类人工保种技术研究，包括种质保存技术、全人工养殖技术、人工繁殖技术、规模化育苗技术和优良水产品种开发，初期建议对铜鱼属、吻鮈属、薄鳅属、裂腹鱼属等开展人工保种技术研究，远期建议对鲱亚科、鲃亚科、鳅鮀亚科等开展人工保种技术研究。建议由农业农村部牵头，国务院相关部门及企业共同参与完成长江上游主要珍稀特有鱼类人工保种技术突破，形成自然水体作为种质资源库，人工水体作为养殖库的格局，实现保护与开发双赢。

6.3.3　栖息地保护

长江上游珍稀特有鱼类国家级自然保护区是作为 70 种长江上游珍稀特有鱼类重要栖息地进行保护，尤其是繁育的索饵的生态功能。在原保护区内规划 4 梯级电站取消建设后，保护区生态功能基本维持完整，在金沙江下游梯级工程、岷江下游航电工程相继运行后，保护区生态地位越发重要，在三峡集团、农业农村部共同组织下，保护区持续开展了 15 年保护工作，严格控制保护区内一切生产生活活动，多年水生生态环境监测结果显示，保护区内产卵场维持较为稳定状态，向家坝下略有下移，产卵场有一定分散趋势，但产卵规模、产卵鱼类维持基本稳定状态，未发生鱼类灭绝等生态问题，栖息地功能较为完整。

通过多年监测，保护区内产卵场演变因素多样，与金沙江下游梯级工程蓄水、采砂、交通工程、捕捞等均有关，2017 年保护区内采砂已基本退出，2020 年保护区内传统渔业捕捞完全退出，但对于破坏后的栖息地若完全自然恢复可能需要较长时间，同时受上游来砂量减少、岸坡硬化等因素影响，完全自然恢复有一定风险。因此，有必要实施系列修复工程对栖息地进行保护，包括栖息地生态现状调查、水文条件改善、河道底质改善、岸坡自然化、礁体重建等，建议由农业农村部、自然资源部等部门共同制定保护区重要栖息地生态保护规划，规划重点任务与修复目标，重点以鱼类产卵场为主要修复目标，通过栖息地地形和水文条件改善，同时结合自然种群补充提升保护区栖息地质量，以梯级工程蓄水前栖息地质量为近期修复目标，以 20 世纪 80 年代生态条件为远期修复目标，实现栖息地质量提升并维持稳定。

参 考 文 献

鲍新国，谢文星，黄道明，等，2009．金沙江长鳍吻鉤年龄与生长的研究 [J]．安徽农业
　　科学，37(21): 10017-10019.

蔡焰值，何长仁，蔡烨强，等，2003．中华倒刺鲃生物学初步研究 [J]．淡水渔业，
　　33(3): 16-18.

曹磊，2010．长江上游珍稀特有鱼类基础地理数据库的建立与应用 [D]．华中农业
　　大学．

曹文宣，2000.长江上游特有鱼类自然保护区的建设及相关问题的思考 [J].长江流域资
　　源与环境，(2): 131-132.

曹文宣，常剑波，乔晔，等，2007．长江鱼类早期资源 [M].北京：中国水利水电出
　　版社．

曹文宣，余志堂，许蕴牙，等，1987.三峡工程对长江鱼类资源影响的初步评价及资源
　　增殖途径的研究，长江三峡工程对生态与环境影响及其对策研究论文集 [C].北京：
　　科学出版社．

曹玉琼，2003．异鳔鳅鮀的年龄与生长、繁殖生物学研究 [D]．华中农业大学．

陈大庆，段辛斌，刘绍平，等，2000．长江渔业资源变动和管理对策 [J]．水生生物学报，
　　26(6): 685-690.

陈会娟，刘明典，汪登强，等，2018．长江中上游 4 个鲢群体遗传多样性分析 [J]．淡
　　水渔业，48(1): 20-25.

陈会娟，汪登强，段辛斌，等，2016．长江中游鳊群体的遗传多样性 [J]．生态学杂志，
　　35(8): 2175-2181.

陈建武，汪登强，张燕，等，2010．长江铜鱼种群遗传结构的微卫星分析 [J]．长江流
　　域资源与环境，19(Z1): 138-142.

陈康贵，王志坚，岳兴建，2002．长薄鳅消化系统结构研究 [J]．西南农业大学学报，
　　24(6): 487-490.

陈丕茂，2004.南海北部主要捕捞种类最适开捕规格研究 [J].水产学报，28(4): 393-400.

陈小勇，杨君兴，陈自明，等，2003．丽江拉市海保护区的鱼类区系和现存状态 [J]．动
　　物学研究，24(2): 144-147.

陈宜瑜，曹文宣，伍献文，等，1977．中国鲤科鱼类志 [M]．上海：上海科技出版社．

陈云香，2011.近十年我国黑尾近红鲌研究进展 [J].中国水产，(12): 54-56.

成庆泰，1987．中国鱼类系统检索 [M]．北京：科学出版社．

程飞，柳明，吴清江，等，2013．长江屏山江段犁头鳅种群的遗传结构 [J]．水生生物学报，39(3): 145-149．

程鹏，2010．长江上游圆口铜鱼的生物学习性 [D]．华中农业大学．

程晓凤，2013．长江上游特有鱼长鳍吻鮈 (*Rhinogobio ventralis*) 遗传结构分析 [D]．西南大学．

褚新洛，陈银瑞，1989．云南鱼类志 (上册)[M]．北京：科学出版社．

崔丽莉，冷云，缪祥军，等，2016．秀丽高原鳅肌肉营养成分分析与品质评价 [J]．水生态学杂志，37(2): 70-75．

但胜国，张国华，苗志国，等，1999．长江上游三层流刺网渔业现状的调查 [J]．水生生物学报，23(6): 655-661．

邓辉胜，何学福，2005．长江干流长鳍吻鮈的生物学研究 [J]．西南农业大学学报 (自然科学版)，27(5): 707-708．

邓其祥，余志伟，李操，2000．二滩库区及相邻江段的鱼类区系 [J]．四川师范学院学报，21(2): 128-131．

刁晓明，司容树，1994．铜鱼年龄与生长的初步研究 [J]．四川动物，13(1): 32-33．

丁宝清，刘焕章，2011．长江流域鱼类食性同资源集团组成特征分析 [J]．四川动物，30(1): 31-35．

丁瑞华，1989．沱江鱼类资源及渔业问题 [J]．资源开发与保护杂志，5(3): 13-19．

丁瑞华，1993．四川珍稀和特有鱼类及其保护对策 [J]．四川动物 (3): 15-17．

丁瑞华，1994．四川鱼类志 [M]．成都：四川科学技术出版社．

丁瑞华，2006．长江上游特有鱼类、生存压力及保护问题 [G]．中国动物学会，中国海洋湖沼动物学会鱼类学分会第七届会员代表大会暨朱元鼎教授诞辰 110 周年庆学术研讨会学术论文摘要集 [C]．中国动物学会：中国动物学会：1．

董微微，汪登强，田辉伍，等，2018．长江上游异鳔鳅鮀线粒体控制区遗传多样性 [J]．生态学杂志，(37): 1438-1443．

段辛斌，2008．长江上游鱼类资源现状及早期资源调查研究 [D]．华中农业大学硕士学位论文．

段辛斌，陈大庆，刘绍平，等，2002．长江三峡库区鱼类资源现状的研究 [J]．水生生物学报，26(6): 605-611．

段辛斌，田辉伍，高天珩，等，2015．金沙江一期工程蓄水前长江上游产漂流性卵鱼类产卵场现状 [J]．长江流域资源与环境，24(8): 1358-1365．

段友健，张富铁，曹善茂，等，2012．中华金沙鳅多态性微卫星位点的筛选与特征分析 [J]．水生生物学报，36(1): 148-151．

段中华，常剑波，孙建贻，1991．长鳍吻鮈年龄和生长的研究 [J]．淡水渔业，(2): 12-14．

范启，何舜平，2014．长江流域种群遗传多样性和遗传结构分析 [J]．水生生物学报，38(4): 627-635．

方翠云，孟妍，祖国掌，等，2011．长江铜陵段紫薄鳅个体生物学与资源保护 [J]．水生态学杂志，32(2): 100-104．

付元帅，龙华，陈建武，等，2007．鲀属 4 种鱼 SRY、SOX 和 HOX 基因同源序列的 PCR 扩增分析 [J]．淡水渔业，37(1): 19-23．

高少波，唐会元，陈胜，等，2015．金沙江一期工程对保护区圆口铜鱼 (*Coreius guichenoti*) 早期资源补充的影响 [J]．水生态学杂志，36(2): 6-10．

高天珩，田辉伍，叶超，等，2013．长江上游珍稀特有鱼类国家级自然保护区干流段鱼类组成及其多样性 [J]．淡水渔业，43(2): 36-42．

高欣，2007．长江珍稀及特有鱼类保护生物学研究 [D]．中国科学院研究生院．

高欣，谭德清，刘焕章，等，2009．长江上游龙溪河厚颌鲂种群资源的利用现状和保护 [J]．四川动物，28(3): 329-333．

管敏，曲焕韬，胡美洪，等，2015．长鳍吻鮈人工繁育的初步研究 [J]．水产科学，34(5): 294-299．

郭宪光，张耀光，何舜，等，2004．16SrRNA 基因序列变异与中国鮡科鱼类系统发育 [J]．科学通报，49(14): 1371-1379．

何舜平，1991．鳅鮀鱼类鳔囊结构及系统发育研究 (鲤形目：鲤科)[J]．Zoological Systematics, (4): 490-495．

何学福，1980．铜鱼的生物学研究 [J]．西南师范学院学报，2: 60-76．

何勇凤，2010．长江上游特有鱼类分布格局与稀有鮈鲫种群分化的研究 [D]．中国科学院研究生院．

洪云汉，1987．长鳍吻鮈的核型 [J]．淡水渔业，(6): 17-18．

湖北省水生生物研究所鱼类研究室，1976.长江鱼类 [M].北京：科学出版社．

黄宏金，张卫，1986．长江鱼类三新种 [J]．水生生物学报，10(1): 101-102．

黄小铭，张耀光，江星，等，2012．长薄鳅外周血细胞的显微结构和细胞化学特征研究 [J]．四川动物，31(1): 59-63．

贾向阳，2014．拟缘鉠 (*Liobagrus marginatoides*) 遗传多样性及其种群结构分析 [D]．重庆师范大学．

贾向阳，2013.拟缘鉠 (*Liobagrus marginatoides*) 遗传多样性及其种群结构分析 [D].重庆师范大学．

黄燕，岳兴建，王芳，等，2011．沱江宽体沙鳅个体生殖力的研究 [J]．四川动物，30(6): 916-920．

黄燕，2014.长江上游特有鱼类 DNA 条形码研究 [D].西南大学硕士学位论文．

贾砾，2013．长江宜宾段中华金沙鳅食性与生长研究 [D]．西南大学．

姜伟，2009．长江上游珍稀特有鱼类国家级自然保护区干流江段鱼类早期资源研究 [D]．中国科学院研究生院．

焦文婧，2020.三峡工程对长江中华鲟种群动态的影响分析 [D]．中国科学院大学，1-95．

颉江，李飞扬，刘晓玲，等，2013．饲料脂肪水平对宽体沙鳅幼鱼生长和肌肉脂肪酸组成及脂肪酶的影响 [J]．西南师范大学学报自然科学版，38(11): 76-83．

颉江，覃川杰，侯平，等，2013．沱江宽体沙鳅和中华沙鳅亲鱼脂肪酸组成分析 [J]．江苏农业科学，41(5): 290-292.

金菊，刘明典，阴双雨，等，2011．澜沧江老挝纹胸鮡 Cytb 基因的序列变异与遗传结构分析 [J]．遗传，33(3): 255-261.

康祖杰，杨道德，邓学建，2008．湖南鱼类新纪录 2 种 [J]．四川动物，27(6): 1149-1150.

孔焰，2010．长江上游两种铜鱼属鱼类种间特异性 ISSR 分子标记及遗传多样性研究 [D]．西南大学.

库么梅，1999．长薄鳅食性的初步研究 [J]．水利渔业，19(5): 4-5.

乐佩琦，陈宜瑜，1998．中国濒危动物红皮书·鱼类 [M]．北京：科学出版社.

冷永智，何立太，魏清和，1984．葛洲坝水利枢纽截流后长江上游铜鱼的种群生物学及资源量估算 [J]．(5): 21-25.

李博．三种鮡科鱼类线粒体全基因组的测定及鮡科鱼类系统发育分析 [D]．华中农业大学，2016.

李光华，武祥伟，于虹漫，等，2016．秀丽高原鳅生物学性状与肌肉氨基酸组成分析 [J]．淡水渔业，46(3): 23-28.

李菡君，邵文友，姚艳红，等，2007．长鳍吻鮈消化系统组织学初步研究 [J]．重庆师范大学学报 (自然科学版),24(3): 13-16.

李联满，杜军，2004.长江上游珍稀和特有鱼类资源现状及保护利用对策 [A]．四川省科协，2004 年四川省博士专家论坛——农业科技发展与农民增收论文集 [C]．178-181.

李四光，1996．李四光全集 (第二卷)[M]．武汉：湖北人民出版社.

李文静，王环珊，刘焕章，等，2018.赤水河半的遗传多样性和种群历史动态分析 [J].水生生物学报，42(1): 106-113.

李文静，王剑伟，谭德清，等，2005．厚颌鲂胚后发育观察 [J]．水产学报，29(6): 729-736.

李文静，王剑伟，谢从新，等，2007．厚颌鲂的年龄结构及生长特性 [J]．中国水产科学，14(2): 215-222.

李小兵，唐琼英，俞丹，等，2016．长江上游干流及赤水河蛇 (鮈) 遗传多样性与种群历史分析 [J]．动物学杂志，51(5): 833-843.

李小兵，唐琼英，俞丹，等，2018．基于线粒体细胞色素 b 基因序列探讨长江流域斑点蛇种群遗传结构和地理分化 [J]．四川动物，37(3): 251-259.

李燕平，2017．石爬鮡复合种局域适应及物种形成的分子基础研究 [D]．西南大学.

梁祥，冷云，李光华，等，2016．秀丽高原鳅与长须鮠野生种群生存状况 [J]．浙江农业科学，57(8): 1328-1331.

梁银铨，胡小健，黄道明，等，2007．长薄鳅年龄与生长的研究 [J]．水利渔业，27(3): 29-31.

梁银铨，谢从新，胡小建，1999．长薄鳅胚胎发育的观察 [J]．水生生物学报，23(6):

631-635.

廖小林, 2006. 长江流域几种重要鱼类的分子标记筛选开发及群体遗传分析 [D]. 中国科学院研究生院.

林龙山, 程家骅, 凌建忠, 等, 2006. 东海区主要经济鱼类开捕规格的初步研究 [J]. 中国水产科学, 13(2): 250-256.

刘飞, 刘定明, 袁大春, 等, 2020. 近十年来赤水河不同江段鱼类群落年际变化特征 [J]. 水生生物学报, 44(1): 122-132.

刘飞, 吴金明, 王剑伟, 2011. 高体近红鲌的生长与繁殖 [J]. 水生生物学报, 35(4): 586-595.

刘红艳, 陈大庆, 刘绍平, 等, 2009. 长江上游中华沙鳅遗传多样性研究 [J]. 淡水渔业, 39(3): 8-13.

刘红艳, 熊飞, 段辛斌, 等, 2017. 红唇薄鳅 2 个野生群体的遗传多样性研究 [J]. 水产科学, (2): 192-196.

刘建虎, 卿兰才, 2002. 中华倒刺鲃年龄与生长研究 [J]. 重庆水产, (1): 27-32.

刘建康, 曹文宣, 1992. 长江流域的鱼类资源及其保护对策 [J]. 长江流域资源与环境, 1(1): 17-22.

刘军, 2004. 长江上游特有鱼类受威胁及优先保护顺序的定量分析 [J]. 中国环境科学, (4): 12-16.

刘军, 王剑伟, 苗志国, 等, 2010. 长江上游宜宾江段长鳍吻鮈种群资源量的估算 [J]. 长江流域资源与环境, 19(3): 276-280.

刘清, 苗志国, 谢从新, 等, 2005. 长江宜宾江段渔业资源调查 [J]. 水产科学, 24(7): 47-49.

刘绍平, 王珂, 袁希平, 等, 2010. 怒江扎那纹胸鮡的遗传多样性和遗传分化 [J]. 遗传, 32(3): 254-263.

刘淑伟, 杨君兴, 陈小勇, 2013. 金沙江中上游中华金沙鳅 (*Jinshaia sinensis*) 产卵场的发现及意义 [J]. 34(6): 626-630.

刘向伟, 杜浩, 张辉, 等, 2009. 长江上游新市至江津段大型底栖动物漂流调查 [J]. 中国水产科学, 16(2): 266-273.

龙华, 陈建武, 付元帅, 等, 2008. 6 种鱼鳃的显微观察 [J]. 水生态学杂志, 28(2): 39-40.

龙华, 陈建武, 汪登强, 等, 2006. 拟缘䱂血清转铁蛋白的研究 [J]. 水生态学杂志, 26(2): 10-12.

龙华, 赵刚, 陈建武, 等, 2006. 10 种鱼和 2 种蛙表皮的显微观察 [J]. 长江大学学报: 自然科学版, 3(3): 143-147.

鲁雪报, 倪勇, 饶军, 等, 2012. 达氏鲟的资源现状及研究进展 [J]. 水产科技情报, 39(5): 251-253, 257.

罗宏伟, 段辛斌, 王珂, 等, 2009. 三峡库区 3 种银鱼线粒体 DNA 细胞色素 b 基因序列多态性分析 [J]. 淡水渔业, 39(6): 16-21.

罗云林，1990．鲂属鱼类的分类整理．水生生物学报 [J]，(2): 160-165.

吕浩，田辉伍，申绍祎，等，2019．岷江下游产漂流性卵鱼类早期资源现状 [J]．长江流域资源与环境，28(3): 586-593.

马惠钦，何学福，2004．长江干流圆筒吻鮈的年龄与生长 [J]．动物学杂志，39(3): 55-59.

马跃岗，朱杰，袁万安，2012．长江白甲鱼 ITS2 序列结构和群体遗传多样性 [J]．生态学杂志，31(3): 670-675.

孟立霞，张家波，2007．雅砻江 5 种（亚种）裂腹鱼类遗传关系 RAPD 分析 [J]．中国水产，(6): 73-76.

苗志国，1999．中华间吸鳅食性及年龄生长的初步研究 [J]．水生生物学报，23(6): 604-609.

莫天培，1986．中国纹胸鮡属 GlyptotHoraxBlyth 鱼类的分类整理 [J]，动物学研究，7(4): 339-350.

蒲艳，田辉伍，陈大庆，等，2019．长江中上游圆筒吻鮈群体线粒体 Cyt b 遗传多样性分析 [J]．淡水渔业，49(1): 14-19.

青弘，王汨，耿相昌，等，2009．嘉陵江鱼类一新纪录种——小眼薄鳅 [J]．重庆师范大学学报（自然科学版），26(4): 25-26.

邱春琼，韩宗先，傅晓波，等，2009．长江涪陵段鱼类资源初报 [J]．大众科技，(12): 135-136.

曲焕韬，刘勇，鲁雪报，等，2016．长江上游长鳍吻鮈 *Rhinogobio ventralis* 的个体繁殖力 [J]．水产学杂志，29(4): 17-22.

曲若竹，侯林，2004．群体遗传结构中的基因流 [J]．遗传，26(3): 377-382.

阮景荣，1986．武汉东湖鲢、鳙生长的几个问题的研究 [J]．水生生物学报，10(3): 252-264.

申绍祎，田辉伍，刘绍平，等，2017．长江上游小眼薄鳅线粒体 DNA 遗传多样性 [J]．生态学杂志，36(10): 2824-2830.

申绍祎，田辉伍，汪登强，等，2017b．长江上游特有鱼类红唇薄鳅线粒体控制区遗传多样性研究 [J]．淡水渔业，47(4): 83-90.

施雅风，郑本兴，李世杰，等，1995．青藏高原中东部最大冰期时代高度与气候环境探讨 [J]．冰川冻土，17(2): 97-112.

史方，2010．乌江中下游泉水鱼和岩原鲤群体的保护遗传学研究 [D]．中国科学院研究生院．

史晋绒，王永明，谢碧文，等，2014．红唇薄鳅泌尿系统的组织学观察 [J]．淡水渔业，(3): 29-33.

司从利，章群，马奔，等，2012．基于线粒体细胞色素 b 基因序列分析的泉水鱼遗传多样性研究 [J]．广东农业科学，39(1): 6-8.

宋君，宋昭彬，岳碧松，等，2005．长江合江江段岩原鲤种群遗传多样性的 AFLP 分析 [J]．四川动物，24(4): 495-499.

宋一清，成必新，胡伟，2018. 黑水河鱼类优先保护次序的定量分析 [J]. 水生态学杂志，39(6): 65-72.

孙宝柱，李晋，但胜国，等，2010. 张氏鳘的繁殖生物学特性 [J]. 水生生物学报，34(5): 998-1003.

孙宝柱，李晋，但胜国，等，2010. 张氏鳘的年龄结构及生长特性 [J]. 淡水渔业，40(2): 3-8.

孙大东，杜军，周剑，等，2010. 长薄鳅研究现状与保护对策 [J]. 四川环境，29(6): 98-101.

孙效文，杨彦豪，龙华，等，2006. 白缘𫚕微卫星分子标记的筛选 [J]. 武汉大学学报 (理学版), 52(4): 492-497.

孙玉华，2004. 中国胭脂鱼遗传多样性及亚口鱼科分子系统学研究 [D]. 武汉大学.

孙志禹，张敏，陈永柏，2014. 水电开发背景下长江上游保护区珍稀特有鱼类保护实践 [J]. 淡水渔业，6(1): 3-8.

覃川杰，陈立侨，岳兴建，等. 宽体沙鳅 (*Botia reevesae*) β - 肌动蛋白基因的 cDNA 克隆与表达分析 [J]. 海洋与湖沼，44(2): 396-402.

覃川杰，顾顺樟，赵大显，等，2013. 宽体沙鳅 (Botia reevesae) 热休克蛋白 70 基因的克隆及表达分析 [J]. 海洋与湖沼，44(6): 1584-1591.

唐会元，杨志，高少波，等，2012. 金沙江中游圆口铜鱼早期资源现状 [J]. 四川动物，31(3): 416-425.

唐琼英，2005. 鳅超科鱼类分子系统发育研究 [D]. 华中农业大学.

唐锡良，2010. 长江上游江津江段鱼类早期资源研究 [D]. 西南大学.

田辉伍，2013. 长江上游保护区长薄鳅和红唇薄鳅种群生态及遗传结构比较研究 [D]. 西南大学.

田辉伍，段辛斌，汪登强，等，2013. 长江上游长薄鳅 Cyt b 基因的序列变异与遗传结构分析 [J]. 淡水渔业，43(6): 13-18, 28.

田辉伍，段辛斌，熊星，等，2013b. 长江上游长薄鳅生长和种群参数的估算 [J]. 长江流域资源与环境，22(10): 1305-1312.

田辉伍，何春，刘明典，等，2016. 长江上游干流三层流刺网渔获物结构研究 [J]. 淡水渔业，46(5): 37-42.

万松良，2004. 胭脂鱼的生物学特性及养殖技术 [J]. 农村养殖技术，(1): 20-22.

万松彤，2010. 四川白甲鱼的网箱养殖试验 [J]. 渔业致富指南，(13): 58-59.

万松彤，2012. 四川白甲鱼的活鱼运输试验 [J]. 渔业致富指南，(3): 68-69.

汪松，解焱，2004. 中国物种红色名录·第一卷·红色名录 [M]. 北京：高等教育出版社.

王宝森，姚艳红，王志坚，2008. 短体副鳅的胚胎发育观察 [J]. 淡水渔业，38(2): 70-73.

王导群，田辉伍，唐锡良，等，2019. 金沙江攀枝花江段产漂流性卵鱼类早期资源现状 [J]. 淡水渔业，49(6): 41-47.

王芳，岳兴建，谢碧文，等，2011．宽体沙鳅消化系统的结构 [J]．四川动物，30(4): 569-572.

王利华，罗相忠，王丹，等，2019．基于 COI 和 CytbDNA 条形码在鲌属鱼类物种鉴定中的应用 [J]．淡水渔业，49(4): 22-28.

王美荣，杨少荣，刘飞，等，2012．长江上游圆筒吻鮈年龄与生长 [J]．水生生物学报，36(2): 262-269.

王敏，王卫民，鄢建龙，2001．泥鳅和大鳞副泥鳅年龄与生长的比较研究 [J]．水利渔业，1: 7-9.

王芊芊，2008．赤水河鱼类早期资源调查及九种鱼类早期发育的研究 [D]．华中师范大学硕士学位论文．

王生，田辉伍，罗宏伟，等，2012．异鳔鳅鮀年龄结构、生长特性与生活史类型 [J]．动物学杂志，47(3): 1-8.

王伟，何舜平，2002．线粒体 DNA d-loop 序列变异与鳅鮀亚科鱼类系统发育 [J]．自然科学进展，12(1): 33-36.

王永梅，唐文乔，2014．中国鲤形目鱼类的脊椎骨数及其生态适应性 [J]．动物学杂志，49(1): 1-12.

王永明，曹敏，谢碧文，等，2013．沱江宽体沙鳅的繁殖生物学 [A]．中国南方渔业论坛暨第二十九次学术会议 [C].

王永明，陈瑜，胡雨，等，2016．宽体沙鳅精子超微结构及 Na^+、K^+、Ca^{2+} 对其精子活力的影响 [J]．四川动物，35(1): 38-43.

王永明，谢碧文，岳兴建，等，2014．中华沙鳅（♀）与宽体沙鳅（♂）杂交种的胚胎发育 [J]．四川动物，(1): 90-93.

王志坚，殷江霞，张耀光，2009．长薄鳅的精巢发育和精子发生 [J]．淡水渔业，39(1): 3-9.

王志坚，殷江霞，张耀光，2011．长薄鳅的卵巢发育和卵子发生 [J]．淡水渔业，41(4): 32-39.

王志玲，吴国犀，杨德国，等，1990.长江中上游大口鲶的年龄和生长 [J].淡水渔业，6: 3-7.

危起伟，2012．长江上游珍稀特有鱼类国家级自然保护区科学考察报告 [M]．北京：科学出版社．

危起伟，吴金明，2015,长江上游珍稀特有鱼类国家级自然保护区鱼类图集 [M]．北京：科学出版社．

温龙岚，姚艳红，王志坚，2006．吻鮈、圆筒吻鮈和福建纹胸鮡脾脏的组织学初步观察 [J]．遵义师范学院学报，8(6): 49-51.

吴江，吴明森，1986．雅砻江的渔业自然资源 [J]．四川动物，1: 1-10.

吴江，吴明森，1990．金沙江的鱼类区系 [J]．四川动物，9(3): 23-26.

吴金明，娄必云，赵海涛，等，2011．赤水河鱼类资源量的初步估算 [J]．水生态学杂志，32(3): 99-101.

吴金明，王芊芊，刘飞，等，2010．赤水河赤水段鱼类早期资源调查研究 [J]．长江流域资源与环境，19(11): 1271-1276.

吴金明，赵海涛，苗志国，等，2010b．赤水河鱼类资源的现状与保护 [J]．生物多样性，18(2): 168-178.

吴青，王强，蔡礼明，等，2004．齐口裂腹鱼的胚胎发育和仔鱼的早期发育 [J]．大连水产学院学报，19(3): 218-221.

吴兴兵，郭威，朱永久，等，2015．长鳍吻鮈胚胎发育特征观察 [J]．四川动物，34(6): 889-894.

伍献文，1977．中国鲤科鱼类志 (上卷)[M]．上海 : 科学技术出版社.

武祥伟，李光华，毕保良，等，2015．秀丽高原鳅种群生存力初步分析 [J]．水产研究，2(3): 31-41.

夏曦中，2005．吻鮈属和似鮈属鱼类物种分化的比较 [D]．华中农业大学.

谢从新，1985.神农架嘉陵颌须鮈年龄与生长的初步研究 [J].华中农学院学报，(1): 41-48.

解崇友，倪露芸，吴迪，等，2016.岷江眉山段四川华鳊年龄与生长 [J].四川动物，35(1): 78-83.

辛建峰，杨宇峰，段中华，等，2010．长江上游长鳍吻鮈的种群特征及其物种保护 [J]．生态学杂志，29(7): 1377-1381.

信强，2008．广义白甲鱼属的物种分类整理及其种间系统发育关系分析 [D].中国科学院水生生物研究所 .

熊飞，刘红艳，段辛斌，等，2015．长江上游朱杨溪江段圆筒吻鮈种群参数和资源量 [J]．生态学报，35(22): 7320-7327.

熊飞，刘红艳，段辛斌，等，2016．长江上游特有种长鳍吻鮈种群数量和资源利用评估 [J]．生物多样性，24(3): 304-312.

熊美华，邵科，赵修江，等，2018.长江中上游圆口铜鱼群体遗传结构研究 [J]．长江流域资源与环境，27(7): 1536-1543.

熊美华，闫书祥，邵科，等，2014．向家坝水电站阻隔背景下圆口铜鱼种群遗传结构分析 [J]．淡水渔业，(6): 65-73.

熊天寿，王慈生，刘方贵，等，1993．重庆江河鱼类 [J]．重庆师范学院学报，10(2): 27-32.

熊星，李英文，田辉伍，等，2013．长江上游圆筒吻鮈生长与食性 [J]．生态学杂志，32(4): 905-911.

徐念，史方，熊美华，等，2009．三峡库区长鳍吻鮈种群遗传多样性的初步研究 [J]．水生态学杂志，2(2): 113-116.

徐树英，张燕，汪登强，等，2007．长江宜宾江段圆口铜鱼遗传多样性的微卫星分析 [J]．淡水渔业，37(3): 76-79.

徐薇，熊邦喜，2008．我国鲂属鱼类的研究进展 [J]．水生态学杂志，1(6): 7-11.

许蕴玕，邓中燐，余志堂，等，1981．长江铜鱼生物学及三峡水利枢纽对铜鱼资源的影

响 [J]. 水生生物学集刊, 7(3): 271-294.

薛正楷, 何学福, 2001. 黑尾近红鲌的年龄和生长研究 [J]. 西南师范大学学报, 26(6): 712-717.

杨金权, 2005. 鮈亚科鱼类分子系统发育、演化过程及生物地理学研究 [D]. 中国科学院研究生院.

杨明生, 2004. 花斑副沙鳅的胚胎发育观察 [J]. 淡水渔业, 34(6): 34-36.

杨明生, 丁夏, 2010. 中华沙鳅的繁殖生物学研究. 水生态学杂志 [J], 3(2): 38-41.

杨明生, 李建华, 黄孝湘, 2007. 澴河花斑副沙鳅的繁殖生态学研究 [J]. 水利渔业, (5): 84-85.

杨少荣, 马宝珊, 孔焰, 等, 2010. 三峡库区木洞江段圆口铜鱼幼鱼的生长特征及资源保护 [J]. 长江流域资源与环境, 19(Z2): 52-57.

杨志, 乔晔, 张轶超, 等, 2010. 长江中上游圆口铜鱼的种群死亡特征及其物种保护 [J]. 水生态学杂志, 2(2): 50-55.

杨志, 唐会元, 龚云, 等, 2017. 正常运行条件下三峡库区干流长江上游特有鱼类时空分布特征研究 [J]. 三峡生态环境监测, 2(1): 1-10.

杨志, 万力, 陶江平, 等, 2011. 长江干流圆口铜鱼的年龄与生长研究 [J]. 水生态学杂志, 32(4): 46-52.

姚建伟, 杨德国, 刘阳, 等, 2016. 长鳍吻鮈性腺发育的初步观察 [J]. 淡水渔业, 46(2): 107-112.

叶富良, 陈刚, 1998. 19 种淡水鱼类的生活史类型研究 [J]. 湛江海洋大学学报, 19(3): 11-17.

殷名称, 1995. 鱼类生态学 [M]. 北京: 中国农业出版社.

于晓东, 罗天宏, 罗宏章, 2005. 长江流域鱼类物种多样性大尺度格局研究 [J]. 生物多样性, 13 (6): 473-495.

余必先, 谢碧文, 陈晓骞, 等, 2008. 长薄鳅脑垂体的组织学和组织化学研究 [J]. 安徽农业通报, 14(3): 24-26.

余志堂, 邓中粦, 许蕴玕, 等, 1988. 葛洲坝水利枢纽兴建后长江干流四大家鱼产卵场的现状及工程对家鱼繁殖影响的评价 [A]. 易伯鲁, 余志堂, 梁秩燊, 等, 葛洲坝水利枢纽与长江四大家鱼 [M]. 湖北: 湖北科学技术出版社, 47-68.

余志堂, 梁秩燊, 易伯鲁, 1984. 铜鱼和圆口铜鱼的早期发育 [J]. 水生生物学集刊, 8(4): 371-380.

袁娟, 张其中, 李飞, 等, 2010. 铜鱼线粒体控制区的序列变异和遗传多样性 [J]. 水生生物学报, 34(1): 9-19.

袁蔚文, 1989. 南海北部主要经济鱼类的生长方程和临界年龄, 南海水产研究文集 (1) [M]. 广州: 广东科技出版社.

袁希平, 严莉, 徐树英, 等, 2008. 长江流域铜鱼和圆口铜鱼的遗传多样性 [J]. 中国水产科学, 15(3): 377-385.

岳兴建, 王芳, 谢碧文, 等, 2011. 沱江流域宽体沙鳅的胚胎发育 [J]. 四川动物,

30(3): 390-393.

曾晓芸，杨宗英，田辉伍，等，2015．基于 Mi_Seq 高通量测序分析裸体异鳔鳅微卫星组成 [J]．淡水渔业，45(1): 3-7.

曾燏，周小云，2012．嘉陵江流域鱼类区系分析 [J]．华中农业大学学报，31(4): 506-511.

詹秉义，1995．渔业资源评估 [M]．北京：中国农业出版社．

张鹗，1991．赣东北地区鱼类区系及其动物地理学分析 [D]．中科院水生所知识产出．

张俊，闵要武，陈新国，2011．三峡水库动库容特性分析 [J]．人民长江，42(6): 90-93.

张庆，李凤莲，付蕾，等，2006．云南昭通北部金沙江地区的鱼类多样性及保护 [A]．中国生物多样性保护与研究进展．347-354.

张松，2003．长江上游合江江段渔业现状评估及长鳍吻鮈的资源评估 [D]．华中农业大学．

张堂林，2005．扁担塘鱼类生活史策略、营养特征及群落结构研究 [D]．中国科学院研究生院．

张婷，史晋绒，赵田田，等，2015．四种鱼的血清、体表黏液 SDS-PAGE 分析 [J]．四川动物，(6): 880-884.

赵刚，周剑，杜军，等，2010．长薄鳅 (Leptobotia elongata) 线粒体 DNA 控制区遗传多样性研究 [J]．西南农业学报，23(3): 930-937.

赵海鹏，王志坚，张富生，等，2010．铜鱼、圆口铜鱼和长鳍吻鮈外周血细胞显微观察．安徽农业科学，38(30): 16964-16966, 16990.

赵海涛，张其中，赵海鹏，等，2005．长薄鳅感染多子小瓜虫一例 [J]．四川动物，24(2): 156.

赵鹤凌，2006．胭脂鱼胚胎发育的观察 [J]．水利渔业，26(1): 34-35.

赵天，刘建虎，2008．长江江津江段中华沙鳅耳石及年龄生长的初步研究 [J]．淡水渔业，5: 46-50.

郑颖，戴小杰，朱江峰，2009．长江河口定置张网渔获物组成及其多样性分析 [J]．安徽农业科学，37(20): 9510-9513.

周灿，祝茜，刘焕章，2010．长江上游圆口铜鱼生长方程的分析 [J]．四川动物，29(4): 510-516.

周灿，2010．长江上游圆口铜鱼生长及种群特征 [D]．山东大学．

周剑，杜军，刘光迅，等，2012．4 种常用药物对长薄鳅幼鱼的急性毒性试验研究 [J]．西南农业学报，25(5): 1920-1924.

周露，陈瑜，王永明，2015．宽体沙鳅精子生物学特性及水体和 pH 对其活力的影响 [J]．水产学杂志，28(5): 8-11.

周启贵，何学福，1992．长鳍吻鮈生物学的初步研究 [J]．淡水渔业，(5): 11-14.

庄平，曹文宣，1999．长江中上游铜鱼的生长特性 [J]．水生生物学报，23(6): 577-583.

ADAMS P B，1980．Life history pattern in marine fishes and their consequences for management ［J］．Fishery Bulletin，78：1-12.

ALICJA B，IWONA J，DOROTA J，et al，2008．Age and growth of the karyologically identified spined loach *Cobitis taenia* (Teleostei，Cobitidae) from a diploid population［J］．Folia Zool，57(1-2)：155-161．

BAGENAL T B，TESCH E W，1978．Age and growth // Bangenal T．Methods for Assessment of Fish in Fresh waters［J］．Oxford：Blackwell Scientific Publications，101-136．

BAKER M S，WILOSN C A，2001．VANGENT D L．Testing assumptions of otolith radiometric aging with two long lived from the northern Gulf of Mexico［J］．Can J Fish Aquat Sci，58：1244-1252．

BROWN W M，GEORGE M，1979．Rapid evolution of animal mitochonal DNA［J］．Proceeding of the National Academy of Sciences of the US，76：95-130．

CLARK M K，SCHOENBOHM LM，ROYDEN LH，et al，2004．Surface uplift，tectonics，and erosion of eastern Tibet from large-scale drainage patterns［J］．Tectonics，23(1)：TC1006．

DAVOR Z，MILORAD M，PERICA M，et al，2008．Age and growth of *Sabanejewia balcanica* in the Rijeka River，central Croatia［J］．Folia Zool，57 (1-2)：162-167．

DONG W W，WANG D Q，TIAN H W，et al，2019．Genetic structure of two sympatric gudgeon fifishes (*Xenophysogobio boulengeri* and *X. nudicorpa*) in the upper reaches of Yangtze River Basin［J］．PeerJ，7：e7393．

DUAN Y J，ZHANG F T，CAO S M，et al，2012．Isolation and characerization of polymorphic microsatellite lociin *Jinshaia sinensis*［J］．Acta Hydrobiologica Sinica，36(1)：148-151．

FERGUSON A，AND MASON F M，1981．Allozyme evidence for reproductively isolated sympatric populations of brown trout *Salmo trutta* L．in Lough Melvin，Ireland［J］．J Fish Biol，18(6)：629-642．

FONTAINE M C，SNIRC A，FRANTZIS A，et al，2012．History of expansion and anthropogenic collapse in a top marine predator of the Black Sea estimated from genetic data［J］．P Natl Acad Sci USA，109(38):2 569-2 576．

FRANKHAM R，BALLOU J D，BRISCOE D A，2010．Introduction to Conservation Genetics［J］．England：Cambridge University Press，(2):19-38．

FROESE R，BINOHLAN C，2000．Empirical relationships to estimate asymptotic length，length at first maturity and length at maximum yield per recruit in fishes，with a simple method to evaluate length frequency data［J］．J Fish Biol，56:758-773．

GOWELL C P，QUINN T P，AND TAYLOR E B，2012．Coexistence and origin of trophic ecotypes of pygmy whitefish，Prosopium coulterii，in a south-western Alaskan lake［J］．J Evolution Biol，25(12)：2432-2448．

GQ LI，SIFA LI，BERNATCHEZ L，1997．Mitochondrial DNA diversity，population structure，and conservation genetics of four native carps within the Yangtze River，

China［J］. Can J Fish Aquat Sci，54：47-58.

GRANT W S，2015. Problems and Cautions With Sequence Mismatch Analysis and Bayesian Skyline Plots to Infer Historical Demography［J］. Journal of Heredity，106(4)：333-346.

GRANT W，BOWEN B，1998. Shallow population histories in deep evolutionary lineages of marine fishes：Insights from sardines and anchovies and lessons for conservation［J］. Journal of Heredity，89(5)：415-426.

GROVER M C，2005. Changes in size and age at maturity in a population of kokanee ureka period of declining growth conditions［J］. J Fish Biol，66：122-134.

GULLAND J A，1971. Fish stock assessment：A manual of basic methods［J］. New York：FAO/Wiley Ser 1，223.

HE S P，LIU H Z，CHEN Y Y，et al，2004. Molecular phylogenetic relationships of Eastern Asian Cyprinidae (Pisces：Cypriniformes) inferred from cytochrome sequences ［J］. Science in China Series C Life Sciences，47(2):130-138.

HE Y F，WANG J W，SOVAN L，et al，2011. Structure of endemic fish assemblages in the upper Yangtze River Basin［J］. River Research and Applications，27：59-75.

HEBERT P D，PENTON E H，BURNS J M，et al，2004. Ten species in one：dna barcoding reveals cryptic species in the neotropical skipper butterfly astraptes fulgerator［J］. Proceedings of the National Academy of Sciences of the United States of America，101(41)：14812-14817.

HELEN M，1949. Fox. Abbe David's Diary［M］. Harvard University Press.

HONG YAN LIU，FEI XIONG，XIN BIN DUAN，et al，2012. A first set of polymorphic microsatellite loci isolated from *Rhinogobio cylindricus*［J］. Conservation Genet Resour，4：307-310.

HONGYAN LIU，FEI XIONG，XINBIN DUAN，et al，2012. Isolation and characterization of polymorphic microsatellite loci from elongate loach (*Leptobotia elongata*)，a threatened fish species endemic to the Yangtze River［J］. Conservation Genet Resour，4(1)：129-131.

HUBERT N，DUPONCHELLE F，NUÑEZ J，et al，2007. Isolation by distance and Pleistocene expansion of the lowland populations of the white piranha Serrasalmus rhombeus［J］. Molecular Ecology，16：2488-2503.

KIMURA M，2007. Evolutionary rate at the molecular level［J］. Journal of Genetics and Molecular Biology，18(4)：219-225.

LAMBECK K，ESAT T M，POTTER E K，2002. Links between climate and sea levels for the past three million years［J］. Nature，419(6903)：199.

LI Y，LUDWIG A，PENG Z，2017. Geographical differentiation of the Euchiloglanis fish complex (Teleostei：Siluriformes) in the Hengduan Mountain Region，China：Phylogeographic evidence of altered drainage patterns［J］. Ecology and Evolution，7：

928-940.

LIAO H, PIERCE C L, LARSCHEID J G, 2001. Empirical assessment of indices of prey importance in diets of predacious fish [J]. Trans Amer Fish Soc, 130: 583-591.

Liu C K, 1940. Preliminary study on the air-bladder and its adjacent structure in Gobioninae [J]. Nati Insti Zool Bot, 2: 77-104.

LIU G, ZHOU J, ZHOU D, 2012. Mitochondrial DNA reveals low population differentiation in elongate loach, *Leptobotia elongata* (Bleeker): implications for conservation[J]. Environmental Biology of Fishes, 93: 393-402.

LIU H, CHEN Y, 2003. Phylogeny of the East Asian cyprinids inferred from sequences of the mitochondrial DNA control region [J]. Canadian Journal of Zoology, 81(12):1938-1946.

LIU M D, WANG D Q, GAO L, et al, 2018. Species diversity of drifting fish eggs in the Yangtze River using molecular identification [J]. PeerJ, 6: e5807.

LIU S, HANSEN M M, 2016a. PSMC (Pairwise Sequentially Markovian Coalescent) analysis of RAD (Restriction site Associated DNA) sequencing data [J]. Mol Ecol Resour, 17(4).

LIU Z, LIU S, YAO J, et al, 2016. The channel catfish genome sequence provides insights into the evolution of scale formation in teleosts [J]. Nature Communications, 7: 11757.

LIU. CK, 1940. Preliminary study on the air-bladder and its adjacent structure in Gobioninae[J]. Nati Insti Zool Bot, 2: 77-104.

M, 1993. Isolation by distance in equilibrium and nonequilibrium populations [J]. Evolution, 47(1): 264.

MARI K, PAUL DN, HEBERT, 2014. DNA barcode-based delineation of putative species: efficient start for taxonomic workflows [J]. Mol Ecol Resour, 14(4): 706-715.

MILLAR C I, LIBBY W J, 1991. Strategies for conserving clinal, ecotypic, and disjunct population diversity in widespread species. Genetics and conservation of rare plants [J]. New York: Oxford University Press, 149-170.

NOLTE A W, FREYHOF J, STEMSHORN K C, et al, 2005. An invasive lineage of sculpins, cottus sp. (pisces, teleostei) in the rhine with new habitat adaptations has originated from hybridization between old phylogeographic groups [J]. Proceedings of the Royal Society of London, 272:2379-2387.

PAULY D, MORGAN G R, 1987. Length-based Methods in Fisheries Research [J]. ICLARM Conference Proceedings.

Pauly D, Soriano M L, 1986. Some practical extensions to Beverton and Holt's relative yield-per-recruit model [A]. Maclean J L, Dizon L B, Hosillo L V. The first Asian fisheries forum [C]. Manila: Asian Fisheries Society, 491-496.

PUILLANDRE N, LAMBERT A, BROUILLET S, et al, 2012. ABGD, Automatic Barcode Gap Discovery for primary species delimitation [J]. Mol Ecol, 21(8): 1864-1877.

RICKER W E, 1958. Handbook of computations for biological statistics of fish populations [J]. Fish Res Bd Can Bull.

ROBINSON H J, CAILLIET G M, EBERT D A, 2007. Food habits of the longnose skate, *Raja rhina* (Jordan and Gilbert, 1880), in central California waters [J]. Environmental Biology of Fishes, 80(2/3): 165-179.

SAUVAGE H E, DABRY T, 1874. Les poissons des douces de Chine [J]. Ann Sci Nat Paris, 6(5): l-18.

SHEN Y, HUBERT N, HUANG Y, et al, 2019. DNA barcoding the ichthyofauna of the Yangtze River: Insights from the molecular inventory of a mega-diverse temperate fauna [J]. Mol Ecol Resour, 19: 1278-1291.

SHEPHERD J G, 1987. A weakly parametric method for estimating growth parameters from length composition data [J], 18(4):113-119.

SLATKIN M, Hudson R R, 1991. Pairwise comparisons of mitochondrial DNA sequences in stable and exponentially growing populations [J]. Genetics, 129(2): 555.

SORIGUER M C, VALLESP'IN C, GOMEZ-CAMA C et al, 2000. Age, diet, growth and reproduction of a Population of *Cobitis paludica* (de Buen, 1930) in the Palancar Stream (southwest of Europe, Spain) (Pisces: Cobitidae) [J]. Hydrobiologia, 436: 51-58.

TANG Q Y, LIU S Q, YU D, et al, 2012. Mitochondrial capture and incomplete lineage sorting in the diversification of balitorine loaches (Cypriniformes, Balitoridae) revealed by mitochondrial and nuclear genes [J]. Zoologica Scripta, 41(3): 233-247.

TAO W J, MAYDEN R L, HE S P, 2013. Remarkable phylogenetic resolution of the most complex clade of Cyprinidae (Teleostei: Cypriniformes): A proof of concept of homology assessment and partitioning sequence data integrated with mixed model Bayesian analyses [J]. Molecular Phylogenetics and Evolution, 66(3): 603-616.

TEMPLETON A R, 2006. Population genetics and microevolutionary theory [J]. Journal of Biology and Life Science, 82: 415.

WANG B P, CHEN J, LIU J D, et al, 2011. Discriminating two races of Liobagrus marginatoides by cytogenetic analysis [J]. Journal of Fish Biology, 78, 2080-2084.

WANG K E, CHANG Y H, CHEN D Q, et al, 2009. Status of research on Yangtze fish biology and fisheries [J]. Environ Biol Fish, 85(4):337-357.

WASHINGTON H G, 1984. Diversity, biotic and similarity indices: a review with special relevance to aquatic ecosystems [J]. Water Research, 18(6): 653-694.

WEIR B S, COCKERHAM C C, 1984. Estimating F-statistics for the analysis of population structure [J]. Evolution: 1358-1370.

XIAOFENG CHENG, HUIWU TIAN, DENGQIANG WANG, et al, 2012. Characterization and cross-species amplification of 14 polymorphic microsatellite loci in *Xenophysogobio boulengeri* [J]. Conservation Genet Resour, 4(4): 1015-1017.

XIONG M H, QUE Y F, SHI F, et al, 2009. Isolation and characterization of microsatellite loci in *Onychostoma sima* [J]. Conservation Genet Resour, (1): 389-392.

XU N, SHI F, XIONG M H, et al, 2009. Isolation and characterization of microsatellite loci in *Rhinogobio ventralis* [J]. Conservation Genet Resour, DOI 10.1007/s12686-009-9024-9.

YE S W, LI E, LIU J S, et al, 2011. Distribution, endemism and conservation status of fishes in the Yangtze River basin, China // Venora G, Grillo O, López-Pu J (eds.). Ecosystems biodiversity [M]. New York: In-Tech Education and Publishing, 41-66.

ZENG Y, LIU H, 2011. The evolution of pharyngeal bones and teeth in Gobioninae fishes (Teleostei: Cyprinidae) analyzed with phylogenetic comparative methods [J]. Hydrobiologia, 664(1): 183-197.

ZHANG F T, DUAN Y J, CAO S M, et al, 2012. High genetic diversity in population of *Lepturichthys fimbriata* from *the* Yangtze River revealed by microsatellite DNA analysis [J]. Chinese Science Bulletin, 57(5): 487-491.

ZHANG F, TAN D, 2010. Genetic diversity in population of largemouth bronze gudgeon (*Coreius guichenoti* (Sauvage et Dabry)) from Yangtze River determined by microsatellite DNA analysis Genes Genet Syst [J]. 85(5): 351-357.

ZHANG T C, COMES H P, SUN H, 2011. Chloroplast phylogeography of *Terminalia franchetii* (Combretaceae) from the eastern Sino-Himalayan region and its correlation with historical river capture events [J]. Molecular Phylogenetics & Evolution, 60: 1-12.

ZHOU W, SONG N, WANG J, GAO T, 2016. Effects of geological changes and climatic fluctuations on the demographic histories and low genetic diversity of Squaliobarbus curriculus in Yellow River [J]. Gene, 590: 149-158.

附 录

长江上游保护区干流鱼类名录

编号	目、科、种	调查分布情况									
		水富	蕨溪	柏溪	南溪	合江	复兴	朱杨溪	江津	澄江	巴南
	一、鲟形目 ACIPENSERIFORMES										
	（1）鲟科 Acipenseridae										
1	★长江鲟（达氏鲟）*Acipenser dabryanus* Dumeril			▲	▲			▲	▲	▲	▲
	二、鲑形目 SALMONIFORMES										
	（2）银鱼科 Salangidae										
2	☆太湖新银鱼 *Neosalanx taihuensis* Chen			▲	▲	▲		▲			▲
3	大银鱼 *Protosalanx hyalocranius* Abbott			▲	▲			▲			▲
	三、鲤形目 CYPRINIFORMES										
	（3）鲤科 Cyprinidae										
	鲃亚科 Barbinae										
4	中华倒刺鲃 *Spinibarbus sinensis* Bleeker			▲	▲	▲	▲	▲			▲
5	白甲鱼 *Onychostoma simus* Sauvage *et* Dabry			▲	▲		▲	▲			▲
6	瓣结鱼 *Tor (Folifer)brevifilis brevifilis* Peters							▲			
7	★云南光唇鱼 *Acrossocheilus yunnanensis* Regan						▲				
8	★宽口光唇鱼 *Acrossocheilus monticolus* Gunther						▲				
9	☆大鳞鲃 *Luciobarbus capito* Güldenstaegt										
10	☆麦瑞加拉鲮 *Cirrhinus mrigala* Hamilton					▲					▲
	野鲮亚科 Labeoninae										
11	华鲮 *Sinilabeo rendahli* Kimura		▲		▲		▲		▲		

编号	目、科、种	调查分布情况									
		水富	蕨溪	柏溪	南溪	合江	复兴	朱杨溪	江津	澄江	巴南
	鲤亚科 Cyprininae										
12	鲤 *Cyprinus carpio* Linnaeus	▲	▲	▲	▲	▲		▲	▲	▲	▲
13	★岩原鲤 *Procypris rabaudi* Tchang			▲	▲	▲	▲	▲			▲
14	鲫 *Carassius auratus* Linnaeus			▲	▲	▲		▲			▲
	鮈亚科 Gobioninae										
15	棒花鱼 *Abbottina rivularis* Basilewsky	▲	▲	▲	▲	▲		▲			
16	麦穗鱼 *Pseudorasbora parva* Temminck *et* Schlegel	▲	▲	▲	▲	▲		▲			
17	华鳈 *Sarcocheilichthys sinensis sinensis* Bleeker		▲					▲			
18	黑鳍鳈 *S.nigripinnis nigripinnis* Günther			▲	▲	▲		▲			▲
19	银鮈 *Squalidus argentatus* Sauvage *et* Dabry	▲	▲	▲	▲	▲		▲			
20	★圆筒吻鮈 *Rhinogobio cylindricus* Günther				▲	▲		▲	▲		▲
21	★长鳍吻鮈 *Rhinogobio ventralis* Sauvage *et* Dabry	▲	▲					▲	▲		▲
22	吻鮈 *Rhinogobio typus* Bleeker	▲	▲	▲	▲	▲		▲	▲	▲	▲
23	铜鱼 *Coreius heterodon* Bleeker	▲	▲	▲	▲	▲		▲			▲
24	★圆口铜鱼 *Coreius guichenoti* Sauvage *et* Dabry			▲	▲	▲		▲			▲
25	★裸腹片唇鮈 *Platysmacheilus nudiventris* Lo,Yao *et* Chen		▲				▲				
26	★短须颌须鮈 *Gnathopogon imberbis* Sauvage *et* Dabry		▲					▲			
27	花鱼骨 *Hemibarbus maculates* Bleeker		▲	▲	▲	▲		▲			▲
28	蛇鮈 *Saurogobio dabryi* Bleeker	▲	▲	▲	▲	▲		▲	▲	▲	▲
	鳅鮀亚科 Gobiobotinae										
29	★异鳔鳅鮀 *Gobiobotia boulengeri* Tchang	▲	▲	▲	▲			▲			▲
30	宜昌鳅鮀 *Gobiobotia filifer* Garman			▲	▲	▲		▲	▲		▲
	★裸体异鳔鳅鮀 *Gobiobotia nudicorpa* Huang *et* Zhang		▲	▲	▲		▲	▲	▲		
31	[鱼丹] 亚科 Danioninae										

续表

编号	目、科、种	调查分布情况									
		水富	蕨溪	柏溪	南溪	合江	复兴	朱杨溪	江津	澄江	巴南
32	马口鱼 Opsariichthys bidens Günther		▲	▲			▲				
33	宽鳍鱲 Zacco platypus Temminck et Schlegel		▲				▲				
	雅罗鱼亚科 Leuciscinae										
34	鳡 Elopichthys bambusa Rich.							▲	▲		▲
35	赤眼鳟 Squaliobarbus curriculus Rich.					▲					
36	草鱼 Ctenopharyngodon idellus Rich.	▲	▲	▲	▲		▲	▲	▲	▲	▲
37	☆丁鱥 Tinca tinca Linnaeus								▲		▲
	鲌亚科 Culterinae										
38	华鳊 Sinibrama wui Rendahl		▲	▲	▲	▲		▲	▲		▲
39	鳊 Parabramis pekinensis Basilewsky			▲	▲	▲		▲	▲		▲
40	★厚颌鲂 Megalobrama pellegrini Tchang	▲		▲	▲	▲					▲
41	★张氏𩽅 Hemiculter tchangi Fang							▲	▲		
42	贝氏𩽅 Hemiculter bleeker Warpachowsky		▲		▲						
43	𩽅 Hemiculter leucisculus Basilewsky	▲		▲	▲	▲		▲	▲		▲
44	★高体近红鲌 Ancherythroculter kurematsui Kimura			▲	▲	▲		▲	▲		
45	★黑尾近红鲌 Ancherythroculter nigrocauda Yih et Woo			▲	▲	▲	▲	▲	▲		▲
46	翘嘴鲌 Erythroculter ilishaeformis Bleeker	▲		▲	▲	▲		▲	▲		▲
47	蒙古鲌 Erythroculter mongolicus Basil.							▲	▲	▲	▲
48	寡鳞飘鱼 Pseudolaubuca engraulis Nichols	▲	▲	▲	▲	▲		▲	▲		▲
	银飘鱼 Pseudolaubuca sinensis Bleeker		▲	▲					▲		
49	鲴亚科 Xenocyprinae										
50	黄尾鲴 Xenocypris davidi Bleeker			▲	▲			▲			
51	圆吻鲴 Distoechodon tumirostris Peters			▲	▲			▲			
52	逆鱼（似鳊）Pseudobrama simoni Bleeker			▲	▲	▲		▲	▲		▲
	鱊鲏亚科 Acheilognathinae										
53	兴凯鱊 Acheilognathus chankaensis Dybowski		▲		▲						

编号	目、科、种	调查分布情况									
		水富	蕨溪	柏溪	南溪	合江	复兴	朱杨溪	江津	澄江	巴南
54	无须鱊 *Acheilognathus gracilis* Nichols			▲	▲	▲		▲	▲		▲
55	大鳍鱊 *Acheilognathus macropterus* Bleeker			▲	▲	▲		▲	▲		▲
56	中华鳑鲏 *Rhodeus sinensis* Pallas	▲	▲	▲	▲	▲					▲
	鲢亚科 Hypophthalmichthyinae										
57	鲢 *Hypophthalmichthys molitrix* Cuvier *et* Valenciennes	▲	▲	▲	▲	▲					▲
58	鳙 *Aristichthys nobilis* Richardson			▲	▲	▲					
	（4）胭脂鱼科 Catostomidae										
59	★胭脂鱼 *Myxocyprinus asiaticus* Bleeker		▲	▲							▲
	（5）平鳍鳅科 Homalopteridae										
60	峨眉后平鳅 *Metahomaloptera omeiensis* Chang		▲	▲	▲		▲	▲			
61	犁头鳅 *Lepturichthys fimbriata* Günther	▲	▲	▲							
62	短身金沙鳅 *Jinshaia abbreviata* Günther		▲				▲				
63	★中华金沙鳅 *Jinshaia sinensis* Sauvage *et* Dabry	▲	▲	▲	▲	▲			▲		
	（6）鳅科 Cobitidae										
	沙鳅亚科 Botiinae										
64	★红唇薄鳅 *Leptobotia rubrilabris* dabry *et* Thiersant		▲	▲	▲	▲		▲	▲	▲	▲
65	★小眼薄鳅 *Leptobotia microphthalma* Fu *et* Ye		▲	▲	▲	▲		▲	▲		
66	★长薄鳅 *Leptobotia elongata* Bleeker	▲	▲	▲	▲	▲	▲	▲	▲	▲	▲
67	紫薄鳅 *Leptobotia taeniops* Sauvag		▲	▲	▲			▲	▲		▲
68	中华沙鳅 *Sinibotia superciliaris* Günther	▲	▲	▲	▲	▲		▲	▲		▲
69	宽体沙鳅 *Botia reevesae* Chang		▲								
70	花斑副沙鳅 *Parabotia fasciata* Dabry de Thiersant	▲	▲	▲	▲			▲	▲		
71	★双斑副沙鳅 *Parabotia bimaculata* Chen						▲				
	条鳅亚科 Noemacheilinae										
72	红尾副鳅 *Paracobitis variegatus* Sauvage *et* Dabry		▲	▲	▲	▲		▲	▲		

编号	目、科、种	调查分布情况									
		水富	蕨溪	柏溪	南溪	合江	复兴	朱杨溪	江津	澄江	巴南
73	★短体副鳅 *Paracobitis potanini* Günther		▲	▲	▲		▲	▲			
74	短尾高原鳅 *Trilophysa brevviuda* Herzenstein		▲						▲		
75	贝氏高原鳅 *Trilophysa bleekeri* Sauvage et Dabry		▲								
	花鳅亚科 Cobitinae										
76	泥鳅 *Misgurnus anguillicaudatus* Cantor	▲	▲	▲	▲	▲		▲	▲	▲	▲
77	大鳞副泥鳅 *Paramisgurnus dabryanus* Sauvage		▲	▲	▲				▲	▲	
	四、鲇形目 SILURIFORMES										
	（7）鲿科 Bagridae										
78	长吻鮠 *Leiocassis longirostris* Günther	▲	▲	▲	▲	▲		▲	▲		▲
79	粗唇鮠 *Leiocassis crassilabris* Günther	▲	▲	▲	▲			▲	▲	▲	▲
80	凹尾拟鲿 *Pseudobagrus emarginatus* Regan		▲	▲				▲		▲	
81	切尾拟鲿 *Pseudobagrus truncatus* Regan		▲	▲	▲		▲				
82	大鳍鳠 *Mystus macropterus* Bleeker		▲	▲	▲			▲			
83	瓦氏黄颡鱼 *Pelteobagrus vachelli* Richardson	▲	▲	▲	▲	▲		▲	▲	▲	▲
84	光泽黄颡鱼 *Pseudobagrus nitidus* Sauvage et Dabry		▲	▲	▲	▲	▲	▲	▲	▲	▲
85	长须黄颡鱼 *Pelteobagrus eupogon* Boulenger				▲			▲	▲		
86	黄颡鱼 *Pelteobagrus fulvidraco* Richardson	▲	▲	▲	▲	▲	▲	▲	▲	▲	▲
	（8）钝头鮠科 Amblycipitidae										
87	黑尾鮡 *Liobagrus nigricauda* Regan		▲	▲	▲			▲	▲		
88	白缘鮡 *Liobagrus marginatus* Günther	▲	▲	▲	▲	▲	▲	▲			
89	★拟缘鮡 *Leiobagrus marginatoides* Wu		▲	▲	▲		▲	▲	▲		
90	★金氏鮡 *Leiobagrus kingi* Tchang		▲								
	（9）鮰科 Ictaluridae										
91	斑点叉尾鮰 *Ictalurus punctatus* Ratinesque				▲				▲		▲

编号	目、科、种	调查分布情况									
		水富	蕨溪	柏溪	南溪	合江	复兴	朱杨溪	江津	澄江	巴南
	（10）鲇科 Siluridae										
92	☆南方鲇 *Silurus meridionalis* Chen	▲	▲	▲	▲	▲	▲	▲	▲		▲
93	鲇 *Silurus asotus* Linnaeus		▲	▲	▲	▲	▲	▲	▲		▲
	（11）鮡科 Sisoridae										
94	中华纹胸鮡 *Glyptothorax sinenses* Regan	▲	▲	▲	▲	▲	▲	▲	▲	▲	▲
	五、鲈形目 PERCIFORMES										
	（12）鮨科 Serranidae										
95	鳜 *Siniperca chuatsi* Basilewsky			▲	▲	▲		▲	▲		▲
96	大眼鳜 *Siniperca kneri* Garman		▲				▲				
97	斑鳜 *Siniperca scherzeri* Steind		▲	▲	▲	▲		▲	▲		▲
98	☆梭鲈 *Sander lucioperca* Linnaeus				▲						
	（13）塘鳢科 Eleotridae										
99	黄鱼幼 *Hypseleotris swinhonis* Günther		▲		▲				▲		
100	☆中华沙塘鳢 *Odontobutis sinensis* Wu，Chen *et* Chong										
	（14）鰕虎鱼科 Gobiidae										
101	子陵吻鰕虎鱼 *Rhinogobius giurinus* Rutter		▲	▲	▲			▲	▲		▲
	（15）丽鱼科 Cichlidae										
102	☆莫桑比克罗非鱼 *Oreochromis mossambicus* Peters	▲	▲	▲	▲	▲		▲	▲		▲
	六、合鳃目 SYNBRANCHIFORMES										
	（16）合鳃科 Synbranchidae										
103	黄鳝 *Monopterus albus* Zuiew		▲	▲	▲	▲		▲	▲		▲
	七、鳉形目 CYPRINODONTIFORMES										
	（17）胎鳉科 Poeciliidae										
104	☆食蚊鱼 *Gambusia affinis* Baird *et* Girard	▲			▲				▲		
	八、颌针鱼目 Beloniformes										
	（15）鱵科 Hemiramphidae										
105	间下鱵 *Hyporhamphus intermedius* Cuvier										

备注：★表示长江上游特有鱼类；☆表示外来物种。